可持续草坪绿化技术

Sustainable Turf Greening Technology

邢　强　秦　俊　胡永红　著

U0302272

中国建筑工业出版社

图书在版编目（CIP）数据

可持续草坪绿化技术 / 邢强，秦俊，胡永红著 .—北京：中国建筑工业出版社，2019.8
ISBN 978-7-112-23864-4

Ⅰ. ①可… Ⅱ. ①邢…②秦…③胡… Ⅲ. ①草坪—绿化规划 Ⅳ. ①TU985.12

中国版本图书馆 CIP 数据核字（2019）第 114116 号

本书以草坪的基本理论知识和传统草坪绿化技术为基础，围绕“可持续性”的核心理念在草坪技术上的应用，详细介绍了“可持续性”概念及发展过程，分析了当前草坪技术中存在的不可持续问题，着重探讨了可持续草坪管理中设计、建造、养护、草坪中有害生物综合防治、成熟草坪的可持续性改造、可持续草坪的管理保障等关键技术的有效策略，紧密结合工作实例和研究课题进一步诠释，突出了可持续草坪绿化技术的整体性、系统性。通过对传统的和可持续的草坪技术进行对比，利用重点案例加深印象形成本书的亮点之一；注重提高草坪工作机械化水平，介绍和应用智能化的水肥管控系统、雨水资源化利用设施等成果介绍，为综合长效地发挥城市草坪绿化效益、丰富城市绿化植物多样性方面提供技术保障，是本书另外一个亮点。本书适合中高职院校相关专业师生和草坪行业从业人员使用。

责任编辑：杜　洁　孙书妍
责任校对：王　烨

可持续草坪绿化技术
邢　强　秦　俊　胡永红　著
*
中国建筑工业出版社出版、发行（北京海淀三里河路9号）
各地新华书店、建筑书店经销
北京点击世代文化传媒有限公司制版
北京建筑工业印刷厂印刷
*
开本：787×1092毫米　1/16　印张：21　字数：446千字
2019年8月第一版　2019年8月第一次印刷
定价：138.00 元
ISBN 978-7-112-23864-4
（34165）
版权所有　翻印必究
如有印装质量问题，可寄本社退换
（邮政编码 100037）

序

2018 年，我们迎来了中国现代草坪业发展的又一个春天。国家林业与草原局的设立、多个“草业与草原学院”相继诞生、草业国家创新联盟的成立，奏响了新一代草坪业发展的进行曲，预示着中国现代草坪业与时俱进的发展前景。生态系统保护和修复、“提升生态系统质量和稳定性”，已成为草坪业发展的主旋律。“开展国土绿化行动，推进荒漠化、石漠化、水土流失综合治理，强化湿地保护和恢复，加强地质灾害防治”，是习总书记在党的十九大报告中对我国草业工作者提出的基本要求和殷切希望。在这喜事连连的历史时刻，我收到学生与同行邢强高工的《可持续草坪绿化技术》的书稿，并交给我写序的任务。

事物的存在和发展，都有一个“序”。草坪生态系统中，“序”是草坪系统结构和功能的总体体现。系统无“序”，就会崩溃；有“序”，系统就能高效运转。为此，我很乐于应邀为他作序。

草坪是草坪业的物质基础，草坪草作为世界景观生态系统的基本组分，是宝贵的可再生自然资源。它以草坪的形式与其他景观植物一道，通过提高环境的质量和改善大自然的原有面貌而为人们提供着一种新的生活方式，即以生态、服务和观赏功能奉献于人类。草坪堪称文明生活的象征、生态环境的卫士、运动健儿的摇篮、修心健身的乐园，为全民所共建共有共享，草坪科学研究与技术创新也成为人们十分关注的领域。如草坪的生态、体育、美学及社会功能，草坪与自然人文环境的关系，草坪植物的生物生态学特性及栽培利用，各类草坪建植与持续养护的技术与方法，一直是草坪科学研究的主要内容。

邢强大学期间在草业科学专业深造学习，毕业后从事草坪管理工作 10 年有余，他一直与我保持联系，经常咨询和讨论草坪科学理论研究与生产实践问题。他坚持多年在一线实践草坪专业技能、思考总结草坪学理论，功夫不负有心人，终于写就《可持续草坪绿化技术》一书，初稿于昨晚送到我案前。翻开图文并茂的书稿，心中感到满满的得意和欣慰，得意的是自己的学生有所建树，欣慰的是邢强在历经长达十数年的积累后，终于将理论和实践的成果融合，系统化地将这门应用性强的草坪技术总结出来，回馈社会，呈现给环境生态、草业与草坪从业人员，以及相关科研和科普教育工作者。仔细思索，由于社会、经济、历史原因，导致人类对自然资源的不合理利用造成部分环境生态系统的破坏，人们正面临着各种环境变化带来的严峻考验。如何改变这一被动局面，这给社会各行业的管理与技术工作带来了巨大挑战。本书正是对这一挑战的回应，它给出了使草坪业具备可持续发展的答案，为草坪系统维系和持续发展提供了成熟技术与科学方案。

书中文字洋洋洒洒，图片栩栩如生，浸透了作者辛勤劳作的汗水，展现了一代草坪工作者对真理孜孜不倦的求索、对事业的热爱和忠贞，也表达了对自然、对生活、对伟大时代的无限热爱。在学习之中，我不仅被他与时俱进、勇于创新的精神所折服，更被他十余年如一日对草坪科学探索的进取精神所感动，肃然而生对作者的尊敬。

最后，我希望邢强及其团队再接再厉，在草坪植物的种质资源创新和草坪产业持续稳定发展等方面有所建树，为国家生态环境保护与建设、为现代草坪业发展提供正能量。

孙吉雄

2019 年 4 月 于兰州

前　言

我一直在收集和思考有关“可持续性”这个概念的信息，试图去理解它、应用它，可以体现在自己的实际学习、工作和生活中，这一点在我从事的草坪管理和“草坪建植与养护”教学中得以实现，希望将这些工作能汇编成册，回馈社会。基于此，本书的编写以对“可持续性”这个理念的兴趣和追求为根本，结合了在草坪教学中的讲解心得与草坪养管的实践体会，不仅用于自己发现和改进工作中存在的问题，更希望能为立志在风景园林行业和高尔夫球场行业求职的学员们提供知识储备。

书中各章节紧紧围绕“可持续性”的核心理念，对草坪设计、建造、养护的影响展开叙述，并与传统的技术措施作对比，介绍一些国际上新的理念和好的做法，紧密结合自己的一些工作实例和研究课题对每一章节主题进行进一步诠释，促进理解，突出可持续草坪绿化技术的系统性、协调性和整体性。本书共 8 章，每章侧重叙述一个主题，争取做到前后连贯、条理清晰、突出主题，给初学者一个基本框架，也给已有草坪方面工作经验的同仁们一些细节上的深化参考及应对特殊环境下草坪技术的攻关结果。

本书第 1 章开门见山地介绍了“可持续性”概念，追溯了“可持续性”运动的动态发展过程，阐述现代风景园林采用可持续性理念的必要性，引出如何处理现有草坪及配套景观因素使场地变得更具可持续性的后续章节；第 2 章基于草坪的定义、功能、分类和具体常用种类及草坪的演化历史，介绍了可持续草坪草应用的现状和问题，以及解决现有这些问题中关键的草坪植物栽培技术概要，为后面几章植物应用奠定草坪植物素材基础；第 3 章阐述了草坪设计中考虑的生态、美观、功能性强、未来可养护的目标，采用不同的设计方法和评估反馈方法，预见和平衡后期建造和养护阶段的成本投入与产出效果，使场地可持续性利用；第 4 章从草坪设计过渡到草坪建造阶段，描述了传统草坪的建造过程，在此基础上突出可持续草坪工程建造中设置喷灌、排水等配套设施的重要性，以适应当地环境和生态政策，满足后期可持续养管的需求；第 5 章介绍了建造工程结束后正式进入成坪草坪养护阶段的传统草坪养护措施，突出草坪养护技术中剪草、浇灌、施肥等措施中可持续策略的科学性和必要性；第 6 章描述了传统病虫害、杂草的基本特征和防治策略，在此基础上，采用有害生物综合治理的理念，提高草坪应对外界生物环境侵害的能力，提高草坪场地使用的可持续性；第 7 章面对常规养护的草坪在使用一段时间后凸显的场地问题，需要经过仔细的场地分析，找到场地核心土壤问题，采用关键改造措施，重新整合资源效率，提高成熟景观中的草坪可持续性；第 8 章是本书结尾，从草坪管理者的角色定位、生态环境保护的理念建立以及草坪机械设备的配置 3 个关键因素支撑草坪的可持续利用，并将技术回归到环境保护，与第 1 章所讲环境问题相呼应，完整结束叙述。

对于有生命的景观而言，不可能通过单一的方法解决场地的可持续性问题，基于这点考虑，作者举例对比阐述传统的和可持续的景观实例，宗旨是为读者提供已经实践证明的能够提高场地可持续性养护的技术和措施。本书特点是将实施多年的工程项目、研究的相关课题、形成的专利及施工技法进行了集成，并参考了证实书中论点的大量文献，形成一个系统的研究总结，实现理论与技术的统一，适合中、高职院校相关专业师生和行业从业人员作为参考书。

由于著者水平有限，仅以自己的专业为出发点，零散粗线条地对可持续性这个宏大概念进行了肤浅的阐述，虽经努力，但书中错误之处仍在所难免，敬请同行专家和广大读者批评指正。

致 谢

在国家大力推进生态文明建设，引导绿色生态可持续发展的新政下，我们花费了大量的精力撰写此书，非常感谢为此慷慨投入与付出的朋友和同事。他们为本书的框架的形成、素材的提供、信息的共享直至书稿的审核和讨论做出了极大的贡献。

在此，感谢上海农林职业技术学院俞平高主任、刘秀云主任、成文竞主任，上海世博文化公园建设管理有限公司副总经理彭贵平，上海迪士尼度假区园艺团队总经理薛建，禹班（北京）建筑修缮技术有限公司的副总经理赵凯，上海银涛高尔夫有限公司草坪总监陈彪，上海佘山国际高尔夫管理有限公司草坪总监金海波等在书稿的撰写和修改过程中给予的很多宝贵意见和图文素材。感谢上海辰山植物园技术中心团队沈戚懿、张庆费、刘永强、黄姝博、张宪权、张哲、寿海洋、田娅玲、王昕彦、李丽、蔡云鹏、杨庆华、屠莉、葛斌杰、丁洁、叶康、商侃侃和学生朱丽萍、陆佳峰、周毓宏等为本书提供的帮助。感谢严裕荣、胡鸣礼、刘娟、姜凯等朋友的大力支持，感谢湖南农业大学徐庆国、张志飞、向佐湘和上海交通大学安渊、王兆龙、周鹏等教授的悉心指导。

特别感谢黄卫昌老师、陈必胜老师在本书编著过程中的专业指导。特别感谢孙吉雄教授百忙之中欣然为本书作序，他编写的《草坪学》为我们后辈草业人进行了深刻的启蒙，工作中受益匪浅。

最后感谢我们的家人，是他们在背后支持着自己夜以继日的工作，支撑我全身心投入书稿的编著中，这本书的出版也是对你们默默付出的回报和肯定。

书中绝大部分图片为著者和团队所有，其他图片进行了适当的引用来源说明。本书参考文献都已进行了适当的引用说明，符合我国著作权法的要求。如果发生引用不周的问题，请作者直接与著者联系，协商解决。

本书是上海辰山植物园城市园艺技术中心团队共同努力的成果。在研究和撰写过程中，也得到来自社会各方面的帮助和支持。从2013年至今得到上海市科学技术委员会、上海市绿化和市容管理局多个项目的支持，本书及相关研究获资助的课题来源是上海市2018年度“科技创新行动计划”社会发展领域项目“应对大客流的大型公共绿地可持续绿化技术研究与示范”(18DZ1204700)及其子课题“适应大客流的大型公共绿地提质增效技术研究与示范”(18DZ1204701)、上海市科技攻关项目“耐荫草坪草种质资源筛选和相关生理及分子评价标准的确立”(G162411)。

目 录

01

第1章 绪 论

1.1 可持续性概念

“可持续性”是一个相对概念，在不同的国家和地区有不同的认知，不同的学科对其有不同的定义。在中国，被引用最多的是“可持续发展”这个概念，被定义为“既要考虑当前发展的需要，又要考虑未来发展的需要，不要以牺牲后代人的利益为代价来满足当代人的利益”。为了更好地理解“可持续性”的概念，我们对可持续性运动历史渊源进行了梳理。

1.2 可持续性运动的发展简史

1.2.1 可持续性运动思想的萌芽

早在 18 世纪的英国，可持续性运动伴随着工业革命已经开始了。随着工业化程度的深化，人类使用和掠夺自然资源的能力日益增加，城市规模空前发展，人口也急剧膨胀，这些转变在潜移默化地改变着世界，也引起了一些人的注意。可持续性运动以英国乡村牧师托马斯·马尔萨斯（Thomas Malthus）于 1798 年发表的论文《人口论》（*Population: The First Essay*，1959）作为开端，在文章中马尔萨斯质疑将来的地球能否承受呈几何级增长的人口，他担忧工人阶级的生育速度会超过世界所能承受的程度，导致整个社会的崩溃。马尔萨斯的论文一发表就在社会上引起了强烈的反响，并一直饱受争议，争议的核心在于国家是否能够寻找和发掘到足够的资源，来维持持续增长的人口而又不会使资源消耗殆尽。

通过技术来解决这些争议和问题，即人类创新技术来解决支撑人口增长的能源、资源问题是一种很流行、很实用的方法，比如人类对环境污染严重的煤炭能源依赖逐步转移到较轻微污染的石油和天然气上，不得不承认是人类技术进步的结果，但在坚持可持续性发展观点的人来讲，仍然认为人类不能仅仅依靠技术革新来寻找开发地球资源的新方法，而应该去寻找可以避免消耗这些资源以及加强使用这些资源的方法。

在今天的可持续性运动之前，各个国家通过索取资源来生产食物和其他主要商品来支撑快速增长的人口，而没有考虑对环境的后果。我们对地球做的一切所产生的影响或者说这些行为将会如何影响地球维持未来一代人需要的能力，都没有被考虑进去。例如，获得石油的基本策略通常是寻找更多的油田或者加深钻井的深度。石油公司在寻找和运输更多石油的过程中使用众多技术，不可避免地要污染和破坏地球环境。其中，2010 年墨西哥湾深水地平线钻井平台石油泄漏事件、2018 年“桑吉号”在中国东海凝析油泄漏发生火灾事件等发人深省。

1.2.2 可持续性运动的产生

可持续性运动至今没有一个确实可靠的起点事件，众说纷纭，但对这项运动有直接突出贡献的关键人物包括弗雷德里克·劳·奥姆斯特德（Frederick Law Omsted）、卡尔弗特·沃克斯（Calvert Vaux）、约翰·缪尔（John Muir）、西奥多·罗斯福（Theodore Roosevet）、奥尔多·利奥波德（Aldo Leopold）、雷切尔·卡森（Rachel Carson）和伊恩·麦克哈格（Ian McHarg）。他们的思考能帮助我们更好地理解可持续性运动是如何进化到现在这种形式的。

一、弗雷德里克·劳·奥姆斯特德：中央公园

在 19 世纪初，弗雷德里克·劳·奥姆斯特德设计开发了纽约的一个城市公园草坪，就是著名的中央公园（图 1-1）。虽然这个公园的大部分是建造在荒废土地上，并且需要大量的工作构建地形，但这位艺术家构建出了相对自然的景观，这为公众带来了亲近自然的机会。当时纽约正处于城市快速工业化时期，人口密度非常高，居住条件杂乱，霍乱横行。对工人阶层来说，根本没有任何娱乐活动。奥姆斯特德积极倡导在城市中为居民提供娱乐活动的自然空间，他按照自然学者审视森林或草原的方法对景观进行了提升。奥姆斯特德的设计创造出一种人造但呈现自然状况的景观。在后期，奥姆斯特德与卡尔弗特·沃克斯等人参与和主持设计了众多杰出和可持续利用的公园，最终成为公认的美国现代风景园林之父。

二、约翰·缪尔：自然保护

在奥姆斯特德职业生涯的后半段中出现，约翰·缪尔所持的完全不同的观点也成了当时社会的主要论调。缪尔毕生致力于颂扬自然世界的美德，并为人类对原始生态的亵渎行为感到惋惜，他认为原始生态应该按照其本身的面貌得以保存

图 1-1 弗雷德里克·劳·奥姆斯特德与美国纽约中央公园

图 1-2　约翰·缪尔与美国约塞米蒂国家公园

（图 1-2）。缪尔对自然保护的热衷始于在 1868 年对加利福尼亚的约塞米蒂国家公园的一次调研，那次调研激发了他对原始自然的热爱，他终身探索这一领域并且得到成群的牛羊在脆弱的草原生态系统中放牧的行为带来了负面影响的结论。

缪尔的努力最终产生了若干自然（荒野）保护区，著名的有位于加利福尼亚州的约塞米蒂谷。缪尔在 1892 年成立了塞拉俱乐部，这个俱乐部在很长时间内都被认为是在荒野保护领域中最有力的声音。这种自然保护行为随后按照两个不同的方向发展，像缪尔这种保护主义者认为原野应该不开发，并肯定其美丽和精神价值；而另一种像西奥多·罗斯福总统那种保护管理论者，则认为荒野区域应该进行保护，但也应该承担放牧、森林采伐和其他商业活动的功能，为人类所利用。

三、奥尔多·利奥波德：人类群落的土地伦理

利奥波德是美国较为干旱的西南部某州的一名林业部门官员，他的一生与野生动植物打交道，被称为“野生生物科学之父”。他所持有的观点是地球需要保护，但也不反对对自然资源的开发利用，他的态度不像环保主义者那么极端。1949 年，利奥波德的重要著作《沙乡年鉴》（*A Sand County Almanac*）出版记录了他个人观察人类在气候多样化条件下理解生态系统方面的成功和失败。书中还详细阐述了关于原野生态、保护以及最终被他称为“土地伦理”方面的哲学总结。他提出的土地伦理简单地放大了共同体的边界，将土壤、水源、植物和动物包含其中，总称为土地。场地的土地伦理不能阻止对资源的改变、管理和使用，但能够明确它们继续以自然状态存在的权利。

利奥波德概括了土壤、植物和动物之间关系网的相互作用。人类对土地以及各个参与者之间关系的影响通常都很大，他们需要警惕为管理土地所做的每件事。简言之，土地伦理将人类在土地共同体中的角色从征服者转变为成员。这意味着人类需要尊敬生态系统中的“资深成员”，同时也要尊敬这个共同体本身。

尽管利奥波德的重点还是在荒野土地上，但他的观点对景观营造的影响也极为深刻（图 1-3）。

图 1-3　利奥波德与他的沙城鸡棚

作为人类全新的发展观，可持续发展是在全球面临经济、社会、环境三大问题的情况下，人类从自身的生产、生活行为进行的反思和对现实与未来的忧患中感悟出来的，可持续观念的形成经历了相当长的酝酿过程。

在第二次世界大战后的 20 世纪 50 年代中期，全世界崇尚各种技术奇迹，技术力量成为社会进步的最大驱动力。其中之一是用于农业上的合成有机农药，包括杀菌剂、除草剂和杀虫剂，所有合成药剂都可以被不加控制地利用。这些产品中极具代表意义的是双对氯苯基三氯乙烷（DDT），虽然现在发现土壤的 DDT 可被植物吸收，动物和人通过食用这些植物而在体内积累，最终在体内达到较高浓度，对健康构成严重威胁（我国在 1983 年禁止 DDT 作为农药使用；2009 年 4 月 16 日，中国环境保护部会同发展改革委等 10 个相关管理部门联合发布公告，决定自 2009 年 5 月 17 日起，禁止在我国境内生产、流通、使用和进出口 DDT、氯丹、灭蚁灵及六氯苯，DDT 用于可接受用途即用于疟疾防治除外），但在当时，这是一种能够确保消除几乎所有影响人类和庄稼害虫的杀虫剂，是人类值得骄傲的伟大发明。时过不久，人们在工业化造成的恶劣环境压力下，开始对“经济增长等于发展”的模式产生了怀疑。

四、雷切尔·卡森:《寂静的春天》

1962 年，美国女科学家蕾切尔·卡逊（Rachel Carson）发表了引起轰动的环境科普著作《寂静的春天》（*Slient Spring*），该著作描绘了一幅由农药污染所带来的可怕景象，惊呼人们将失去“阳光明媚的春天”。这部著作开始重新定位科学思想，提倡一种以人为本的生态学，扭转了一些新技术对环境带来的不良影响，也在世界范围内引发了人类对传统发展观念的反思。不幸的是，1962 年，卡森完成了这本划时代的著作后两年，她就由于癌症去世（图 1-4）。

《寂静的春天》是一本与公众预期截然不同的著作，作者着重于人类对自然界的破坏的阐述。特别的是，她找出了污染空气、土地、河流和海洋的带有危险甚至致命的材料，其中主要着眼于人类杀虫剂（DDT、异狄氏剂等）不加区别的使用。

图 1-4　雷切尔·卡森与她的《寂静的春天》

卡森在书中精准地分析了人类是如何因对其本身发展需要及认识不足所造成的环境污染。她举例对森林中大量使用杀虫剂抑制毒蛾（Lymantria Dispar）的防治手段而导致鱼类大量死亡的描述，揭露了国家制定政策的严重导向性错误。另外，她在著作中阐述：在行动之前充分研究问题以及在新技术彻底验证之前保持对其在健康方面怀疑的重要性，在今天仍然具有强大的生命力。

《寂静的春天》直接影响了 DDT 以及其他氯化氢类等杀虫剂的禁用、美国环保局的成立以及现代环境保护理论的提出。卡森的著作被公认为是 20 世纪最有影响力的著作，但同时也被当作一个极端环保主义者而备受争议，一直到今天依然争议不断。

五、伊恩·L·麦克哈格:《设计结合自然》

1969 年，宾夕法尼亚大学的景观规划设计师麦克哈格发表了《设计结合自然》(*Design with Nature*)（图 1-5），文中许多内容与雷切尔·卡森提出的问题相同，在西方学术界引起很大轰动。这本书运用生态学原理，研究大自然的特征，提出创造人类生存环境的新的思想基础和工作方法，成为 20 世纪 70 年代以来西方推崇的风景园林规划设计学科的里程碑著作。全书以生态学的观点，从宏观和微观研究自然环境与人的关系，提出通过适应自然的特征来创造人的生存环境的可能性与必要性；阐明了自然演进过程，证明了人对大自然的依存关系；提出土地利用的准则，阐明了综合社会经济和物质环境诸要素的方法；指出城市和建筑等人造物的评价与创造，应以“适应”为准则。

在书中，麦克哈格的视线跨越整个原野，他的注意力集中在大尺度景观和环境规划上。他将整个景观作为一个生态系统，在这个系统中，地理学、地形学、地下水层、土地利用、气候、植物、野生动物、微生物都是重要的元素；他运用地图叠加技术，即“千层饼模式”，把对各个要素的单独分析综合成整个景观规划的依据，描绘出适合开发的区域和不应继续开发的区域，确定了以最有效和最低破坏程度的方法开发一个区域的可能性。麦克哈格的理论是将风景园林规划设计提高到一个科学的高度，其客观分析和综合分类的方法代表着严格的学术性特点。麦克哈格被认为是奥姆斯特德的继承者，和奥姆斯特德一样寻求科学而不是艺术用于支持美国社会文化的进步，他的贡献在于运用生态科学建立了土地规划利用的模式，同时注重保护大地视觉特征。

麦克哈格在人类所面临的问题方面采用了哲学态度，他的作品反复提倡人类在充当保护大自然的角色中所应具有的崇高思想。根据麦克哈格对风景园林规划设计中的“熵”和“负熵”的观点：作为风景园林规划设计师，最终目标是创造一

图 1-5　麦克哈格与他的《设计结合自然》

种多样的景观，这种景观既可以适应场地，又可以按照一种能够培育生物多样性的方式来建造，这种方式具有可持续性。

1.2.3　可持续性运动的发展

可持续性越来越被重视，从国家层面上提出了可持续发展的思想，这个可以追溯到 1972 年 6 月联合国在瑞典斯德哥尔摩召开的人类环境会议，这次会议被认为是人类关于环境与发展问题思考的第一个里程碑。来自 113 个国家的 1300 多名代表第一次聚集在一起讨论地球的环境问题，大会通过了具有历史意义的文献《人类环境宣言》，也称为《斯德哥尔摩宣言》，它标志着人类开始正视环境问题。现在看来，1972 年人类环境会议的主题虽然偏重于讨论由发展引出的环境问题，而没有更直接地关注环境与发展之间的相互依存性，但已经出现了与可持续发展有联系的思想火花。实际上联合国对这次会议的要求，显然是要确定我们应当干些什么，才能保持地球不仅成为现在适合人类生活的场所，而且将来也适合子孙后代居住。

自 1972 年的会议引起人类对环境与发展问题的多方位关注后，20 世纪 80 年代开始出现了一系列较为深入的思想。1980 年由国际自然与自然资源保护联盟（IUCN）等组织、许多国家政府和专家参与制定的《世界自然保护大纲》，第一次明确提出了可持续发展的思想。这份大纲虽然主要针对资源保护问题而没有涉及更大的领域，但从根本上改变了六七十年代盛行的保护论的思维和做法，明确提出了应该把资源保护与人类发展结合起来考虑，而不像以往那样简单对立。这一思想为当前的可持续发展概念勾画了基本轮廓。1980 年，由国际自然与自然资源保护联盟、联合国环境规划署（UNEP）和世界自然基金会（WWF）共同出版了《世界自然保护战略：为了可持续发展的生存资源保护》一书，第一次明确地将可持续发展作为术语提出。该书指出："持续发展依赖于对地球的关心，除非地球上的土壤和生产力得到保护，否则人类的未来是危险的。"

在 1983 年，联合国建立了世界环境和发展委员会。这个委员会由挪威前任首相格罗·哈莱姆·布伦特兰（Gro Harlem Brundtland）夫人领导，于 1987 年发布了一份名为《我们共同的未来》的报告，被称为"布伦特兰报告"。该报告首次给出了可持续发展的定义，即"能够满足当前的需要，又不危及下一代满足其需要的能力的发展"（World Commission on Environment and Development，1987），并对可持续发展的内涵作了界定和详尽的理论阐述，强调当前日益恶化的自然环境对人类可持续发展的负面效应。该报告还指出，过去我们关心的是经济发展对生态环境带来的影响，而现在，我们已迫切感受到生态压力给经济发展所带来的重大影响。未来，我们应该致力于走出一条资源环境保护与经济社会发展兼顾的可持续发展之路。从一般的考虑环境保护到强调把环境保护与人类发展结合起来，这是人类有关环境与发展思想的重要飞跃。

1991 年，国际自然与自然资源保护联盟等 3 家机构又联合推出了一份名为《关心地球：一项持续生存的战略》的报告。该报告从保护环境和环境与发展之间关系的角度，对建立可持续发展社会的主要原则和行动做了详细的分析与论述。

1992 年 6 月，在巴西里约热内卢召开的联合国环境与发展大会，是人类有关环境与发展问题思考的第二个里程碑。这是一次确立可持续发展作为人类社会发展新战略的具有历史意义的大会，183 个国家和地区的代表出席了大会，其中包括 102 位国家元首和政府首脑。该会议通过了《里约热内卢环境与发展宣言》和《21 世纪议程》，第一次把可持续发展由理论和概念推向行动。这次会议以可持续发展为指导思想，不仅加深了人们对环境问题的认识，而且把环境问题与经济、社会发展结合起来，树立了环境与发展相互协调的观点，找到了一条在发展中解决环境问题的思路。里约热内卢会议为人类举起可持续发展旗帜、走可持续发展之路做了有力的动员。跨世纪的绿色时代，即可持续发展时代从这次会议开始真正迈出了实质性的步伐。

1992 年以来，可持续发展已经成为联合国有关发展问题一系列专题国际会议的指导思想。1994 年在开罗召开的世界人口与发展大会，其主题为"人口、持续的经济增长和可持续发展"，会议明确提出"可持续发展问题的中心是人"。

1995 年的哥本哈根世界社会发展首脑会议和北京世界妇女大会两个重要会议再次强调了可持续发展对人类的重要性，并制定了该领域可持续发展的全球战略和行动计划。1996 年在可持续发展战略框架下召开的伊斯坦布尔世界人类住区会议和罗马世界粮食会议，讨论了人类住区和世界粮食的可持续发展问题。1997 年 6 月，在里约热内卢会议召开 5 周年之际，联合国在纽约召开了有关可持续发展的特别会议，审议了里约热内卢会议以来各国贯彻实施可持续发展战略的情况和存在问题，提出了今后的发展目标和行动举措。

2002 年的南非约翰内斯堡可持续发展会议，是里约热内卢会议以来最重要的一次会议。2001 ~ 2002 年，全球筹备委员会为制定这次会议的议程及为其成果达成共识，先后举办了 4 次会议。2002 年 9 月召开的可持续发展问题世界首脑会议通过了《约翰内斯堡可持续发展声明》。该声明指出，可持续发展需要具有长远观点，需要在各个级别的政策拟订、决策和实施过程中广泛参与，并宣称一定要实现可持续发展的共同希望。该会议还指出，消除贫穷、改变消费和生产格局、保护和管理自然资源基础以促进经济和社会发展，是压倒一切的可持续发展目标和根本要求，是我们今后面临的主要挑战。

2005 年 5 月 10 ~ 12 日，联合国可持续发展会议在中国江西举行，会议主要围绕经济社会可持续发展、环境保护、人与自然和平共处等议题进行了研讨。同时，会议还研究了可持续发展战略和政策手段的作用，从更深层次上探讨可持续发展方面的战略与政策问题。“通过交流找出彼此的差距和弱点，从而加速约翰内斯堡宣言的执行”，更推进了上一届联合国可持续会议成果的执行。

随着全世界城市化进程的加快，可持续城市成为大家关注的热点。2008 年是人类发展进程中重要的一年，世界城市人口有史以来第一次超过农村人口数量，可持续城市是具有保持和改善城市生态服务功能的能力，并能够为其居民提供可持续福利的城市。中国城市的发展是世界城市发展的典型代表，积极实践和探索中国城市的发展模式，从 20 世纪 80 年代的全国文明城市到 90 年代国家卫生城市，再到园林城市、生态园林城市、健康城市，到今天所倡导的以生态理念与可持续发展的要求为根本的生态城市，都强调了城市经济、社会、自然复合生态系统的协调发展。到 21 世纪后的宜居城市着重于城市整体发展与以人为本的理念，以建设环境优美、生态良好的宜居城市为综合目标，实现自然居住环境与人文环境的适宜性。

2013 年《中国可持续城市发展报告》中的紧凑城市，不仅仅是城市空间的高效利用，更是具有高密度、功能混合型、交通高效、社会和经济多样化的一种城市形态。可持续框架下的紧凑城市理念要求必须在具备公共休闲与绿地系统、城市棕地再利用、现有城市用地转化、应对气候变化、促进绿色经济和城市全面集约化发展等多样化内容的基础上，对城市生活质量和宜居性提出更高的要求。

2018 年 9 月 19 ~ 21 日，世界可持续发展论坛北京峰会（WSF2018）在中国北京举办，主题为“新时代、新动能——合力推进 2030 可持续发展目标”。这是世界可持续发展论坛首次在中国举办，也是 WSF 的第七届会议。峰会期间，来自全球 20 多个国家的院士、诺贝尔奖得主、学术与科技界翘楚及联合国系统官员与专家 200 余人齐聚北京，中国政策研究者、学术研究界和科技界代表、各地政府、可持续发展产业界企业共 600 人共同参与，研讨可持续发展的主流轨道。2018 第三届能源、环境与可持续发展大会于 2018 年 10 月 24 ~ 26 日在中国南京召开，为广大从事能源、环境与可持续发展等相关领域的研究学者、专家提供交流平台。会议组委会诚邀全球相关领域的学者、专家参加此次国际会议，就能源、环境与可持续发展为主题的相关热点问题进行探讨、交流，共同促进全球能源与环境科学的发展。

1.3 可持续性场地景观

自布伦特兰夫人领导的世界环境和发展委员会发布了名为《我们共同的未来》报告以来，可持续发展成为创造一个可供所有人在现在及未来居住的世界性标语，国际自然与自然资源保护联盟、联合国环境规划署和世界自然基金会随后联合发布名为《世界保护战略用于可持续性发展的居住资源保护》的报告，对以上概念做出详细的论述：要达到可持续性发展，必须要考虑社会学和生态学因素，以及经济学因素生活和非生活资源基础；每个可供选择措施的短期及长期优缺点（世界保护战略，1980）。这与麦克哈格提倡的设计结合自然思想相呼应，表明可持续性原则不仅仅适用于建筑、道路和自然资源，还同样适用于我们所处世界中的所有方面，包括风景园林。

在此基础上，2005 年，美国风景园林师协会（ASLA）、伯德 · 约翰逊夫人野花中心（Laby Bird Johnson Wildflower Center）、得州大学奥斯丁分校和美国植物园联盟发起可持续性场地倡议（SSI，见附录 B），该倡议将布伦特兰夫人报告中可持续发展的定义解释为“满足现有需要而不会影响未来一代满足他们需要的设计、建设、运作和养护手段”。这个倡议的目的是制定“通过保护现有生态系统和再生已经丧失的生态承载能力来保证修建的景观能够满足自然生态功能”的指导方针。这个指导方针和性能基准确定了检验一个场地是否属于可持续的 5 个基本方面：植被、土壤、水文地理、材料选择、人类健康及幸福感，围绕以上 5 个方面，比较普通景观，提出营造可持续性场地景观的具体方法和要求，如表 1-1 所示。

普通景观和可持续性景观对比 **表 1-1**

普通景观	可持续性景观
设计阶段	**设计阶段**
设计师和所有者主导	重点考虑可持续场地倡议SSI
满足当地环境法规	所有者、设计师、建设公司和养护专家联合磋商

续表

普通景观	可持续性景观
设计时未考虑周边区域	满足当地环境法规
设计师确定选用的布局和植物	对周边和场地适当的生态系统进行设计
使用当地典型的标准植物种类	设计师和养护专家确定选用的布局和植物
	植物包括适合本地和能适应场地条件
建造阶段	**建造阶段**
在设计完成后采用招标形式	遵照场地低影响开发LID
满足当地相关法规	在规划和设计阶段就已选定
根据每个设计师的要求进行安装	满足当地相关法规
将在设计和布局上的投入最小化	与其他部分协同安装
移除所有当地土壤	保留和保护当地土壤
引入表层土	尽可能少地引入土壤
引入新的硬景观材料	如果可能则再次利用当地材料
不尝试再次利用或回收当地材料	将当地草屑和材料移除量最小化
养护阶段	**养护阶段**
由赢得招标的人员负责	在规划和设计阶段就已选定
满足所有者对外观的期望	最终明确植物的选择和放置
每周剪草	根据所有者的标准进行协商
在较小区域中修剪、移除	养护方式根据地点位置有所不同
移除所有当地草屑	规范修剪
常规施肥和杀虫手段	尽可能就地回收草屑
对所有区域定期浇灌	将施肥工作降至最低
每年修剪多次	通过有害生物综合治理IPM进行虫害治理
每年引入外来覆盖物	根据需求采用不同类型的修剪方法

2015年，美国的 Thomas Cook 和 Ann Marie Van Der Zanden 两位教授总结：“可持续景观是嵌入高度干扰场地环境中能满足所有者和居住者预期要求的人造景观，从生态学的观点看这种景观更加稳定，比传统的景观所需的投入更少。可持续性景观管理则是一种创造和维护景观的哲学方法。”

1.4 总结

现在很多人把可持续性当作是一种时尚，当成一种拿到项目的资本和宣传噱头，通常被称作“漂绿”，即“在一个公司的环境行为方面或者一种产品或服务的环境效益上误导消费者的行为”。在本章中，追溯了可持续性观点的动态发展过程，旨在让大家了解可持续概念的来龙去脉，重点阐述了与本书相关的风景园林采用可持续性理念的必要性，其中包括草坪景观管理。在这方面，讲观点很多，讲具体实施技术很少。本书在继承前辈积累的专业知识的基础上，提供可持续性草坪绿化过程的实践技术参考，核心在如何平衡可持续性草坪景观的意愿与实践中草坪设计、营造、养护遇到的现实问题之间的矛盾，同时还会叙述如何处理现有草坪及配套景观因素，使场地变得更具可持续性。

02

第2章

可持续草坪基础理论

2.1 草坪定义

草坪是风景园林学科的一个词语，它的发展经过了自然状态、古典意义、现代概念三个阶段，并以此为基础衍生出符合时代需求的可持续性草坪。

2.1.1 自然草坪

自然状态的草坪定义可以概括为能在自然的山川野岭、道路两旁等处见到的低矮的草原、草地，分布在世界各地。著名的萨旺那（Savannah）、斯太普（Steppe）等代表着在干燥至亚干燥气候带出现的以禾本科草本植物为主体的草原。局部气候变化如干旱环境对植物生长的抑制、人的长期工农业活动，其结果都会因妨碍植物的生长发育而呈现出草原状态。Falk 首先提出："以大面积禾草、稀树平原为特征的非洲萨旺那草原的自然景观，很可能是草坪的原形。"

2.1.2 古典草坪

古典意义的草坪概念来自人类农业文明时代，最早起源于为防止家畜走失，在草原畜牧业生产中就产生了跟群放牧或滞留放牧的生产方式，这样家畜放牧采食后的草地就首先成为人类户外活动和从事竞技运动的草坪场地。如胡中华等提到的自然式草地和疏林草地。

2.1.3 现代草坪

现代意义上的草坪是指由自然成活的禾本科草本所组成的绿地，或指由人工建植的绿色草地。在现代，自然状态下的草坪的属性被淡化，充分强调了人类对草坪塑造、干预的特性。我国《辞海》一书将草坪定义为："草坪是园林中用人工铺植草皮或播种草籽培养形成的整片绿色地面。"严格来讲，草坪的含义远非如此。

草坪学中较为全面的定义是：草本植物经人工建植或天然草地经人工改造后形成的具有美化和观赏效果，并能提供人们休闲、游乐和体育运动的以低矮的多年生草本植物为主体，相对均匀地覆盖地面的坪状草地，包括草坪植物群落及支撑群落的表土所形成的统一整体。这个概念包含以下三个方面的内容：

1）草坪性质——人工植被；

2）基本景观特征：低矮、均匀的地被；

3）明确的使用目的：保护环境、美化环境，为人类娱乐和体育提供优美舒适的场地。

2.1.4 可持续性草坪

以可持续发展的基本概念为核心，从不同的视角，针对不同的区域或方面，阐述关于可持续概念的内涵，对深刻理解可持续发展的概念、运用可持续发展理论分析和研究现实问题具有重要的意义。政治家往往从涉及发展的多视角来谈可持续发展的具体问题；经济学家往往从经济或社会福利的角度去描述可持续发展；社会学家则往往从需求和发展过程本身谈可持续发展；生态学家往往从生态系统结构和功能的观点去解释可持续发展的内涵；环境学家往往从资源环境可利用程度或范围的角度阐述可持续发展的原则。

不同的人不仅在可持续发展概念上有不同的认识，而且在其内涵的理解上也是百家争鸣。具体到可持续性的操作方面更是参差不齐，表现为设计和建造的可持续性标准不健全、日常养护未按照可持续性方法进行、不同阶段人员工种间的割裂。如养护人员往往不参与景观建造决策和建设过程，他们只是在利用大量成本建成新景观后才得以有发言权，而且获得的养护费用往往很低。他们一方面要面对遗留的土壤质量、浇灌系统设计安装缺陷、植物选择等问题，另一方面还要达到业主方的预期要求，养护工作挑战性大，往往不可持续。草坪作为景观的一部分，面临同样的问题，值得庆幸的是，目前在可持续草坪管理实践中众前辈已经做了大量的努力，制定了相应的国家、行业、团体等各式标准（见附录 A），使我们的工作有章可循。

依据已经制定的标准，可持续草坪应包括两个方面：一是可持续利用的草坪植物；二是可持续草坪绿化技术，着重介绍草坪设计、施工建造和养护技术，同时描述改造现有场地并使其变得更具可持续性的技术。

因此，可持续草坪可以定义为：适应当地的土壤和气候条件，绿期长；保持长期持续生长的活力；炎热、干旱等逆境条件下存活率高；在一般水肥供给的情况可以维持致密的草坪密度和深绿的色泽；极少的病、虫害问题；产生的杂草数量是可控的；能与其他草种和双子叶植物混播、共生。

可持续草坪隶属于可持续景观，从生态学观点看更加稳定，比普通草坪投入成本更低。提倡和推广可持续草坪，可有效整合资源效率，综合发挥景观、生态、经济效益，而且对环境影响降到最低，将有限的成本效益最大化。

2.2 草坪的功能

美国著名的草坪学家 J. B. Beard 把草坪的效益分为 3 个方面：功能性（functional）、景观性（ornamental）和娱乐性（recreational），即它具有生态价值、美学价值和娱乐价值，所有的功能都需要可持续地被人类利用。

草坪行业发展迅速，得益于草坪对人类具有巨大的贡献，草坪业对社会的贡献不仅仅在于直接的产值，还能够为改善人类的生存环境带来效益，它在保护和改善脆弱的城市生态系统，重建更亲近自然、清新优美的环境中具备独特的价值。

2.2.1 生态价值

草坪是重要的绿化素材，能够绿化环境、改善生态条件，它的生态效益是多方面的。

一、固定表土、减少水土流失

草坪可以减少水的径流损失。草坪覆盖可以拦蓄雨水，减轻内涝并回灌补充地下水是中国海绵城市的关键因素之一。

二、净化空气、净化水源

空气污染是现代社会尤其是大城市的严重环保问题。草坪草能吸附、吸收、稀释、分解或转化氨、氟、硫化氢、二氧化硫、硝酸盐、重金属等有害物质。草坪净化水源的作用是由于它像一层厚厚的过滤系统，在降低地表水流速度的同时把大量固体颗粒物沉淀下来。

三、改善小环境

夏季于草坪中漫步可明显感觉到草坪表面的舒适、凉爽。与裸地相比，草坪能显著增加空气湿度，减缓气温的日变幅，缩短高温的持续时间，因而提高环境的舒适度。

四、草坪能有效降低城市噪声、光和视觉污染

噪声过高能破坏人的神经细胞，引起头昏、头痛、疲劳、记忆力减退。草坪对噪声的吸收能力远远高出其他硬质表面。光和视觉污染在现代城市中越来越成为一个值得重视的问题。城市中大量使用的水泥、沥青、玻璃等建筑材料在强光的照射下，会反射出刺目的光，而草坪则有着柔和的、令人赏心悦目的色泽，这是因为草坪能吸收太阳光并把直射光转成漫射光，从而起到降低视觉污染的作用。由于草坪绿地能减缓太阳的反射，减弱太阳光对人眼睛的损伤，因此，可明显保护人的视力，有效缓解视神经疲劳。规划设计时把草坪与树木、灌木丛和谐地结合起来，相互协调、相互补充，形成立体的绿色屏障。

五、有效改良土壤结构、改造废地

作为一个有机的生态系统，草坪为大量微生物，如细菌、真菌以及蚯蚓、线虫等提供了一个良好的生存环境。这些微生物和昆虫能加速植物根、茎、叶的分解。这一过程有效改善了土壤的物理结构与化学成分，使土壤有机质含量不断提高。这种成功的例子很多，甚至有些高尔夫球场就是在原垃圾场或废矿场上建立起来的。

六、减灾与防灾的作用

机场和高速公路旁的草坪，对于飞机起降和行车安全是非常重要的。对由于意外情况而紧急迫降的飞机或紧急刹车的车辆来说，草坪是极好的缓冲带，可避免恶性事故的发生或减少损失，对于整个城市生态系统而言，在某些突发性灾害，特别是地震和火灾发生时，开阔的草坪是极好的安全岛和缓冲隔离带。如日本东京上野公园中宽阔的草坪，曾在地震中疏散居民时发挥了重大作用。

2.2.2 美学价值

草坪独特的美学价值开始逐步被认识，促进了现代草坪行业的迅速发展。它的独特性表现在以下几个方面。

一、提供绿色景观

在世界城市化趋势下，从整体来看，城市是由灰色混凝土构成的建筑群，而草坪及地被植物是绿色或彩色的，如有草坪及地被植物的衬托，就可以使固定不变的建筑物富有生气，增加人工环境中的自然意味。草坪可以作为主景、背景等来使用，作为主景选择在一个较大、较平坦的空间中，为了突出它开阔、宽广的特点，可以用大面积草坪来布置，同时配上远处的树群加以对比，更能体现空间的开阔。这种方法通常在大型公园、植物园和风景区中使用。例如辰山植物园的疏林草坪，面积近 70 万 m^2，空间感觉辽阔而有气魄（图 2-1）。

草坪作主景，最常见的是用在相对独立和开阔的空间中，在商业地产景观中用作规则式方形、圆形、扇形等几何图形，各种形状都可以用草坪来表现，而且面积大小比较随意，小到几十平方米，大到几百、几千平方米都可以建植草坪。如许多广场、写字楼前后、停车场都采用不同规则形状的地砖和草坪建成。

二、提供和谐统一的背景

在组成我们生活环境的人工和自然要素中，同一景观中建筑、道路、乔木、灌木、花卉等都是相对独立、分散的，草坪像绿色的地毯，将所有这些要素连接起来，并最终形成一个完美、和谐的整体。当从一种景观过渡到另外一种景观，或由一个景物过渡到另外一个景物时，草坪可以起到衔接和纽带作用，比如从建筑到绿地、从绿地到水体、从水体到广场等，都可以用草坪来过渡，既自然又丰富了整体景观的层次和景深（图 2-2），同时也加强了各景物之间的联系。

图 2-1　辰山植物园疏林草坪

图 2-2　草坪作主景和背景

2.2.3　娱乐价值

当代社会的一个重要标志是生活节奏加快，人们在闲暇时需要更多娱乐休闲来舒缓身心。平坦、密实的草坪给当代蓬勃兴起的体育运动和日常活动提供了优美舒适的活动场所（图 2-3）。

优质的运动场草坪是当今许多高水准体育竞赛的必备条件。过去，许多国家和地区的运动场地多为泥土地和沙地。地面坚硬、灰尘大，常给运动员带来伤害。近年来草坪运动场发展迅速，有助于提高竞技水平，推动体育运动的发展。草坪还可为人们日常的室外娱乐活动和运动提供良好的活动场地。一个凉爽、松软的草坪最能引起孩子们游戏的兴趣。在公园绿地郊游、家庭聚会、野餐将给人以美的享受。人们在草坪上娱乐休闲的同时，享受到置身于大自然的乐趣。尤其对长期居住城市、远离大自然的人们来说，确实是增强体质和促进身心健康的最佳选择。

图 2-3　草坪的娱乐休闲功能

2.3　草坪草分类

2.3.1　主要分类依据

草坪草的气候生态区划是以气候生态条件为基础，结合草坪草对环境条件的生态适应性进行划分的。影响草坪草分布和生长的环境因子有很多，但从气候因子来看，主要是温度，其次是水分。在地球表面由于纬度、海拔高度、海陆分布、大气环流等影响，导致了温度、水分等气候要素的组合在陆地上有多样性，这样就形成了不同的气候带，除冻原之外，全世界各气候带内都分布有与其相适应的草坪草种。

一、世界草坪草气候生态区划

目前在世界范围内对草坪草进行气候生态区划，还没有统一的标准。有专家初步提出了一个草坪草自然地带分类系统，将草坪草分为世界广布型、大陆东岸型、大陆西岸型、地中海型、热带型、热带高原型和温寒地带型 7 个类型。

（一）世界广布型

指普遍分布于世界或几乎分布于全球的草坪草种。它们对气候、土壤具有广泛的适应性和忍耐力。实际上从北极穿过赤道、到达南极都有分布的草种是不存在的，只是普遍地分布于世界各地能适应的生境之中。此类型草坪草种数目有限，如狗牙根（*Cynodon dactylon*），由热带迁入温带，在年降水量600 ~ 1000mm地区的不同土壤上，均能生长，是世界上分布最广泛的禾草之一。一年生早熟禾则是由温带迁入亚热带的世界广布型禾草。白三叶草（*Trifolium repens*）虽然原产亚洲、非洲、欧洲交界的地中海东海岸温暖地区，但如今该草种及其改良品种几乎遍及世界各大洲，可谓世界广布型草种。

（二）大陆东岸型

指主要分布在东亚（我国大陆东部北回归线以北地区、蒙古东部、朝鲜半岛和日本等）、北美洲东部、巴西南部、澳大利亚东部以及非洲东南部的草坪草种。主要气候特点是冬寒、夏热，年温差大，降水由沿海向内陆递减，代表草种有草地早熟禾（*Poa pratensis*）、普通早熟禾（*P. trivialis*）、结缕草、狗牙根、野牛草。现在栽培较多的是高羊茅。

（三）大陆西岸型

指分布在欧洲大部、北美西南部以及新西兰、澳大利亚东南角等地的草坪草种。这些地区的气候特点是温和湿润。代表草种为匍匐剪股颖（Agrostis palustris）、细弱剪股颖（*A. tenuis*）、小糠草（*A. alba*）。

（四）地中海型

指分布在地中海沿岸以及具有类似气候的非洲南部好望角附近，澳大利亚南部和西南部，南美洲智利中部以及北美洲加利福尼亚沿岸等地的草坪草种。代表草种为多年生黑麦草（*Lolium perenne*）。

（五）热带型

指分布全球热温带地区（通常指南、北回归线之间）。气候特点是全年气温高、降雨量大。代表草种为竹节草（*Chrysopogo aciculatus*）、沟叶结缕草（*Zoysia matrella*）、地毯草（*Axonopus compressus*）、巴哈雀稗（*Paspalum nonatum*）等。

（六）热带高原型

分布在热带高海拔地区的草坪草种，在我国云贵高原南部，尤以云南省为典型。在云南代表草种为蜈蚣草（*Eremochloa ciliaris*）和钝叶草（*Stenotaphrum helferi*）。

（七）温寒地带型

分布于欧亚大陆草原和北美大陆草原北部，以及南延到高寒山区的草坪草种。代表草种为加拿大早熟禾（*P. compressa.*）、紫羊茅（*Festuca rubra*）、羊茅（*F. ovina.*）。

全世界范围内，冷季型草主要生长在寒温带区域和寒冷海洋气候区域，典型分布区域为欧洲大部分地区、亚洲北部、美国的北半部、加拿大、新西兰大部分、澳大利亚南部、日本北部、南美洲的南端地区以及许多海拔较高的热带和亚热带地区。暖季型草在热带和暖温带大陆或者海洋气候区域中盛行，典型分布区域为美国的南半部、中美洲和大部分南美洲地区、西班牙、非洲、印度、中国、东亚以及日本和韩国的大部分地区。在温带气候和亚热带气候交界的过渡气候中，冷季型草种和暖季型草种都可以存在，但在潮湿的气候过渡区中很难形成健康的草坪，因为不管是冷季型草还是暖季型草都不能很好地适应这种气候。

二、中国草坪草气候生态区划

我国南至南沙群岛，北至黑龙江，跨纬度 49° 以上，东西横跨经度约 62° ，在如此广阔的范围内，从南向北形成各种热量带：热带、亚热带、温带、寒温带。陆地上大气降水的主要来源是海洋蒸发的水汽。我国东临太平洋、西连内陆，受海洋季风影响的程度不同，从东到西水分条件从湿润到干旱有明显变化。受温度和降水等条件的综合影响，不同类型的草种都有分布区域。冷季型草坪草一般适应于温带和寒带气候，暖季型草坪草则主要用于热带和亚热带气候区。某一草种的适应性主要取决于它们的抗寒性能，如多年生黑麦草一般不适应寒带气候，而早熟禾和剪股颖（*A. clavata* subsp. *matsumurae*）则适应于我国广大东北地区，高羊茅和某些狗牙根品种则适应于亚热带和温带过渡区。

根据各地区气候的适应性，草坪植物所表现的适应性不同。中国采用 5 个基本地带类型划分法，简便实用。

（一）冷温带大陆气候主要适合冷季草种的温带气候。夏季温暖但几乎不会炎热，而冬季足够寒冷并且持续时间够长，限制了除顽强的冷季型草种以外所有植物的存活，降雨量是变化的，冬季通常会下雪。为了草坪的存活，需要在较干的地区进行浇灌。该地带主要分布在寒温带和青藏高原高寒气候区，冬季寒冷，夏季凉爽。适宜的草坪草种主要有早熟禾、剪股颖、狐茅（*F. ovina*）等属的种类；靠南一些的冷湿地带可选择高羊茅；一些特殊环境也可选用梯牧草（*Phleum pratense*）、无芒雀麦（*Bromus inermis*）、鸭茅（*Dactylis glomerata*）等。

（二）冷凉、干旱、半干旱带：该区域分布范围较广，位于大陆型气候控制区，冬季干燥、寒冷，春季干旱，夏季有一个明显的酷热期。主要分布在秦岭—淮河以北的广大中温带和部分暖温带区域。适宜在该地区种植的草坪草种主要是草地早熟禾和细弱剪股颖、匍匐剪股颖、高羊茅或黑麦草等种类。干旱地区，只要供水充足，便可拥有高等级草坪。红狐茅（*F. rubra*）、丘氏紫羊茅（*F. rubra* Chewing's）、硬羊茅（*F. ovina var.durivscula*）常常出现在更为凉湿的北部和海拔较高的地区；靠南的一些地区高羊茅、黑麦草表现较好；野牛草更适应无浇灌条件、管理粗放的干旱平原区；狗牙根、结缕草属（*Zoysia*）、无芒雀麦、冰草属

（*Agropyron*）的草种可出现在低养护水平的道路边坡、机场等地段，用作景观养护草种。

（三）温暖、湿润带：夏季高温、高湿，冬季温和是该区域的气候特征。7月份日平均温度常常高达30℃以上，并伴随有很高的湿度。冬季比过渡气候区更加温和，夏季长久而炎热，湿度在从低至高的范围中变化，降水情况与过渡气候类似，仅有最敏感的暖季型草种才会在冬季中遭受伤害。主要分布在亚热带区域，向北延伸至西安、郑州等城市。狗牙根在该区域生长良好，耐寒性稍强的结缕草，可选择在靠北一些的地区种植。雀稗（*P. thunbergii*）、钝叶草、地毯草、百喜草（*P. notatum*）、弯叶画眉草（*Eragrostis curvula*）等则适宜种植在靠南的地区。冷季型的高羊茅、黑麦草、草地早熟禾等也常出现在该区域靠北或海拔较高的地方。这里不存在任何冬季寒冷问题，冷季型草种不适宜这个气候区，高海拔地区除外。

（四）温暖、干旱、半干旱带：该区域星散分布于亚热带、热带及云贵高原的部分地区和其他类似地区。常伴随着干旱的夏季，昼夜温差较大。狗牙根是当家草种，浇灌条件下，结缕草、高羊茅、早熟禾等的使用也非常普遍。该区域内保持高等级草坪，必须进行浇灌。景观养护可选用野牛草、百喜草、弯叶画眉草等种类。

（五）过渡带：呈隐域性分布和梯度性变化特征，镶嵌或穿插于各带之间。草种选择时，应根据具体建坪地所处的主要地带类型，选择配比不同的草种。过渡气候区的气候位于冬季对暖季型草种存活来说过于寒冷而夏季对冷季型草种生长来说过于炎热的过渡点上。夏季普遍炎热，通常非常潮湿。降雨量多变，每年20 ~ 120cm，在潮湿过渡气候区，降水主要出现在夏季，冬季则主要是降雪。这是一个非常难以培育健康草坪的区域，并且杂草、病虫害的出现率非常高。

中国的草本植物种类很多，但是能够用于草坪建植的却不多，绝大部分属于禾本科，少数属于莎草科、豆科和旋花科。常按照气候特点和地理分布将草坪草分为冷季（地）型草坪草和暖季（地）型草坪草，最适生长温度为15 ~ 24℃（或20℃左右），其在春、秋季节各有一个生长高峰。禾本科暖季型草坪草，最适生长温度为26 ~ 32℃（或30℃左右），生长的主要限制因子是低温强度与持续时间，主要分布在长江流域及华南地区，有些耐寒的种类如日本结缕草（*Z. japonica*）、野牛草可在胶州半岛、辽宁半岛等北方地区种植。

2.3.2 其他分类依据

一、基于以上气候生态区划理论，根据草坪植物对气候和温度的适应性分为暖季型和冷季型草坪草。

主要判断标准是草坪植物的绿期表现，大致分为夏绿型、冬绿型和常绿型三种。

夏绿型指春天发芽返青、夏季生长旺盛、秋季枯黄、冬季休眠的一类草坪草，常被归为暖季型草坪草，如长三角区域的狗牙根、马尼拉（*Z. matrella*）。冷季型包括冬绿型和常绿型两种，冬绿型指秋季返青，进入生长高峰，冬季保持绿色，春季再有一个生长高峰，夏季枯黄休眠的一类草坪草，如上海用作绿地草坪的黑麦草。常绿型指一年四季都能保持绿色的草坪草，如长江以北种植的剪股颖、高羊茅、白三叶。同一种草坪草在不同的地方可能属于不同的类型，如高羊茅在北京种植属于常绿型，在上海则属于冬绿型。

二、按照草坪功能的不同，草坪可分为景观型草坪、运动型草坪、生态型草坪等。

（一）景观型草坪

以观赏为主，草坪建植在人口比较密集的地区，特别强调环境优美的观赏性为其主要特征。例如广场、商业街区、各类公园、名胜古迹、办公场所的草坪等。

（二）运动型草坪

运动休闲草坪与景观绿化草坪完全不同，其功能就是为一定的运动项目提供场地。例如足球场、草地网球场、棒球场等，高尔夫球场更是以草坪面积大、草坪种类多、养护水平高而著称。

（三）生态型草坪

生态绿化草坪也叫实用型草坪，最基本功能为固定地表土壤、防止水土流失和土壤侵蚀、防尘防沙。例如公路的护坡和中间隔离带、机场跑道周围的飞行区、防护林带绿地、水源涵养绿地等。

三、根据叶片宽度将草坪草分为宽叶型草坪草和细叶型草坪草。宽叶型草坪草叶宽茎粗，生长强壮，适应性强，草坪质量相对较差，适于粗放管理草坪，如高羊茅、日本结缕草、野牛草、地毯草、钝叶草等。细叶型草坪草茎叶纤细，可形成致密的草坪，但生长势较弱，要求较好的环境条件与管理水平，如草地早熟禾、细叶结缕草（*Z. pacifica*）、剪股颖、狗牙根等。草坪草叶片的宽度也跟其他因素相关，如播种密度、修剪频率和高度等。

四、根据草坪植物的高度分为高型草坪草和低型草坪草。高型草坪草植株自然高度一般为30-100cm，如黑麦草、高羊茅、早熟禾等。低型草坪草植株高度一般在20cm左右，可形成低矮致密的草坪，具匍匐茎或根状茎，如狗牙根、剪股颖等。

五、根据草坪植物的生长特性，又可以分为丛生型和匍匐型。大部分冷季型草坪草为丛生型，如高羊茅、细羊茅、多年生黑麦草、草地早熟禾，只有匍匐剪股颖是匍匐型生长，大部分暖季型草坪草是匍匐生长，如狗牙根、日本结缕草、马尼拉、天鹅绒（*Z. pacifica.*）、假俭草（*E. ophiuroides*）等，弯叶画眉草和百喜草是丛生生长。丛生型草坪草比匍匐型草坪草需要略多的修剪。另外，草地早熟禾有根茎，有些人单独列出来，称为根茎型。

六、根据草坪的配置方式，分为单一草坪、混播草坪、缀花草坪等。

2.4 草坪草种类

2.4.1 常用暖季型草坪草

暖季型草坪草在我国主要分布在长江流域以南的广大地区，耐热性好，一年仅有夏季一个生长高峰。春、秋季生长缓慢，冬季休眠。生长的最适温度是26 ~ 32℃，根系生长适宜土壤温度为26 ~ 28℃。全世界暖季型草坪草主要有10属26种（变种），我国有7属12种，是全球暖季型草坪草最丰富的国家，其中狗牙根属（*Cynodon*）、结缕草属、蜈蚣草属（*Eremochloa*）是最主要的3类暖季型草坪草，被广泛引用。另外，雀稗属草坪草逐步被开发利用。

一、狗牙根属

狗牙根属植物属于禾本科虎尾草亚科，该属植物大多起源于非洲东部，主要生长在温暖湿润的热带、亚热带区域。刘建秀等根据细胞遗传学特征和杂种配合力将狗牙根属植物分为9种10变种，我国主要分布有2种1变种，分别是狗牙根、弯穗狗牙根（*C. adrcuatus*）、双花狗牙根（*C. dactylon* var. *biflours*）。市场上用作草坪草的狗牙根属植物分为普通狗牙根和杂交狗牙根。

（一）形态特征

狗牙根为多年生草本植物，具有根状茎和匍匐枝，须根细而坚韧（图2-4）。匍匐茎平铺地面或埋入土中，长10 ~ 110cm，光滑坚硬，节处向下生根，株高10 ~ 30cm。叶片平展、披针形，叶色浓绿，5 ~ 7月陆续抽出花序，秆高12 ~ 15cm。花序穗状、绿色，结实能力极差，种子成熟后易脱落，具有一定的

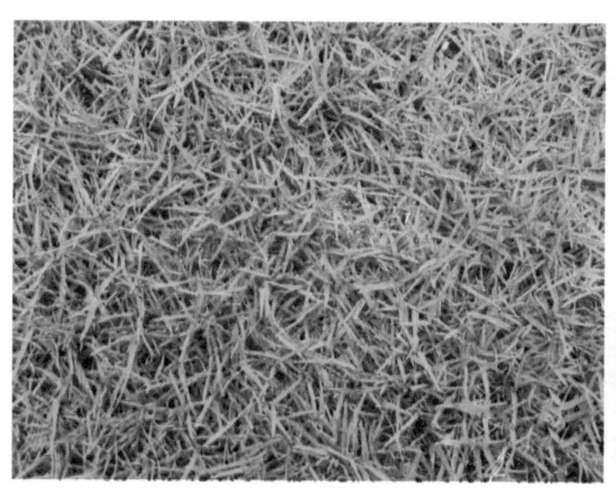

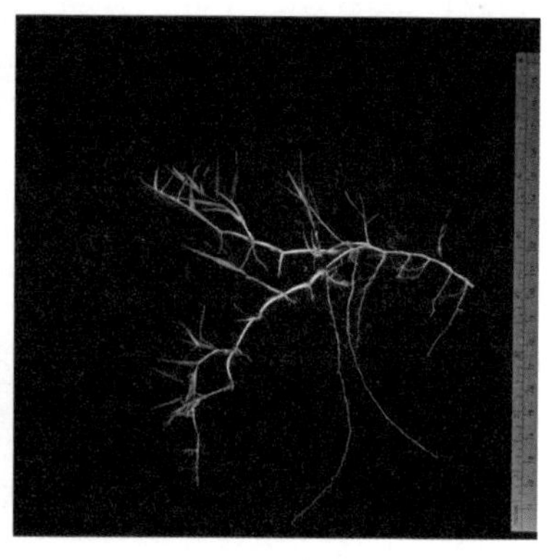

图2-4 狗牙根属草种

自播能力。种子长 1.5mm，卵圆形。

（二）生长习性

狗牙根性喜温暖湿润气候，耐阴性和耐寒性较差，生长适宜温度为 20 ~ 32℃，在 6 ~ 9℃时几乎停止生长，当日均温为 2 ~ 3℃时，其茎叶死亡，以其根状茎和匍匐茎越冬，叶和茎内色素的损失使狗牙根呈浅褐色。翌年当土壤温度低于 10℃时，则靠越冬部分休眠芽萌发生长。该草坪在华南绿期为 270d，华北、华中为 240d 左右。

狗牙根是耐旱的，正常情况下，根系较深，能抗旱。只是在高温、潮湿、通风差的环境下根系变浅，抗旱能力降低。如虹口足球场，每到高温季节根系变浅（仅 5cm 左右，而夏初及秋季可达 10 ~ 15cm），抗旱能力降低。狗牙根营养繁殖能力强大，具很强的生命力。据测定，在生长旺盛的夏季，茎日生长速度平均达 0.91cm，更快的达 1.4cm；匍匐茎的节向下生不定根，节上腋芽向上发育成地上枝，茎部形成分蘖节，节上分生侧枝（平均 4 个），分蘖节上产生新的走茎，走茎的节上又分生侧枝与新的走茎；新老匍匐茎在地面上互相穿插、交织成网，短时间内即成坪，形成占绝对优势的植物群落。

狗牙根最喜 pH 值为 6.0 ~ 7.0 的土壤，在排水良好的肥沃土壤中生长良好。此草种侵占力较强，在肥沃的土壤条件下，容易侵入其他草种中蔓延扩大。在微量的盐碱地上，亦能生长良好。

喜光不耐阴，耐踩踏。

（三）栽培技术

狗牙根是我国华北以南地区分布最广的暖地型草种，各地名称较多，如爬根草、蟋蟀草等。植株低矮，生长力强，具根状茎或细长匍匐枝。夏、秋季蔓延迅速，节间着地均可生根。

狗牙根可采用播种和草茎繁殖两种方法进行草坪建植。普通狗牙根繁殖能力强，但种子不易采收，多采用分根茎法繁殖。

播种一般在晚春和初夏进行，这时气温较高，种子易发芽，其播种量为 5 ~ 8g/m^2。播种时应选纯净度高、杂质少、发芽率高的种子。播种后应立即覆土镇压，使种子与土壤充分接触，覆土厚度为 2 ~ 4mm。播种后及时浇灌，浇灌设备以雾化管为好，雾化程度高，可防止水滴太大将种子冲溅出土壤。为保持土壤湿润，可覆盖一层秸秆或无纺布，减少水分蒸发，利于苗全苗壮。杂交狗牙根草种稀少，没有商品种子，故杂交狗牙根繁殖都用草茎繁殖法。

草茎繁殖法的一般做法如图 2-5 所示，于春夏期间，铲起草皮粉碎成草茎，或者直接用疏草得到草茎，将草茎均匀撒铺于坪床，覆土压实，保持湿润，数日内即可生根萌发新芽，约经 20d 左右即能滋生新匍匐枝，此时应增施氮肥，同时配合修剪，匍匐枝迅速向外蔓延伸长，并节间生根扩大形成新草坪，速度之快为

图 2-5 狗牙根草茎繁殖法

其他草种所不及。此草与结缕草、假俭草相比，养护管理比较粗放，剪草、施肥、病虫防治相应次数均较少。但夏日炎热缺雨季节，由于根浅生，经不住干旱，应适当浇水。用狗牙根铺设的草坪运动场，每当球赛结束后，已经踏坏的草坪，必须当晚进行喷灌浇水，一般 3 ~ 5d 即可萌发新芽，7 ~ 8 天即可完全复苏。

另外，因狗牙根草坪在有霜期内地表枯黄，通常在枯黄前 40 ~ 50d 交播多年生黑麦草，使草坪保持全年绿色，交播技术在中国已经有近 20 年的历史，是一个非常成熟的草坪技术（上海地区应在 10 月中旬前交播，重霜期在 12 月上旬）。

从多年交播黑麦草的经验总结，狗牙根草坪不同的杂交狗牙根草品种，秋天交播黑麦草后，第二年春天狗牙根返青能力不同，且有较大差别。多个杂交狗牙根草品种，如矮生百慕大（'Tifdwarf'）、运动狗牙根（'Tifsport'）、'天堂 419'（'Tifway'）等，以矮生百慕大返青能力最强。上海人民广场矮生百慕大交播黑麦草已 16 年，每年都能顺利返青。当然，正确的养护措施很重要，但与正确选择杂交狗牙根草品种也有很大关系。

二、结缕草属

结缕草属植物是禾本科画眉草亚科的草坪草，分布于非洲、亚洲、大洋洲的热带和亚热带地区，全世界有 10 个种，我国有 5 个种（变种），常用的有日本结缕草、沟叶结缕草、细叶结缕草等。由于其具有广泛的土壤、大气、生物等环境适应性强的优良特性，已被广泛应用于公园、居住区、厂房、运动场等形式的绿地。

（一）形态特征

结缕草属是禾本科多年生暖季型草本植物。叶片质坚，常内卷而窄狭。具根状茎或匍匐枝。总状花序穗形；小穗两侧压扁。叶黄绿到较深的绿色《草坪质量分级》（NY/T 634—2002），施肥可以增加绿色深度。茎叶密集，植株低矮直立，具有极其发达的根茎，有极强的抗旱能力和耐踩踏能力。

（二）生长习性

结缕草对土壤的适应性良好，虽喜好潮湿环境，但不耐涝。结缕草根系最适生长环境条件为沙壤土质，土壤 pH 值在 5 ~ 7 之间。结缕草在温湿的环境条件下可生长于遮阴处，有一定耐阴能力，在暖季型草中属耐阴能力较强的草种。结缕草具有耐旱、耐盐与耐贫瘠土壤的特性，在干旱缺乏浇灌地区，结缕草作为草坪的利用绝对优于百慕大草，缺水时，结缕草叶片却也最快发生卷曲的现象，此正是其耐旱的生理机制之一。马尼拉结缕草属沟叶结缕草，叶近针形，其叶缘内卷，因此得名，也是该属植物耐旱的一个佐证。

耐寒，草根在 -30℃以上可安全越冬。叶片粗糙，根茎发达，茎秆致密，耐磨、耐踩踏性强，且抗病虫、抗杂草。结缕草匍匐茎生长缓慢，一旦有秃斑，恢复较慢。结缕草属植物在我国不仅是优良的草坪植物，还是良好的固土护坡植物。

（三）栽培技术

结缕草属一般而言，4 ~ 10 月为其生长季节，在秋季 10℃左右开始褪色，在长江流域冬季有 4 个月左右的休眠期。利用种子繁殖结缕草草坪，目前商用品种以日本结缕草的‘Meyer’和‘Emerald’品系为主。播种量 8 ~ 10 g/m^2。其他马尼拉草、天鹅绒草等没有商品种子，只能以草茎、草皮形式繁殖。

（四）草种分类

结缕草属自然界有多种，后经人工引种、杂交，培育了多个品种。常见种及品种有日本结缕草、中华结缕草（*Z. sinica*）、大穗结缕草（*Z. macrostachya*）、马尼拉草、天鹅绒草、‘兰引 3 号’（*Z. Japonicacv* ‘Lanyin NO.3’）、‘上海’结缕草（*Z. japonicacv*. ‘Shanghai’）、细叶结缕草等。

结缕草，又名老虎皮（图 2-6），深根性，可入土 30cm，特别抗旱。适应性强，喜温暖，喜阳光。耐高温，抗干旱，不耐阴，竞争力强。较耐盐碱，耐瘠薄，耐踩踏。大江南北均可栽植。叶片有刚毛，较硬而粗糙。

中华结缕草，江南地区当家草坪草种。茎叶茂盛，草丛密集。喜阳，耐半阴，喜排水良好的沙壤。常见于河湖、海边。叶片光亮无毛、较软。

大穗结缕草又名江茅草，形似结缕草，但茎高穗大。喜阳光，很耐盐碱，能在沙滩生长。耐湿，耐旱，耐瘠薄，耐低温。常见于江河海滩。

图 2-6　结缕草属草种

马尼拉草与细叶结缕草比，略能抗寒，抗旱能力强，耐瘠薄。略耐踩踏，分蘖强，病害少，草层密集，观赏价值高。最重要的是草坪必须整平整细，雨季地面不积水。

细叶结缕草又称朝鲜芝草，在南方多叫台湾草，华东地区叫天鹅绒草。喜强阳光，不耐阴。与结缕草比耐寒性稍差。草层密集，竞争力强。喜肥沃，适微碱。草丛易出现馒头形凸起，起伏不平。草层下面易毡化。很美观，但需精心养护。

三、蜈蚣草属

假俭草属禾本科蜈蚣草属，蜈蚣草属中仅假俭草用作草坪草。假俭草原产中国，被称作中国草坪草，主要分布于我国长江以南各省区，常见于林缘、山坡、溪涧等土壤湿润区域。植株低矮，耐贫瘠，耐阴湿环境，生长迅速，侵占性和再生能力强，成坪快，覆盖率高，耐粗放管理。是建植各类草坪及公路护坡、护埂、护堤的理想绿化地被材料。

（一）形态特征

假俭草叶片线形，长 2 ~ 5cm，宽 1.5 ~ 3mm。以 5 ~ 9 月生长最为茂盛，匍匐茎发达，再生力强，蔓延迅速。根系深，较耐旱，茎叶冬日常常宿存地面而不脱落，茎叶平铺地面平整美观，柔软而有弹性，耐踩踏。花序总状，花矮，绿色，微带紫色，比叶片高，长 4 ~ 6cm 生于茎顶，上海秋冬 11 月左右抽穗、开花，花穗绿色带紫，具长柄，小穗具短柄，紧贴于穗轴，呈覆瓦状排列，比其他草多，远望一片棕黄色（图 2-7），非常壮观，种子入冬前成熟。

图 2-7　蜈蚣草属草种

（二）生长习性

喜光，耐阴，耐干旱，较耐踩踏。与结缕草比略耐半阴。喜湿润、肥沃、疏松土壤。耐瘠薄。喜温暖，-15℃难以越冬。耐涝性、耐盐碱性差。假俭草在上海地区秋末抽穗开花结实，4 月中旬返青，11 月底枯黄，绿色期长，若能保持土壤湿润、冬季无霜冻，可保持常年绿色。匍匐茎平铺地面，能形成紧密而平整的草坪，几乎没有其他杂草侵入。耐修剪，滞尘性能好。假俭草质地中等粗糙，属于阔叶型草。生长速度慢，通过短、密和多叶匍匐茎蔓延扩展，其匍匐茎具有很短的节间。

因匍匐茎生长速度慢，能形成紧密的草层。假俭草与其他大多数暖季型草相比不易受病虫危害。

（三）栽培技术

假俭草种子成熟落地，有一定的自播繁衍能力，无性繁殖能力也很强，既可进行营养繁殖，又可用种子繁殖，但依靠种子建植速度非常慢，所以，通常是利用草茎分栽、铺草皮的方法繁殖。一般每平方米草皮的草茎可建成 6 ~ 8m² 草坪。假俭草以低养护管理获得高质量草坪而著称，适用于高速公路绿化美化，是固土护坡、绿化建设的优良草种。上海交大选育的平民假俭草，已在一些郊野公园推广应用。

在修剪方面，由于假俭草的茎叶平铺地面，形成的草坪自然、平整、美观。即使是在 5 ~ 9 月的生长季节，也无须高频率修剪，相对其他草坪节省一定的机械和人工费用。如‘平民’假俭草（*E.ophiuroides*‘Civil’）若冬季不交播，在华东一年基本只需剪草 6 次。

为使草坪平整美观，除杂草工作相当重要。由于假俭草生长旺盛，对地表覆盖度高，其他杂草难以侵入，即使是生命力强健的香附子、牛筋草也难以找到可乘之机，在一定程度上减少了除杂草的工作。

假俭草耐粗放管理，对水、肥要求不严，在生长季节，追加些氮肥即可，水分以保持土壤湿润为好。但在干旱季节，应注意补充水分，保证草坪健康生长。假俭草具有很强的抗性，几乎没有病虫害发生，基本无需防治有害生物。

四、雀稗属

雀稗属属于暖季型草坪草，该属约有 300 个种，我国有 16 种，以前多用作牧草，常分布于热带和亚热带海滨地区和含盐的潮汐湿地、沙地或潮湿的沼泽地、淤泥地。近几年一些种被开发用作草坪，最为常见的是巴哈雀稗和海滨雀稗。

（一）形态特征

叶片深绿色，质地细腻，形成的草坪致密、整齐、均一；具有根和匍匐茎，侵占性、扩展性很强，抗杂草入侵；根系发达，入土深，极耐旱；极耐盐，几乎是狗牙根耐盐能力的两倍，耐盐浓度为 0.04% ~ 0.06%，可用海水浇灌。

（二）生长习性

对土壤的适应性强，适宜的土壤 pH 值是 3.5 ~ 10.2，无论在沙土、壤土，还是重黏土、淤泥中都能良好生长，耐水淹；极耐低修剪，用于高尔夫球果岭草坪时可修剪至 3.2mm。比同样修剪高度下的狗牙根颜色更深、密度更高、景观效果更好；抗踩踏性较差，但受损后恢复极快。上海虹口足球场选用海滨雀稗是由于其受损后恢复快、叶色好、较耐阴、耐空气通风差、叶鞘不易脱落；极耐热、抗病虫性强；对币斑病、叶斑病、根腐病和赤霉病等主要病害和黏虫、线虫均有抗性；但在高温高湿环境下容易生病；耐寒能力强，但比杂交狗牙根弱。

（三）栽培技术

海滨雀稗可用种子播种，也可使用根茎进行繁殖，国内使用者应该选用进口草种或进口草茎进行草坪建植，以保证品种的纯正。国内销售的品种中只有‘海浪’是种子形式，其他品种均为根茎繁殖。

（四）草种分类

雀稗属作为草坪的草种有巴哈雀稗、海滨雀稗（*P. seashore.*）、双穗雀稗（*P. distichum*）等。

目前国内使用的海滨雀稗品种有‘海岛 2000’（‘SeaIsle 2000’）、‘萨拉姆’（‘Salam’）、‘海浪’（‘SeaSpray’）、‘白金’（‘Platinum-TE’）等。

巴哈雀稗，又名百喜草、美洲雀稗。百喜草质地粗糙，覆盖力惊人，病虫害较少，最常用作固土护坡草坪。枝条高达 15 ~ 80cm。成坪后有“麦浪”效果。生性粗放，对土壤选择性不严，分蘖旺盛，地下茎粗壮，根系发达。种子表面有蜡质，播种前宜先浸水一夜再播种，以提高发芽率。

海滨雀稗又名夏威夷草，花梗长，节无毛。生于海滨，色泽亮丽，坪质细腻，分蘖密度高，生长旺盛（图 2-8），具有强的抗逆性和广泛的适应性；耐盐碱性极强，可以使用海水浇灌；对土壤 pH 值适应范围是 3.6 ~ 10.2。具有很强的抗盐性，被认为是最耐盐的草种之一。

双穗雀稗属于禾本科雀稗属，又名两耳草、双耳草、叉仔草、水竹节草等。阔叶类；喜高温湿润，耐阴湿；匍匐茎可伸入水中生根；抗病虫；外形粗糙。

图 2-8　雀稗属草种

2.4.2　常用冷季型草坪草

冷季型草坪植物最适生长温度为 15 ~ 25℃，其根系生长适宜土壤温度为 12 ~ 15℃。适宜在我国黄河流域及以北地区或南方中海拔地带种植。耐寒性强，绿期长，最适宜季节是凉爽的春季和秋季，炎热、干燥的夏季生长缓慢，出现短期的半休眠现象，在过渡气候带及以南甚至退化至死亡。

我国北方地区或南方中海拔地带较适宜种植的草坪草种有早熟禾属（*Poa*）、剪股颖属、羊茅属、黑麦草属（*Lolium*）等。

一、早熟禾属

早熟禾属为多年生疏丛型或密丛型草本。该属约含 200 种，广布于全球温寒带以及热带、亚热带高海拔山地。常用作草坪的有草地早熟禾、粗茎早熟禾等。从营养体上鉴别早熟禾属的最明显的特征是叶尖船形以及叶片主脉两侧的平行细脉浅绿色。

（一）草地早熟禾

须根系，根系交叉生长，具有根状茎，叶色诱人，绿期长，观赏效果好。适宜在气候冷凉、湿度较大的地区生长，抗寒能力强，耐旱性稍差，耐踩踏。根茎繁殖迅速，再生力强，耐修剪。在北方及中部地区、南方部分冷凉地区广泛用于公园、机关、学校、居住区、运动场等地绿化。

草地早熟禾喜光耐阴，喜温暖湿润，又具很强的耐寒能力。耐旱较差，夏季炎热时生长停滞，春秋生长繁茂，是典型的冷季型草种。在排水良好、土壤肥沃的湿地生长良好；根茎繁殖能力，再生性好，较耐踩踏。在西北地区 3–4 月返青，11 月上旬枯黄；在北京地区 3 月开始返青，12 月中下旬枯黄。在 –30℃的寒冷地区也能安全越冬。草地早熟禾是禾本科多年生草本植物，叶片光滑，前端叶尖稍翘起，幼叶在叶鞘中的排列为折叠式；有地下根茎（图 2–9）；耐旱性和耐热性较差；在缺水情况下或在炎热的夏季生长缓慢或停滞，叶尖变黄，绿度较差。草地早熟禾要求排水良好、质地疏松而含有机质丰富的土壤，在含石灰质的土壤上生长更为旺盛，最适宜 pH 值为 6.0 ~ 7.0。草地早熟禾具有典型的、发达的有限型根状茎，可以在比较紧实的土壤中生长良好。

图 2-9　早熟禾属草种

草地早熟禾是一种多年生禾草，适于生长在冷湿的气候环境中，其抗寒性、秋季保绿性和春季返青性能较好。

可通过根茎繁殖，但主要是种子直播建坪。建坪速度比黑麦草和高羊茅慢，但再生能力强。草地早熟禾可用于北方公共绿地、高尔夫除果岭外区域、运动场等区域。可与其他冷季型草种混播，如高羊茅和多年生黑麦草。

（二）粗茎早熟禾

粗茎早熟禾又名普通早熟禾，由于触摸其秆基部的叶鞘时有粗糙感觉，故称之为粗茎早熟禾。

粗茎早熟禾适应于寒冷潮湿带和过渡带。耐寒性优良，密度高，耐阴性也很强，并能生长在排水不良的土壤中。所以可用于既遮阴、又潮湿的地方。但耐热和耐踩踏性差，所以使用范围不是很广。

多为种子直播建坪。华东区将其用于暖季型秋季交播草种。如果岭草坪为矮生百慕大，即‘矮脚虎’（‘Tifdwarf’）或‘老鹰草’（‘Tifeagle’），可使用粗茎早熟禾进行果岭交播保持冬季绿色。粗茎早熟禾具有出芽快、质地细腻和耐低修剪的特性，常用品种有过渡性好的‘哈瓦那’及‘萨伯3号’（‘SabreIII’）等；目前上海美兰湖、湖南龙湖等球场每年都进行果岭交播工作。

二、剪股颖属

剪股颖属（*Agrostis*）属禾本目禾本科多年生草本。根茎疏丛型。该属中常用作草坪的有匍匐剪股颖、小糠草（*A. ada*）、细弱剪股颖、绒毛剪股颖（*A. canina*），其中匍匐剪股颖是冷季型草坪中最能忍受连续低修剪的。

（一）匍匐剪股颖（别名本特草），某些地域称其四季青，属多年生草本，具细弱的根状茎。秆丛生，直立，柔弱（图2-10），高20 ~ 50cm，叶舌透明膜质。

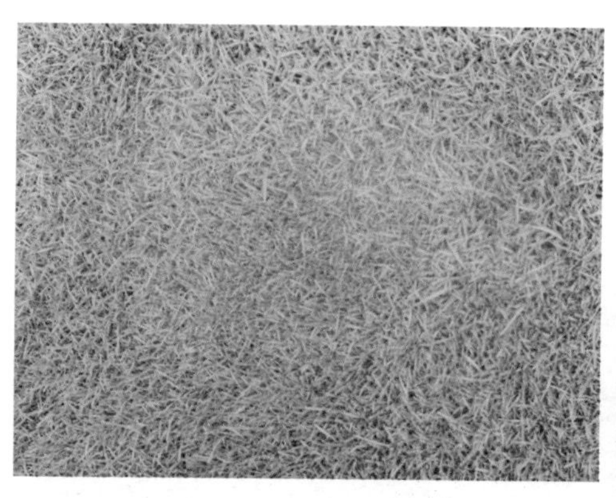

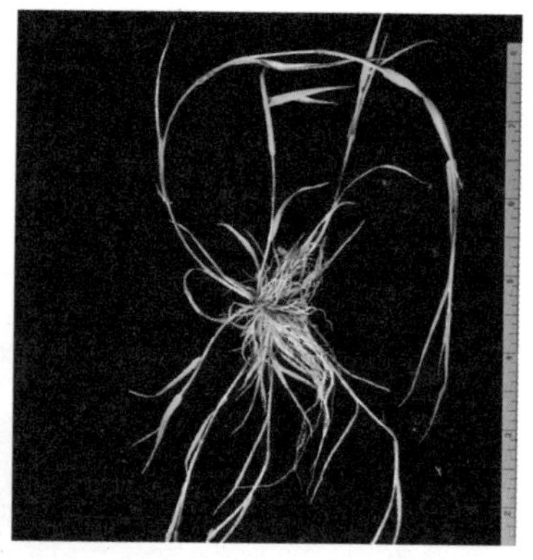

图2-10　剪股颖属草种

有一定的耐盐碱性，耐瘠薄，有一定的抗病能力，不耐水淹。春季返青慢，秋季天气变冷时，叶片比草地早熟禾更易变黄。匍匐生长，耐低修剪，颜色为灰绿色，多用于北方高尔夫球场果岭，过渡带地区也用于果岭，需要特别养护才能越夏。

匍匐剪股颖因为生长较为低矮、根系较浅，在华东地区少量用作高端绿地草坪，不过往往越夏困难。匍匐剪股颖种子非常细小，播种时宜与细沙一起混播，若建果岭播8 ~ 10 g/m^{2}左右，夏天5 ~ 8 g/m^{2}即可，其他草坪2 ~ 3 g/m^{2}或稍多。

喜冷凉湿润的气候，耐寒性强；匍匐茎节上不定根入土较浅，因而耐旱性稍差，最适宜生长在湿润、疏松、肥沃、酸性至弱酸性的细壤土中，对紧实土壤的适应性很差。匍匐剪股颖极耐低修剪，被广泛用于精细修剪的高尔夫果岭上。养护管理中，少施或不施氮肥，适宜的排水、浇灌和防病在夏季温度很高时尤其重要，是上海地区保证其安全越夏的主要措施。能够忍受部分遮阴，但在光照充足时生长最好。耐踩踏性中等。

（二）小糠草，俗称红顶草。原产欧洲，主要分布于欧亚大陆的温带地区。我国华北、西南及长江流域均有分布。常见于潮湿的山坡、山谷、河滩等地。

小糠草为多年生禾草，具有细长的根状茎。茎秆直立或下部膝曲倾斜向上，自然生长株高可达 60 ~ 90cm。叶鞘无毛，常短于节间。叶片线形扁平，浅绿色，表面微粗糙，长 17 ~ 32cm，宽 38m。叶舌膜质。圆锥花序。由于在抽穗期间顶上呈现一层鲜艳美丽的紫红色小花，故又名红顶草。

小糠草喜冷凉湿润气候，偶尔也生长在过渡地带和温暖潮湿地带。不耐高温和遮阴，在秋季凉爽的气温中生长最好。适应各种土壤条件，抗干旱能力较强。

应用范围上，小糠草单独使用草坪质量不是很高，可与其他草种混播用作水土保持草坪建植材料。

三、羊茅属（*Festuca*）

冷季型禾本科羊茅属草坪草，丛生型，密丛或疏丛，分蘖性强，叶片扁平、对折或纵卷，基部两侧具披针形叶耳或无；叶舌膜质或革质；叶鞘开裂或新生枝叶鞘闭合但不达顶部，圆锥花序；须根发达，入土深，具广泛适应性，其耐寒能力和耐热能力均强，夏季不休眠，是长江流域唯一能保持四季常绿的草坪草种（图 2-11）。广布于温带和寒带地区，在我国西南、西北至东北有分布，尤以西南最盛，但大部分供饲料用。全世界约有 100 种，我国有 23 种，常用作草坪的有高羊茅、紫羊茅和羊茅。

（一）高羊茅

高羊茅（*F. arundinacea*）属禾本科羊茅属，多年生，冷季型。又名苇状羊茅、

图 2-11　羊茅属草种

苇状狐茅。须根发达，入土甚深；适年降水 450 mm 以上和海拔 1500 m 以下温暖湿润地区；耐寒、耐热；夏季不休眠，很可贵；耐湿、耐酸、耐碱，最适弱酸；耐半阴；强耐踩踏；抗病；不耐低剪。属于粗放型草种，主要用于保土护坡和绿化。可在华北和西北中南部没有极端寒冷冬季的地区、华东和华中，以及西南高海拔较凉爽地区种植，是国内使用量最大的冷季型草坪草之一。

高羊茅可用于家庭花园、公共绿地、足球场，适合低养护区的全阳面或半阴面。作为混播草种，还可与草地早熟禾和多年生黑麦草等混播，起到耐中等修剪高度的效果。

高羊茅草坪建植，选取种子直播即可。播种时间宜在春秋。为了避免杂草危害，秋天播种效果较好。播种前 20d 施芽前除草剂防除杂草。播种量 20 ~ 28 g/m^2。

高羊茅在冷季型草坪草中，属最耐高温、较耐旱（不如草地早熟禾）和最耐踩踏草种，夏季较凉爽地区常用作足球场草坪。高羊茅抗冻性差，很少用在北方的冷湿地带。主要用于南方的中海拔冷湿地区、干旱凉爽区。

（二）紫羊茅

紫羊茅属禾本科羊茅属，多年生，冷季型。叶鞘基部红棕色并呈破碎纤维状。适高海拔地区，耐寒、耐旱性强于多年生黑麦草、草地早熟禾、匍茎剪股颖，适贫瘠，不如高羊茅耐湿，耐阴性较强，耐低剪，可作庭院绿化、花境镶边、保土护坡和运动草坪。

（三）硬羊茅

羊茅属禾本科羊茅属，多年生，冷季型，在西北称为酥油草。温暖和冷凉气候都适应，海拔高更好。耐寒，极耐旱，较不耐阴，不耐踩踏，分蘖力差。不耐盐碱，耐低剪。有变种细叶羊茅（*F.*var. *tenuifolla*）；有亚种硬叶羊茅，又名耐性羊茅（*F.*ssp. *duriuscula*）。不耐重踩踏。

四、黑麦草属

黑麦草（L. *perenne*）是禾本科黑麦草属多年生植物，各地普遍引种栽培的优良牧草，常用作草坪的是多年生黑麦草。

（一）多年生黑麦草

冷季型禾本科黑麦草属草坪草，多年生，具细弱根状茎。秆丛生，高 30 ~ 90cm，具 3 ~ 4 节，质软，基部节上生根。丛生型直立生长，叶片质地细且柔软，颜色绿。

黑麦草须根发达，但入土不深，丛生，分蘖很多，种子千粒重 2g 左右，喜温暖湿润土壤，适宜土壤 pH 值为 6 ~ 7。该草在昼夜温度为 12 ~ 27℃时再生能力强，光照强、日照短、温度较低对分蘖有利，遮阳对其生长不利。黑麦草耐湿，但在排水不良或地下水位过高时不利于生长。发芽和成坪快于其他草坪草种，在北方如北京常与草地早熟禾或高羊茅混播建植永久草坪，能提高草坪的质地和加快草坪的成坪，可在9月和3 ~ 4月播种。

上海地区暖季型草坪秋季一般用多年生黑麦草作为交播草种。多年生黑麦草生长适宜温度为10 ~ 30℃，最适温度20 ~ 27℃。气温 -10℃时植株仍保持绿色，低于 -15℃产生冻害。需要提醒的是切勿选用一年生黑麦草，一年生黑麦草质地粗大，不耐低修剪，远不能满足场地品质的需要。

另外，黑麦草常见的有多年生黑麦草与一年生黑麦草。二者的区别是一年生黑麦草有大而明显的叶耳，而多年生黑麦草叶耳已退化至不明显。

（二）高羊茅与黑麦草形态区别

高羊茅与黑麦草的形态区别：高羊茅叶片主脉不明显，黑麦草叶片正背面主脉明显；高羊茅叶片背面光滑不亮，黑麦草叶片背面光滑发亮；高羊茅叶片正面叶脉平滑，黑麦草叶片正面叶脉粗糙凸出（图2-12）。

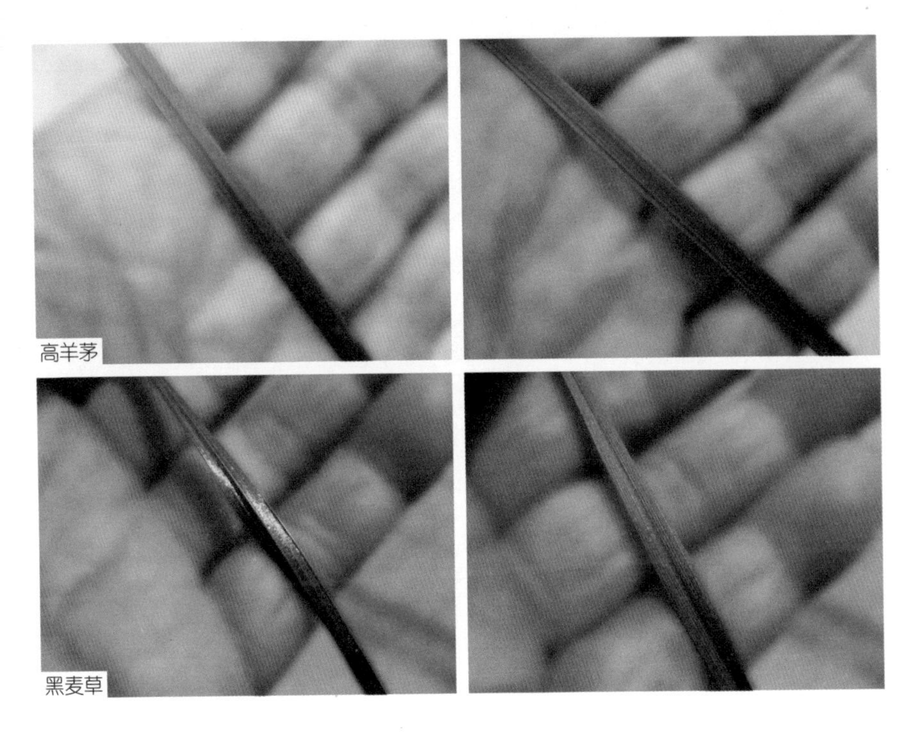

图2-12　高羊茅和黑麦草的区别

高羊茅与黑麦草的种子形态区别：二者大小长度相似，高羊茅种子前端有麦芒，黑麦草种子前端无麦芒。

2.4.3　可持续性草坪草

一、适用于可持续性草坪的暖季型草种

（一）日本结缕草

日本结缕草是一种生长较为缓慢的暖季型草种，原产于亚洲的中国、日本、韩国等地，也普遍适应于世界范围内的热带气候、暖温带大陆气候、暖温带海洋气候和过渡气候区。通过地下根茎和匍匐枝进行蔓延生长。在中国，适宜从辽宁到台湾的沿海区域和安徽、河南、湖南等部分内陆地区。在过渡气候区中具有特殊的位置，该草种能够在许多寒温带大陆气候和寒温带海洋气候地区存活，但与适应本地的冷季型草种无法竞争，在这些稍寒冷的地区中休眠 6 ~ 8 个月。结缕草在暖季型草种中属于强耐寒性，中等的耐阴性、耐盐性和耐旱性类型，在年降水为 700 ~ 800mm 的地区不需要进行浇灌就可以维持草坪中等质量水平。结缕草的培育和选择工作针对不同气候区域展开，已经产生许多无性繁殖品种，最近还出现少量的种子繁殖品种，当前常见的结缕草园艺品种，如表 2-1 所示（引自《可持续的景观管理》第九章表）。

适宜于不同气候区域的结缕草品种 **表 2-1**

冬季寒冷的过渡气候区	潮湿过渡气候区	温暖潮湿气候区
‘Belair’	‘Cavalier’	‘Cashmer’ e
‘Chinese common’	‘Emerald’	‘Cavalier’
‘Meyer’	‘El Toro’	‘Crowne’
‘Zenith’	‘Himeno’	‘Emerald’
‘Zeon’	‘Meyer’	‘El Toro’
‘Zorro’	‘Zenith’	‘Empire’
	‘Zeon’	‘GN-Z’
	‘Zorro’	‘JaMur’
		‘Palisades’
		‘Pristine Flora’
		‘Shadow Turf’
		‘Ultimate Flora’
		‘Zeon’
		‘Zorro’
		‘Zoyboy’

结缕草生长周期：结缕草一年中仅在夏季有一个生长高峰期。在上海等华东地区，一般表现为 4 月初返青；6 ~ 9 月生长旺期；10 月夜晚气温较低，生长势逐渐减弱，由生长期过渡到休眠期，气温降到了 10℃以下时开始褪色；11 月中下旬开始休眠，绿期 180 ~ 210d。

结缕草绿期和生长期相对较短，但通过及时准确的管理养护作业可以有效延长草坪绿期。作为营业性运动场地，如高尔夫球场，结缕草休眠期间，也能形成均匀、低矮的黄色覆盖，可满足高尔夫球场击球的运动功能，不影响球手击球质量。

结缕草的日常管理、养护：结缕草养护管理技术总体而言较为粗放，仅需中等养护水平。结缕草生长很缓慢，对肥料的需求很低，仅为狗牙根属草种的1/3，结缕草氮素年总需求量在10g/m^{2}左右。钾肥可以有效增强结缕草的抗逆性，其年需求量约5g/m^2。一般每年4月进行一次施肥作业。

结缕草叶片扁平、革质、具绒毛，当温度过高时，可以很好地保持体内水分，其发达根系内聚集大量养分。一旦出现干旱、高温的逆境，叶片卷缩，强壮根茎藏于地下，处于半休眠状。此时结缕草依靠内存养分存活。等水分充足后，地上部分可迅速生长。这种耐热、耐旱性是大多数禾草难以相比的。生长期浇水作业以多量少次为原则，较长的浇水间隔时间，迫使草坪草向土壤深处扎根，从而更能提高草坪草的抗旱能力。

结缕草低矮、匍匐的生长习性使其耐低修剪（8mm）。结缕草修剪高度3.5 ~ 5.0cm，生长高峰期仅需每两周修剪一次。边角及障碍区可以常年不修剪，保持其自然高度15 ~ 20cm，具极强的水土保持能力。休眠前，适当提高剪草高度有利于越冬及休眠期击球运动功能。

结缕草抗性强，几乎不存在病虫害。休眠期前后生长势较弱，可能染锈病，可喷三唑酮800倍液防治。即使在极度恶劣（高温、高湿）气候条件下，可能染上褐斑病、币斑病，喷一次铲除性杀菌剂就可安全度过病害高发季节。结缕草草坪虫害以地下害虫为主，蛴螬、地下线虫是其主要虫害。秋季结缕草草坪易遭遇蛴螬虫害、此时结缕草已临生长末期无力恢复，造成草坪草越冬困难。地下线虫严重时，结缕草表征为新叶变黄、卷缩，侧枝停止生长。结缕草枯草层不易腐烂转化，这种枯草层有利于以腐殖质为食的蚯蚓繁殖。蚯蚓生活过程中产生土堆，破坏草坪草景观。结缕草病虫害防治只需低频率、少量使用杀菌剂、杀虫剂、除草剂等化学药品，从而减少污染环境的可能性。

结缕草适合于我国东北、华东、华中与华南的广大地区。结缕草草坪农药、肥料使用量少，对环境污染压力小。结缕草可塑性很强，在中等养护水平下就可获得高质量的草坪，其养护成本低，有利于可持续管理经营。在提倡可持续发展的背景下，在适合结缕草的生长地区，选用结缕草建植草坪是值得提倡和推广的。

（二）假俭草

这种暖季型匍匐茎草种又名蜈蚣草，原产中国，适应于酸性土壤和年降雨量超过1000mm的暖温带大陆气候及温暖海洋气候区域。假俭草常种植在西印度群岛、南美洲和部分非洲西海岸，被认为是所有亚洲热带区域及热带太平洋群岛中的主要草种，可以在沙质的土壤中茁壮成长，具有一定的耐阴性。作为可持续草种的主要优势是在其低投入的条件下就可以获得可接受的草坪质量。在许多场地中，它们不用额外施肥，只需要适中地补充浇灌就可以茁壮成长，对杂草的竞争力很强，也不会得严重的病虫害。假俭草通常出现的主要问题是过量施肥以及在高pH值土壤中的铁元素缺乏，导致草坪黄化。草坪行业对这种草坪草改良、选择和培育工作很少，广泛使用的植物类型就是自然界的原种假俭草。由于生长低矮、平整美观、绿期长、所需养护工作少，常用作庭院、厂房、护坡等观赏类绿地，因其生长慢、恢复能力弱，一般不用作运动场草坪。

（三）地毯草

地毯草，别名大叶油草，原产美洲，我国早期从美洲引种，现普遍生长在广东、广西、云南、台湾以及东南亚等潮湿的热带地区。地毯草是热带地区构建可持续性景观的最佳选择之一，喜酸性土壤，耐阴，耐贫瘠，这种匍匐生长的草种在低投入的条件下就可以达到中等景观要求，属温暖、湿润带区域商业地产景观中最常见草种，因为它自身很少遭受病虫害的侵害。地毯草没有改良的品种，但可以与其他草种混播成坪。

（四）野牛草

雌雄异体的匍匐茎暖季型多年生草种（图 2-13），原产于跨越加拿大至墨西哥的北美大平原，具有成为可持续性草坪草的巨大潜力，特别适应寒温带和温带大陆气候以及温暖海洋气候中较干燥的地区。目前已经将其成功地使用在很多区域，包括中国、美国东部地区、美国加利福尼亚州、加拿大、墨西哥和澳大利亚。就暖季型草种来说，它具有极强的耐寒性，垂直生长速度很慢，野牛草对肥料和水分要求低于所有草坪草，这些特性使野牛草成为能适应区域中低投入草种的最佳选择之一，育种家也加大对野牛草品种的改良选择和培育工作，主要目标是增加密度和颜色深度的新品种。

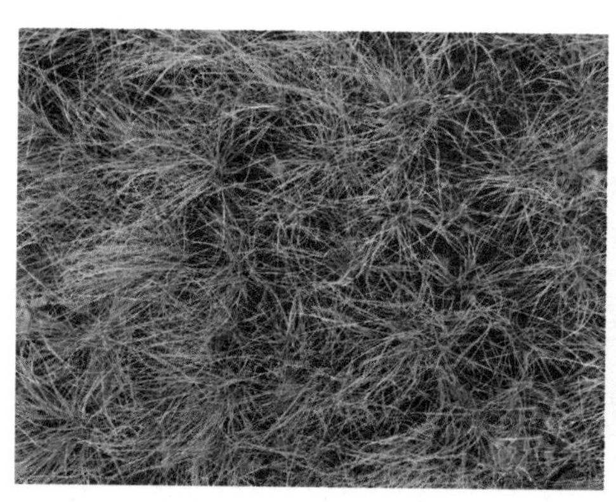

图 2-13　野牛草属草种

二、适用于可持续性草坪的冷季型草种

（一）本特草‘PennA-1’和‘PennA-4’品种

本特草隶属匍匐剪股颖，常用作普通草坪，是一种相对低投入、高产出的草种。本特草最大的特性是对土壤的适应性较强（图 2-14），适合多种类型土壤质地，耐贫瘠，竞争力强，在冷凉环境下，很快在混合草种中占据主导地位，在华东地区常作为高尔夫球场果岭草坪草。

图 2-14　A-1、A-4 品种混播的本特草

本特草特点：颜色浓绿，叶片质地细腻；生长迅速，能很快形成致密的草坪；抗病性强，特别是针对币斑病；春季气温升高时，'A-1'品种较其他剪股颖品种能更早恢复生长；耐低剪，修剪高度可以达到 4mm 甚至更低；耐踩踏性好，再生能力强；抗热性较好，在夏季的较热月份表现良好。

（二）高羊茅

高羊茅广泛适应于全球范围内的暖、寒温带大陆气候和海洋气候区域。与其他冷季型常用草坪草种相比，高羊茅更适应过渡气候区，因为其具有更好的耐热性，但在亚热带和热带气候中，无法与暖季草种相比，它的竞争力体现在那些对冷季型草种生长来说过热而对暖季型草种来说过冷的区域中。另外，在过渡气候区域，高羊茅安全越夏需具备浇灌系统或者夏季持续降雨的地区。在干旱气候，当浇灌被停止或者无水可用时，高羊茅会像其他草种一样休眠，表 2-2，列举了部分适应我国的过渡气候带的高羊茅品种。

适合我国过渡气候带的高羊茅品种　　　　**表 2-2**

序号	名称			类型	特征描述
	中文名	学名	英文名		
1	雷波高羊茅	*Festuca arundinacca*	'Rebel'	冷季型	发芽快，矮生型，耐热，耐践踏性强，抗病性强
2	奥林匹克高羊茅	*F.arundinacca*	'Olympic'	冷季型	出苗快，成坪快，耐低养护
3	高羊茅'贝克'	*F.arundinacca*	'Perk'	冷季型	根系发达，耐践踏，再生能力强，耐贫瘠，管理粗放
4	高羊茅'护坡卫士'	*F.arundinacca*	'Guard'	冷季型	高羊茅品种，根系发达。耐热性超强
5	高羊茅'火凤凰'	*F.arundinacca*	'Phinix'	冷季型	细叶矮生型，草坪浓绿，分蘖力强，草坪密度高
6	高羊茅'美洲虎'	*F.arundinacca*	'Jaguar'	冷季型	适应高中低档养护水平管理，分蘖力强，草坪密度高
7	高羊茅'踏火'	*F.arundinacca*	'Fire'	冷季型	能够在多种气候条件下和生态环境中生长。抗寒又能耐热，耐干旱又能耐潮湿

续表

序号	名称			类型	特征描述
	中文名	学名	英文名		
8	高羊茅‘雅典娜’	*F.arundinacca*	‘Athena’	冷季型	草坪深绿，高抗褐斑病、腐霉病，草坪密度高
9	高羊茅‘夏丽’	*F.arundinacca*	‘Summer’	冷季型	细叶高羊茅品种，叶片堪比早熟禾，耐热性超强
10	‘守护神41’	*F.arundinacca*	‘Guardian41’	冷季型	细叶矮生型，草坪浓绿，适应高中低档养护水平管理，分蘖力强，草坪密度高
11	‘强劲’	*F.arundinacca*	‘Inferno’	冷季型	细叶矮生型，草坪浓绿，适应高中低档养护水平管理，分蘖力强，草坪密度高，整体质量NTEP排名第一
12	‘守护神21’	*F.arundinacca*	‘Guardian21’	冷季型	草坪深绿，细叶型，卓越的耐湿热型，高抗褐斑病、腐霉病，草坪密度高，春季返青早
13	‘爱瑞3’	*F.arundinacca*	‘Arid3’	冷季型	草坪型高羊茅，发芽快，矮生型，耐旱，耐热，耐践踏性强，抗病性强
14	‘美佳’	*F.arundinacca*	‘Matrix’	冷季型	护坡专用，出苗快，成坪快，耐低养护
15	‘六喜’	*F.arundinacca*	‘SixPiont’	冷季型	建坪快，根系发达，耐践踏，再生能力强，耐贫瘠，管理粗放，可用于护坡、水土保持种植

总之，对可持续草种讨论集中在草坪草种的生态特性中，包括生长缓慢、较好的耐旱性、耐贫瘠以及抗病虫害等。一些广泛使用的草种因为各种原因被排除在外，包括百慕大草、草地早熟禾、多年生黑麦草等。例如，百慕大草的生长速度、恢复能力极佳，但其对土壤养分要求较高，生长高峰期会产生大量修剪草屑；耐阴能力极弱，林荫或城市建筑遮阴处造成草坪大面积退化；对土壤紧实度要求高，喜疏松沙质土，加上不耐旱，需要大量浇灌。钝叶草的许多特点与假俭草相似，但在低养分的情况下会造成更多的病虫害问题，由于它的垂直生长速度很快，必须进行定期剪草。草地早熟禾有偏高的土壤肥料需求，从而造成过量的杂草生长，会迫使景观管理者定期除草及打孔作业，或者坚持过度浇灌以防止局部干斑的出现；由于生长在土壤中根系很少，这会降低其耐旱性。多年生黑麦草是所有冷季型草种中对养分要求最高的，在低氮肥供给的情况下，它很可能发生严重的病害，这会影响场地美观并促使其他草种侵入。

当下草种选择方面不可持续共性问题：前期业主方为营造环境，更多考虑草种整齐、均一、深绿色等短期景观特性，基本只考虑市场最常见的草坪草种类型，不考虑更长效的可持续草坪类型。等后期移交给物业管理公司或养护公司后，因费用问题，大范围使用可持续性草种重新种植草坪显然是不现实的，只能寻求简单的降低养护标准的养护方式，导致草坪在 2 ~ 3 年内全部退化。

三、可持续草坪其他应用类型

（一）自然的禾本科草种 - 非禾本科（双子叶）植物组合草坪

草坪研究者、景观管理者持有的传统观点是草坪只能由单一的草种组成，这种情况下，经过几年的养护，大部分草坪都会被许多类型的阔叶类（双子叶）植物慢慢侵入，草坪中的这些植物都能很好地适应定期剪草的要求。国外这方面的研究比较早，Horne 等 2005 年检查新西兰克赖斯特彻奇的 350 个草坪，就发现了 139 个植物物种；Muiier 990 年在德国西部地区的草坪中发现了 83 种植物；在英国，Thompson 等 2004 年找到了 159 个不同的该类型植物。考虑大部分成熟草坪的确包含了数量显著的双子叶植物，并且草坪的功能性也未受到影响，因此草坪的组成可以不仅仅局限于禾本科草，一些双子叶物种或许会造成负面影响，如破坏草坪的表面或者草坪的一致性。但均匀混合实际上对草坪外观没有不良影响，而且增加了草坪草的适应性，如耐阴性、抗病虫等。

在辰山植物园，2016 ~ 2018 年在结缕草和狗牙根草坪中调查发现野生的 97 个非禾本科植物类型，经过筛选也可作为后期草坪草可持续利用资源（表 2-3）。禾本科草种 - 非禾本科（双子叶）植物组合可以相互补充，并且产生在功能性和美观性上都可以接受的典型成规模景观，其中当地的双子叶植物有兰科的绶草（*Spiranthes sinensis*）、堇菜科的紫花地丁（*Viola philippica*）、唇形科的宝盖草（*Lamium amplexicaule*），分布广泛（图 2-15），具有规模景观效应，但不影响草坪的功能。

图 2-15　辰山植物园禾本科草种 - 非禾本科（双子叶）植物自然组合

上海主要非禾本科草坪常见种类汇总 表 2-3

序号	中文名	拉丁学名	科	属
1	鼠尾草	*Salvia japonica*	唇形科	鼠尾草属
2	阿拉伯婆婆纳	*Veronica persica*	车前科	婆婆纳属
3	宝盖草	*Lamium amplexicaule*	唇形科	野芝麻属
4	萹蓄	*Polygonum aviculare*	蓼科	萹蓄属
5	朝天委陵菜	*Potentilla supina*	蔷薇科	委陵菜属
6	齿果酸模	*Rumex dentatus*	蓼科	酸模属
7	臭荠	*Coronopus didymus*	十字花科	臭荠属
8	刺果毛茛	*Ranunculus muricatus*	毛茛科	毛茛属
9	淡红月见草	*Oenothera speciosa*	柳叶菜科	月见草属
10	稻槎菜	*Lapsana apogonoides*	菊科	稻槎菜属
11	地耳草	*Hypericum japonicum*	藤黄科	金丝桃属
12	多花水苋菜	*Ammannia multiflora*	千屈菜科	水苋菜属
13	鹅肠菜	*Myosoton aquaticum*	石竹科	鹅肠菜属
14	繁缕	*Stellaria media*	石竹科	繁缕属
15	附地菜	*Trigonotis peduncularis*	紫草科	附地菜属
16	茖葱	*Allium victorialis*	石蒜科	葱属
17	钩柱毛茛	*Ranunculus silerifolius*	毛茛科	毛茛属
18	广州蔊菜	*Rorippa cantoniensis*	十字花科	蔊菜属
19	蔊菜	*Rorippa indica*	十字花科	蔊菜属
20	杭州景天	*Sedum hangzhouense*	景天科	景天属
21	合萌	*Aeschynomene indica*	豆科	合萌属
22	花生	*Arachis hypogaea*	豆科	落花生属
23	鸡肠繁缕	*Stellaria neglecta*	石竹科	繁缕属
24	救荒野豌豆	*Vicia sativa*	豆科	野豌豆属
25	蕨	*Pteridium aquilinum*	蕨科	蕨属
26	空心莲子草	*Alternanthera philoxeroides*	苋科	莲子草属
27	苦蘵	*Physalis angulata*	茄科	酸浆属
28	苦苣菜	*Sonchus oleraceus*	菊科	苦苣菜属
29	鳢肠	*Eclipta prostrata*	菊科	鳢肠属
30	荔枝草	*Salvia plebeia*	唇形科	鼠尾草属
31	龙葵	*Solanum nigrum*	茄科	茄属
32	马齿苋	*Portulaca oleracea*	马齿苋科	马齿苋属
33	马兰头	*Kalimeris indica*	菊科	马兰属
34	猫爪草	*Ranunculus ternatus*	毛茛科	毛茛属
35	毛茛	*Ranunculus japonicus*	毛茛科	毛茛属
36	磨盘	*Abutilon indicum*	锦葵科	苘麻属
37	陌上菜	*Lindernia procumbens*	玄参科	陌上菜属

续表

序号	中文名	拉丁学名	科	属
38	泥胡菜	*Hemistepta lyrata*	菊科	泥胡菜属
39	蓬虆	*Rubus hirsutus*	蔷薇科	悬钩子属
40	婆婆纳	*Veronica didyma*	车前科	婆婆纳属
41	蒲公英	*Taraxacum mongolicum*	菊科	蒲公英属
42	荠菜	*Capsella bursa-pastoris*	十字花科	荠属
43	青菜	*Brassica chinensis*	十字花科	云苔属
44	球序卷耳	*Cerastium glomeratum*	石竹科	卷耳属
45	柔弱斑种草	*Bothriospermum zeylanicum*	紫草科	斑种草属
46	蛇床	*Cnidium monnieri*	伞形科	蛇床属
47	石龙芮	*Ranunculus sceleratus*	毛茛科	毛茛属
48	鼠麹草	*Gnaphalium affine*	菊科	鼠曲草属
49	双距花	*Diascia barberae*	玄参科	双距花属
50	水苦荬	*Veronica undulata*	玄参科	婆婆纳属
51	碎米荠	*Cardamine hirsuta*	十字花科	碎米荠属
52	天葵	*Semiaquilegia adoxoides*	毛茛科	天葵属
53	田旋花	*Convolvulus arvensis*	旋花科	旋花属
54	通泉草	*Mazus japonicus*	透骨草科	通泉草属
55	弯曲碎米荠	*Cardamine flexuosa*	十字花科	碎米荠属
56	蚊母草	*Veronica peregrina*	玄参科	婆婆纳属
57	小蓬草	*Erigeron canadensis*	菊科	白酒草属
58	小蜡	*Ligustrum sinense*	木犀科	女贞属
59	小藜	*Chenopodium ficifolium*	苋科	藜属
60	续断菊	*Sonchus asper*	菊科	苦苣菜属
61	鸭舌草	*Monochoria vaginalis*	雨久花科	雨久花属
62	野老鹳草	*Geranium carolinianum*	牻牛儿苗科	老鹳草属
63	芫荽	*Coriandrum sativum*	伞形科	芫荽属
64	泽漆	*Euphorbia helioscopia*	大戟科	大戟属
65	诸葛菜	*Orychophragmus violaceus*	十字花科	诸葛菜属
66	猪殃殃	*Calium aparine*	茜草科	拉拉藤属
67	地锦	*Euphorbia hirta*	葡萄科	地锦属
68	小白酒草	*Conyza canadensis*	菊科	白酒草属
69	野塘蒿	*Conyza bonarinsis*	菊科	白酒草属
70	旋鳞莎草	*Cyperus michelianus*	莎草科	莎草属
71	铁苋菜	*Acalypha australis*	大戟科	铁苋菜属
72	石胡荽	*Centipeda minima*	菊科	石胡荽属
73	麦仁珠	*Galium tricorne*	茜草科	银莲花属
74	漆姑草	*Sagina japonica*	石竹科	漆姑草属

续表

序号	中文名	拉丁学名	科	属
75	野胡萝卜	*Daucus carota*	伞形科	胡萝卜属
76	印度蔊菜	*Rorilppa indica*	十字花科	蔊菜属
77	天蓝苜蓿	*Medicago lupulina*	豆科	苜蓿属
78	凹头苋	*Amaranthus lividus*	苋科	苋属
79	蚤缀	*Arenaria serpyllifolia*	石竹科	无心菜属
80	广布野豌豆	*Vicia cracca*	豆科	野豌豆属
81	佛座	*Lamium amplexicaule*	唇形科	野芝麻属
82	藜	*Chenopodium album*	藜科	藜属
83	葎草	*Humulus scandens*	大麻科	葎草属
84	黄鹌草	*Youngia japonica*	菊科	黄鹌菜属
85	香附子	*Cyperus rotundus*	莎草科	莎草属
86	天胡荽	*Hydrocotyle sibthorpioides*	伞形科	天胡荽属
87	酢浆草	*Oxuli corniculata*	酢浆草科	酢浆草属
88	马蹄金	*Dichondra repens*	旋花科	马蹄金属
89	白车轴草	*Trifolium repens*	豆科	车轴草属
90	小蓟	*Cirsium belingschanicum*	菊科	蓟属
91	紫花地丁	*Viola philippica*	堇菜科	堇菜属
92	苣荬菜	*Sonchus brachyotus*	菊科	苦荬菜属
93	剪刀股	*Ixeris japonica*	菊科	苦荬菜属
94	全叶马兰	*Kalimeris integrifolia*	菊科	马兰属
95	乌蔹莓	*Cayratia japonica*	葡萄科	乌蔹莓属
96	车前	*Plantago asiatica*	车前科	车前属
97	委陵菜	*Potentilla chinensis*	蔷薇科	委陵菜属

（二）人工建植的低投入禾本科草种－非禾本科（双子叶）植物混植草坪

对应用于过渡带气候区域的禾本科草种与选定的双子叶植物进行混播研究。目标不是检验能否创造一种景观上可接受的草坪，而是要求这种草坪可多年使用，耐旱性好，耐阴性好。通过不同的草种－双子叶植物组合种植，在低灌溉和少剪草的条件下生长了几年之后，发现最终的混播是非常简单的，但效果却令人相当满意，如球根类的番红花（*Crocus sativus*）、石蒜（*Lycoris radiata*）与多年生黑麦草混播等（图 2-16）。

（三）适应性强、低投入的禾本科草种－非禾本科（双子叶）植物混合

在过渡带海洋气候条件下，通过交播方式将多年生黑麦草与狗牙根属草坪草混播也是不错的组合。但是多年生黑麦草需大量氮肥，且春季的连续降雨等自然条件导致黑麦草的竞争力很强，因而很难保持草坪草种间的平衡，往往造成冷、

图 2-16　人工建植的混植草坪组合

暖季型草坪草的交替中大量的剪草人工量。在双子叶植物与禾本科草种混播中通过一些可控的双子叶植物，包括酢浆草（*Oxalis corniculata*）、三叶草（*Oxalis corniculata*）、微白车轴草（*Trifolium repens*）和雏菊（*Bellis perennis*），可以避免这些问题（图 2-17）。

图 2-17　禾本科草种 - 非禾本科（双子叶）植物组合

在辰山植物园黏壤土中，草种 – 双子叶混合料能够形成在美感上可接受的绿色草坪。这些混合料也是可持续性的，因为它们仅需要纯草种草坪的一半灌溉量就可以存活。部分绿色草坪每年只需要灌溉三次，这些草坪在生长高峰期也只需每 3 ~ 4 周进行一次 8cm 左右的剪草就好，每年只需施肥一次。除了雏菊开花的春季和三叶草开花的夏季，混播草坪在一年中的大部分时间中外观都与传统草坪一样。绶草在春末夏初开花，柱状花序螺旋排列，很有特色。宝盖草在每年 3 月盛花，上海地方名称为佛座草，在人为干扰较少的地方可以成片开放。

从长效节水、节肥、节省人工方面考虑，在传统单一禾本科草坪草中可以引入耐旱性双子叶植物（表 2-4），因为双子叶植物在延长的干旱季节中可以比草种更长时间地保持绿色，能形成一种令人满意的景观效果，肥料投入可以通过引进豆科双子叶植物而降低，其可以自身固氮用于土壤养分。

禾本科－非禾本科草坪植物混播，跟单一草坪相比，目前在国内仅仅被用于很少的区域和市场。将来，这种混播草坪的耐磨损踩踏、不需要大量的施肥与浇灌等特性会被慢慢接受与认可，也可以作为我们追求可持续性草坪的一种多样性体现而存在，仍需要长期精细的研究。

能与草坪混播的部分双子叶植物　　表 2-4

耐阴性、耐湿性
绶草、欧亚活血丹（*Glechoma hederacea*）、宝盖草：具耐阴性、生长缓慢、叶子稍显粗糙，但与草种混合良好。 匐枝毛茛（*Ranunculus repen*）：对湿润土壤和中等阴影的忍耐性很好，传播速度快，春季会在剪草高度开出黄色花朵，叶子稍粗糙。 婆婆纳属（*Veronica*）植物：在潮湿区域和阴影区域中适应性良好，始终保持很低的生长速率，在春季开出蓝色花朵
耐旱性
蓍草（*Achillea millefolium*）、西洋锯叶草：与草种混合性好，通过地下茎蔓延，在长期干旱情况下仍能保持绿色，可在一系列气候环境中生存。 雏菊：在春季开出白色或者粉红色的花朵；具有耐旱性，但在长期干旱季节中会进入休眠状态；野生品种比家养品种更坚韧。 蓬子菜类：这是耐旱性最好的草坪双子叶植物，与草种的兼容性非常好；通过地下茎蔓延，但不具有侵入性；在秋季开出黄色的花。 夏枯草（*Prunella vulgaris*）：在亚热带气候区中耐旱性很好；容易形成致密紧凑的斑点，在剪草高度处能开出紫色的花朵。 草莓三叶草（*Trifolium fragiferum*）：耐旱性很好，生长致密而缓慢；开花周期比三叶草短；可与草种良好混合。 白色三叶草（*Trifolium repens*）：耐旱性很好，野生品种的生长和开花特征各不相同，‘皮娜’品种的生长速度低于普通品种
适应性较强的组合
番红花：与草种混合良好；特点与蓍草类似，但绿色程度和耐旱性稍差；在定期剪草的情况下，存活率比其他双子叶植物高。 酢浆草：与多年生草本植物一致，在上海冬季常常会枯萎、落叶；与草种混合可在剪草高度开出各色的花朵。 堇菜属（*Viola*）植物紫花地丁：叶子纹理粗糙，能与草种很好地混合；传播速度缓慢，在早春季节开出紫色至粉红色花朵；通常存在于阴凉、低养分的草坪
单独使用的双子叶植物
马蹄金属（*Dichondra*）植物、益母草属（*Leonurus*）植物：致密生长，具有竞争力，容易产生杂草；不能与草种很好地结合，单独种植时表现最佳；可忍受低程度的剪草

2.4.4 草坪植物区分

现代园林中草坪草主要是禾本科植物，除此之外还有豆科、莎草科等，为辅助初学者作初步辨析和认识，介绍以下分类基本知识。

一、禾本科与非禾本科草坪植物区别特征

禾本科和莎草科植物属于单子叶植物，豆科植物属于双子叶植物（图 2-18），区别特征如下。

图 2-18　禾本科与非禾本科草坪植物主要区别特征

二、根系特征（图 2-19）。

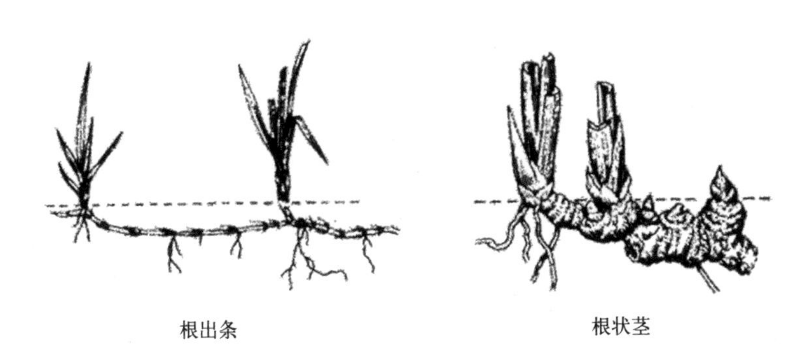

图 2-19　草坪植物间根系主要区别特征

三、茎秆特征（图 2-20）。

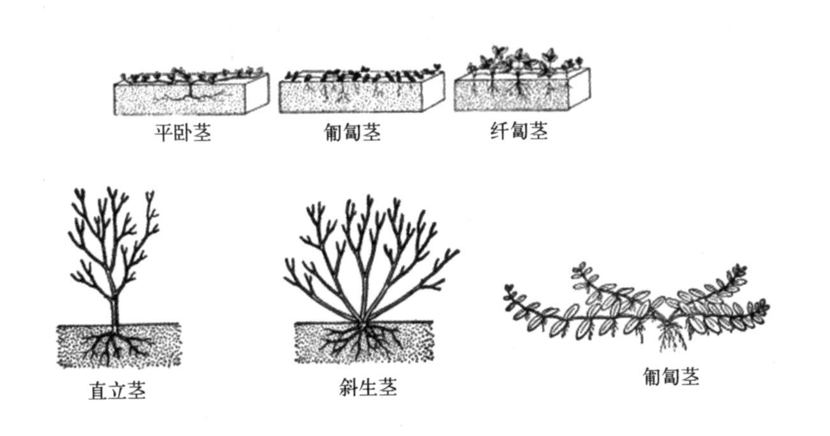

图 2-20　草坪植物间茎秆主要区别特征

四、叶片特征（图 2-21）。

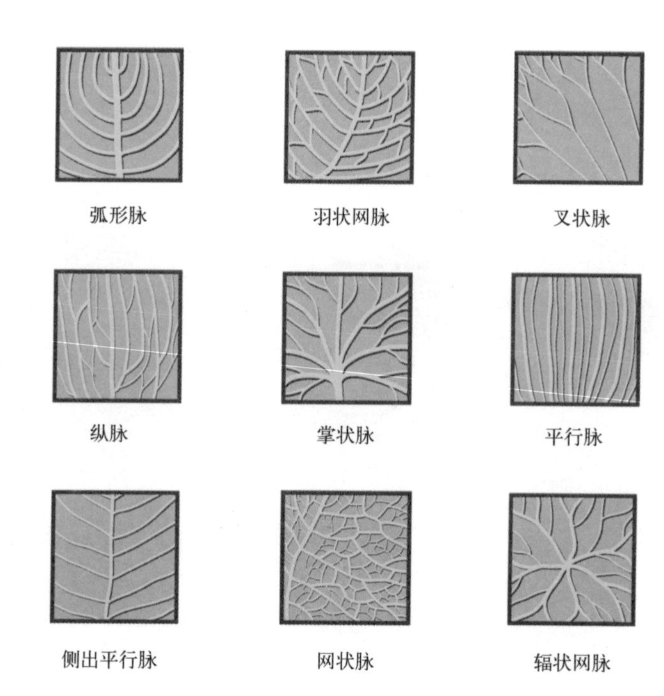

图 2-21　草坪植物间叶脉主要区别特征

五、花序特征（图 2-22）。

穗状花序：狗牙根、黑麦草等。

总状花序：结缕草、地毯草、钝叶草、巴哈雀稗等。

圆锥花序：草地早熟禾、匍匐剪股颖、高羊茅、紫羊茅等。

图 2-22　禾本科草坪草 3 种主要花序特征

六、禾本科植物分类学特征

从以上的一些特征对草坪植物进行初步区别和分类，可以达到辨认常用草坪草科、属间植物的目标，如果要区别同一科属的种间差异需要结合《中国植物志》、《草业大辞典》等权威著作中对植物形态特征的更详细描述（图 2-23），作进一步细化。

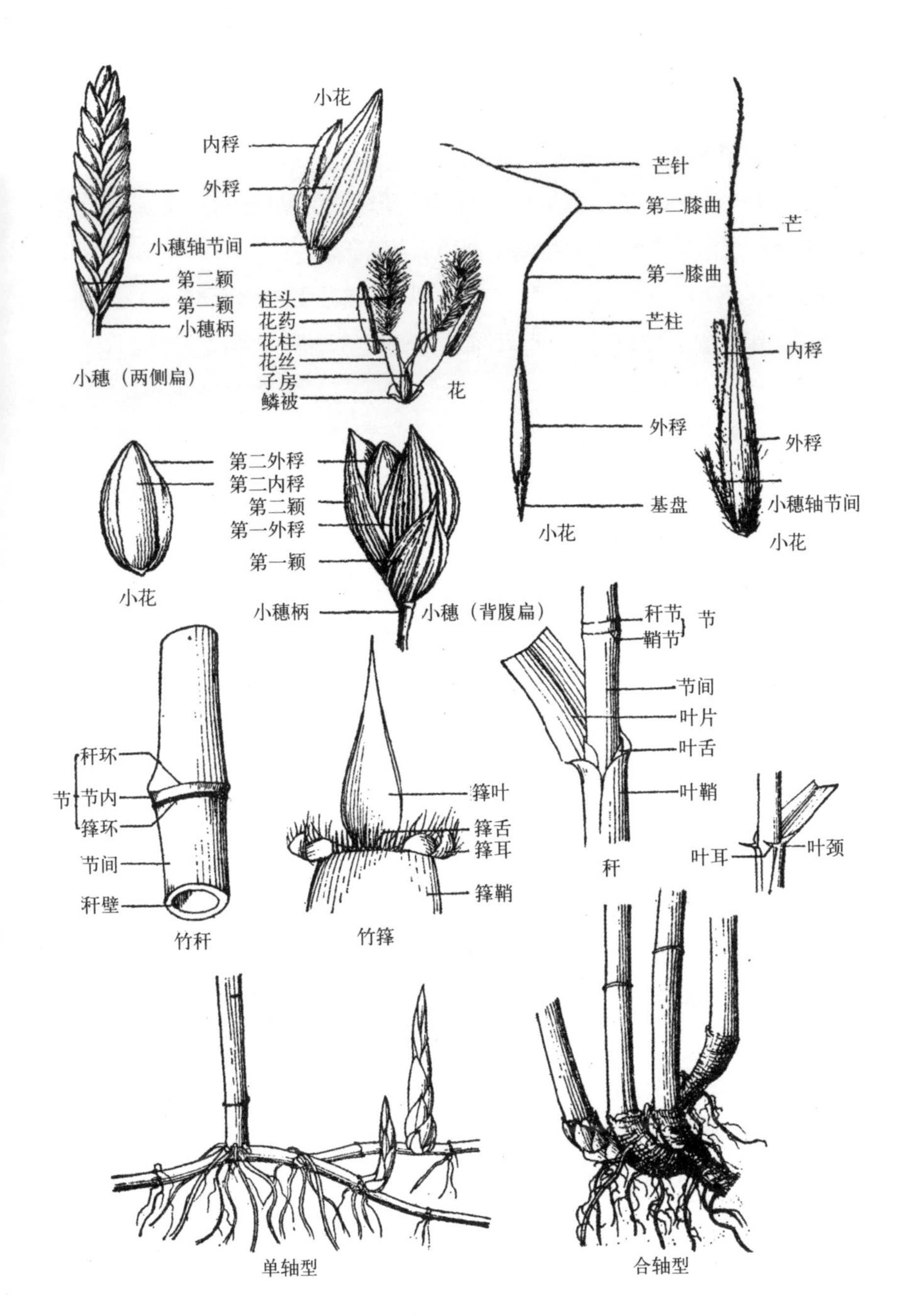

图 2-23　禾本科植物间主要器官组成

2.5　草坪的发展简史

人类利用草坪有着悠久的历史，草坪在人类发展中的作用也是显著的，草坪的发展随着人类采集狩猎、农业文明、工业文明、生态文明不同阶段也有不同的发展。尤其到近现代，文明进程加快，草坪与人类的发展越来越紧密，这些在以色列畅销书作家尤瓦尔·赫拉利的《人类简史》中可见一斑。

2.5.1 英国草坪

欧洲是草坪利用历史较悠久的地区，这与草坪在这里和人民生活的密切联系有关，特别是代表工业文明的英国人十分爱好草坪，因而从古代起，在诗歌、小说、日记中就不乏有关草坪利用的记载。据历史学家记载，公元前 631 ~ 前 579 年草坪就出现在波斯的庭院中，其后，希腊和罗马的花园里也应用到草坪，影响到欧洲各国。伴随罗马入侵英国，使草坪随罗马骑士的刀剑，伴随文化的进入而在英国出现。

英国人对草坪的偏爱是众所周知的，加上英伦三岛温和的气候为草坪的生长提供了得天独厚的条件。中世纪的英国草坪是鲜花烂漫的草地，点缀了石竹（*Dianthus chinensis*）、长春花（*Catharanthus roseus*）、樱草（*Primula sieboldii*）等许多低矮植物。草坪始于城堡墙内，贵族们在空气清新的草坪上散步和闲坐，或在长方形的"绿毯"上进行滚木球等运动，由此看来一开始就有观赏草坪和运动草坪之分。城堡外的修道院花园则是英国草坪的另一鼻祖。

在都铎王朝和伊丽莎白时代，花园成为环境装饰和令人赞美的地方，花坛之间布满了草坪小道，大块的草坪则用于滚木球等运动。

15 世纪，詹姆斯一世时代，英国迎来了园艺时代，精细修剪的英式草坪让各地园艺家们羡慕嫉妒。弗朗西斯 · 培根盛赞"草坪有两大悦人之处，一是没有任何东西比得上精细修剪的草坪带给双眼的舒适，此外，草坪是公平的象征"。这个时期，还出现了大量草坪建植指南的书籍。早期的草坪指南中建议草坪一年修剪两次，而 17 世纪的英式草坪却是每月修剪两次。詹姆斯一世时代后期，英式草坪风靡全英。

16 ~ 17 世纪，草坪的应用得到进一步发展，城镇、乡村都有大量建植。同时，高尔夫球场的建植和一些娱乐性草坪开始出现，草坪主要是羊茅属和剪股颖属的植物。到 17 ~ 18 世纪，草坪开始广泛应用于风景区、公园、花园、庭院及运动场中。

18 世纪初期，人们对园林风格的欣赏观念改变了。威廉 · 肯特（William Kent）提出了"花园要越过围栏，把周围的自然景色都尽收眼底"。天才布朗（Capability Brown）继承了肯特的遗志，英国自然风景园林时代全面到来，草坪更加接近自然，大面积的草坪是在定期镰刀剪草和草坪滚压下形成的。

19 世纪早期，工业革命时代，不计其数的小别墅花园迅速蔓延，改变了英国园林的面貌。花坛、台地、雕像充斥着花园，草坪面积迅速减少。但在 1830 年，爱德华 · 布丁发明滚刀式剪草机（图 2-24），让剪草工作变得无须技巧而又方便快捷，使得草坪的应用掀起了高潮。

图 2-24　早期的剪草刀和布丁的滚刀式剪草机

2.5.2　美国草坪

美国是现代草坪业的先驱。随着英国向美洲移民，草坪也带入美国。早期的草坪以植物研究和娱乐休闲为主要功能（图 2-25），从 20 世纪开始，高尔夫草坪运动在美国逐渐普及，对草坪科学和技术的发展起了积极的推动作用，高尔夫球场草坪代表了草坪培育的最高水平。

图 2-25　美国植物园和高尔夫球场草坪

19 世纪后期，美国最早开始了草坪草及草坪培育的研究，这标志着草坪科学研究的开端。1880 年，美国密歇根农业实验站开始对不同种类草坪草及混播草坪进行评价研究。1885 年，美国康涅狄格州的奥特尔科特草坪公园最早研究园林草坪，内容是选育优良草坪草种，他们从数千个体中选出 500 个品系，发现并确定了剪股颖属和羊茅属中最优良的品种。1905 年，罗德岛农业实验站不但进行草种混合、草坪的品种比较研究，还进行了不同肥料对绿地草坪、高尔夫球场的应用效果评价和研究。1908 年，人们在长岛高尔夫球场的沙地上建植和养护草坪时遇到严重问题，美国农业部的科学家 Piper 和 Oakley 被请来帮助解决困难。结果，在这一地区进行了大量关于高尔夫球场草坪的试验，总结出了大量有价值的经验。在 Piper 和 Oakley 的倡导下，1921 ~ 1929 年，美国农业部在许多州都开展了草坪试验研究。美国的现代草坪产业，是两次大战后随着经济繁荣和人口增加而飞速发展起来的。美国许多产业跨界加入到草坪业，如草坪专用肥料、专用养护机具、除草剂、防治病虫药剂等，使美国草坪业不断发展壮大，成为世界上草坪业最发达的国家。据报道，1965 年，美国草坪业消费额达 43 亿美元，1984 年的资料，美国的 8300 万户家庭中，有 5300 万户拥有草坪，其总面积相当于 260 万 hm^2。养护这些草坪每年私人的花费约 42.5 亿美元，由专业的草坪养护公司提供服务花费约 23 亿美元。1980 年，美国有近 1000 万 hm^2 的草坪，人口较多的州如加州、纽约州和佛罗里达州，估计每年有 10 亿美元或更多的经费用于草坪养护。在世界上大约 22000 个高尔夫球场中,美国约占 14000 个。其草坪养护费用为 17 亿 ~ 19 亿美元，有 250 亿美元左右的营业。据估计，在 1990 年前后，美国的草坪面积已经超过 1200 万 hm^2，每年用于养护管理这些草坪的花费超过 200 亿美元。到 1994 年，全美草坪业收入约为 84 亿美元，从业人口百万，尤其是冷季型草坪草籽的生产，集中在俄勒冈 Willamette Valley 一带，大部分草坪公司的总部及试验基地亦设于此，该地区因此被称为“世界草籽之都”。据统计，1997 年草籽田面积达 7.78 万 hm^2。

2.5.3 中国草坪

中国草坪发展经历了漫长的发展历程。中国自古被誉为“园林之母”，草坪的应用历史非常悠久，但仅局限在历代帝王的宫廷园林中。早在春秋时期（公元前 770 ~前 476 年），诗经中就有对草地的描述。据《史记》一书介绍，秦朝的阿房宫已有我国最早的上林苑形式出现。汉朝司马相如的《上林赋》中“布结缕，攒戾莎”的描写，则表明在汉武帝的林苑中开始布置结缕草。皇家园林草坪不可不提的是承德避暑山庄的万树园（图 2-26），就是由羊胡子草（Eriophorum scheuchzeri）形成的大片绿毡草坪，面积达 30 多公顷。

1840 年鸦片战争后，欧洲人带来欧式草坪。1868 年在上海建造的黄浦公园，具有浓厚的殖民主义色彩，专供外国侨民散步休息之用；今天的西郊动物园前身是英国人的高尔夫球场等。

1949 年新中国成立后，上海等城市把旧中国的欧式公园草坪改造为供居民休息、运动和儿童活动的场所，并在新建的一些公园和庭园中铺设一定面积的草坪用于观赏、装饰或游憩，取得了一定成绩，如上海长风公园、北京紫竹院公园、杭州花港观鱼等都有大面积的草坪应用。

图 2-26　河北承德万树园（来源：视觉中国）

我国草坪业的迅猛发展是在 20 世纪 80 年代以后。近 20 年来，随着改革开放和社会经济的发展，在物质文明和精神文明建设的推动之下，草坪业有了飞速发展，无论从草坪植物学研究上，还是草坪工程学研究上都有了长足的进步。草坪植物学研究方面，尤其对结缕草、狗牙根等的系统研究，很有特色。在草坪工程上，草坪被广泛用于风景区、公园、游园、广场、小区、庭院、街道及高尔夫球场、足球场等。在北京、上海、大连、广州、深圳、青岛、南京等经济发展较快的城市和地区，草坪的发展极其迅速，每年以 5% ~ 15% 的速度扩展。但目前来看，我国草坪业仍存在许多问题，尤其是对进口种子的依赖性，目前中国市场上的草种绝大部分都是从美国、加拿大、丹麦、德国、澳大利亚等国家进口。使用进口草种，在草坪业起步之初是有利的，可以有较高的起点和快速的发展，但对我国草坪业的长远发展来看是极其不利的，影响草种适应能力、草坪建植质量、草坪产业发展势头。所以充分利用我国丰富的种质资源、良好的自然条件、庞大的市场和强大的发展潜力，实现草坪种子国产化是我们行业的目标之一。国家重视发展草坪运动，2016年高尔夫运动重新回归奥运会，让很多草坪管理者长夜未眠、心情激动。在规模上，截至 2017 年，全国 683 个球场，清场整治剩下 496 家球场，187 家被取缔、撤销，或自动退出，中国的高尔夫进入健康稳定的发展阶段。

中国关注青少年的健康运动，在足球运动方面出台一系列政策：国务院 2015 年发布《中国足球改革发展总体方案》；2016 年，《中国足球中长期发展规划》指出到 2030 年全国拥有球场 14 万块，平均 1 万人 / 块。具体实施：2016 年 5 月修缮和改造 4 万块，新建 2 万块，新建两个国家足球训练基地（图 2-27）。

图 2-27　足球场草坪（来源：视觉中国）

2.5.4　可持续草坪现状

第二次世界大战后，美国的经济、技术等方面都是全世界的领头羊、风向标，社会财富快速积累，人口迅速膨胀，为满足商业地产的需要，草坪的栽培、养护于 20 世纪 60 年代从美国兴起，并引导草坪草研究、产业的发展和转变，发展可持续性草坪草种面临以下几个问题。

一、可持续性草坪绿化技术方面。比如，近年来，设计和建造阶段的可持续性标准已经得到了全面的定义，但可持续性养护的操作方面则尚未明确，还没有相关文件来明确可持续性养护的详细内容。确切地说，现有大部分草坪养护既没有按照可持续性设计，也没有使用可持续性方法进行操作。按照惯例，草坪养护公司直到景观完成为止也没有参与过草坪景观的决策。他们在设计阶段没有机会从养护观点提出建议，通常也不会参与建设过程。美观性常被视为在景观判断中的一个最重要标准，因此即使有后期养护公司参与前期工作，其在讨论草种选择方面的发言权依然微乎其微。他们仅仅是在耗费了大量时间、金钱和资源来创造一个新景观之后才参与进来，并且获得的养护费用时常相对较少。他们必须面对这些场地带来的所有遗留问题，包括土壤质量和数量缺陷、灌溉系统设计和安装缺陷以及植物材料问题等。养护公司经常被迫寻找可以有效养护场地的方法，而这些场地从可持续性观点来看是具有很多内部缺陷的。显然，如果最终目标是要达到可持续性，那么对草坪养护的挑战是巨大的。

二、最大障碍是改变大众对草坪植物外观的固有看法，需逐步纠偏。例如，单一草坪并不适用所有场地，虽然现代景观设计主流都是采用单一草坪用于所有场地情况，但最终都导致草坪的质量参差不齐。因此，可持续草坪选择的关键之一是区分主要景区和次要景区，根据实际情况和日后养护成本预算综合考虑。

三、现在草坪植物从单一使用丛生型的草坪草类型，进入到适应各种生境下草种筛选和栽培技术的多元化时代。例如用作冷季型草坪的黑麦草、高羊茅、早熟禾等草种大大改善了草坪的整体外观特性，美国草种育种和筛选目标为发展深绿色、密度高的新品种，当然与中国、美国的颜色偏好不同的国家和地区，加拿大和欧洲对可接受草坪的外观偏好是浅绿色、外观较好的单一草种。到 20 世纪 70 年代育种目标发生了改变，新的标准是没有双子叶植物杂草和一年生杂草的深绿色草种，但一定要抗病虫害，这个育种理念已经被风景园林行业广泛采用。目前的育种理念还在随时代改变而进步，几乎所有的业内育种专家已经认识到不可能让冷季型草种变得更低矮、更密集，这会导致大量病虫害问题，培育和筛选工作范围也已经扩展至适应性更强的暖季型草种，主要针对目标是百慕大草（*C.dactylon*）和结缕草属品种改良，同时也对野牛草（*Buchloe dactyloides*）和海滨雀稗进行了改良。在今天存在大量的新培育品种基础上，通过市场竞争和特殊生境的需求不同，筛选出市场上常用的一些草种，但效果不尽人意。

草坪植物的可持续利用还受气候环境、土壤类型等因素影响，理论上特定地点的草种应该根据其对场地适应性进行选择，但实际情况是市场上可选的草坪草种类很大程度上被标准化生产了，出现单一的草坪或单一的草种混合类型，所用的草坪草只能在草种供应商所提供的草种清单上进行选择。因此在为特定条件做出适宜的草种选择时，一方面很有必要进行仔细的场地调查访问、分析评估，并咨询当地草坪专家；另一方面需加强丰富草坪草种多样性的工作。

2.6 可持续草坪材料的收集和利用

2.6.1 引种

草坪植物引种是资源储备的必要环节，充足的资源是开展草坪研究和应用的重要保障，规范植物引种过程、提高植物引种管理水平和经费使用效率，也是草坪资源可持续利用的前提。

一、引种实施

引种专类植物由专门负责人在引种申请获准后实施。

可以通过委托购买引种植物（包括种子或其他繁殖材料），供方必须提供植物检疫证书和园方规定的技术资料等书面材料；采集途径引种植物需符合有关法律法规的规定，采集的同时保留至少一份该植物的标本或清晰照片，填写采集记录本中相关内容；赠予/交换途径引种，需签订植物不扩散协议。

二、引种验收和保育

（一）引种信息归档：包括引种反馈表和植物检疫证（纸质版）；采集途径引种需出具采集记录本、引种反馈表、以植物名称命名的植物照片和植物标本反馈单；赠予/交换途径引种需出具引种反馈表和植物供方协议。之后，活体植物信息管理人员签收并授予新引种植物引种登记号。

（二）植物定植及播种：植物材料移交苗圃进行育苗、播种，植物材料挂牌或插牌，注明引种登记号及植物名，播种的植物需填写种子萌发记录表。

（三）苗木出圃：经过苗圃过渡和观察后的植物，确认无病虫害、无生物入侵风险，并具有较好生长适应性后，方能出圃移植入相关专类植物种植区和景观植物种植区。苗圃负责人将名单、引种号以及出圃植物的高度、冠幅、胸径或地径等项目记录报送活体植物信息管理组。

（四）物候记录：种植入园区或在引种基地永久保存的植物，生长稳定后，由活体植物信息管理组选择代表性种类，由养护人员进行长期物候记录。

（五）定期编写年度引种植物名录。

2.6.2 筛选

进入21世纪以来，草坪科学的理论研究、技术进步、管理体系和产业都有了进一步的发展，草坪草引种、筛选已成为草坪业繁荣发展的基础和核心。其中根据中国草坪区划理论，特定地点的草种应该根据其场地适应性而进行筛选最佳的草种。针对每一个特定场地，草坪草种的选择应该视光照、温度、人工修剪、水肥管理等情况而定。但实际上，草种和草皮的选择都受限于当地草皮生产商。标准化的草皮生产，导致出现单一物种或固定混播草种形成的草坪，致使草坪对环境适应性变差。因此，要营建可持续草坪一定需要草坪草的筛选研究作支持。

美国、新西兰、荷兰、加拿大等国家十分重视对草坪植物的调查和利用，以不同生态型作为亲本，选种、育种工作进展很快，成果很多，每年为世界各地提供一批优良草坪草新品种或品系。与国外显著成绩相比，我国草坪业起步较晚，草坪方面的工作主要集中在对国外优良草坪草品种的引种上。胡叔良提出按地区发展草业并提供地被植物的参考名录，开创了我国草坪区划研究的先河；谭继清根据中国植被分区，分类整理了我国不同地区的气候特征和指标，为草坪植物和地被植物的选择提供了一定参考；李敏参照美国草坪适应性区分，对我国草坪种植区域做了分区；孙吉雄用模糊聚类分析方法将世界草坪草气候生境类型按相似性进行划分并分析了我国适用引种带。以上区划为引种工作打下了理论基础，也为草坪筛选与管理提供了一定指导。据统计，我国对国外引进 300 多个草坪品种进行了引种适应性筛选试验，筛选出一些适应当地、表现良好的草坪草种。

在草坪这个人工植被生态系统中，草种筛选是整体工程设计和实施最重要的技术内容之一，从整体工程的设计控制到具体操作，应遵循以下三条原则。

一、明确当地的地带类型，按照我国宏观生态条件和草坪绿地的建植特点，采用前述的 5 个基本地带类型划分法，简便实用。

二、分析具体生境特点，草坪草地带性划分虽从宏观上勾画出了不同草种的适宜种植区，但对于确定的建坪地段来说，生境中光照强度、温度变化、水分条件以及土壤状况等诸多方面需要因地制宜。在选择草品种之前，应对当地的各气象要素进行详细的了解和分析。如果是建植运动草坪，还要特别注意草坪场地的使用频度和强度。这些要素构成了草坪植物生存环境的重要生态因子，直接作用于草坪植物的生长发育节奏，影响着草坪草的健康状况。不同的草坪草种有着各自独特的生物学特性，应对它们与具体的生境条件进行分析和比较。

三、种类确定和种间搭配用于草坪建植的植物种类很多，但是，最适宜草坪建植的植物种类则主要集中在禾本科的少数几个属种。依据这些种类的地理分布和对温度条件的适应性，可将其分为冷季型和暖季型两大类。早熟禾类、高羊茅、紫羊茅、剪股颖、黑麦草等多数种类为冷季型；而结缕草、狗牙根、雀稗等则为暖季型。

尽管单一种群形成的草坪绿地均匀性好，但群落结构不稳定；同一类型的草坪植物种间科学搭配，可丰富群落的遗传多样性，增强对逆境胁迫的耐受力，稳定草坪群落，延长利用期。例如，所需中等养护水平的草地草熟禾可单独或与其他冷季型种类配比，适宜建植多种类型的草坪。高羊茅耐热性突出，抗磨损性好；多年生黑麦草虽然绿期稍显不足，但色泽好、建坪快，抗磨损性强；与草地早熟禾科学搭配，在运动草坪建植中发挥着重要作用。而具有超耐低修剪特性、质地柔细的剪股颖、狗牙根一些草种，则是高尔夫球场果岭区的主要种类。

2.6.3 栽培、生产

筛选出适应性强的草种，需要进一步扩大生产，进行市场推广，增加市场上草坪植物种类的多样性。作者团队对可能适应华东地区生长的高羊茅属、剪股颖属、结缕草属、蜈蚣草属、狗牙根属、雀稗属、画眉草属（*Eragrostis*）、过江藤属（*Phyla*）的草坪草品种进行筛选，每年生产扩繁适应性强的草坪草（图 2-28），为园区景观的提升和改造提供成坪草坪资源，大大节省了成本。

图 2-28　草坪生产应用

图 2-29　草坪材料的回收、再利用

对可持续性草坪材料进行回收和重新利用（图 2-29），将景观改造中退下的原材料尽可能地重新使用，选择回收产品，减少原材料的使用和采购，从而提高可持续性。

2.7　总结

通过介绍草坪的概念、分类和草坪业的发展历程这些基本理论，分析当前草坪应用的一些问题，列举当前市场常用的一些草坪草种素材，总结提出可持续草坪的含义和可用种类。根据复合可持续性草坪的指标要求，通过草坪植物的引种、收集和筛选，试图解决市场上有限的草坪草种类与草坪景观设计、施工、养护质量的提升和发展之间的矛盾。

2.8 实践

案例 1 温室环境下适宜草种筛选

1. 项目介绍

20 世纪 80 年代，随着国家经济发展和城市化建设加速，我国草坪草的引种工作也开始起步，但因初期需求量少，草坪引种数量和种类都比较少，更侧重于对坪用性状及生物学习性的科学研究。到 90 年代，我国先后引进 100 多个冷季型草坪草种，并开展对建植不同功能草坪草种及品种的筛选。进入 21 世纪，随着国家城市化进程的加快，草坪草引种、筛选工作已经全面展开，引种目的性更加明确，更加侧重应用。一方面大幅度增加了草坪草的种类和数量，扩大了选择范围；另一方面开展了对不同区域、不同环境下草坪草种及品种的筛选。其中，室内环境突破自然恶劣条件的限制，为人们提供观赏、休闲、娱乐场地，但温室内众多环境因子的特殊性，如高温、高湿、光照不足，影响草坪植物的光合作用、呼吸作用、蒸腾作用、细胞分裂与伸长，因此，特殊环境下的草种选择成为草坪建植成败的关键因素，开展温室环境下草坪草种选择及其生态适应性研究很有必要。目前，针对温室环境不适条件，一方面通过改善基础硬件设施来营造适宜环境，另一方面需要对草坪草的适应性进行研究。但目前对这方面的研究还处于空白状态，很多人盲目使用室外长势优良的草种来补缺，这类草坪草表现出冗弱、徒长、不耐病虫、不耐踩踏的症状，甚至在高温季节全部枯死。本书根据实际情况，从草坪的养护管理角度出发，采用“外观—生态—使用”综合评价指标体系，重点通过定性结合定量的方法，测试形态、生理生化及分子指标来综合评价其生态质量，最终筛选出适宜草坪的草种，为温室等其他室内环境草坪草应用决策提供参考依据。

1.1 场地分析

上海辰山植物园展览温室是由 3 个单体温室组成的温室群，分别是热带花果馆、沙生植物馆和珍奇植物馆，总面积 12608m^2，是目前亚洲最大的植物园展览温室，集植物收集保育、科普科研于一体，不定期举行一些花展和活动。温室采用弧形网架结构的单层透明玻璃幕墙，形成对馆内植被的第一重遮阴。本试验所在的热带花果馆分 3 个区：风情花园、棕榈广场和经济植物区，试验地所处棕榈广场，在植物配置上以大型叶子的棕榈科植物为主，形成对草本地被的第二重遮阴（图 2-30），原草本以翠云草（*Selaginella uncinata*）覆盖，夏季高温难以越夏，也不耐踩踏，每年需花费大量人工去更换种植、养护。该区域的微气候状况：5 ~ 11 月平均温度 22.54℃，高温持续时间 15d，相对平均湿度 76.32%，单位面积总辐射量 43.82W/m^2，与室外对照，在众多气候因子中，遮阴问题最突出（图 2-31）。

图 2-30　温室试验区环境

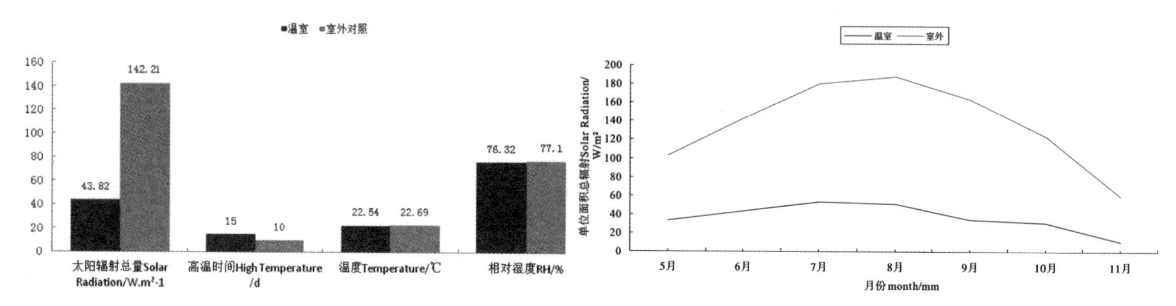

图 2-31　温室内、外空气温湿度及有效光照辐射对比

1.2　筛选设计分析

本试验在上海辰山植物园展览温室热带花果馆的棕榈广场进行。将原土、沙、草炭、土壤改良剂（MVP）按照 4 ：4 ：1 ：2 充分混合为坪床基质，改良表土下 30cm 作为土壤种植层，以达到种植土壤标准。为符合改良后土壤实际承受强烈踩踏的使用状态，试验所有的处理在测定之前均经过充分压实。

本研究利用 HOBO（U30）小型气象仪测定总辐射量、空气温度和湿度、土壤温度和湿度、叶面积指数等。采用 8 个已成坪草坪草种（表 2–5），按草种类型随机布置，每个品种设 3 个重复，共 24 个小区，各小区为 46.5cm × 35cm 的种植盆，其分布如图 2–32 所示。

供试草坪草种　　**表 2-5**

序号	名称		类型	来源
	中文名	学名		
a	日本结缕草	*Zoysia japonica* ‘Belair’	暖季型	北京克劳沃
b	剪股颖	*Agrostis stolonifera* ‘PenncrossA–4’	冷季型	北京克劳沃
c	假俭草	*Eremochloa ophiuroides*	暖季型	北京克劳沃

续表

序号	名称		类型	来源
	中文名	学名		
d	杂交狗牙根	*Cynodon dactylon* × *C. transvadlensis* 'Tifgrand'	暖季型	上海美侬
e	海滨雀稗	*Paspalum vaginatum* 'Salam'	暖季型	上海美侬
f	岩垂草	*Lippia nodiflora* 'Kurapia-sh1'	暖季型	上海交大
g	沟叶结缕草	*Z. matrella* 'FC13521'	暖季型	北京克劳沃
h	百喜草	*P. notation* 'Argentine'	暖季型	北京克劳沃

a	e	c	b	
g	d	g	h	c
e	b	f	d	h
f	c	e	a	b
h	f	d	g	a

图 2-32 供试草坪草种小区分布

草坪质量指标评分标准与相应的测定方法如表 2-6 所示。其中，评价使用五级制：1 表示极差，2 表示很差，3 表示一般，4 表示良好，5 表示优。

草坪质量评价标准 **表 2-6**

	指标	方法	评分标准					加权
			5	4	3	2	1	
外观质量	颜色	目测法	墨绿	深绿	浅绿	黄绿	0.22	
	密度	样方法	≥4.5	4.0～4.5	3.5～4.0	3.0～3.5	≤3	0.25
	均一性	样方法	0.9～1.0	0.8～0.9	0.7～0.8	0.6～0.7	≤0.6	0.24
	质地	直接测量法（mm）	≤3	3～4	4～5	5～6	≥6	0.12
	草坪高度	直接测量法（m）	≤4	4～6	6～10	10-14	≥14	0.15
生态质量	盖度	针刺法（%）	90～100	80～90	70～80	60～70	≤60	0.27
	总生物量	干重（g/cm^2）	≥0.09	0.071～0.080	0.061～0.07	0.051～0.06	≤0.05	0.18
	抗逆性	（%）	0	≤1/5	1/5～1/2	1/2～2/3	≥2/3	0.55
坪用质量	成坪速度	（d）	≥50	50～40	40～30	30～20	≤20	0.50
	草坪强度	地下干重（g/cm^2）	≥0.05	0.041～0.050	0.031～0.040	0.021～0.030	≤0.02	0.50

其中，生理、分子指标测试方法，主要在7～9月每月月底随机采集分蘖上倒数第二片完全展开叶，实验室测试其草坪电导率、叶绿素 a/b、叶绿素含量、脯氨酸、丙二醛及 PP2A 和 GAPDH 两个分子指标。叶片质膜透性采用电导率法（用相对电导率 % 表示）；丙二醛（MDA）含量采用硫代巴比妥酸（TBA）比色法；脯氨酸含量（Pro）采用磺基水杨酸浸提法；叶绿素含量及叶绿素 a/b 的测定采用乙醇丙酮混合液浸提法。草坪草种叶片 PP2A 和 GAPDH 的基因表达采用实时半定量 PCR 检测法，所用 PP2A、GAPDH 和用作内参的 18S 引物见表 2-7。

RT-PCR 引物 **表 2-7**

基因名称	基因序列号	正向引物 Forward sequence 5'-3'	反向引物 Reverse sequence 5'-3'
18S	AB536694	GTGACGGGTGACGGAGAATT	GACACTAATGCGCCCGGTAT
PP2A	AT4G08960	CGATCCAAAGAGGAAATGCTGCA	GCCCAACTGGAAGAAGGTCAACA
GAPDH	AT3G04120	GAAGCATCCTTGATAGCCTT	TATGTCTTTCCGTGTCCCAA

2. 筛选试验结果分析

2.1　温室环境下 8 种草坪草种综合质量评比和筛选结果

草坪按功能可分为运动草坪、观赏草坪、游憩草坪和特殊用途的草坪，所研究的温室草坪可归属为特殊用途的草坪。本文采用郑海金评价体系，从外观、生态、使用三方面综合评价草坪质量（图 2-33）。其中，外观质量是草坪在人们视觉中好差的反映；生态质量反映草坪对环境和利用方式的适应能力；使用质量反映草坪具有能适度运动的功能。评价时遵循“统一评价、项目加权、分类比较”的原则：评价方法、标准要统一，对不同功能类型的草坪进行评价时，其侧重点不同，指标权重不同。考虑到展览温室区草坪具有一定的绿化美化作用，故外观质量权重较大；它还要有较强的耐阴、耐热等抗逆能力，因而反映其对环境适应性和抗逆性的生态质量权重也应较大。为此，本文采取层次分析法（AHP）来计算权重值，首先确定一级指标在草坪质量评价中的权重，分别为：外观质量占 0.60，生态质量占 0.28，草坪使用质量占 0.12。同理得出二级指标的权重，密度和盖度两指标较为重要，权重值分别为 0.25、0.27；抗逆性在生态质量评价中所占的比重很大，为 0.55；在使用质量评价中，耐踩踏性的权重最小，为 0.5；反映其受环境胁迫后的恢复能力的成坪速度占 0.5。将各一级指标经归一化处理后的数值乘以各自的权重，再进行一次加和，计算草坪综合指数。结果见表 2-8，沟叶结缕草综合指数最高为 0.35，其次为杂交狗牙根，另外，岩垂草为 0.32，与沟叶结缕草和杂交狗牙根差异显著，与其他草种差异极显著。

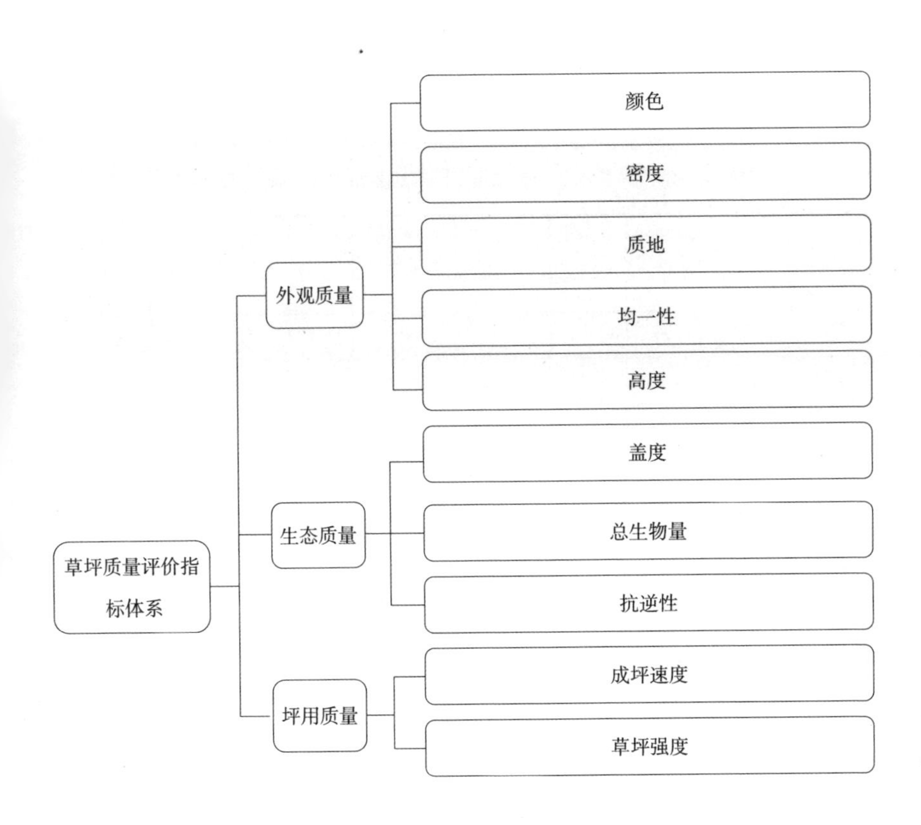

图 2-33　草坪质量综合评价体系

草坪草种质量综合值　　**表 2-8**

草坪草		综合指标及加权										综合指标
		颜色	密度	均一性	质地	高度	盖度	总生物量	抗逆性	成坪速度	草坪强度	
a	沟叶结缕草	3	3.9	0.7	4.5	7.5	61	0.073	2/3	55	0.0335	0.313
	得分	3	3	3	3	3	2	3	2	5	3	
	权重 2	0.22	0.25	0.24	0.12	0.15	0.27	0.18	0.55	0.5	0.5	
	1 级数值	2.94					2.18			4		
	归 1	0.322					0.239			0.439		
	权重 1	0.6					0.28			0.12		
b	剪股颖	2	3.3	0.61	3.5	13	80	0.061	1/2	35	0.021	0.318
	得分	2	2	2	4	2	4	3	3	3	2	
	权重 2	0.22	0.25	0.24	0.12	0.15	0.27	0.18	0.55	0.5	0.5	
	1 级数值	2.2					3.27			2.5		
	归 1	0.276					0.410			0.314		
	权重 1	0.6					0.28			0.12		
c	假俭草	4	1.5	0.65	5.5	13.6	60	0.055	2/3	35	0.034	0.313
	得分	4	1	2	2	2	1	2	1	3	3	
	权重 2	0.22	0.25	0.24	0.12	0.15	0.27	0.18	0.55	0.5	0.5	
	1 级数值	2.15					1.18			3		
	归 1	0.340					0.186			0.474		
	权重 1	0.6					0.28			0.12		

续表

草坪草		综合指标及加权										综合指标
		颜色	密度	均一性	质地	高度	盖度	总生物量	抗逆性	成坪速度	草坪强度	
d	杂交狗牙根	3	4.3	0.9	3	5	81	0.11	0.3	50	0.036	0.334
	得分	3	4	5	5	4	4	5	4	5	3	
	权重 2	0.22	0.25	0.24	0.12	0.15	0.27	0.18	0.55	0.5	0.5	
	1 级数值	4.06					4.18			4		
	归 1	0.332					0.342			0.327		
	权重 1	0.6					0.28			0.12		
e	‘海浪’雀稗	3	3.1	0.61	4.5	8	50	0.058	2/3	45	0.032	0.311
	得分	3	2	2	3	3	1	2	1	4	3	
	权重 2	0.22	0.25	0.24	0.12	0.15	0.27	0.18	0.55	0.5	0.5	
	1 级数值	2.45					1.18			3.5		
	归 1	0.344					0.165			0.491		
	权重 1	0.6					0.28			0.12		
f	岩垂草	4	3.7	0.84	7.5	12	75	0.063	2/5	45	0.035	0.322
	得分	4	3	4	1	2	3	3	3	4	3	
	权重 2	0.22	0.25	0.24	0.12	0.15	0.27	0.18	0.55	0.5	0.5	
	1 级数值	3.01					3			3.5		
	归 1	0.317					0.315			0.368		
	权重 1	0.6					0.28			0.12		
g	马尼拉	4.2	4.9	0.98	2.4	4	98	0.1633	1/10	70	0.053	0.351
	得分	4	5	5	5	5	5	5	5	5	2	
	权重 2	0.22	0.25	0.24	0.12	0.15	0.27	0.18	0.55	0.5	0.5	
	1 级数值	4.68					5			3.5		
	归 1	0.355					0.379			0.266		
	权重 1	0.6					0.28			0.12		
h	巴哈雀稗	2	1.3	0.53	4.5	10	54	0.053	2/3	50	0.039	0.273
	得分	2	1	2	3	2	1	2	2	5	3	
	权重 2	0.22	0.25	0.24	0.12	0.15	0.27	0.18	0.55	0.5	0.5	
	1 级数值	1.83					1.73			4		
	归 1	0.242					0.229			0.529		
	权重 1	0.6					0.28			0.12		

2.2 夏季温室环境对 8 种草种生理生态特性的影响

2.2.1 对细胞膜透性的影响

质膜是活细胞与环境之间的界面与屏障，各种不良环境因素对细胞的影响往往首先作用于质膜，影响其结构和功能，表现为透性变大，细胞内含物被动外渗，使外溶的离子增多，电导率升高。叶片相对电导率往往被用来衡量细胞膜的稳定性，抗逆性强的种或品种在逆境中细胞外渗液的电导率较低。

各草种在夏季高温及遮阴环境下基本呈先上升、再下降的趋势（图 2-34），在 9 月底各草坪开始恢复前其相对电导率排序：杂交狗牙根＜海滨雀稗＜沟叶结缕草＜百喜草＜剪股颖＜其他草种，排序在前的三个草种相对电导率与其他草种相对电导率差异显著。

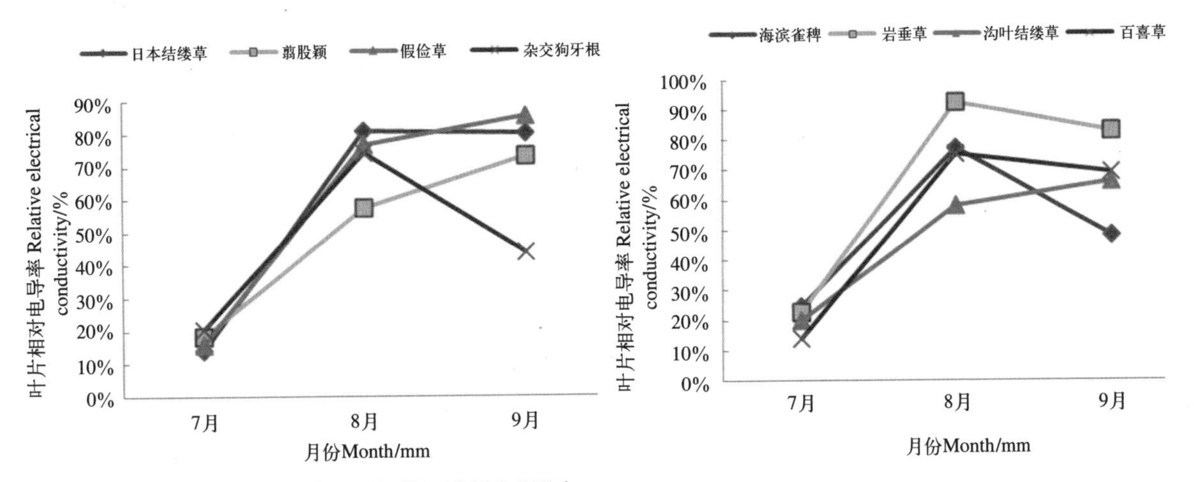

图 2-34 温室夏季自然高温、遮阴环境对相对电导率的影响

2.2.2 对丙二醛（MDA）含量的影响

由图 2-35 可知，在夏季温室环境胁迫后，岩垂草的 MDA 含量最低，沟叶结缕草其次，两者之间差异显著，而杂交狗牙根、剪股颖、日本结缕草处于同一水平，显著低于假俭草、海滨雀稗和百喜草。草坪草的器官衰老或在逆境下遭受伤害，易发生膜脂过氧化作用。丙二醛是细胞膜脂过氧化作用的产物之一，它的产生能

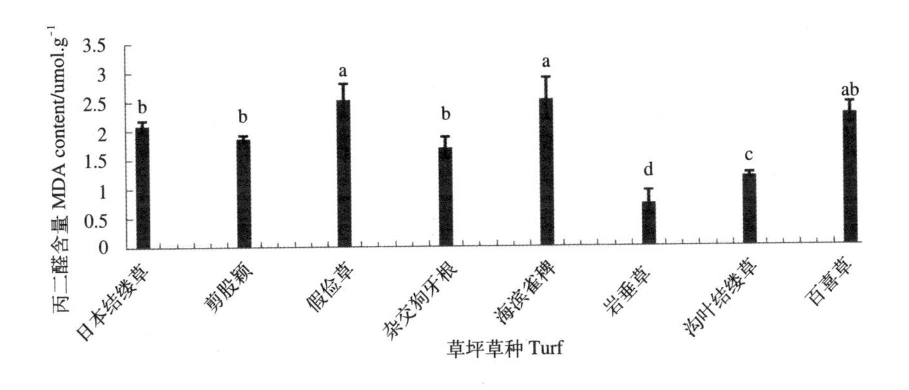

图 2-35 温室夏季自然高温、遮阴环境对草坪叶片丙二醛的影响（显著性水平 P=0.05）

加剧膜的损伤。因此，丙二醛产生数量的多少能够代表膜脂过氧化的程度，也可间接反映植物组织抗氧化能力的强弱及抵御环境胁迫能力的强弱。

2.2.3 对脯氨酸（Pro）含量的影响

由图 2-36 可知，各草坪草体内 Pro 均受环境胁迫的影响，随着温度的升高，呈增加趋势，而且随着胁迫程度的加深，含量不断上升，并达到高峰后下降。不同的草坪草 Pro 的具体变化过程并不一致：①杂交狗牙根稳步升高，最后一次脯氨酸含量最大为 0.153%；②沟叶结缕草在 7 月含量猛增，8 月达到高峰，其值与杂交狗牙根相当；③岩垂草起始含量较高，并在 8 月达到各草种最高值，后急速下降，达本月各草种的最低值 0.0584%。目前对植物体中脯氨酸的渗透调节作用研究表明，高温条件下植物体内的脯氨酸含量明显增加，渗透作用最为有效，并且发现耐高温品种比不耐高温品种可积累更多的脯氨酸。

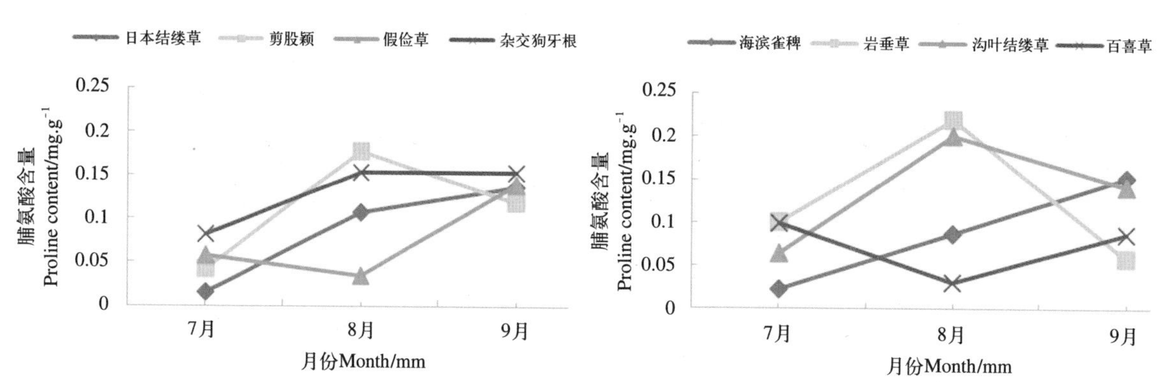

图 2-36　温室夏季自然高温、遮阴环境对草坪叶片脯氨酸含量影响

2.2.4 对叶绿素含量和叶绿素 a/b 值的影响

叶绿素含量高、叶绿素 a/b 比值小的草坪植物具有较强的耐性。其原理是低的叶绿素 a/b 值能提高植物对远红光的吸收。因而在弱光下，具有较低叶绿素 a/b 值及较高叶绿素含量的植物，也具有较高的光合活性。从图 2-37 可以看出，大部分草种叶绿素含量随温度升高而增加，9 月温度回落，叶绿素含量也呈下降趋势，

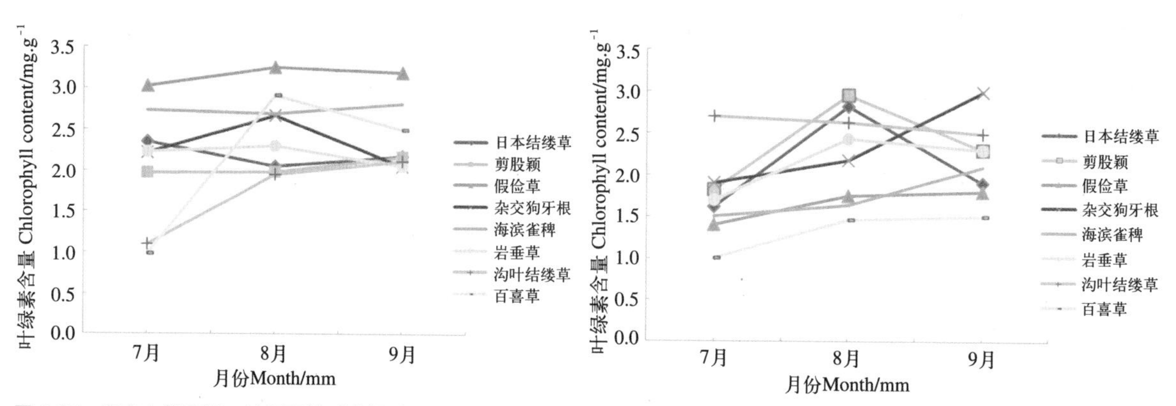

图 2-37　温室自然高温、遮阴环境对草坪叶绿素总量和 a/b 比值的影响

但沟叶结缕草呈一直下降的趋势，而杂交狗牙根呈一直上升的趋势，但在九月高温、遮阴胁迫过后的叶绿素含量排序为杂交狗牙根 > 沟叶结缕草 > 剪股颖 = 岩垂草 > 其他草种，这与草坪外观形态表现出来的优劣相吻合。叶绿素 a/b 值品种间相比，沟叶结缕草、杂交狗牙根及岩垂草三者差异不显著，均显著低于其他品种（$P<0.05$），但沟叶结缕草的叶绿素 a/b 一直呈上升趋势，其他两个草种先上升、后下降。

2.2.5　不同草坪草叶片 PP2A 和 GAPDH 的 RT-PCR 结果

RT-PCR 结果表明，温室环境条件下 8 种草坪草的 PP2A 和 GAPDH 基因均可以诱导表达。在自然高温和遮阴胁迫诱导下，各处理组均有表达，但是杂交狗牙根和沟叶结缕草表达量相对较强（图 2-38）。

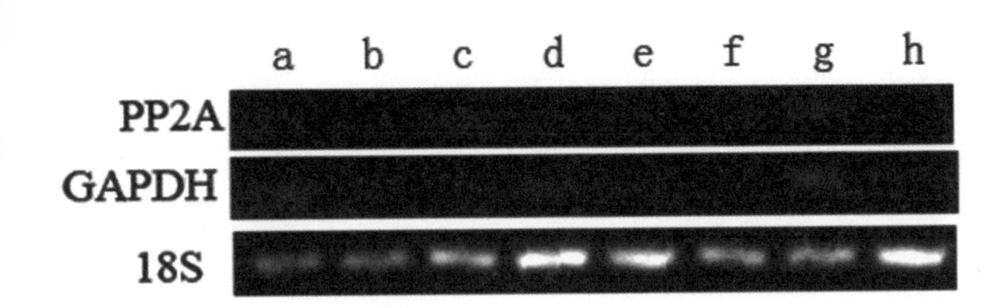

图 2-38　不同草坪草叶片 PP2A 和 GAPDH 的 RT-PCR 结果

Real-time PCR 结果表明，不同草种在遮阴、自然高温胁迫过后两个基因表达量不一（图 2-39）。同一基因不同草种间的相对表达量不同，杂交狗牙根、岩垂草、沟叶结缕草的 GAPDH 表达量显著高于其他草种，且杂交狗牙根、沟叶结缕草的 PP2A 表达量也显著高于其他草种。

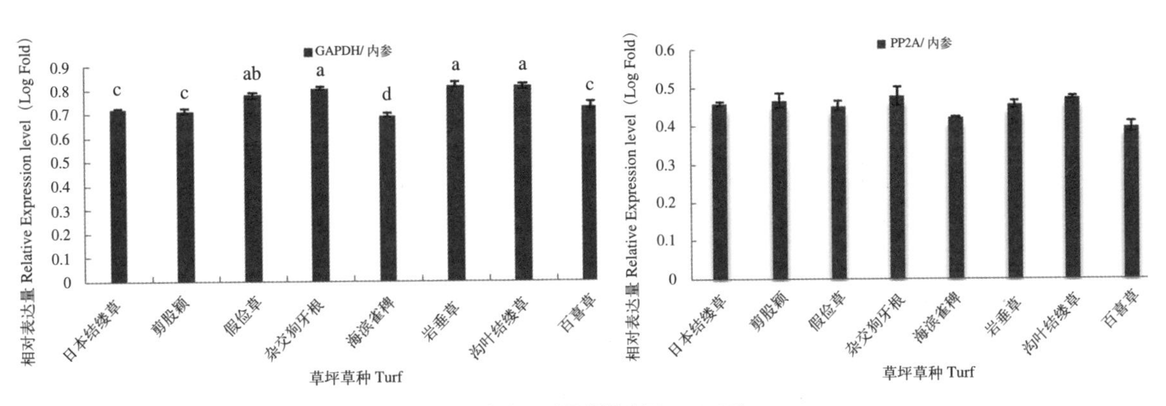

图 2-39　不同草坪草叶片 PP2A 和 GAPDH 的相对表达量（显著性水平 $P=0.05$）

2.3　草坪质量评价指标的优化

由于影响植物适应性的因素复杂多样，单因子指标的测定只能反映草种某一个方面的抗逆性，所以选择与植物耐热、耐阴相关性大的多个指标，采用模糊数学隶属函数公式对各项指标测定值进行定量转换，用综合生理指标值作为草坪草耐性评价能较为准确地评定各品种间的适应性差异。结果见表 2-9，其生理综合指标更客观、更全面地反映了各草种的耐阴、耐高温生理特性，杂交狗牙根最高，其次为沟叶结缕草，这与各草种的综合质量评比结果高度一致。

除此之外，在衡量指标上，本研究除采用上述传统的外观质量、叶绿素含量、相对电导率、丙二醛含量（MDA）、脯氨酸等指标外，还通过 GAPDH 和 PP2A 的基因表达对筛选的 8 种典型草坪草种进行科学的定量化评价和等级评定。结果表明，分子评价中 GAPDH、PP2A 基因完全可以作为草坪草耐阴、耐热的评价指标。

遮阴是使植物接收的光量子密度受到限制的环境或人为因子。遮阴不仅影响草坪营养生殖生长、生理生化特性、矿质营养，对植物外观形态和生理特性也会有不同程度改变，而且影响植物生长环境小气候，降低光子通量（PPF），降低光质，从而影响光合作用提供能量及为植物的形态建成提供信号、调控基因的表达等，最终导致植物做出适应性反应。自然高温是制约温室环境下草坪草正常生长的另一重要的生态因子。

抗逆性综合评估值 **表 2-9**

草坪草	MDA	PRO	Chls	a/b	EC	GAPDH	PP2A	综值
日本结缕草	0.250	0.822	0.281	0.89	0.123	0.204	0.746	3.32
剪股颖	0.378	0.634	0.523	0.91	0.298	0.134	0.848	3.73
假俭草	0.007	0.856	0.157	0	0	0.711	0.684	2.42
杂交狗牙根	0.465	0.999	1	1	1	0.901	1	6.37
海滨雀稗	0.000	1	0.423	0.33	0.9	0	0.3	2.95
岩垂草	1.000	0	0.558	1	0.056	0.984	0.726	4.32
沟叶结缕草	0.740	0.888	0.64	0.95	0.469	1	0.953	5.64
百喜草	0.145	0.296	0	0.62	0.394	0.27	0	1.73

3. 项目结论

为因地制宜地筛选出适宜温室环境生长的草坪草种或品种，根据试验区处于亚热带夏季高温、全年光照总量较低的温室中实际情况，对草坪草种筛选评价更适用的评价体系，但也做出一些更切合实际情况的调整。在生态质量评价指标上，选择抗逆性，综合耐热、耐阴指数；在草坪使用质量上，因草坪具有适度活动功能，因而草坪评价要反映其使用质量，主要的指标设置了草坪成坪速度和草坪强度反映草坪耐踩踏性。对草坪质量综合评分，得出各草坪草种对温室环境的适应性大小：沟叶结缕草 > 杂交狗牙根 > 岩垂草 > 剪股颖 > 日本结缕草 = 假俭草 > 海滨雀稗 > 百喜草，沟叶结缕草及杂交狗牙根与其他草种相比差异显著，宜作为温室草种使用。

草坪在夏季自然高温和温室光照质量较差的环境下，8 个草坪草种在群体和组织水平以及细胞代谢和分子表达水平两个层次上发生响应。对草坪草生理、分子指标进行耐热、耐阴的综合评价，用模糊聚类分析法综合评价植物的抗逆性，其结果与外观形态表现基本一致，其中沟叶结缕草和杂交狗牙根品种适应性最强。

不同生境下草坪草的参试品种、评价方法、养护管理存在较大差异，缺乏可比性，且草坪草生理生化指标的定量综合研究还不够完善。通过抗逆标记基因筛选发现：PP2A 和 GAPDH 的表达可以有效反映草坪草在温室环境下的适应性，其结果与外观形态质量评价和生理指标评价结果相吻合，完善了温室环境下草坪草适应性的定量化评价指标和标准体系，从而也突破了只能通过调整剪草高度、营养元素的比例等传统手段缓解环境胁迫的局限，进而做出筛选栽培技术的扩充和探究。

案例 2　高尔夫球场草种筛选

对海南地区高尔夫球场草种进行调查分析，并且根据三亚地区的地理气候条件和建植养护成本，推荐业主使用草坪草种如下。果岭草：'Platinum' 海滨雀稗；球道草与发球台草：'Salam' 海滨雀稗。

1. 三亚地区气候调查

气候适应性原则是草坪草种选择的决定性因素之一，即各地应根据本地区所属的区域性大气候，以及草坪建植具体地点的局域性小气候特点，选择出最适宜的草坪草种、品种及其组合。

三亚地处海南岛最南端，位于北纬 18° 09′ 34″ ~ 18° 37′ 27″、东经 108° 56′ 30″ ~ 109° 48′ 28″。三亚地处热带，属季风热带气候区域。受南海海洋气候影响较大，终年气温高，寒暑变化不大，四季温暖，年均气温 23.8℃。因此在海南三亚地区只可选择适合热带、亚热带地区气候的暖季型草坪草。

2. 球场草坪草种调查

目前应用于高尔夫球场的暖季型草坪草主要有海滨雀稗、狗牙根、结缕草、地毯草、钝叶草、假俭草等。根据海南地区的气候条件，大多数球场球道、发球台和长草区选择海滨雀稗，果岭草一般选择狗牙根和海滨雀稗。

调查海南地区 17 家高尔夫俱乐部，其草种选择如表 2-10 所示。

海滨雀稗具有多种抗逆性和适应恶劣环境的特性，在养护成本低的条件下仍然可以保持草坪质量，并具有强烈的生长能力，因而逐渐为高尔夫球场管理者所青睐，被誉为海南地区最适宜作为球道草的草种。

'Salam' 海滨雀稗是以持久性好而著称的新生代海滨雀稗品种之一，这一改良品种叶片纤细，宽 2 ~ 3mm（叶片宽度类似于 '天堂 419'），质地细腻；匍匐

海南球场常用的草种 **表 2-10**

球场名称	设计师	果岭草种	球道、发球台和长草区
海口市西岸高尔夫球会	Dye Design	‘TifDwarf’	‘Salam’ 海滨雀稗
美视五月花国际高尔夫球会	Colin Montgomerie	‘TifDwarf’	认证 ‘Salam’ 海滨雀稗
三亚红峡谷高尔夫俱乐部	JMp	‘TifDwarf’	‘Salam’ 海滨雀稗
南燕湾海滨高尔夫	Scott Miller 上西庄三郎	‘TifDwarf’	‘Salam’ 海滨雀稗
博鳌高尔夫乡村俱乐部		‘Tif328’	‘Tif419’
亚龙湾高尔夫球会	Robert Trent Junior	‘TifDwarf’	‘Salam’ 海滨雀稗
康乐园温泉高尔夫俱乐部	Rober McFarland	‘TifDwarf’	‘Tif419’ 和 ‘Salam’ 海滨雀稗
海南台达高尔夫俱乐部		‘Tif328’	‘Tif419’
南丽湖国际高尔夫俱乐部	王总乾	‘TifDwarf’	‘Tif419’
东山高尔夫俱乐部	陈川源	‘Tif328’	‘Tif419’
三亚日出观光高尔夫	中岛纂及杭州设计院	‘TifDwarf’	‘Salam’ 海滨雀稗
依必郎高尔夫俱乐部		‘Tif328’	‘Tif419’
海南月亮湾高尔夫球会		‘TifDwarf’	‘Tif419’
博鳌亚洲论坛国际会议中心	Graham Marsh	‘TifDwarf’	‘Salam’ 海滨雀稗
海南文昌高尔夫球会	蔡永光	‘TifDwarf’ ‘TifEagle’	‘Salam’ 海滨雀稗
三亚鹿回头高尔夫	Nelson	认证 ‘TifDwarf’	认证 ‘Salam’ 海滨雀稗
七仙岭温泉高尔夫	国内设计师	‘TifDwarf’	‘Salam’ 海滨雀稗

枝分蘖密度高，生长旺盛，具有强的抗逆性和广泛的适应性，高抗多种病虫害；兼具极强的耐踩踏性，受损后恢复迅速。加之经遗传改良后持有的缓慢直立性生长特点，使其能始终保持优质的草坪。

‘Salam’ 海滨雀稗具有如下显著特性。

（1）叶纤细、色泽深绿，叶背面平滑有光泽，修剪时可形成美观的剪草纹路。

（2）匍匐枝分蘖密度高、侵占性强，形成的草坪致密，使当地杂草不易侵入，抗杂性能强；同时对选择性除草剂不敏感。

（3）耐微酸性土壤，非常耐盐碱。在用 2500 ppm 的盐溶液进行浇灌的条件下能正常生长，而当浓度增加到 5000 ppm 时，仍有 50% 的存活率，可用海水或其他工业废水浇灌，耐盐性明显强于狗牙根。

（4）抗湿热性强，耐 - 5 ~ 6℃的低温；绿期长，休眠较杂交狗牙根晚约 2 周；地温达到 10℃以上即可打破冬眠，返青较杂交狗牙根早 2–3 周。

（5）抗病性强，尤对炭疽病和腐霉枯萎病具有良好的抗性。

果岭草草种的选择是一个球场品质的关键，目前，美国新培育出海滨雀稗品种 ‘Platinum’，可作为果岭草，但在国内尚无营业球场使用此草种。‘Platinum’

具有‘Salam’的一切优点，且各种抗逆性均强于‘Salam’。

‘Platinum’优点如下。

（1）成本低

由于‘Platinum’有很深的根系，这是其需水和需肥性比狗牙根少的一个主要原因，此外‘Platinum’对氮肥的需求量远远少于狗牙根系的草种。一般来说，在正确的管理下，海滨雀稗的需水量可以比狗牙根少一半，从而大大降低果岭的养护成本。

（2）耐踩踏

在‘Platinum’的组织中，钾的含量是 2.1% ~ 3.4%，而‘TifSport’狗牙根草的组织含钾量为 1.2% ~ 2.0%。因此‘Platinum’较‘TifSport’狗牙根有着更强的耐踩踏性，这是保证果岭品质的一个最基本条件。

‘Platinum’缺点如下。

（1）‘Platinum’从根本上无法改变海滨雀稗的本质，匍匐茎粗大，叶片比狗牙根宽大，养护不得当会影响果岭面球速，因此需要加大疏草频率，从而缩短了果岭使用时间。

（2）目前国内没有‘Platinum’育种商指定的认证生产商，只能从美国的认证商处购买，因此果岭建植成本大幅度增加。

案例 3　上海辰山植物园草坪资源圃的引种、栽培和生产

1. 项目介绍

本项目的草坪资源圃地处上海辰山植物园东苗圃，面积 23100m^2，原为自然备用地，杂草丛生，现开发为具科研、教学、生产等功能的基地（图 2-40），先后引进草种 54 种，培训行业技术人才 500 多人，每年生产草皮 20000m^2 左右，为园区景观提升提供草皮。自草圃建成至今，产出 10 万 m^2，节约改造近百万元成本。

2. 项目设计

根据科学研究、科普教育需求，将草坪资源圃基地划分为科研引种区和生产栽培区两大块（图 2-41），其中为丰富员工体育活动，在生产区划分一块作为足球场，并进行草坪耐踩踏试验。

3. 关键技术分析

3.1　草坪草种资源收集

按照《草坪引种技术规范》（NY/T 1576—2007）对适应华东地区生长的高羊茅属、剪股颖属、结缕草属、蜈蚣草属、狗牙根属、雀稗属、画眉草属、过江藤属等的草坪草品种进行引种收集，现有 28 种（表 2-11），为园林绿化提供种质资源。

图 2-40　草坪资源圃的生产、教学、科研功能

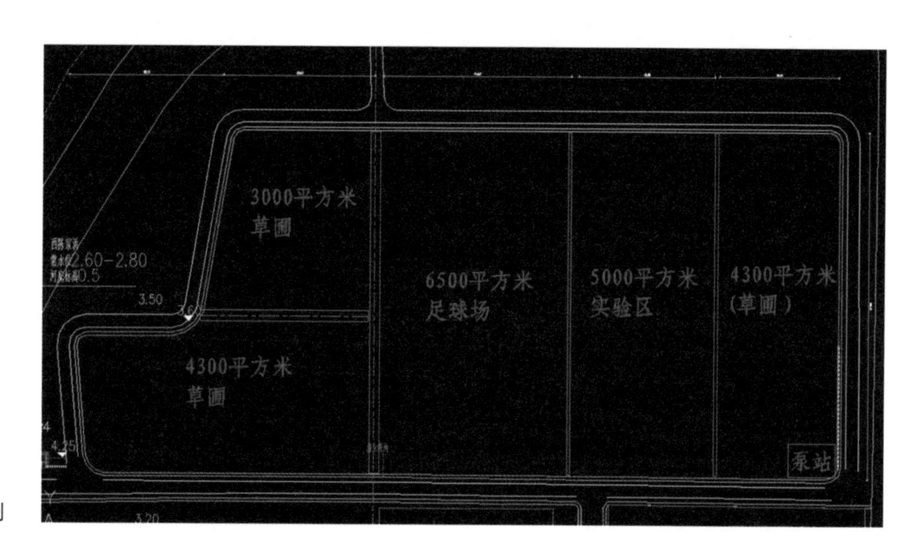

图 2-41　草坪资源圃的规划

试验引种材料　　**表 2-11**

序号	冷季型草种	图片	暖季型草种	图片
1	高羊茅‘夏丽’		百喜草‘Argentine’	

续表

序号	冷季型草种	图片	暖季型草种	图片
2	高羊茅‘护坡卫士’		海滨雀稗‘海岛 2000’	
3	高羊茅‘火凤凰’		海滨雀稗‘海浪’	
4	高羊茅‘美洲虎’		岩垂草‘Kurapia-sh1’	
5	高羊茅‘踏火’		马尼拉‘FC13521’	
6	高羊茅‘强劲’		日本结缕草‘Belair’	
7	黑麦草‘元宝’		假俭草‘平民’	
8	剪股颖‘红顶草’		马蹄金	

续表

序号	冷季型草种	图片	暖季型草种	图片
9	紫羊茅‘Polar’	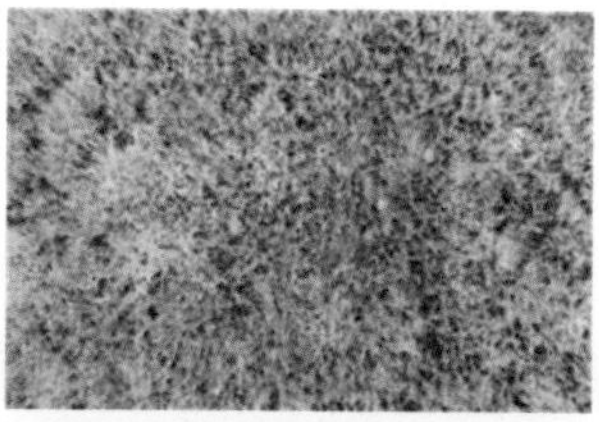	普通狗牙根‘百慕大’	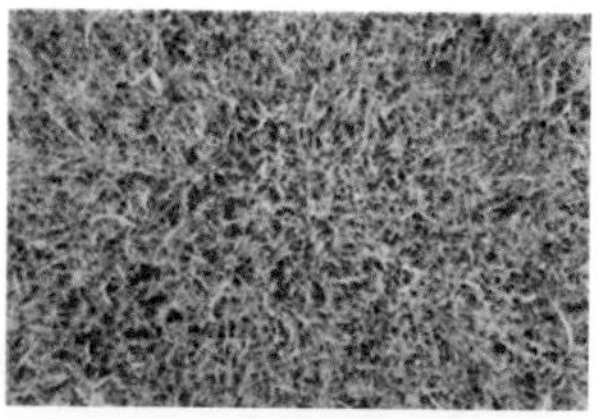
10	匍匐剪股颖‘PennA-4’		弯叶画眉草	
11	L-93		野牛草	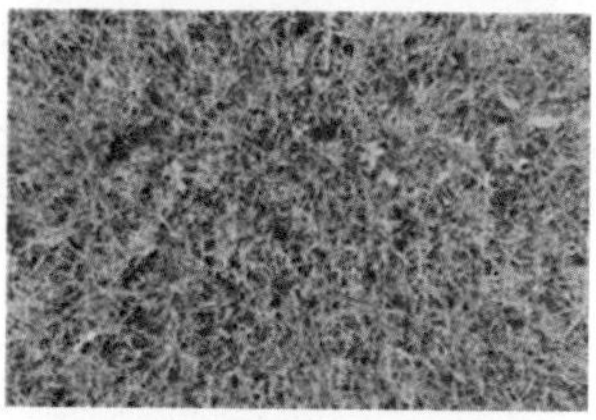
12	阿尔法		杂交狗牙根‘Tifgrand’	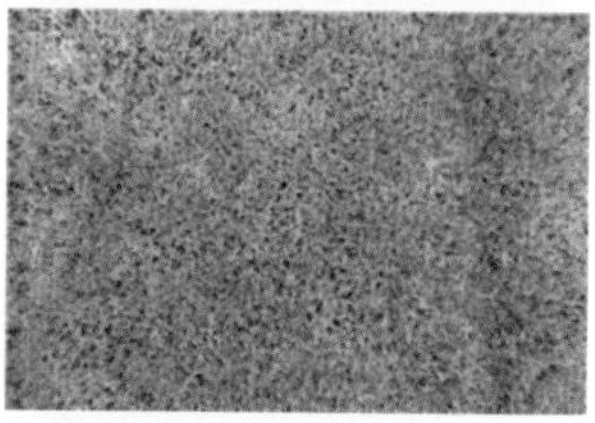
13	回旋		杂交狗牙根‘Tifsport’	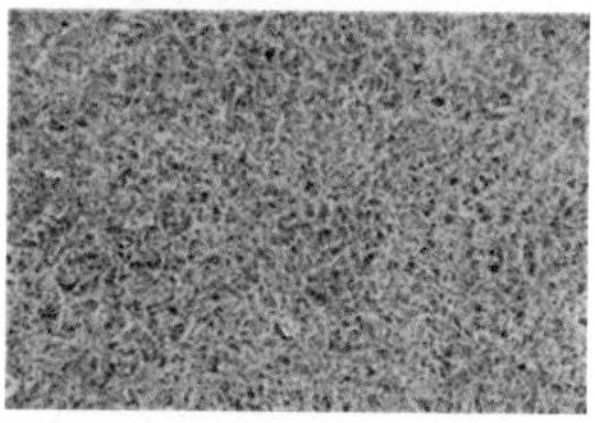
14	黑麦草‘冬景’	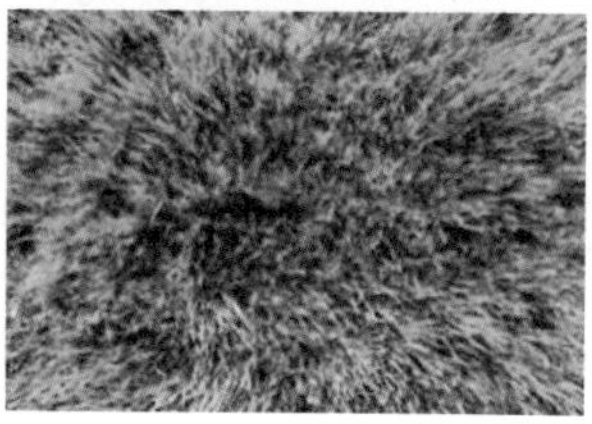	杂交狗牙根‘Tifeagle’	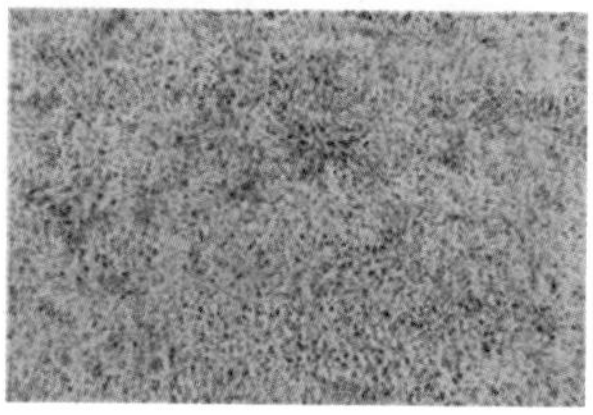

3.2 建成草坪草栽培试验区 1800m^2（图 2-42）

3.3 草坪生产

建设生产区 21000m^2，试验期间为园区生产成坪草皮，供应园区专类园改造或各类花展活动场地（月季园及其资源圃、新品种园、兰展、苹果展等）建设使用，

图 2-42　引种区建设

累计节省成本百万余元。草坪生产过程按照现有的行业标准（《草皮生产技术规程》NY/T 1175—2006）进行。

（1）在草种营养枝条到达现场前，人工清理坪床杂物；清除杂草，确保围栏周边 5m 内无杂草。

（2）草种抵达现场后，立刻组织人工平铺草苗，在经过熏蒸消毒的地块上散开透气，并用遮阴网覆盖，适时洒水降温，且经常翻动、散热。

（3）植草区域用耙沙机耙平坪床后，在植草前 2 ~ 3d 撒施钙镁磷肥，约 100kg/ 亩（1 亩 =666.7m^2），用耙沙机拌匀拖平。

（4）植草前保持床面干净、平整，浇水坪床湿润。人工撒草茎，然后耙沙机带重约 100kg 的压草滚筒压苗，使草茎入土 3 ~ 5cm 左右后，再用耙沙机带重约 150kg 的圆滚筒压平、压实。机器不便于压到的位置，人工扦插，然后压实、压平。其中人员、机器、工具在进场时都要用水冲洗，做好保洁工作。

（5）围栏旁边预留 50cm 左右空地不植草，便于以后人工管理。

（6）人工再次补苗，弥补撒漏的地方。

（7）植草完毕后浇水，保持坪床 3 ~ 5cm 深度湿润、不见干。

初建草坪，苗期最理想的浇水方式是微喷灌。出苗前每天灌水两次，土壤计划湿润层为 5 ~ 10 cm。随苗出、苗壮逐渐减少灌水次数和增加灌水定额。为减少病、虫危害，早晨浇水为佳，尽量避免晚上浇水。

铺草皮 15d 左右，施 15-15-15 复合肥 1 次，30g/m^2；9 月上旬施尿素 1 次，15g/m^2。

（8）修剪

草坪定期修剪是重要的管理措施之一，在草坪能耐受的范围内，修剪得越低，越均一、美观、平整、密实。

修剪时，不要超过修剪留茬高度进行低修剪，按照 1/3 原则，每 7d 修剪 1 次，干旱季节适当提高留茬高度，减少修剪次数，少量的草屑可留在草坪中，防止水分蒸腾散失。

（9）病虫害防治

7 ~ 8 月是夜蛾类害虫集中爆发期，要备好高氯甲维盐 50kg，用药时稀释 100 ~ 1500 倍，同时备除虫脲或灭幼脲 30kg，用药时稀释 1000 倍。根据实际虫量选药、用药。

4. 成果应用推广

因我国地域跨度大、气候类型多，园林当中草坪应用环境多样，本项目取得的引种、栽培成果所适应的空间范围是有限的，对草坪草种筛选研究及相应栽培养护措施，主要是为了弥补低光照、干旱、低温等小环境引种方面的缺失，找到适应性强的草坪草种，进一步提高该园对引种研究的全面性、系统性，预期在增加本地可用草种多样性、草坪的可持续管护及引导草皮生产趋势方面能发挥积极的社会效益、经济效益和景观生态效益（图 2-43）。另外，该研究通过对草种的指标测试，也为以后用 DNA 等生物化学方法鉴定种质资源、品系及栽培品种保存在纯遗传种质资源库内、把基因从一个组织转到另一组织内、协同研究植物生理学和分子生物学等发展做些前提性的基本探索，从而提高品种的遗传性及培育优良的栽培品系。

5. 草皮生产成本与收益分析

以上案例草坪用地规模越大，成本回收越快，利润越高，具有规模效应。另外草坪种植技术方案科学，种植时间合理，做简易浇灌系统，对后期草皮产出工作具有关键作用，可以节省大量成本投入。通过对草坪生产成本和利润进行分析，可以对经济效益做初步的判断，衡量草坪生产工作是否具有可持续性。将具体工作量与相应投入的机械设备、生产材料一一对应（表 2-12），希望能为草皮生产商提供参考。

图 2-43　草坪应用及推广

上海中小型草圃（15hm^2）生产种植投入与收益　　表 2-12

项目支出	设施	规格	数量	金额（万元）	备注
场地平整费用	拖拉机旋耕	0.1 万元 /hm^2	15hm^2	1.5	松土平地
	排水	60 型小挖掘机	15hm^2	1	挖掘机开沟、喷灌管道开沟
喷灌系统费用	泵房	380V	2 套	13	泵房、电线
	PVC 压力管	110 型、90 型、65 型	15hm^2		110-90-65 三种型号管道
	出水接头	50 型	300 ~ 350 个		出水口间距 25m
	地上摇摆喷头	50 型草坪专用	25 套		平均约 500 元 / 亩管道费用
新建草坪养护费用	农药	防虫除草		1	
	肥料	375kg/hm^2	6.25t	12.5	施肥 5 次
	浇灌水费			1	380V 两台电泵
	汽油费用			1	剪草坪时小面积浇水
生产草坪机械设备	大型草坪车	草坪改装机械	1 套	2.7	改装费用
	施肥机		2 套	0.35	
	便携水泵		2 套	0.3	
	碾压机	拖拉机带滚筒	1 套	1.5	改装
出产草坪机械	起草机械	起草坪机械	1 套	2	出售草坪起草的机械
	铲车	定制	1 套	4.5	装车使用
	铲板	定制	20 个	0.4	
	其他小配套设施	定制	1	1	
秋季交播草籽	多年生黑麦草	采购	4.7t	9	10 月撒播
小计	52.75				
项目收入	类型	规格	数量	收入金额（万元）	备注
百慕大	250 亩单一草坪	10 月就可以出售	6 ~ 8 元 /m^2	116	按照 2018 年的草皮行情估算
	交播黑麦草草坪	10 月底可以开始出售	7.5 ~ 11 元 /m^2	154	按照 2018 年的草皮行情估算

03

第3章

可持续草坪的设计

可持续景观佳作的设计一般会紧紧围绕场地位置和周边环境，以提高和创造美观的、功能强的、可养护的、高效运行的场地为目标，以人为本，从植物、土壤、场地规模、环境因素（降水、光照）和相配套影响因素（花卉、乔灌木、出入口交通道路）方面的细节入手，在草坪设计中也要遵从这些原则。

3.1 引言

可持续的草坪设计要求在设计细节上投入主要精力。高质量的可持续性设计目标是创造具有美感可观的、功能强可用的、未来可养护的，以及可以适应特定地点或特殊环境的草坪。比如，设计一个可持续的高尔夫球场草坪，要考虑三项基本情况：美学、运动本身（功能）、未来的养护（图 3-1），图中将 3P——可观（pulchritude）、可玩（playability）、可养护（practicality）描述成三角，每个顶点代表一个设计因素，中间代表环境，这是设计中贯穿始终的一个词，在生态、经济和社会背景中要力求“自然”。

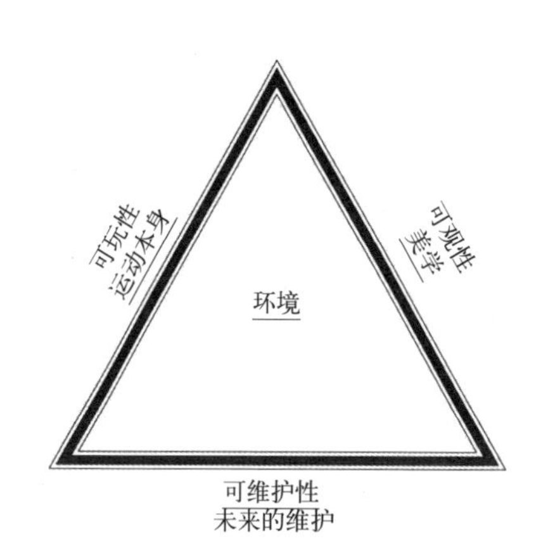

图 3-1 高尔夫球场设计的 3P 原则

为了达到这个目标，设计过程要求将设计师对场地的规划、场地现状环境条件的评估、场地建坪设计的可行性报告等文件资料有机结合，同时还要融入基于现有场地特点的设计理念。这种设计方法的首要目的是使场地在短期和长期的可持续性最大化。

3.2 可持续草坪设计目标

选择适合的植物以提高可持续性；创造美观宜人的草坪景观；创造功能性强的草坪；创造能够满足人类身体和感知需要的草坪（体感、踩踏感）；通过设计将后期的养护工作降至最低；提高草坪景观短期和长期成本效率的设计；整合专业方法来最大限度地提高短期和长期的可持续性。

3.3 可持续草坪设计流程

3.3.1 明确设计意图

设计师对对象的意图是整个设计的基本前提。设计意图通常表现在美观、功能目标上，另外与可持续性设计相关的设计意图是生态服务，即人类在一种生态系统中获得的益处。

设计师必须具备解释和掌控整体设计意图在前期建造、后期养护中贯彻、落实的能力。这对高尔夫球场草坪设计这种大型项目来说尤为重要，因为这种项目通常需要分片区、分阶段建造，并且在整个过程中涉及各种工种人员。如果后期养护人员清楚设计中各个部分的功能，那么随后对整个工程的养护工作就可以更加准确。项目设计的短期和长期结果不应该交由养护人员来自行判断、定夺。草坪作业中除了不恰当的修剪操作外，在后期由养护人员对设计进行随意修改还包括植物替换、改变草坪规模和尺寸以使剪草更加容易、移除具有重要体现美观和功能作用的植物等，不经意的养护工作就对草坪进行了重新设计，使其无法辨识出原有的设计意图。设计师与建造、养护人员之间的交流对于一个草坪是否能够完全发挥其作用是至关重要的。常见的例子，用于屏蔽丑陋景观的区域可能被设计成一个将来被较高灌木或者通过地形营造围绕的相对封闭的空间。如果这种意图没有被明确，养护人员就有可能频繁修剪，使植物起不到屏蔽效果。

除此之外，设计师应具备充分的植物学知识，对草坪草种有充分的认知，在进行设计和选择植物时，才能胸有成竹。

为了获得最好的设计效果，设计的过程中应该考虑以上这些主要因素。可持续性草坪设计的最终目标是创造一个植物种类适当、美观宜人、具有高度功能性、养护需求低并且成本效率高的户外空间。

一、创造美观宜人的草坪

一个美观宜人的草坪通常都是业主方的首要目标，设计师必须考虑商务洽谈和普通公共人群等对景观氛围的凸显和安全疏散。在现代商业要求下的景观中，草坪景观的视觉影响是非常重要的，通常都成为消费者对于这个商业地产环境的第一印象，相应的业主方按照顾客需求导向，要求设计还原度高。

观赏性高的草坪景观也是现代各大企业形象的一个重要组成部分。随着生态环境理念的深入，现在一些单位、公司已经逐步减少使用由需经常更换、高投入的一年生花卉植物构成的花坛景观，而逐步增加仅靠浇灌系统等低投入手段就可以有效维护的草坪绿化或灌木绿化（图 3-2），这一点也给公众带来企业重视生态环境、重视资源节约的形象。

图 3-2 主入口草坪、灌木为主的景观

二、创造可感知的体验性草坪

可持续性场地倡议阐述了在景观场地设计中满足人类身体和感知需要的重要性。作为与可持续性场地开发相关的指导方针和性能基准的一部分，这个倡议包括了 9 个特别与人类健康和幸福感相关的场地设计标准。虽然这些标准与大部分人熟悉的可持续性设计概念（减少杀虫剂使用、当地雨水排污管理等）有所不同，但它们也同样重要。设计师需要周全考虑这些标准，并将其融入设计中，这样才能形成一个真正的可持续性草坪。可持续性场地倡议主要概括的标准包括：提供用于社交活动的户外空间；提供户外体育锻炼的机会；提供用于恢复精力的植被景色和安静的户外空间；提供最适宜的场地道路、安全性和路标；减少光污染。衬托特有的文化以及历史场所；推行可持续性意识的相关教育。

（一）提供用于社交活动的户外空间

大量的研究证明，有效的沟通对于人类健康和幸福感都有明显的促进作用，但这一点在现代的网络和经济时代严重缺失。作为可持续性设计的一部分，设计师应该划定不同规模和朝向的室外集散空间以容纳人群，其目的在于建立社区感和增强社会联系。这种空间应该可以容纳不同规模的人群，提供座椅，还包括对极端天气的防护设施。如此，一个精心设计的草坪景观便可以成为良好社交的载体。

（二）提供户外体育锻炼的机会

公众健康对家庭、公司和社会来说都是有益的。一块精心设计的草坪，增加了业务交流，适量的业余体育锻炼成为工作期间的一种可能性。不论面积大小如何，设计时都应确定一个令人满意并且易于进入的空间来允许和鼓励人们进行体育锻炼。这方面的设计应该包括草坪广场穿插很多蜿蜒的小道、公共人行道，甚至场地足够大的话还可以包括一块足球场（图 3-3）。现在，一些大公司制定有提高雇员身体和精神健康的工作场所健康计划，因此，通过多渠道的调查问卷，能为设

图 3-3　辰山植物园草坪足球场

计师提供设计一个鼓励进行体育锻炼场地的必要信息，而草坪从成本和场地的适合性上都是首选。

（三）提供用于恢复精力的植被景色和安静的户外空间

绿色自然和植物具有平静和恢复效应。设计师可以通过提供身体与草坪开阔的视觉相联系的机会来帮助人们享受自然。除了保证景观中的草坪能透过所有窗户看到以外，设计师还需要为草坪整合进一些小型安静的户外空间。这些安静空间中应包括座椅、走动声音最小的道路、户外遮阴处。

（四）提供最适宜的场地道路、安全性和路标（球洞标志牌、公园指示牌等）（图 3-4）

公认受欢迎的景观应该是容易进入、方便穿过、可顺利离开的，安全、可进入、容易辨识的场地可以促进其使用和娱乐用途。场地越容易被使用，使用者就越可

图 3-4　指示路标

能有机会进行体育活动、精力恢复和社交活动。只有考虑到这一点，设计师才能创造出容易发现并受欢迎的景观入口。设计师还需要设计容易进入并且方便行走的行人道和聚集空间，引导使用者穿过整个景观（图 3-5）。

图 3-5　辰山植物园游客入口处台地花园出入口设置

（五）降低光污染

光污染是指由人造光源在夜空中产生的照明度，尤其在城市中已经是一个重要的环境问题。光污染会给包括人在内的许多物种的正常活动带来负面影响。设计师可以通过设计草坪类型和地形等来平衡夜间照明时间和增加夜间可视性，最小化场地外光线侵入、最小化对夜间环境的负面影响来降低光污染。许多较新的户外灯光产品在设计上都是将光污染降至最低的。选择这种类型的产品并将其有策略地布置在整个景观中，那么整个空间将仍然充分照明却不会产生过度的光线。

可持续性场地倡议中还提及推行合理的场地开发和利用、衬托特有的文化以及历史场所、推行可持续性意识的相关教育，侧重产生的社会和经济效益给人本身带来的间接良好感知。

三、通过设计将养护工作降至最低

可持续性景观设计中的另一个因素是考虑替代方案以将养护工作降至最低。低养护程度的草坪在人工和养护用品方面要求投入最小化，后者包括水、肥料和用于病虫害防治的化学药剂。虽然可持续性草坪的养护需要相对于传统草坪较低，但整个场地仍然需要一定程度不间断养护。

（一）通过设计将养护用品使用量降至最低

通过适当的植物选择减少草坪养护用品（水、肥料和杀虫剂等）。放置在适宜生长环境中的植物会更加健康，所需的投入也更少。

1. 水

通过乡土植物或适应类似生长环境的植物来降低草坪景观对浇灌的需求。如果确实需要浇灌，植物应该根据其需水量而分群落种植或者根据群落设置不同的浇灌方式（图 3-6），辰山绿色剧场在第七层台地种植耐旱的观赏草植物，第一至六层为需水较大的狗牙根草坪草，利用升降喷头自动浇灌，而第七层附近安装快速取水阀手动浇灌。通过这种做法，可以让有较高需水量的植物得到必要的水分而不会对相邻耐旱型或节水型植物进行过度浇灌，而且精心设计的草坪区要求带有高效的浇灌系统，这对于节约用水至关重要。

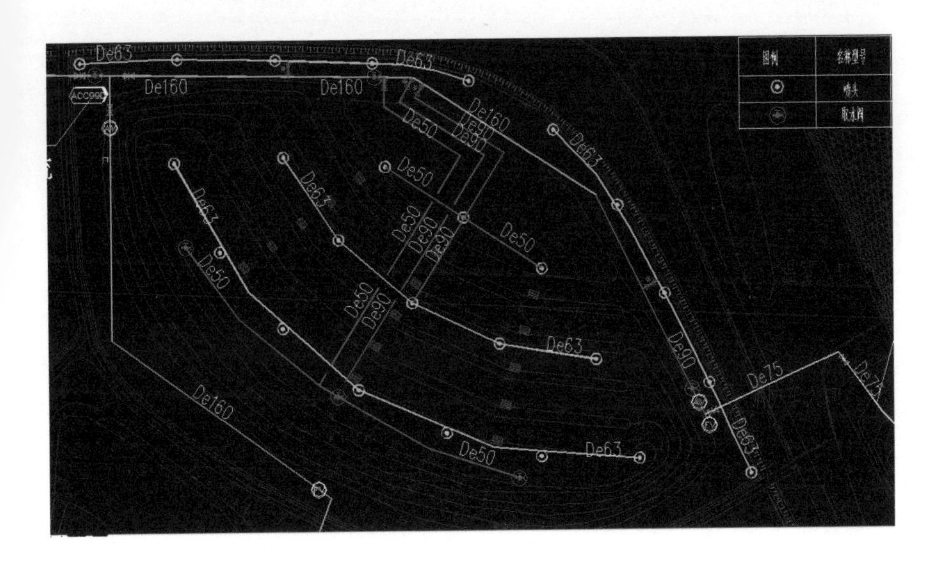

图 3-6　不同植物对应的不同浇灌方式

2. 肥料

一个常见误解是认为草坪需要定期施肥才能良好地生长和发育。虽然植物为了生长确实需要一定的养分，但是它们不一定需要施肥。许多土壤都包含有足够维持植物生长所需的营养。

设计师可以通过精心地选择草坪植物来减少对肥料的需要，许多植物可以在恶劣土壤条件下良好生长。表 3-1 列出了一系列能在恶劣、紧实的土壤中良好生长的多年生草坪植物。这些种类中的很多也是耐旱型的，所以它们也属于双重可持续性选择的植物。

耐紧实土壤的多年生草坪植物　　**表 3-1**

类型	中　名	拉　丁　名
冷季型草坪草（C3植物）	鸭茅	*Dactylis glomerata*
	苇状羊茅	*Festuca arundinacea*
	高羊茅	*F. elata*
	紫羊茅	*F. rubra*
	多花黑麦草	*Lolium multiflorum*
	林地早熟禾	*Poa nemoralis*
	草地早熟禾	*P. pratensis*
	中华早熟禾	*P. sinattenuata*
	台湾早熟禾	*P. formosae*
	碱茅	*Puccinellia distans*

续表

类型	中 名	拉 丁 名
暖季型草坪草（C4植物）	地毯草	*Axonopus compressus*
	垂穗草	*Bouteloua curtipendula*
	格兰马草	*B. gracilis*
	野牛草	*Buchloe dactyloides*
	布莱雷德狗牙根	*Cynodon bradleyi*
	狗牙根	*C. dactylon*
	假俭草	*Eremochloa ophiuroides*
	两耳草	*Paspalum conjugatum*
	毛花雀稗	*P. dilatatum*
	巴哈雀稗	*P. notatum*
	铺地狼尾草	*Pennisetum clandestinum*
	钝叶草	*Stenotaphrum helferi*
	偏穗钝叶草	*S. secundatum*
	锥穗钝叶草	*S. subulatum*
	结缕草	*Zoysia japonica*
	沟叶结缕草	*Z. matrella*
	中华结缕草	*Z. sinica Hance*
	细叶结缕草	*Z. tenuifolia*

3. 病虫害治理

与虫害治理相关的投入可以通过适宜的植物选择并尽可能地选择抗病、抗虫害型的植物得到显著减少。许多植物的标签现在都包括病害种类和昆虫抗药性等相关信息，大部分的植物类参考书和相关网站也包含了这类信息。今天被认证的草圃生产行业中许多可用种类都是基于这些特性而特别选择的。设计师将这些种类放在设计中，可显著减少整个草坪生长周期对于病虫害防治所需的化学药剂。

（二）通过设计将人工养护降至最低

适宜、平整、人工干扰最小化的区域以及选择适当的草坪植物都会显著降低后期草坪养护的工作量。例如，在工业化及信息化时代，在适当的地方使用草坪是降低景观人工养护的另一个有效方法，在相对平整的草坪区域采用更大和效率更高的剪草机可以减少剪草工作时间。陡峭斜坡上的草坪剪草工作困难，而且对剪草工人和机械都存在危险，因而草坪应该被地被植物或矮生灌木所替代。这些类型的植物同样可以固定斜坡并防止水土流失，但其要求的养护程度却与草坪不一样。

减少需要使用除草剂或者切边机进行修整的区域可以降低人工投入，例如在草坪和其他植物种植穴之间设立耐用的隔板是一个省工的做法（图 3-7）。

图 3-7　琴键花环种植隔板

减少人工的另外一个方法是将植物进行群落搭配种植。群落中一些乔灌木能够遮挡光线从而促进杂草种子的发芽，或者隔离外界杂草的侵入，大大减少了除草工作。虽然适当的群落种植可以减少杂草生长，但如果植物群落之间离得过近就有可能产生病虫害问题，这是由于植物周围空气流通不佳造成的，设计师需要在这两个问题之间寻找平衡。

在设计阶段，在合适的位置放置合适的植物对于降低景观的长期养护至关重要，种植与场地匹配性差的植物往往会导致草坪草生长退化、养护成本大量上升。常见的例子，设计师在遮阴的地方选择狗牙根属草种，不仅需要进行持续或极端的修剪，而且草坪的景观还越来越差。选择缓慢生长的草坪草或其他地被与灌木，不仅不需要高强度、高质量的养护技术，而且可以大大减少养护工作量。设计师在开始设计之前要对这些场地因素有全面的调查和分析，将养护需求最小的植物与土壤条件、光照、自然降水以及场地规模大小等特定生长环境相匹配。

3.3.2　深入场地调查

设计方案是否具备可持续性由设计师对场地情况的熟悉和理解程度决定。就一个成功的设计来说，充分理解这个场地的物理和环境特性是至关重要的，进行详细的场地评估是获取这方面信息的最佳方法。

地形地貌、土壤类型、水源、光照和降雨等气候特征都要求引证到设计中，因为每一项都涉及整体项目的可持续性，局部对新建造草坪的长期可持续利用有显著的影响。在了解场地位置之后应该注意邻近建筑和交通等问题。这包括建筑的雨水排放流向、周边环境交通路线的需要。需要引证的最终因素还包括场地限制（用地红线）、当地交通状况（车辆和行人）、停车需要和公共设施位置。在场地调查和评估中，设计师和业主可以根据现有场地特点来改正场地问题，列入设计概念进行讨论。常见的有长期存在的场地排水功能差的问题，因此排水问题就应该列入一个需要通过建设地下排水系统来解决的议程，或者因地制宜地将这类型存在排水问题的场地设计为一个可以建立湿地环境及选择耐湿植物的概念。初期详细的场地调查和及时讨论解决所碰到的问题可以帮助设计师顺利快速地推进设计进度。

3.3.3 进入设计过程

草坪设计过程包含很多阶段和指标，分两个部分阐述。

规划阶段：场地调查，包括场地气象、土壤、地形、原有植被等物理信息和环境特性的信息，进行调查资料分析，决定如何利用场地，根据这种分析形成设计构思，形成初步利用场地，最终收集业主方对设计方案的反馈，形成最终设计。

设计阶段：地形地貌设计、排水喷灌设计、草种选择与组合、草坪坪床设计、草坪景观设计（色调、季相、与其他植物搭配等）。

设计是一个动态变化和不断迭代的过程。在这个阶段中最重要的是集思广益，设计师将不同的设计理念与场地调查信息以及业主方的最初要求相结合，从而形成多个设计方案。往往随着设计中考虑因素的增减，设计随之改变，直到在这个阶段结束时，设计师可以形成多个方案。在这些方案中选择一部分形成与业主方交流的设计初稿。随后，根据业主方的反馈进行修改并进入下一阶段，完善最终设计。在整个过程中，应该将业主的需要、场地特性和限制条件以及设计师的意图整合在一起，以创造出一个兼具美感和功能性的可持续草坪设计方案。

3.3.4 落实草坪设计指标要求

一、草坪类型

草坪设计类型多种多样。按草坪功能不同，分为观赏草坪、游憩草坪、体育草坪、护坡草坪、飞机场草坪和放牧草坪等；按草坪组成成分不同，分为单一草坪、混合草坪和缀花草坪；按草坪季相特征与草坪草生活习性不同，分为夏绿型草坪、冬绿型草坪和常绿型草坪；按草坪与树木组合方式不同，分为空旷草坪、闭锁草坪、开朗草坪、稀疏草坪、疏林草坪和林下草坪；按规划设计的形式不同，分为规划式草坪和自然式草坪；按草坪景观形成不同，分为天然草坪和人工栽培草坪；按使用期长短不同，分为永久性草坪和临时性草坪；按草坪植物科属不同，分为禾草草坪和非禾草草坪等。

二、应用环境

草坪在现代各类景园绿地中应用广泛，几乎所有的空地都可设置草坪，进行地面覆盖，防止水土流失和二次飞尘，或创造绿毯般的富有自然气息的游憩活动与运动健身空间。但不同的环境条件和特点，对草坪设计的景观效果和使用功能具有直接的影响。

就空间特性而言，草坪是具有开阔明朗特性的空间景观。因此，最适宜的应用环境是面积较大的集中绿地，尤其是自然式的草坪绿地景观面积不宜过小。对于具有一定面积的花园，草坪常常成为花园的中心，具有开阔的视线和充足的阳光，便于户外活动使用。许多观赏树木与草花错落布置于草坪四周，可以很好地体现景园植物景观空间功能与审美特性。

就环境地形而言，观赏与游憩草坪适用于缓坡地和平地，山地多设计树林景观。

陡坡设计草坪则以水土保持为主要功能，或作为坡地花坛的绿色基调。水畔设计草坪常常取得良好的空间效果，起伏的草坪可以从山脚一直延伸到水边。

三、草坪植物

草坪植物的选择应依草坪的功能与环境条件而定。游憩活动草坪和体育草坪应选择耐踩踏、耐修剪、适应性强的草坪草，如狗牙根、结缕草、马尼拉、早熟禾等；干旱少雨地区则要求草坪草具有抗旱、耐旱、抗病性强等特性，以减少草坪养护费用，如假俭草、狗牙根、野牛草等；观赏草坪则要求植株低矮，叶片细小美观，叶色翠绿且绿叶期长等，如天鹅绒、早熟禾、马尼拉、紫羊茅等；护坡草坪要求选用适应性强、耐旱、耐瘠薄、根系发达的草种，如结缕草、白三叶、百喜草、假俭草等；湖畔河边或地势低凹处应选择耐湿草种，如剪股颖、细叶苔草、假俭草、两耳草等；树下及建筑阴影环境选择耐阴草种，如两耳草、细叶苔草、羊胡子草等。

四、草坪坡度

草坪坡度大小因草坪的类型、功能和用地条件不同而异。

（一）体育草坪坡度。为了便于开展体育活动，在满足排水的条件下，一般越平越好，自然排水坡度为 0.2% ~ 1%。如果场地具有地下排水系统，则草坪坡度可以更小。

（二）网球场草坪。草地网球场的草坪由中央向四周的坡度为 0.2% ~ 0.8%，纵向坡度大一些，而横向坡度则小一些。

（三）足球场草坪。足球场草坪由中央向四周坡度以小于 1% 为宜。

（四）高尔夫球场草坪。高尔夫球场草坪因具体使用功能不同而变化较大，如发球区草坪坡度应小于 0.5%，果岭（球穴区或称球盘）一般以小于 0.5% 为宜，障碍区则可起伏多变，坡度可达到 15% 或更高。

（五）赛马场草坪。直道坡度为 1% ~ 2.5%，转弯处坡度 7.5%，弯道坡度 5% ~ 6.5%，中央场地草坪坡度 1% 左右。

（六）游憩草坪坡度。规则式游憩草坪的坡度较小，一般自然排水坡度以 0.2% ~ 5% 为宜。而自然式游憩草坪的坡度可大一些，以 5% ~ 10% 为宜，通常不超过 15%。

（七）观赏草坪坡度。观赏草坪可以根据用地条件及景观特点，设计不同的坡度。

平地观赏草坪坡度不小于 0.2%，坡地观赏草坪坡度不超过 50%。

3.4 可持续草坪的设计评估

3.4.1 功能评估

为了与美感设计顾虑保持一致，设计师必须考虑会影响草坪功能性的基本问题，如草种选择、生长环境、草坪种植空间、相关植物种植空间、其他道路和交通。

草种选择方面主要是因地制宜，根据环境特点选择草坪植物，提高可持续利用特性，部分已经在本章 3.3.1 中阐述。用于工作间隙休息或者平日娱乐休憩的聚集空间，需要足够大以容纳一定数量的人群，还应该包括能够承受大量人流踩踏的耐久材料。草坪区域，其规模和形状必须要考虑用于养护这些绿地、硬面空间的设备（剪草机、切边机和运输车），还应该安装相应的灌溉系统。合适的进出点和室内交通线应该同时考虑人流和车流的需要。人或车在这个空间应该能够舒适地来回走动，并可以轻易来往各相邻区域。

一、草种选择：选择植物以提高可持续性

创造一个可持续性草坪涉及各方面的考量。其中还包括根据场地的特殊环境情况来选择适当的植物。在选择植物时需要考虑引进新种类植物材料是否是必需的、使用的植物材料类型、植物材料的来源和出处以及建造方法。

详细的场地评估是植物选择中关键的第一步。通过场地评估可以了解场地中以及周边的植被格局，创造植物群落，目标要求最小限度地投入水源、肥料和杀虫剂，当其成熟之后对养护工作要求较少。

第二步是评估、调研草坪草的建坪速度、叶片质地、茎叶密度、抗寒性、耐热性、抗旱性、耐阴性、耐酸性、耐涝性、耐盐性等，最终决定草坪的持久性和质量。

（一）暖季型

抗寒性（从强到弱）：野牛草（结缕草）> 狗牙根 > 美洲雀稗（假俭草、钝叶草）

抗旱性（从强到弱）：野牛草 > 狗牙根 > 结缕草 > 美洲雀稗（假俭草、钝叶草）

耐热性（从强到弱）：结缕草 > 狗牙根 > 地毯草 > 假俭草 > 钝叶草 > 美洲雀稗

耐阴性（从强到弱）：钝叶草 > 结缕草 > 假俭草 > 美洲雀稗 > 狗牙根 > 野牛草

耐踏性（从强到弱）：结缕草 > 狗牙根 > 野牛草（美洲雀稗）> 钝叶草 > 假俭草

建坪速度（从快到慢）：狗牙根 > 野牛草（钝叶草、美洲雀稗）> 假俭草 > 结缕草

叶片质地（从粗到细）：地毯草 > 钝叶草 > 美洲雀稗（假俭草、结缕草）> 野牛草 > 狗牙根

（二）冷季型

抗寒性（从强到弱）：匍匐剪股颖 > 草地早熟禾 > 高羊茅、紫羊茅、黑麦草

抗旱性（从强到弱）：高羊茅、紫羊茅 > 草地早熟禾 > 黑麦草 > 匍匐剪股颖

抗热性（从强到弱）：高羊茅、紫羊茅 > 匍匐剪股颖、草地早熟禾 > 黑麦草

耐踏性（从强到弱）：高羊茅 > 草地早熟禾、黑麦草、紫羊茅 > 匍匐剪股颖

建坪速度（从快到慢）：多年生黑麦草 > 高羊茅 > 剪股颖 > 草地早熟禾

叶片质地（从粗到细）：高羊茅 > 多年生黑麦草（草地早熟禾）> 剪股颖 > 细羊茅

二、草坪生长环境

除了土壤以外，季节性降水、光照和微环境气候等其他环境因素对于草坪的生长都有显著影响。季节性降水指的是降水总量和每年的降水量分布。上海地区虽然可以获得足够的年降水量以满足植物生长，但夏季 7 ~ 8 月这样的植物生长季节降雨量有限。这种情况下，可以通过灌溉系统补充水分。

光照随着季节而变化。新建景观养护中，上层乔、灌植物的生长量通常过小而不能遮挡下层植物，包括一些冷季型草坪，结果就使下层耐阴植物在强烈的酷暑和日晒中变得枯萎，最好的办法是需要采用长期方法来安排种植恰当的植物种类或人工创造遮阴条件，这样才能让植物群落像在自然世界中那样生长。暖季型草坪植物正好相反，正常生长需要大量光照，林下遮阴环境会导致其退化。

微环境气候是指在新建草坪这个相对小的区域内各种环境因素（风、阴影、日照、温度、湿度）的集合。城市中，建筑环境通常包含一系列的微观气候，这是由建筑位置、朝向等造成的。在一些情况下，这种微观气候可以通过设计而被整合以创造出一种独特的种植生境；而不当的设计，则可能加剧“城市热岛效应”，这对人的活动和植物生长都是不利的。

三、草坪种植空间设计

在明确的使用功能区，草坪设计可以最大程度地发挥作用，包括做背景、衬托建筑和高大乔灌木、提供娱乐消遣区域。但实际普遍问题是，设计过程中在硬面景观区域先行安装好，种植坪床空间已经被迫成形，将规划中剩下的区域才留作草坪区。

创建可持续性草坪的第一步是按照最大灌溉和剪草效率设计整个区域。在草坪区平行设计灌溉系统是至关重要的，在进行建造之前就在设计图纸上结合浇灌设计预留草坪区的规模和形状会更加容易。反之，通常造成不适宜的灌溉系统，常表现为喷头间距不一致、覆盖均一性低、过度的喷灌密度等。

设计师应该咨询景观后期养护公司，了解他们可能会用于养护草坪的相关设备，这些养护专家能提供使用剪草机的类型和尺寸信息。设计师根据实际情况可以相应地对草坪和种植床进行调整。在整个工程施工建造之前考虑到这些养护问题，可以大大减少贯穿整个景观生命周期的养护问题。

除了考虑灌溉系统和剪草设备以外，设计师还应预计树木和灌木的配置对于

草坪区的影响，随着这些植物的长大，会对草坪区产生遮阴。存在潜在的剪草障碍或地处陡坡的位置，不应该种植任何草坪草，而是选择地被或矮生植物作为替代。

最后，如果有条件，草坪区周边可以设置绿篱或者作为花坛、花境的围边，如图3-8这样可以防止灌溉或施肥流失到人行道和路面上，也避免了对附近水源的污染。

图3-8 灌木绿篱与草坪围边

四、与草坪相连接的其他植物种植区设计

这些区域是乔、灌、地被混植的区域，可以体现季相变化纹理和色彩。它们在设计中涉及与草坪和硬质景观的对比。与草坪区设计类似，在种植床设计阶段就应考虑到灌溉和养护需要，如上所述。

根据大型节假日和大型活动的时间，在草坪上进行摆花是景观配置的常规手段，特别是在靠近重点景观区处。一年中经常更换3～4次，以提供鲜活的季节色彩，这些小范围布置能为景观带来显著的视觉影响（图3-9）。这种做法投入较高，但这种规模相对于需要进行可持续性养护的景观其余部分仍然是相当小的，因此对高可视性和高影响区域的集中投入也是一种可持续性设计方法。

五、可持续草坪区域其他道路和交通

合理的设计路线能够让人们很便捷地从停车场、入口处进入办公、生活、运动的场所。总的目标是创造一个能让人群有效穿过整个景观的交通网络，而不至于过度踩踏草坪。

大部分景观设计中的人行道都被划分为主干道和支路（图3-10）。主干道宽度应该较宽，而且由易于行走的固体表面构成，要求能够经受磨损，并且在所有天气条件下都可以进行养护和使用。这些主干道的可持续性硬景观选择与人行道和停车场的选择类似，包括透水混凝土路面和大孔隙沥青混合材料。支路通常是贯穿整个景观的散步道，不是必要的主干道。因为它们的交通流量较少，所以可以更狭窄一点，通常是由碎石或者厚盖土构成的。碎石和盖土都是可持续性选择方案，因为这些材料都可以使水滤过表面而进入地下。

一些设计中道路的功能性还应该考虑到容纳草坪剪草机、草坪工作车以及其他需要进入这个封闭区域的养护设备。

图 3-9　温室景观区‘辰山印象’四季花坛

图 3-10　可持续草坪场地的道路设计

3.4.2　设计提高草坪成本效率的评估

可持续性景观设计目标之一是考虑草坪的成本效率。可持续性草坪的成本效率包含短期和长期两层含义。草坪建造费用是一次性支付的预付费用，是短期成本。另一方面就是养护费用即长期成本，随着时间推移，可能是建造费用的 10 ~ 15 倍。某些情况下，诸如浇灌用水限制加强、旱季延长以及行业基层绿化人员年龄结构和业务素质等因素都会直接影响草坪的建造和养护工作。

一、短期成本效率

短期成本效率侧重于选择低成本的建造工序、低成本的景观和植物材料。这并不是说应该选用拙劣的工序或者低劣产品，而是与其他可选方案相比较低。高成本效率设计方案意味着将现有场地中的地形地貌、植物材料和硬质景观等元素尽可能地整合，有效利用。这将有助于设计师利用有价值的场地现有素材而减少采购项目所需的新材料来降低成本。

二、地形处理

场地的原地形地貌是一个很重要的设计考虑因素，其中包括现有坡度和设计坡度。设计师应对场地细心操作以改善其功能性、减少养护工作并使其美感价值最大化，增强景观的可持续性。

场地功能性可以通过改变坡度来改善排水能力或者将水流导向特定区域。另外，草坪区采用平整处理以降低坡度时，可以增强其功能性和养护程度，使养护工作更加容易和安全。最后，从美学的观点来看，平整处理可以增加场地的视觉趣味，并对不良景观进行自然遮挡。

对场地地形的另外一种设计方法是将地形处理最小化，增加其他功能性景观。例如不采用大面积的土石方处理，而是采用一系列自然引坡以创造出水平台地的效果（图3-11）。

图 3-11　利用自然引坡建造台地

三、处理现有植物材料

通常建设地点都有可以被景观设计采用的现成植物材料。如果这些植物能被吸纳入新的设计中进行使用，利用这种现有场地植被可以显著减少前期景观建设苗木采购费用，但这需要在场地开发前期就被确定，这样才能对其进行保护。评估现有植物材料时需要考虑植物的可利用率、人工保护或利用的成本等因素，其中对乔木来讲主要影响因素是植物寿命，总的来说，树龄较小的树木比大龄树木更能经受根部、枝叶等外界损伤，更易恢复。一般情况下，优先保存树龄低、健壮的树木资源，古树名木除外。

四、长期成本效率

可持续性草坪最显著的成本优势是后期养护中所节约的大量养护费用。这些长期养护成本可以将可持续草坪与传统草坪做比较。“传统”草坪方式设置了草坪区和非本地植物的种植床，不配置浇灌系统。可持续草坪包括了适宜气候的本地乡土植物、一套有气象站监控的浇灌系统和一套雨水循环利用系统。每年相对传统草坪来说，可持续草坪的用水量减少80%、养护工作量减少一半、产生的园林废弃物大大减少，从而降低了相当大的成本。

3.4.3　综合评估

虽然设计、建造和养护是一个成功草坪的不同阶段，但很有必要将这 3 个方面作为一个贯穿设计过程的单一实体进行考虑。例如，一个在设计方案中看起来不错但没有考虑场地极端倾斜状态的景观就很难进行实际建造，并且由于水土流失或浇灌、排水问题可能会产生长期的养护问题。可持续性设计中“整合专业方法来最大限度地提高草坪的可持续性”因素描述了可持续性场地倡议的总体目标，那就是在场地设计阶段对场地工艺和系统进行保护和恢复。围绕总体目标已有很多相关策略可以实施，由可持续性场地倡议概括的针对场地设计的可持续性方法包括以下方面：减少或停止饮用水的浇灌消耗；保护和恢复当地野生动物栖息地；选用乡土和适应场地的植物种类来增加场所感；场地水管理。

一、对草坪所需养护用水开源节流

（一）减少饮用水的浇灌消耗

在减少或停止饮用水的浇灌消耗方面有很多方法可以使用，这些方法包括使用需水量最少的植物种类、高效的浇灌系统等。可以使用中水、收集的雨水或场地系统中已净化的水资源进行浇灌，以此来保护饮用水。

虽然目标是减少饮用水的使用量，但这并不意味着一并终止所有的浇灌系统。终止浇灌系统会导致草坪的建造和养护阶段方法的减少，同时还会导致养护管理者不得不在整个场地中拖拽供水管给草坪浇水，或者是不得不改装整个场地以增加浇灌系统。设计景观的关键是使用最小限度的浇灌就能使植物茁壮成长，实施管理策略方面包括对景观用水的持续监控、植物选择和群落搭配根据需水量来进行。浇灌系统应该选用中、高端设施设备，才能保证其浇灌最大数量的分区并可精确控制。设计师、业主和养护人员之间应该就用水和浇灌策略进行讨论，集思广益。

（二）提高雨水资源的利用率

雨水管理的最终目标是使所有自然降水用于草坪区域，最终进入土壤。浇灌系统应该进行在指定时间内使用水量的设计和调校，这样才能保证溢流不会发生。

收集并引导屋顶等建筑中的积水，可以大大收集利用雨水。

场地造型可以获得功能性和美感上的优势，将场地通过地形设计可有助于表层水的收集再利用。在易积水的情况下，可以在低洼地区配制土壤基质来提高水进入土壤的初始渗入率。

场地水净化旨在过滤溢流到场地中的表层水的污染物和沉淀物。有一系列的技术和策略可以达到这个目的，包括将溢流的水分经过土壤或者采用植被根部的净化处理技术，例如植草沟、滤土带和滞留槽（图 3-12）。

（三）增加场地硬建的渗透性表面

除草坪场地外，设计师应该选择碎石、透水性混凝土、渗透性互锁混凝土路

图 3-12　自然植草沟

面或者类似的多孔材料作为景观中的硬面景观材料。这些材料可以使雨水和浇灌水渗入地表，达到过滤污染物、减少景观溢流水量的效果。

二、保护和恢复当地野生动物栖息地

持续增长的人口数量导致世界上很多地方的野生动物栖息地都被城市发展项目所取代，结果就是相当数量的本地昆虫、鸟类和哺乳类动物迁移和灭绝。

景观中的草坪及其他植被类型提供这些物种所需的基本食物、水源和巢穴，通常就能吸引很多野生动物进入景观中。例如，会结果或结籽的植物能够为鸟类和哺乳类动物提供食物，蜜源植物能成为蝴蝶和益虫的食物来源，吸引这些天敌可以帮助减少有害昆虫的数量。

三、选用乡土植物增加场所感

广泛推荐采用本地乡土植物是可持续性景观的一个重要部分。很显然，在某个特定区域中使用当地植物并结合土壤类型、光照、温度等微气候因素，或采用本地和非本地草坪植物种类的混播都能减少由于病虫害造成的大片草坪死亡的威胁。草坪植物群落中的物种多样性对于维护景观可持续性是非常重要的。

3.5　总结

可持续性草坪设计不仅可以提高人类对场地娱乐和休闲的户外空间需求，也会将草坪在用水、肥料、杀虫剂、人工成本方面的投入最小化。设计一个可持续性草坪需要从细节上预见和平衡后期建造和养护阶段的成本投入与产出效果。可持续性设计应该在满足人类基本需要的同时消耗很少的能源，不浪费资源。要完成可持续设计这一复杂任务，设计师除了要有认真负责的设计态度、熟练的设计技巧、巧妙的设计思维、高效的设计效率、对场地的高度熟悉程度外，还应该具有高超的协调和把控项目的能力，要及时与业主、规划师、后期的建造和养护工程师等人员进行有效沟通，并对设计全面评估，这样才能体现最终科学的设计方案，才能被下一阶段的建造和养护者所认可和采纳。

04

第4章

可持续草坪的建造

4.1 引言

设计和建造为整体系统的两个部分，相辅相成。建造过程通常涉及多个阶段和众多工种，为了让建成的草坪场地最终达到设计所要体现的景观效果和功能目标，各施工协作部门之间保持良好的沟通是至关重要的。理想的情况是设计师、建设单位和后期养管专家在设计开发和建造阶段就组成团队，建立共同的价值观和系列既定目标，以使草坪场地更具可持续性，确保营建的草坪场地效果符合设计意图和设计目的。

可持续性草坪施工建造应该是承接设计和养护的中间产品实现环节，以传统施工过程为基础，在可持续思想的指导下，通过施工技术精细化以及新技术、新材料的应用，使草坪场地可持续利用。

4.2 可持续草坪建造目标

使传统草坪建造过程和结果具有可持续性；选择适合的浇灌系统进行可持续性设计和安装；可持续的草坪场地排水；与草坪配套的其他硬建景观的可持续技术；可持续草坪建造质量评估。

4.3 可持续草坪建造

4.3.1 传统草坪建造过程

传统的草坪建造过程需要总体部署，包括施工准备、粗造型、细造型和草坪草种植 4 个阶段 16 个子项目以及繁杂的技术细节，核心包括总体部署、场地清理、地形构建、土壤准备、喷灌排水安装、草坪植物种植及新建草坪养护等方面（图 4-1）。

按照施工流程，传统的草坪建造以土方施工为主线安排施工进度。土方施工需要及时完成，各施工区相互协调作业，为后期的造型及草坪种植工作创造条件。在后续有条件进行施工的区域，喷灌工程、排水工程等交替施工作业。具体施工顺序采取先外围后内圈、先地下后地上、先竖向后水平、先粗后精的原则。

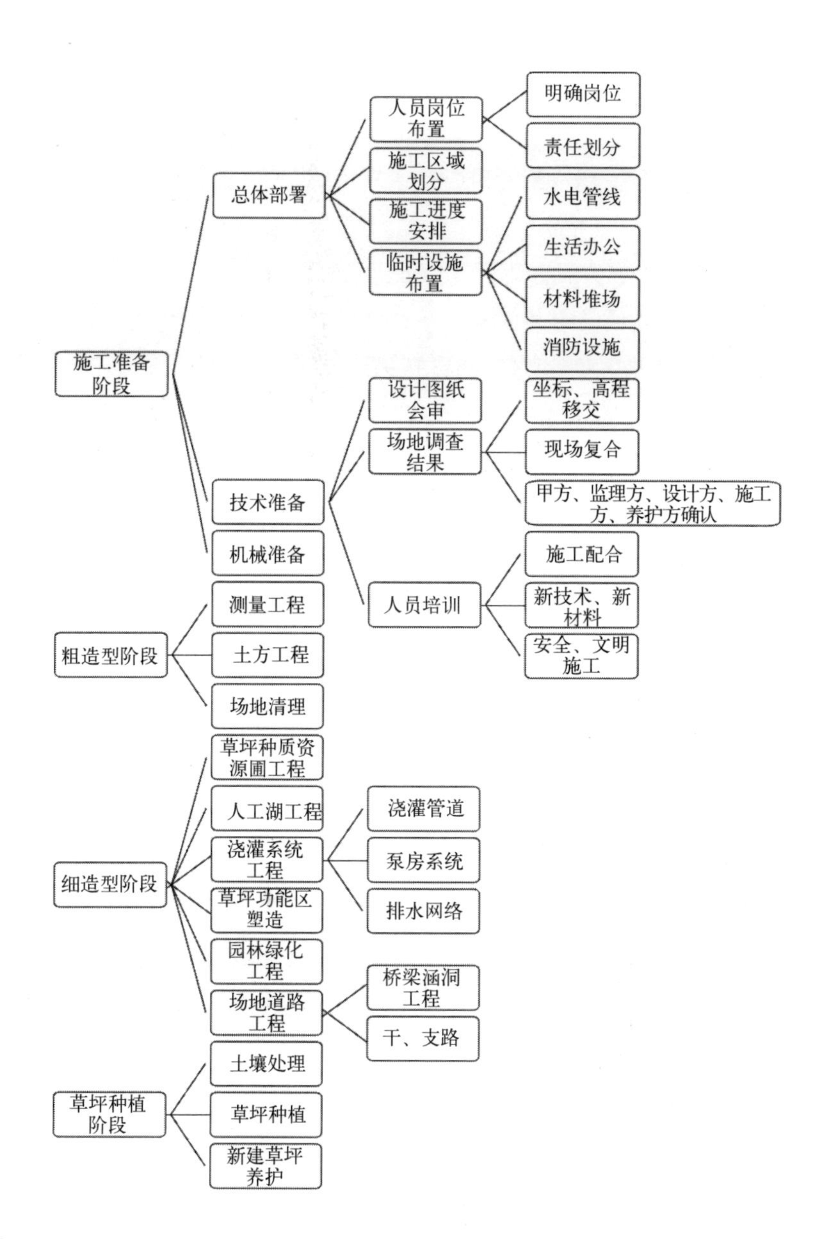

图 4-1　草坪场地施工流程及阶段划分图

一、总体部署

施工有序是可持续草坪营建的关键所在。草坪工程是大型的室外工程，工种多，交叉施工复杂，而且天气、场地对建造过程影响很大。从人员管理、施工场地划分、施工进度安排等方面做好工程施工的总体部署将会有力克服施工中的工序交错混乱、施工衔接不力等因素。

二、施工前期准备

在施工面展开前，需要对机械、材料、技术等进行提前准备，这一工作直接影响各施工要素的顺利开展。施工人员均需经技术培训合格，并持证上岗。施工使用的机具必须受检合格，采用的管材、管件、阀件等材料必须由具有相当资质的生产厂商提供。施工场地及施工材料临时贮放地，应能满足施工需要。

三、测量

（一）测量工程内容

具体要完成控制测量、原地形检测、道路桩线放样、土方工程施工测量、造型工程施工测量、排水工程施工测量、车道工程施工测量、配套土建工程定位测量、造型竣工图测绘、排水竣工图测绘、喷灌竣工图测绘等。

（二）施工组织计划及技术措施

测量定位工程是贯穿整个施工过程的一项极其重要的工作，是保证施工中各个单项工程顺利实施的基础，是将设计师理念得以具体实施的重要保障，特别是需要和造型师密切配合，因此需要具有丰富测量施工经验的专业人员，严格按照测量流程负责实施（图 4-2）。测量工程中拟采用全站仪、水准仪等仪器（图 4-3），完成场内控制网测量、局部施工放样测量和高程控制测量。

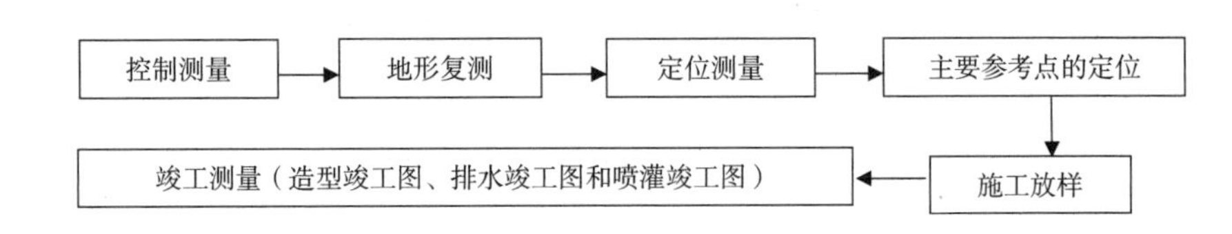

图 4-2　测量施工流程

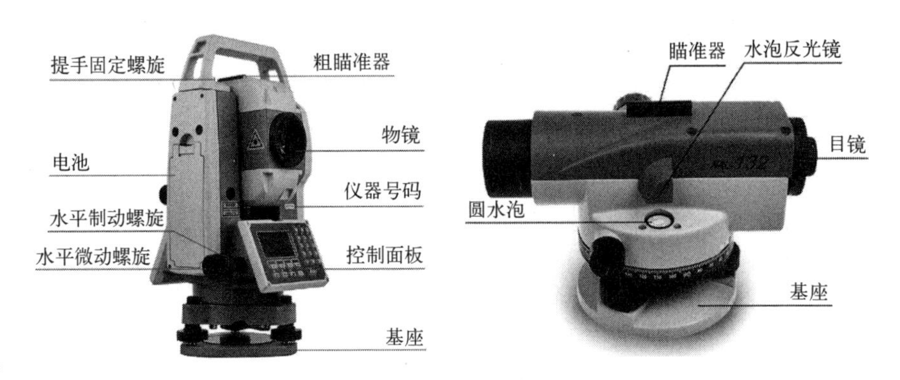

图 4-3　全站仪与水准仪

1. 引进首级控制点，采用永久埋石或混凝土浇筑方式，测量方法采用联网观测平差法，再用支导线测量方法校核控制测量，依据国家控制点向场内引进导线点并加密图根点，依据国家水准点引进四等水准点（表 4-1）。

参考点和边界线标记由具有资格的人员使用专业的测量方法定位，做好标记点且要牢固边界线，要贴上“边界线”的标签，边界线标记应间隔标记，不要超过 100 m。在很模糊的情况下，为确保能从一个标记清楚地看到另一个标记，就需要拉近距离间隔标记。

2. 放样贯穿于施工的始终，施工工序交错，测量的恢复工作多，是建造过程中测量工作的主体。人工湖边界、制高点和集水井等造型关键点也应打木桩标记，在桩上写明该点现时标高及填挖高度。

国家水准点引进四等水准点 **表 4-1**

平面控制网等级	测距仪精度等级	观测次数		总测回数	一测回读数较差（mm）	单程各测回较差（mm）	往返较差（mm）
		往	返				
二、三等	Ⅰ	1	1	6	≤5	≤7	≤2
	Ⅱ			8	≤10	≤15	
四等	Ⅰ	1	1	4~6	≤5	≤7	
	Ⅱ			6~8	≤10	≤15	
一等	Ⅱ	1	—	2	≤10	≤15	
	Ⅲ			4	≤20	≤30	
二、三等	Ⅱ	1	—	1~2	≤10	≤15	
	Ⅲ			2	≤20	≤30	

3. 放线过程中应对测放的标桩利用不同的控制点进行抽检，其水平位移不大于 0.5 m；重要景观和功能区的标高在不同控制点所得高程误差不大于 10 cm；其余标桩的标高在不同控制点所测得高程误差不大于 30 cm；施工过程中应对首级控制点采用砖砌围护的方式加以保护，且应划定保护区域，防止重型机动车从保护区域内穿过，以免引起点位移动或高差变动。

4. 竣工总图的编绘与实测

（1）选择竣工总图的比例尺，其坐标系统、图幅大小、注记、图例符号及线条，应与原设计图一致。原设计图没有图例符号，可使用新的图例符号，并应符合现行总平面图的有关规定。

（2）喷灌管道：应绘出地面给水建筑物、构筑物及各种水处理措施。在管道的结合处，当图上按比例绘制有困难时，可用放大处理详图表示。管道的交叉点、分支点应注明坐标，变坡处应注明标高，变径处应注明管径及材料。

（3）排水管：集水井应注明中心点的坐标、出入管底的标高、井底标高和井面标高。管道应注明管径、材料和坡度。对不同的集水井应绘制详图。

（4）地下各种电缆、信号线应注明路径、导线数、电压等数据。

（5）竣工总图的实际检测，其允许误差应当符合国家现行有关施工验收规范的规定，应在已有的控制点上进行。当控制点遭到破坏时应恢复原有控制点。

四、场地清理（清场）

现场清理是将球场清场图所指定范围内的树木、树桩、杂草、被污染的土壤、地上及地下建筑物和构筑物等有碍施工的物体清除出场，为场地的下一步施工做好准备，同时保留那些对球场有景观价值、能组成球道打球战略的树木和其他珍贵树木，以及有保留价值的自然景观，如天然湖泊、天然湿地、天然岩石或其他属于国家保护且不准搬迁的历史文化遗迹等。

（一）清场工程内容

场地清理范围包括各功能区清理、水域区清理、建筑区清理，但清理工程不包括场内电力、通信、居住区等的迁移。

场址树木较少时，清理工作量较小，可以将清场区域内的树木和妨碍施工的物体，一次性清理出场；将球场园林种植中需要的树木移植到临时苗圃中，待球场进行园林景观树木种植时，再移植到球场中需要的区域。在场址树木茂密或球场建在森林中时，清场工作量则很大，需要分区、分期、分阶段进行清理工程。

（二）施工组织计划及技术措施

1. 根据设计的清场图纸，按照清理工程的施工顺序（图 4-4），依次进行。

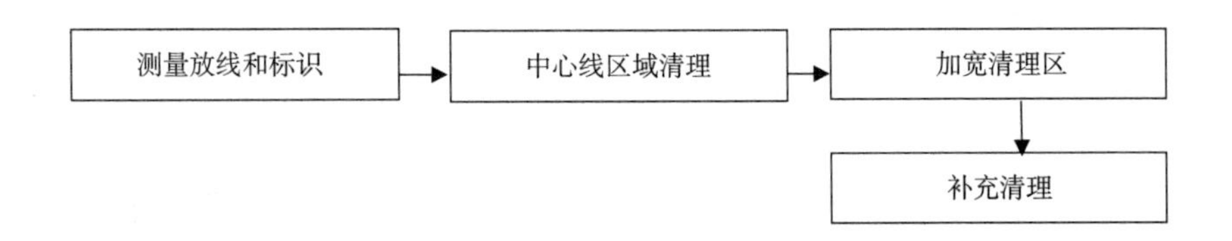

图 4-4　场地清理流程

2. 现场清理要依据“现场清理工作最小化”的原则，选择清理对象。现场清理之前做好详尽调查，确认已列出的场地内所有的障碍物（特别是建筑物、构筑物、缆线管井、界桩标志、树木等）都是可以清理的。稳妥的做法是：拍照；在图上标明；书面报告业主方并取得可以清理的授权。

3. 对于有价值但又必须清理的树木尽量移栽。移植时采用带土球移植法，土球直径应为树木胸径的 6 ~ 8 倍，并且要在合适的季节和天气中进行。对移植树木应及时进行支护、浇水、修剪等养护工作，以确保 90% 以上的成活率。

4. 将树根、树桩、树枝、树叶清理干净，清理深度以清理干净为准。树木树枝掩埋时，不得埋在工程范围内，掩埋深度不低于 1m。

5. 严禁用火烧方式进行清理工作。但清理物可以堆积在安全的地方进行焚烧处理，焚烧物物埋深度不低于 1m。

6. 保留和有意识收集有景观作用的大石块。

7. 在表层土壤较干燥时，使用推土机、铲运机将地面表层 20 ~ 30cm 深的表土运输到指定存放点，草坪坪床处理前再运回铺设。

五、地形构建

地形构建是草坪建造过程中十分关键的一步，可以使坪床曲面流畅、平整（运动场），给人十分美观的视觉感受，当然还有利于草坪草生长、排水、球的滚动等很多好处。地形构建包括场地土方挖填、粗造型和细造型三部分。

（一）场地土方挖填

1. 土方工程内容

按照土方挖填平衡图和区域造型高线图，在场址内进行大范围的土方挖填与调运及从场外调入大量客土的工程。设计师设计土方挖填平衡图，施工人员按土方挖填平衡图和施工流程图（图 4-5）在场址内进行土方调运挖填，最终基本符合草坪地形设计等高线图。

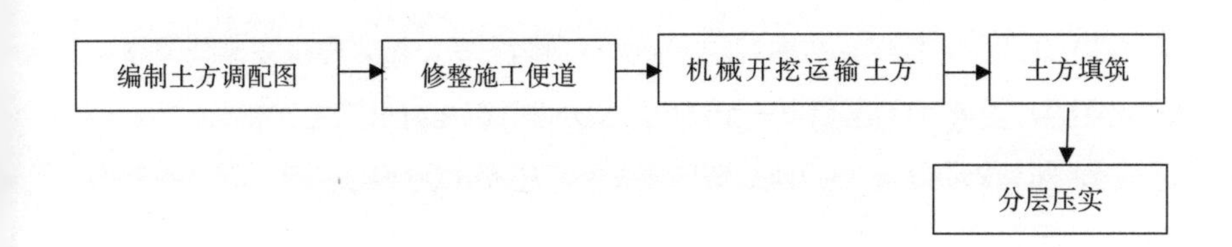

图 4-5　土方施工流程

2. 施工组织计划及技术措施

（1）根据土方调配图确定挖方、填方范围，在挖运之前按照就近原则和土石方施工队伍做出最佳的土石方调配方案，测定各挖填区域边界及挖填标高，并与土石方施工队伍一起定桩放线。

（2）在土石方挖运与填埋过程中，必须将一切对将来草坪草种植和生长有影响的碎屑物质外运或深埋，埋深应大于 1.5m。

（3）填方应一次到位，以免基底积水；对回填区内的杂物应清除；回填时应分层填埋并压实，每层填埋深度不超过 50cm，土壤压实度应尽量控制在 90% 左右，避免表土沉降。

（4）土方临时运输道路应尽量按照以后场地主干道走向布设，对主干车道方向的运输道路，应征得设计师同意。

土方工程完成后，应根据球场土方挖填图纸验收，各区域标高误差应不超过 +10cm，坪床素土层的压实度降低至 80% ~ 85%，表面排水坡度为 0.5% ~ 0.7%。土方调运挖填完成后即进行粗造型和细造型。

（二）粗造型工程

1. 造型工程内容

造型施工是整个施工建造过程的核心，其质量将直接影响场地的整体品质。

在土方基本到位的基础上，依据草坪地形等高线图和粗造型施工流程图（图 4-6），对各区域进行造型加工，建造出有起伏的（或运动场地符合设计坡面的）基本地形，必要时填进客土，或运出多余土，达到等高线图设计要求，充分压实，土壤密实度必须达到设计要求，避免事后无法弥补的基础沉降隐患。

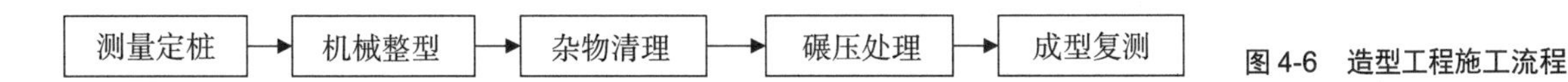

图 4-6　造型工程施工流程

2. 施工组织计划与技术措施

（1）一般情况下，造型工作应严格按照设计师出具的球场造型等高线图进行，造型后的各等高线控制点要基本符合设计要求。

（2）由于造型工程是将设计进一步表达、完善、深化的过程，因此，造型师可结合经验与现场实际情况对球场造型局部调整，以充分体现设计与自然地形的有机结合，进而增强造型的合理性和景观效果。

（3）在造型过程中，应将地表 35cm 内所有石块、垃圾等杂物彻底清理。在造型过程中，应对填方区域进一步进行压实处理，以免将来发生沉降。

（4）所有造型工作均应遵循造型表面不产生积水区域的宗旨，保证各造型区域排水顺畅。

（三）细造型工程是在完成排水、喷灌、湖泊、小品建筑、绿化种植等单项工程施工的基础上，对场地进行微地形恢复建造，即对各功能区表面按照设计详图严格进行精细加工，在粗造型基础上，进一步完成微细造型，使场地造型起伏曲线更加自然流畅，表面排水更加顺畅（图 4-7）。特别注意在场地粗造型阶段完成之后，很多降雨丰富的地区还需要采取额外的侵蚀控制措施，以进一步保证对场地内外侵蚀的防护。

图 4-7　场地粗造型与细造型工程

六、排水工程

排水工程是指为保证景观质量、场地正常使用功能、草坪正常生长，对因降雨或灌溉等形成的积水进行排除的建造工程。

（一）排水工程内容

排水工程的主要工作内容包括：部分造型工作、测量放线、挖沟、放坡、管道基础、垫层处理、管道铺设、集水井建造、回填夯实、现场施工绘图、工程量记录等，按照施工流程的科学性、便捷性进行施工（图 4-8）。

（二）施工组织计划及技术措施

1. 粗造型完成后，在排水工程开始之前，应进行排水管及集水井的定位放线。

2. 测量放线：根据设计图纸，准确地将雨水井的位置和施工高度、出水口的位置和施工高度、排水管的位置和埋置深度等标示到现场。将设计图纸所标管线、

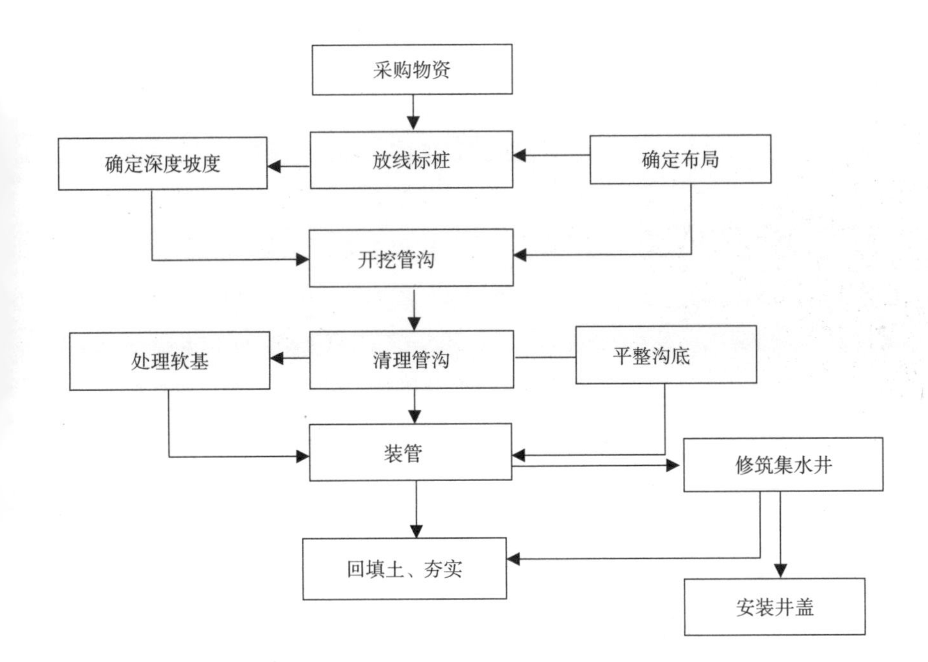

图 4-8　排水工程施工流程

阀件等与现场情况相结合，在符合设计及规范前提下，综合布置管线走向位置，使之合理化。

3. 雨水井建造：按照排水设计图设计的施工高度开挖雨水井（图 4-9），挖到设计深度后，对雨水井的井壁和井底进行浇筑混凝土和砌筑防渗处理。集水井修筑时应在距地表 30cm 内预留渗水孔缝以免将来产生井口积水。施工期间井壁管顶高出地面 20cm，待草坪成坪后安置井盖时再降至与地面齐平。集水井出水管底应与井底留有 30cm 深的高度作为沉沙池，并及时清理，以防管道内被沙堵塞，造成排水不畅。施工时严格控制好雨水井进水管和出水管的设计，标高是以后场地排水是否顺畅的关键因素。

图 4-9　集水井建造

4. 出水井建造：按照排水设计图的要求进行出水井施工。人工湖、渠岸壁的排水出口应预埋排水管。出水井的出水管道要安装牢固,防止其在日后的使用中移动。所有进入人工湖的排水管道出口，均应低于设计常水位线以下 100cm。

图 4-10　开沟机

5. 管沟开挖：在场地土质较好的地区，尽量减少沟槽宽度，只要保证能进行埋管及回填夯实的要求即可。在场地土质不好的地区，应适当加宽沟槽以减少其对综合变形模量的影响，同时应选择变形模量较大的粗粒土回填，增大管侧土的综合变形模量，减少管道变形。主排水水管沟挖深至少 1.2m，要保证排水管每侧有 10 ~ 20cm 的回填空隙，所有地下主干排水管相对于最终地平的最小埋深为 1.0m。主排水沟进行 2m 以上的超深开挖时，一定要有专人进行现场监督，以防作业面塌方而造成人员伤亡。浅排水管深度和宽度皆为 25 ~ 30cm（要保证管顶上至少有 10cm 的回填空隙）。一般采用人工开挖，有开沟机械时也可用开沟机开挖（图 4-10）。管道铺设前必须达到测量沟底坡度符合大于 0.5% 的要求，混凝土管基础应根据设计要求处理。

6. 排水管道安装

（1）排水管质地脆软，应避免靠近热源布置，管道表面受热温度不能大于 60℃。搬运时轻拿轻放，安装前可以在现场垫木上放置一定时间，消除温差后方可安装。

（2）锯管长度应根据实测并结合各连接件的尺寸逐层确定。锯管工具宜选用细齿锯、割刀和割管机等机具。断口应平整，并垂直于轴线，断面处不得有任何变形。插口处可用中号板锉锉成 15° ~ 30° 坡口，坡口厚度宜为管壁厚度的 1/3 ~ 1/2，长度一般不小于 3mm，坡口完成后，及时清除毛刺、倒角。

（3）管材或管件面黏合前，应用棉纱或干布将承口和插口外侧擦拭干净，使黏结面保持清洁，无尘沙与水迹。当表面沾有油污时，需用棉纱蘸丙酮等清洁剂擦净。

（4）承插接口涂刷黏结剂后需找正方向，将管子插入一次完成，当插入 1/2 承口时，应稍加转动，但不应超过 90°，然后一次插至所划标记，保持静止 2 ~ 3min，防止接口滑脱。预制管段节点间误差为不大于 5mm。承插接口插接完毕后，应将挤出的胶黏剂用棉纱或干布蘸清洁剂擦拭干净。根据胶黏剂的性能和气候条件静置至接口固化为止。

（5）缩节必须按设计要求的数量进行安装，立管和横管均应按设计规定设置伸缩节，管端插入伸缩节处预留的间隙应为：夏季 5 ~ 10mm，冬季 15 ~ 20mm。

（6）管材与金属管件和螺纹连接时，应采用注射成型的外螺纹管件，不得将注射成型的外螺纹管件绞丝扣连接，注射成型的外螺纹管件与内螺纹金属连接时，应用聚氯乙烯生料带填料。

7. 所有排水管沟的回填均应经过分层填土、充分碾压处理，回填后管沟处密实度应尽可能达到 80% ~ 85%。在管材回填方时，应注意将土壤中尖锐杂物清除，以防碾压时尖锐杂物将管材破坏。

8. 场地内因造型所限造成地表排水不畅时，可采用盲排管进行排水，以排出这些区域的渗透水；靠近道路的集水井要与行车道的设计结合考虑。

9. 管道安放到位后，做好隐蔽记录，并标明管底标高、坡度及走向位置，然后上报、验收。验收合格后，进入下道工序，若不合格，应返工重做直至合格为止。所有隐蔽工程资料一式四份，存档以作为日后绘竣工图的依据。

七、喷灌工程

随着城市化进程的加快和对生态环境保护意识的加强，草坪的浇灌技术正从传统的地面浇灌、人工洒水向现代的喷灌、微喷灌、滴灌技术转变，从人工手动控制浇灌向自动化、智能化浇灌转变，从费水型浇灌向节水、保水型的浇灌技术转变。

喷灌是一种模拟天然降水而对植物提供的控制性灌水，这种灌水方式是利用水泵加压或自然落差将水通过压力管道送到绿地间，经喷头或其他灌水器形成细小的水滴，均匀浇灌在绿地上，为植物正常生长提供必要水分条件的一种先进的灌水方法。它具有节水、保土、省工和适应性强等诸多优点，正得到人们的普遍重视，逐渐成为园林绿地和运动场草坪浇灌的主要方式。

（一）喷灌工程内容

喷灌工程的工作内容包括测量放线、开挖管沟、安装管道和泵站机组、布置管控线路和电源线、管道冲洗、安装喷头、保压试验、回填、试喷等。

（二）工程特点

1. 施工质量要求高

喷灌系统是一项复杂而又大部分安装在地下的系统工程，要求管道的安装质量高，材料必须达到设计和规范要求，因此必须组织有丰富施工经验和技术责任心强的施工人员进行精心施工；购买管材、直埋阀等材料时，必须提交出厂证明书、质保书。

2. 施工工期紧

喷灌工程一般配合前期造型和排水施工，喷灌系统工程安装在排水管安装后进行，而后面植草工程等又提出水分需求，加上天气、材料采购等因素的影响，实际喷灌系统工程安装的时间很紧张，需见缝插针地完成任务。

3. 施工现场情况复杂

本项工程需求工种多、交叉施工多，给施工带来很大的困难，存在施工现场距离长、分段施工、多次搬运、临时用电接驳不便等问题，所以需提前严密计划、谨慎安排，施工中应按照流程图有序进行（图 4-11）。

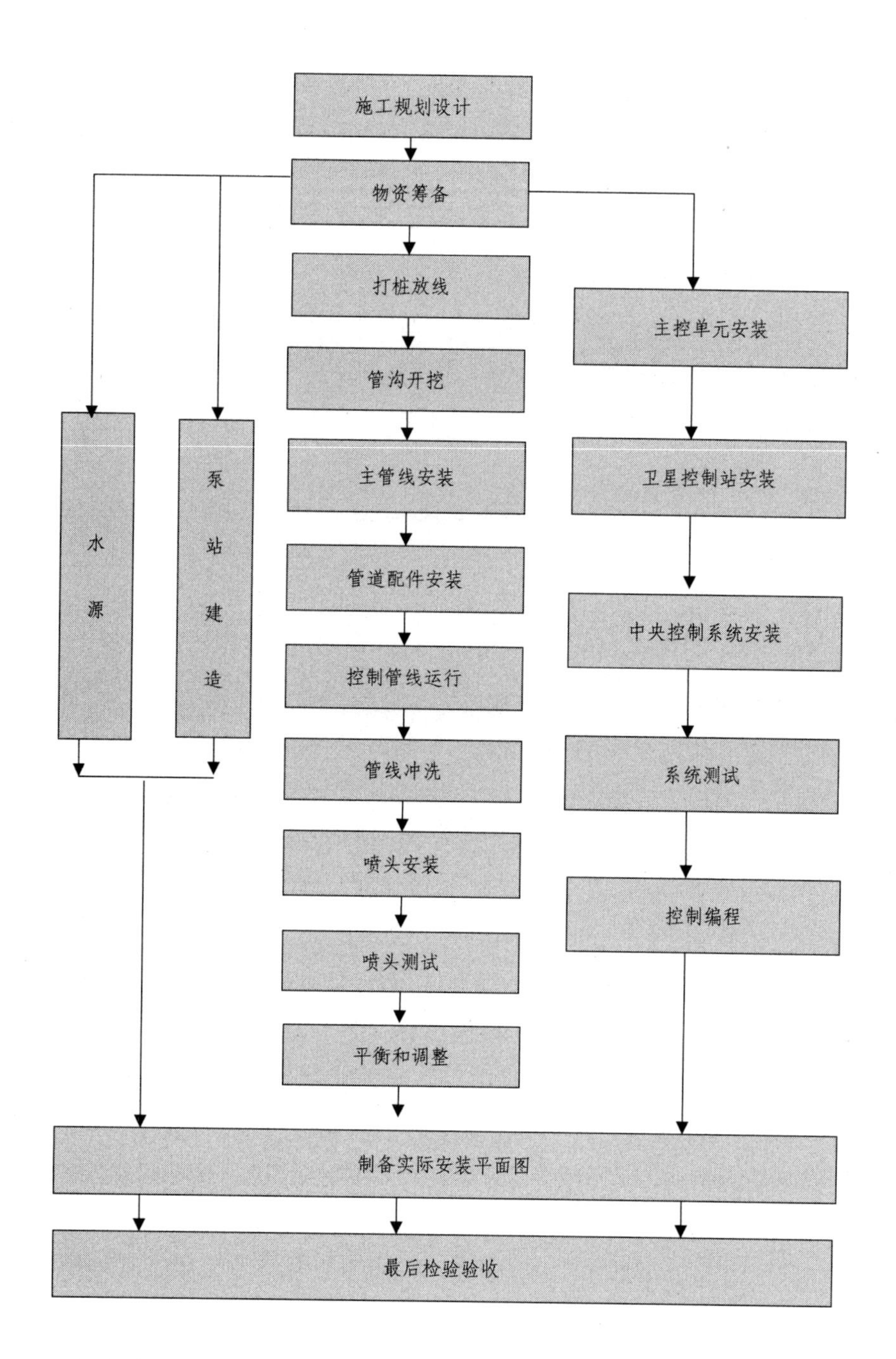

图 4-11　喷灌工程施工流程

（三）施工组织计划及技术措施

1. 沟槽开挖

按照施工图纸进行管道放线，先按施工图在现场找到参照点并定好图纸上桩位，标出参考标高。

根据放线进行沟槽开挖，采用机械结合人工开挖的办法，机械开挖应留 0.15m 预留值，在管道安装前有工人清底至设计标高。

2. 管道安装阶段

管道安装包括材料的检查验收、管道安装过程。安装前必须对管子、管件、阀门按要求进行检验或试验，检验过程做到有记录、有跟踪，确保材质符合规定要求。

3. 试压阶段

试压的目的是检查设计和安装质量是否达到使用要求，为正常投产运行做好准备，试压前应将各接口位置用图表示，并编好号码、标出位置，做好外观检查和记录，试压分强度试验和严密性试验。

4. 沟槽回填

管道试压合格后，对沟槽进行回填，回填前需将槽底积水及施工预留物清除干净，沟槽回填采用原土，回填应分层夯实，每层厚度为 0.3 ~ 0.4m，回填密度为 90% 以上。

5. 浇灌终端

（1）快速取水器

安装快速取水阀以实现部分区域的手动灌溉和补充灌溉。每个快捷取水器包括一个由一根 1 寸（1 寸 =3.33cm）短管和至少 450mm 长不锈钢“U”形螺栓组成的防转动装置以及钥匙、弯头（图 4-12）。

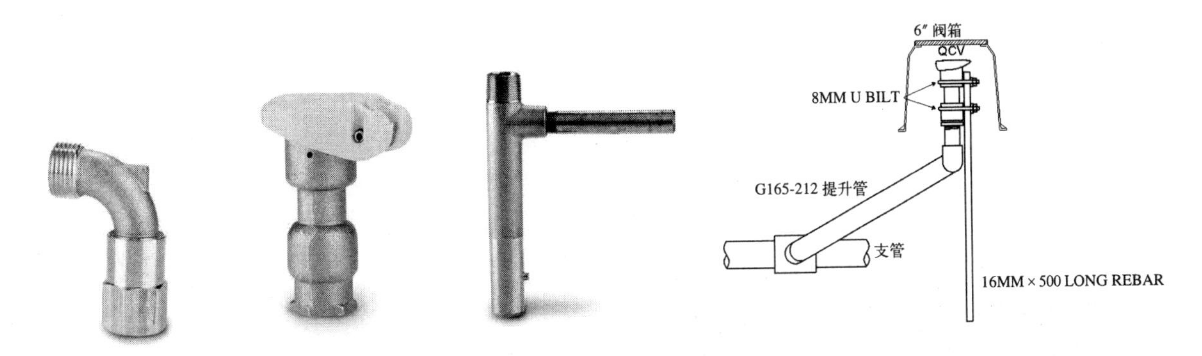

图 4-12　快速取水器组成与安装

实际操作中，快速取水器可安装在距喷头 50m 左右的地面上。在与快速取水器连接的支管与主管分流的地方，安装一个检修阀。

（2）喷头

喷头均为齿轮旋转式升降喷头，升降高度不小于 65mm，为增加整套喷灌系统的抗风性能，喷头间距取喷头射程的 90%，确保喷灌的喷洒均匀度。喷头通过铰接管与管路连接，铰接头螺纹与喷头螺纹匹配。任何螺纹连接处有漏水的话，需快速拆除重新安装。最初安装喷头应高出地平线 75 ~ 100mm，等草坪完成后，再重新安装喷头。喷头的最终安装位置需保证滚刀割草机可以从喷头上通过，而刀片不触及喷头顶部（需有 6mm 净空间），如图 4-13 所示。喷头安装在直径为 400mm 的沙体里，在喷头周围布置沙子是为了更换喷头方便，以防止喷头下陷，沙子必须压实。

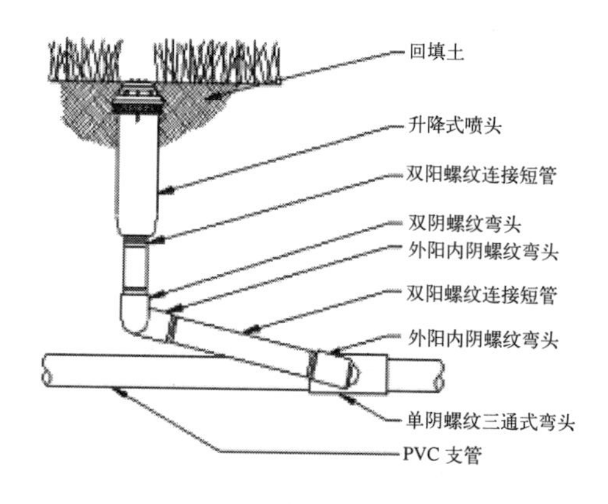

图 4-13 旋转式喷头及相关组件

八、土壤准备

土壤准备包括土壤改良和土壤耕作两个部分，在完成地形建造基础上对土壤进行耕、旋、耙平等一系列全面耕作。若需改良土壤质地、调节土壤酸碱度，则与土壤全面耕作一并完成。

（一）土壤改良

1. 改良工程内容

根据草坪原土类型，进行针对性改良，包括改良土壤质地、调节土壤酸碱度两项内容。

改良土壤质地包括土壤结构和活性两部分，土壤质地是根据土壤的颗粒组成划分的土壤类型，一般分为沙土、壤土和黏土三类，其类别和特点主要是继承了成土母质的类型和特点，又受耕作、施肥、排灌、平整土地等人为因素的影响，是土壤的一种十分稳定的自然属性，对土壤肥力有很大影响。

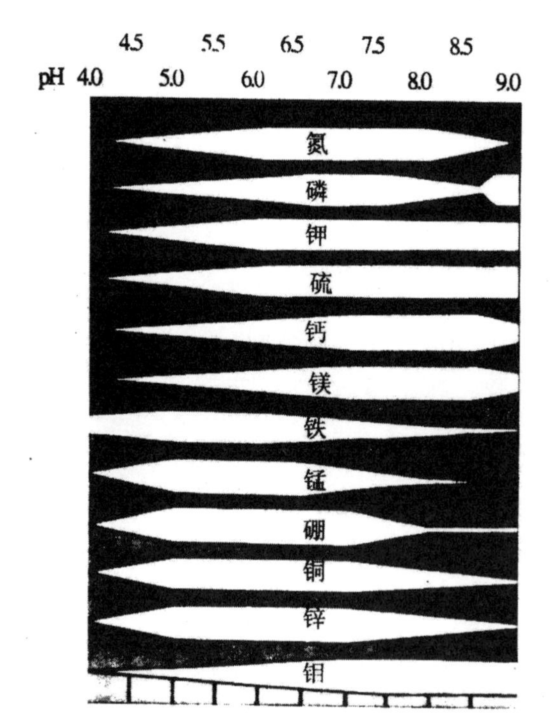

图 4-14 土壤 pH 值与养分有效性关系

调节土壤的酸碱度（pH 值）：草坪草所需的 6 种大量元素（N、P、K、Ca、Mg、S）在 pH 值为 5 ~ 7 的土壤中利用率最高，pH 值为 5.0 时，微量元素在土壤中变得可溶，有毒害作用，如图 4-14 所示为植物所需土壤养分与土壤 pH 值的关系，可以帮助我们更加准确科学地改良土壤酸碱性。

2. 改良方式

原位改良：采用旋耕机等机械并配合人工对原土进行就地破碎，与改良材料充分混合，达到就地土壤改良的目的；异位改良：添置如粉碎机、搅拌机等机械，建立小型土壤改良加工厂或者在附近道路设置小型加工机械，控制好各种材料粒径和混合误差，达到量化的机械化生产。

3. 施工组织计划与技术措施

（1）铺沙，主要小型运输机械操作，注意防止机械运输对坪床的破坏。

（2）撒铺改良有机材料和化肥，将泥炭土均匀撒铺到坪床上。

（3）机械混合，草坪土壤改良深度可按照标准、成本等因素综合考虑，用机械将以上改良材料均匀混合到 15cm 左右坪床层内。

（4）拖平，机械拖平和人工找平，使坪度重新光滑平整。

（5）沉降压实，浇透水一次，碾压多次，使坪床沉实。

4. 常见的土壤改良方法

（1）沙坪坪床

一般用于高尔夫、运动场草坪，或高档草坪。种植层的配比不尽相同，根据草坪档次、草坪用途、经费等因素适当调整配比。

如一般足球场配比为：种植层厚度 25cm，黄沙 + 沸石 + 草炭 + 过磷酸钙。黄沙粒径：中沙约 55%、中粗沙约 30%；沸石：沸石与黄沙重量比为 2.7%；草炭：草炭与黄沙体积比 3.5% ~ 5%；过磷酸钙：2.7kg/m^2。黄沙 + 沸石 + 草炭充分搅和，过磷酸钙施于种植层表层，与黄沙充分搅和约 5cm。

（2）泥坪坪床

泥土掺沙、有机质是改良草坪土壤的常规方法，如针对辰山绿色剧场的改良配方：4 份土 +4 份沙 +2 份有机基质 +0.5 ~ 0.8 份草炭 +0.5 ~ 0.8 份有机肥 + 土壤结构改良剂。

（二）土壤耕作

基于草坪草的根系一般分布在 15 ~ 30cm 的表层土壤里，选择在建坪前对土壤进行耕、旋、耙、平等一系列操作过程（图 4-15）。耕作可使建植草坪的坪床土质疏松、透气、肥沃、平整、排水良好以及有较好的保肥、抗旱能力，为草坪生长发育创造良好的土壤条件。

耕作期：秋、冬季节。

耕作程序：犁地、旋耕、平整。

图 4-15　草坪种植区耕作

九、草坪建植工程

（一）建植工程内容

草坪建植工程是在处理好的各功能区坪床上，利用购买或生产的草皮、草茎、草籽进行草坪建植的过程，按照图 4-16 所示的步骤进行。

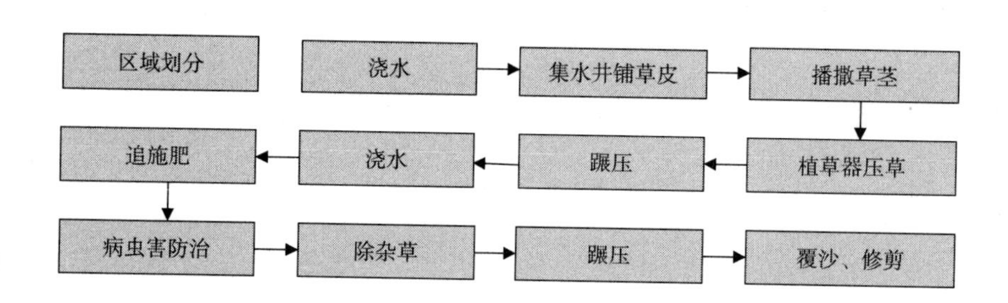

图 4-16 草坪建植工程流程

（二）施工组织要求与植草施工技术措施

1. 在每个功能区坪床处理均完成的前提下，分单元进行不同草种的植草工作。人工湖等坡度大的地方在边坡修整完成后即可铺草皮护坡，以免形成冲刷。

2. 雨季施工时，为了防止降雨引起冲刷，对于面积较大的区域，草坪建植应和坪床处理工作紧密结合，可对种草进行区域划分，分区进行坪床处理和草坪建植工作，雨后应及时进行修复补草。

3. 种植坪床熏蒸（备选）：坪床熏蒸的主要目的是清除坪床内的杂草、病源物和线虫等有害生物。一般在熏蒸后 14d 开始植草。

杂草防除是坪床准备的重要一步，尤其要清除宿根杂草。杂草的清除可用翻耕、休闲诱导法等物理方法，并结合灭生性除草剂（草甘膦、百草枯等）消灭。

对于要求较高的草坪需彻底清除杂草及其土壤中的种子，可用土壤熏蒸的办法。常用溴甲烷、威百亩、棉隆等熏蒸剂。土壤熏蒸还可同时杀灭地下害虫及土染病菌等有害生物，但不利方面是有益生物也被消灭了。土壤熏蒸剂具剧毒，必须由有经验丰富的施工人员严格操作，防止伤害人员、动物、周围树木等。

（1）原理：应用强蒸发型化学药剂控制土壤中杂草种子、营养繁殖体、致病有机体、线虫、其他有害生物。

（2）药剂：溴甲烷、威百亩、棉隆。

（3）方法

溴甲烷：大面积采用带有自动铺布仪器的地面熏蒸设备，小面积手工操作（相距 10m 用支撑材料将塑料布撑高 30cm，边缘盖严，用塑料管把气体通到覆盖区，28h 后移去塑料布，通风 48h 才能种植）。

威百亩、棉隆：喷雾，与土壤充分混合，2 ~ 3 周后才可种植。

注意：土壤湿度，土壤温度 15℃以上。

4. 建坪

（1）播种法

播种法建植草坪的材料就是种子，这种方法成本低，混播可选择的方案多，同时建坪初期没有枯草层的形成，多用于冷季型草坪，暖季型草坪中假俭草、结缕草、普通狗牙根、地毯草也可用种子播种，但成坪期较长。

播种前对坪床要适度浇灌，保证土壤层的最佳湿润度。播草籽应在早晚无风时进行，播种完毕后应均匀洒水，少量多次，使沙层表面保持适宜的湿润度。注意以下几个因素。

1）播种时间

暖季型草坪草宜春末夏初播种；冷季型草坪草宜夏末初秋播种。

2）播种量

草坪种子的播种量取决于种子质量、混合组成和土壤状况以及工程的要求。特殊情况下，为了加快成坪速度可加大播种量。注意：播种量大不一定等于能达到所要求的密度，两者之间还受单位面积承载量、草坪修剪程度等影响。

3）播种方法

将种子均匀地撒在建坪地上，松耙，使种子掺和到 0.5 ~ 1.5cm 的土层中。或先播撒种子，再覆土 0.5 ~ 1.0cm 厚。注意：不同种子播种深度不一（图 4-17），一般播种深度以不超过所播种子长径的 3 倍为准。

（2）草茎种植法

撒茎法即利用草坪的茎作为“种子”撒布于坪床上，经成活、成坪管理形成草坪的一种建坪方法。适用于具有发达匍匐茎的草种，如狗牙根、海滨雀稗、结缕草、假俭草、匍匐剪股颖等。这种方法建坪迅速，对水分的需求量较小，保护土壤不受侵蚀，竞争性杂草存在的可能性小，多用于暖季型草坪。常见的有播撒草茎法和草茎埋植法。

特点：因在草圃中只取草茎作为建坪材料，这样避免了铲取草皮方法的泥沙搬家，大量则省运输成本，特别适于长途运输；因避免了泥沙搬家，也就避免了地下害虫、土染病菌、杂草幼苗及其土壤中杂草种子的传播；节省建坪材料，节省成本；成坪草坪平整。在草茎建植草坪实际生产中采用如下方法。

1）播撒草茎法：这种方法特别适用于大面积建植草坪，如大型草圃、高尔夫球场常用此方法。在坪床上像满铺草皮一样，全面撒草茎，然后用较轻的滚筒碌压一遍，使草茎平伏贴地。有条件地使用同轴多片（10 ~ 20 片左右，间距 10cm 左右）叶轮式圆盘植草机（图 4-18）对坪床进行滚压，以利于草茎和土壤有很好的接触，并将草茎切入土壤内 1cm 左右，碾压碌转动速度应保持均匀，不得在坪床表面转弯和反复碾压；也有全面撒草茎后，用覆沙机覆盖 5 ~ 8mm 黄沙，继而覆盖、浇水转入养护阶段。全面撒草茎的多少可根据要求的成坪速度而定。

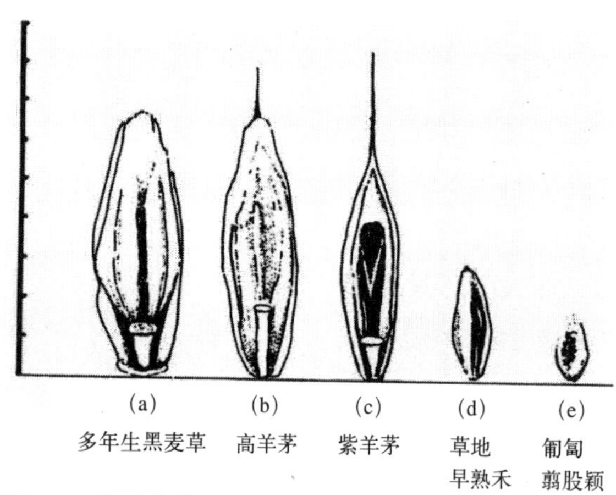

图 4-17 不同草种的长粒径

图 4-18 叶轮式植草机

2）草茎埋植法（适于沙坪坪床）：这种方法适用于较小面积建植草坪，草茎利用率高，节省草茎。用特制的 4 ~ 5 个齿的钉耙（齿长 10cm，齿粗 8 ~ 10cm，间距 10cm 左右，齿的间距决定着草茎埋植的疏密）开种植槽，然后在种植槽内斜向摆放草茎，草茎摆放后即覆土。摆放时草茎需露出地面 3 ~ 5cm，但不要超过 5cm，因草茎露出地面太长易干枯。随即用滚筒压实，并浇水，进入养护期。

（3）草皮密铺法

将草皮或草毯以 1 ~ 2 cm 间隔铺植在整好的场地上，并经镇压、浇水等管理方式使之成坪的方法。

1）铲取草皮：传统草皮供应商都用人工在草圃里铲取草皮，厚约 1cm，长 × 宽为 30cm × 30cm，按 10 片 /m^2，实则仅 9 折。现在一般用小型铲草机在草圃里铲取草皮。小型铲草机的铲草刀幅宽一般是 35cm，按每两卷 1m^2 计算，则每卷草皮长度是 142cm，实足 1m^2。铲草前先在草圃里用卷尺每量 142 cm 宽，用划草皮刀切断，则铲草机横向经过铲下的每条草皮面积即为长 142cm、宽 35cm。

2）坪床施入过磷酸钙：过磷酸钙的作用是有利于草皮的新根生长，一般为 2.5kg/100m^2。

3）坪床拉毛：目的是让草皮与土壤紧密接触，土壤水分能传导到草皮，利于生根。此工序与草皮铺植配合进行，即铺植多少面积，拉毛多少面积，避免拉毛后再被行走踩实。

4）草皮铺植：一般采用满铺的方法，也有为了节省草皮而采用 1 ： 3 或 1 ： 5 甚至更稀拆铺的方法，但必须有足够的成坪生长时间，特别不宜秋季拆铺。草皮铺植时先在边沿铺植两行或三行，然后铺植人员站在草皮上铺植，向前推进。下行两卷草皮接头处必须与上行两卷草皮接头处错开，犹如砖头砌墙般错缝。两行草皮接缝处或两卷草皮接头处需紧密，不留缝隙。铺植时坪床拉毛人员必须与铺植人员配合，同时进行。草皮拆铺方法需注意将撕开的草皮块用力按入沙或土表中，使草皮块边沿与沙或土紧密接触。

5）浇水：草皮铺植后即全面浇水使草皮、坪床湿润，不宜多浇。

6）磙压：待草皮叶面和草丛水干后不沾土时，用足够重量的滚筒（一般100kg 以上）磙压，使草皮与沙或土紧密接触，并使草坪表面平整。

7）在草苗密度达到 30%时开始碾压，并每隔 15d 碾压一次。应人工拔除杂草，开始防治病虫害。在草坪密度达到 80%以上并长至 5 ~ 6cm 时，开始修剪，每 3d 修剪一次，剪草高度 3 ~ 4cm。在草坪密度达到 95%以上时逐渐将剪草高度降到 3cm，达到场地标准。

十、新建草坪的养护管理

（一）覆盖、浇灌

未成坪的幼坪养护，水分管理是关键。为了保持湿度，常用覆盖的办法。覆盖材料常用 25 ~ 30g/m^2 无纺布，不宜用塑料薄膜覆盖（水汽易凝结，造成表层太湿，易生病）。覆盖还可提高坪床温度，有利于种子发芽和匍匐茎的生根。待有较多幼苗叶尖钻出无纺布时，即应揭去无纺布。

幼苗期浇水原则是少量多次，尤其是由种子播种建植的草坪，应保持坪床表面土壤湿润。春末夏初或秋初视天气情况，晴天一般每天需浇水 2 ~ 3 遍或 4 遍，满铺建植草坪因草皮本身有一定的涵蓄能力，可以少浇一遍。傍晚浇水不能太晚，浇水后应让坪床表面适度干燥后进入夜间，避免夜间因露水而太湿，减少病害的发生。

由种子播种建植草坪，当种子全部出齐、幼苗长出真叶后，满铺建植草坪长出大量新根后，应适度减少浇水次数，浇水原则由少量多次改为少次多量，促进幼苗根系向深层健康生长，并降低坪床表面湿度，减少病害的发生。

（二）修剪

修剪是指去掉草坪草一部分生长的茎叶，是草坪养护管理中的核心内容。

草坪草因生长点低、生长低矮、修剪后可再生，因此可以反复修剪，达到完美的功能。通过定期修剪可以控制草坪草的生长高度，防止草坪草茎叶徒长，促进其分蘖从而增加草坪的密度，保持草坪的平整美观。

修剪可以抑制因枝叶过密引起的病害，剪去叶部病灶及螟蛾科等叶部卵块（一个卵块可孵化出几十至上百条幼虫）。修剪同时也剪去杂草地上部分，防止杂草侵入草坪。修剪可使草坪草始终保持旺盛的生长活力，防止其因开花结实而老化。可以说，草坪如果不进行修剪，就不能称为草坪。相反，一片无人管理的狗牙根等野生草地，经适当修剪后，也具有草坪的观赏性。所以，草坪修剪是养护管理的最主要措施。高档草坪要 2 ~ 3d 修剪一次，高尔夫的果岭需每天修剪。

但是，必须明确修剪是把双刃剑，修剪对草坪草而言是一种胁迫，不合理的修剪会对草坪草造成伤害，使草坪草根系呈现浅层化而降低其抗逆性，甚至死亡。

尤其是冷季型草坪草，夏季若强度低修剪则很易死亡，使草坪造成空秃。修剪伤害叶片与茎，若在草坪潮湿或带露水时作业则有利于病害的发生与传播。

因此，草坪管理者必须通过科学合理的修剪，使其对草坪造成的伤害降至最低。由种子播种建植草坪，以多年生黑麦草为例，播种 25d 后已长出 3 ~ 4 片真叶，草高 6cm 左右，此时可以进行第一次剪草。

第一次剪草留茬高度不适用 1/3 剪草原则，仅把叶梢剪平即可，不能剪去太多，留茬高度必须在 4 ~ 5cm 以上。剪草不能太早，一般在修剪留茬高度的 2 倍时修剪；如果树荫下幼苗生长较快，可提早至 20d 剪草。由种子播种建植草坪幼苗十分娇嫩，第一次剪草时刀片必须锋利，草坪较干，更不能露水作业，一般在下午进行。由草皮或草茎建植的幼坪第一次剪草即可适用 1/3 剪草原则。

第二次和第三次剪草间隔时间应依剪草留茬高度 1/3 原则确定，多年生黑麦草正常留茬高度 3.5 ~ 4.5cm。如上海人民广场多年生黑麦草剪草留茬高度为 3.5cm，按此留茬高度和多年生黑麦草生长速度，第二次和第三次剪草间隔时间为 6d 左右。

留茬高度因草种而异。无论哪种建植的草坪，剪后都应该及时施肥、浇水一次。

（三）施肥

新建草坪如果种植前已经有充足的底肥，可以不施肥。如果肥力不足导致幼苗淡绿、叶梢发黄则说明缺肥，需要少量多次施氮肥尿素 5 ~ 10g/m^2，或施复合肥 20g/m^2，注意叶面干燥时施肥，否则新叶易被灼伤。

由草皮或草茎建植的幼坪，第一次施肥即应用复合肥，且在草皮或草茎建植前在坪床上施 25 g/m^2 复合肥作底肥。

（四）杂草防治

杂草防治应采取综合防治措施，始终贯彻“除早、除小、除了”的原则。

宿根性杂草应在坪床建造时彻底清除，靠种子萌发的杂草主要在建坪时及时防治。

种子播种建植草坪，若时间允许可在坪床完成后浇水，搁置几天诱发杂草种子发芽，然后用人工整地清除杂草幼苗，继而播种草坪种子。

由草皮或草茎建植的幼坪杂草防治可使用除草剂与人工挑除结合的方法。如果杂草密度不大，建议用人工挑除。

除草剂有很多种类，如果能正确使用除草剂，将能收到事半功倍的良好效果。如果不熟悉某种除草剂而盲目使用，将会产生很严重的药害。所以，使用除草剂必须谨慎，按说明使用，并需有经验的人指导，若无经验可小面积试用。

除草剂按作用部位和时间分，有芽前除草剂、芽后除草剂之分。按作用特点分，有选择性除草剂、灭生性除草剂之分。

1. 芽前除草剂

芽前除草剂常用的有氨氟乐灵、二甲戊乐灵。

不同芽前除草剂持效期不一致。在杂草萌发前半月进行封闭，通过萌发的幼芽吸收药剂，进入植物体内，与微管蛋白结合，抑制植物细胞的有丝分裂，从而造成杂草死亡。

2. 芽后除草剂

应在杂草 3 ~ 4 叶期施用，此时杂草抗性尚低，施用芽后除草剂最易收到良好效果。芽后除草剂有很多种，最常用的有二甲四氯钠，防治阔叶杂草。二甲四氯钠杀草谱很广，是一种内吸传导型除草剂，能将杂草地上部分及根部一起杀死，夏天高温天气晴好时见效迅速。二甲四氯钠除草效果受气温影响很大，当气温低于 18℃除草效果明显降低，此时可与使它隆合用。使它隆也是阔叶杂草除草剂，不受低温影响，但用量需严格控制。二甲四氯钠与使它隆常混合使用，可扩大杀草谱。

二甲四氯钠与使它隆都属传导型除草剂，草坪草需经光合作用才起作用，天气晴朗、气温高时效果好。但夏季高温（38℃左右）、天气晴朗时，平时使用的安全剂量，此时就不安全，有可能把草坪草打死。

禾本科植物幼苗对二甲四氯钠很敏感，所以，由种子播种新建的草坪，至少在幼苗生长 1 个月后或草已经修剪两次后再使用除草剂。

啶嘧磺隆（秀百宫）是杀草谱很广的选择性芽后除草剂，较二甲四氯钠除草剂更突出的优点是可以杀死马唐、牛筋草、千斤籽等禾本科杂草，而同为禾本科的草坪草不受影响。但只限大部分暖季型草坪草（海滨雀稗有药害），对冷季型草坪草杀伤力很大。啶嘧磺隆（秀百宫）持效期长达 60 ~ 80d，所以若秋季需交播黑麦草的草坪应充分考虑残效期。

（五）杀虫杀菌药剂使用

虫害防治主要以调查为基础，在虫害刚发生时抓紧防治，防止扩散蔓延。

地面害虫以喷洒药液为主，洒药时均匀透彻，最好直接接触虫体，由草坪领班按各种农药说明书进行。地下害虫防治以撒施颗粒剂为主，这种方法简便易行，效果也较好，具体用量参照说明书进行。洒药宜选择晴天进行，否则易影响效果。洒药时随风进行，防止农药随风飘移接触到身体和通过呼吸进入体内。

（六）草坪覆沙

覆沙可促进匍匐枝节间的生长和地上枝条发育；可填平洼地，形成平整的草坪地面。在草坪基本成坪后，应每两月至少覆沙一次（覆沙前先修剪并碾压），增加草坪表面的光滑度和平整度。

传统草坪建设中应清理表土，刮铲现有表层土，将其存储在场地内和场地外，以便随后场地做最终平整处理时使用。使用大型铲土机、挖掘机及运输车才能刮除路基土，将其用于创造场地的总体形状和轮廓。通常采用土石方工程处理来为建筑创造一个相对平整的区域，这个阶段叫作“粗造型”。草坪场地所需安装的公共设施、排水浇灌管线、道路等安装完成后，进行最终平整，将在初步场地清理工程中储存的表层土或者利用外运来的配比土壤平铺在建植草坪草的地方。

4.3.2 传统草坪建造中不可持续问题

传统的草坪建造过程是一个从无到有、大拆大建的过程，包含复杂的工序和技术，主旨是按部就班地完成工作进度和工作任务。传统草坪建造过程很少考虑场地工作产生的环境影响。清除原有土壤和现有植被会明显破坏和损坏原先的生态系统。通常这种类型的损伤一旦造成，很难被修复，而且修复成本也很高。工程施工中期，大型机械碾压造型使支撑植物生长的土壤过度紧实，浇灌排水设计布置不当造成过度浇灌和水土流失，相配套的硬质景观材料错误选择使场地雨水管理不力等导致草坪场地的不可持续利用。工程项目中期水土流失防控不当和末期使用的传统清理措施会进一步对场地和周边区域造成环境损害。清理阶段产生的废水通常最终流入河流和雨水道中，而这些水系统对于溢出的沉淀物和建造过程中的化学废弃物的污染特别敏感。在建造过程中进行相对小规模的调整可以显著减少对场地环境的损害，对这些施工方面的调整方式都包括在“可持续性开发”的概念中。

一、土壤分层

完成总体工作后，场地上的土壤层次分布与其在天然状态时有所不同。正如之前所述，表层土是从建筑场地收集起来的，有的还在新景观建造之前引入一层表层种植土，使其分散在整个区域上；大型设备在建造过程中的来回移动会压实土壤。总的来说，这一层新的表层土并没有嵌入之下的压实层，在两种不同土壤类型之间创造出一个中介面（图 4-19），其分层效果成为初期草坪种植的土壤特征。

图 4-19　土壤分层

二、土壤压实

当土壤受到外力被碾压后，这样的土壤就成了压实土。压实土的体积密度更大、毛管空隙更少、渗透率大大降低、对根部深扎的阻力增加。这些问题同时发生对于浅根系草坪来说是致命的。一些草坪植物对这种环境有较强的耐受力，但在这种土壤环境下的植物都会随时间延长而逐步退化。典型的例子就是，景观建造过程中，为方便土石方转运，场地初步平整完成之后会在整个底土层上铺设碎石，这样，地表有足够的承载力和摩擦力，车辆能更方便地在整个场地中移动。虽然这样做能防止车辆在泥泞的土地上下陷，但也会使这个地点在建造完成后具有非常困难的种植条件。

除了会成为恶劣的生长环境以外，压实土还存在水分难以下渗、造成积水的问题。在土壤变干以后，这会在土壤表面形成一个硬壳（图4-20）。

图4-20 大型机械碾压造成土壤紧实

三、浇灌效能低

最为传统的理念是在整个场地不使用灌溉系统，因为针对场地选择适当的植物结合自然降雨就可以满足植物生长的需要。次者，在干旱季节通过以自流为主的人工拖管、洒水车等方式对地面漫灌进行补给（图4-21），一直沿用至今，原因是简便易行、适合于劳动力充足的地区，但漫灌前提是地面足够平整，这无法满足现代草坪追求自然、起伏地形的浇灌要求，而且浇灌水量不易控制，水的浪费比较严重，浇灌效率低。

图4-21 传统漫灌形式

一般的浇灌是采用了现代浇灌方式，如常见的喷灌，但在喷灌设计中缺少对植物需水和浇灌系统设施的匹配，喷灌安装中对喷头间距、喷嘴大小、相对高度没有严格执行。这种浇灌方式在自然场地环境中还可勉强加装应用，但在大型破土动工的景观建造项目的背景下不可行，尤其在造成土壤扰动、压实的项目中，以上较为粗放的浇灌方式会造成过度浇灌及浇灌不足的问题，导致植物退化、死亡，场地水土流失等现象。

四、环境污染

建造完成后，就应该开始进行场地清理。通常这项工作需要清除包括临时侵蚀控制措施在内的任何残余建筑残渣，原始植被清除，还有例如铺路材料、岩石或者碎石等额外建筑材料也应当被清除。这些材料通常是被运输到场地外进行处理。在残渣被清除和建筑最终修改完成后，要对行人道、车道和其他硬景观区域进行清扫。后期清理时产生的废水通常会进入场地中或紧邻场地的雨水道、相邻的排水沟（图 4-22）。这种废水中的沉淀物会导致河流的污染显著增加。

图 4-22　建筑水泥、沙子被冲刷污染环境

4.3.3　可持续性草坪建造的关键措施

中国提倡的可持续发展的低碳园林来源于低影响开发（LID）这个词，又被称为“可持续性开发”或者绿色开发，其选择的技术和策略都是能在保证场地开发的同时，又能将其对环境的影响降至最低，景观 LID 主要是通过适宜于场地的设计和建造操作，将对场地的影响力降至最低。这也是可持续性场地倡议提出的评估景观建造过程可持续性的基准，这个基准从以下 3 个方面着手：控制场地原始土壤及其他污染物材料；循环利用建造过程中产生的废弃物材料；保护和利用现有植被，提前繁殖草坪种质材料。

一、控制场地原始土壤及其他污染物材料

传统草坪建造操作的一个常见结果是土壤压实，直接导致土壤渗透率降低以及增加地表径流的可能，增加建造场地内污染物和沉淀物对市政河道的污染。这种为针对侵蚀、污染物控制而制定并执行的规划，能够为污染控制提供一个达到可持续目标的框架基础，主要目标是：防止建造过程中由于暴雨溢出造成的土壤流失；防止建造场地中其他污染物（油污、有毒化学品等）的溢出和渗入，并进行适当的处理。

二、循环利用建造过程中产生的废弃物材料

实施可持续性施工方法能够减少建造场地在拆迁和建造阶段的废弃物生成，储存和重新利用建造过程产生的植被、岩石和土壤，不仅能够降低垃圾填埋场处理费用，同时还能减少新建造材料的购置费用。

在建设过程中，在场地清理和造型阶段完成之后，植被、石方、表土往往会被移除。而可持续性建造方法则采用在建造阶段融合这些现有景观资源并加以利用。例如，场地中的石块可以被用来创造挡土墙或者用于设计素材（图 4-23），由于造型工作而移除的土壤、石块是用于防治水土流失的现成袋装材料（图 4-24）。在场地清理阶段中，一些植被必须被清除，焚烧的方法被严令禁止，那么可以将其假植在场地中某处或者粉碎做成堆肥，用作土壤有机改良材料。通过使用这些策略，只有少量的废弃物需要处理，也减少了二次搬运成本，提高建造过程的可持续性。

图 4-23　用作挡土墙和景观溪流的碎石

图 4-24　用作防治水土流失的碎石和表土

三、保护和利用现有植被，提前繁殖草坪种质材料

保护、利用现有植被繁殖草坪资源。传统的建造过程中，由于各种原因很多有景观价值的植物都在建造过程中被损坏，后期再大量购买新苗木。建造时对原有植被的损害一般为物理损伤或环境改变。物理伤害包括弄断树枝、挖伤树干或根茎、切断树根；环境改变包括增加光照量、压实土壤、由于填埋深度过深而造成土壤孔隙度下降等。可持续的做法可以筛选、保护一些耐紧实的植被，提前利用有力降水条件繁殖草坪资源（图 4-25）。

图 4-25　树木保护与草坪资源圃提前建植

请树木专家根据树木位置、树木总体健康程度、物种和结构稳定性等因素来判定哪些树木可以进行优先保护，列入设计师的考虑因素中。如果场地条件允许，建造单位与设计师现场考量和调整能够减少根系伤害和土壤压实的建造路线。对于受到伤害可预留的植物材料，建设单位需要能够对树枝和根部进行必要的正确修剪以确保伤口闭合，将发生病虫害的可能性降至最小。保存现有的植物材料并将其吸纳进新的草坪建造项目是可持续性设计中一个很重要的部分。

施工中的植被被适当保存与保护，加以利用，结合设施设备在场地提前开辟草坪资源圃，作为首期备草区，进行草皮生产和繁殖供给场地草坪种植需求，那么所需要的建设材料的数量和建设成本就可以明显减少。

4.4 可持续性浇灌设计和安装策略

灌溉的作用是在自然降水缺乏时为草坪补充水分，改善小气候环境，尤其对冷季型草坪越夏阶段的降温起到关键作用；能淋洗植物叶片，使之保持鲜嫩；辅助其他养护措施的进行，如施肥时溶解肥料，成为场地的景观组成要素，维持保证场地日常的景观和运动等功能需要。一个良好的灌溉系统设计和安装过程应用新材料、新技术产生的价值在于提高浇灌的精准性、可靠性、配套性、先进性和节水性，体现在其能最大程度地保证整个灌溉区域水分供给的均匀性，同时能够保障灌溉量和灌溉时间的灵活控制。

4.4.1　浇灌设计

可持续浇灌系统的设计与建立，根据所选的草坪类型、与土壤 - 植物关系、对浇灌的要求及经济实力，精选浇灌方式，确定浇灌系统。

一、草坪类型与浇灌的方式

草坪作为一种人工植被，具有很强的实用功能，如第一章所述的景观型、运动型、生态型草坪。不同类型的草坪，其功能侧重点不同，因而对后期、长期的草坪养护管理要求也不同。草坪浇灌是草坪各类养护措施中至关重要的措施之一。但是不同类型的草坪对浇灌的要求完全不同，在天然降水比较充沛的地方，降水的时间分布与草坪建植和草坪正常生长所需水分的时间可能不匹配，景观型草坪和运动型草坪就需要进行人工浇灌；而生态型草坪对浇灌的要求是只要能维持草坪植物最低限度的生长而不枯死，就可以不浇灌。实际上许多景观型草坪和运动型草坪，无论降水多少和时间分配如何，都需要设置浇灌系统，因为这类草坪对草坪草的要求不仅仅是维持最低限度的生长，而是对草坪草生长的均匀性、密度、色泽、质地以及抗性（包括抗寒性、抗热性、抗病性、耐踩踏性等）有比较高的要求。正是通过适当的浇灌调节了草坪草生长的大气、土壤和植物环境，从而使草坪草的生长能够满足草坪功能的要求。

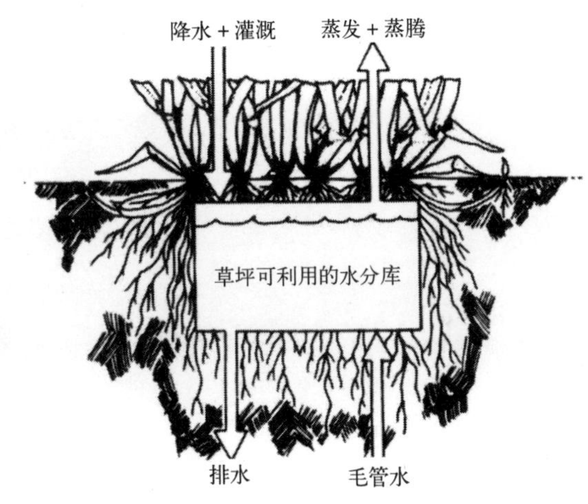

图 4-26 土壤 - 水 - 植物关系

二、与土壤 - 植物关系

浇灌系统与土壤 - 植物关系，本质上是土壤 - 水 - 植物关系，是土壤环境、生物环境、大气环境诸因素之间相互作用、相互影响的结果，构成了一个由土壤经植物到大气的互反馈连续系统（图 4-26）。在喷灌和微灌条件下，这一关系将显示出各自的特点，对于正确设计和运行管理浇灌工程，充分发挥喷灌、微灌技术的优势十分重要。

（一）土壤和浇灌的关系

喷灌是模仿天然降水的方式，把天然降水所不能满足的需水量提供给植物而对土壤进行的控制性灌水。规划设计喷灌系统时，技术人员所关注的问题主要有土壤的持水能力，特别是植物根系层的持水能力、土壤的水分入渗率、草坪植物的根系状况以及植物需水量等。此外，在特定土壤上针对特定植物的喷灌系统建成之后，为了根据不同情况对喷灌系统进行管理，掌握土壤 - 植物 - 水分的关系知识是十分必要的。

1. 土壤田间持水量

不同质地与结构（见土壤部分）的土壤田间持水量不同，土壤田间持水量是指土壤借助毛管力的作用，保持在土壤空隙中最大数量的悬着毛管水。它在数量上包括吸着水、薄膜水和毛管悬着水，即在地下水埋深较大的自然情况下，土壤充分灌水或降雨、重力水完全下渗后，测定的土壤含水量。

土壤田间持水量是植物有效含水量的上限，是当土壤已经饱和即将开始排水时的土壤含水量，它表明了土壤保持水分的能力。如果土壤含水量高于田间持水量，水分将充满整个土壤孔隙，土壤饱和而产生重力水。土壤水分状态等于田间持水量，就意味着土壤保持了最高限度的为植物吸收利用的水分含量，同时，在田间持水量时，土壤中仍有足够的孔隙充满空气，具有较好的透气性。通常把田间持水量的 60% 作为需要浇灌的起始含水量，植物适宜土壤含水量一般为 60% ~ 100% 田间持水量。因此，土壤田间持水量常常被作为判断是否需要浇灌和计算灌水量的依据（表 4-2）。

不同土壤类型质地田间持水量参考值 （重量 %） **表 4-2**

土壤质地	沙土	沙壤土	壤土	壤黏土	黏土
田间持水量	16 ~ 27	22 ~ 35	21 ~ 31	22 ~ 36	28 ~ 35

2. 土壤凋萎系数

土壤含水量降低到某一程度时，植物根系吸水会非常困难，致使植物体内水分消耗得不到补充而出现永久性凋萎现象，此时的土壤含水量称为凋萎系数。一般把田间持水量与凋萎系数之差作为土壤有效含水量。凋萎系数是植物生长需要含水量的最低限，一般不能达到这个最低限，否则植物就会永久凋萎死亡。在实际应用上为了保持植物正常生长，常常把土壤含水量控制在田间持水量 60% ~ 80% 或 90% 之间作为喷微灌系统设计和运行的指标。

土壤凋萎系数常用表示方法有重量百分比和体积百分比两种。根据相关资料综合出的不同土壤质地凋萎系数参考值如表 4-3 所示。

不同土壤质地凋萎系数参考值 **表 4-3**

土壤质地	凋萎系数	
	重量比（%）	体积比（%）
沙土	1 ~ 4	1 ~ 2
沙壤土	3 ~ 6	2 ~ 3
壤土	5 ~ 13	3 ~ 5
黏土	13 ~ 18	—

控制浇灌的时间间隔，就是依据凋萎系数，在土壤水位下降到凋萎系数之前就需要浇灌。

3. 土壤有效水

土壤最大有效含水量就是田间持水量与凋萎系数之间的差值，因为超过田间持水量的部分将形成重力水补充地下水，低于凋萎系数的部分不能被植物所利用。因此土壤中最大有效含水量是被植物所能利用的最大含水量范围。

4. 土壤入渗率

土壤入渗率是指供水或降雨强度足够大的情况下单位时间进入土壤的水量，以 mm/h 计。土壤水入渗是随时间变化的，开始入渗率最大，随后逐渐减小，最后达到一个定值（表 4-4），此时的入渗率称为稳定入渗率。

不同土壤质地入渗率参考值 **表 4-4**

沙土	沙壤土与粉沙质土	黏质土
>20	10 ~ 12	1 ~ 5

在对土壤浇灌时，了解浇灌水在土壤中入渗的速度、一定时间内的入渗量等参数是确定灌水定额、制定浇灌制度的依据。

（二）植物需水量

植物从土壤中吸收水分，其中的绝大部分并没有保留在植物体内，而是通过植物叶片气孔散失到大气中，植物通过叶片气孔向大气散失水分的过程就叫蒸腾作用。而在有植物的地面上，土壤水分一部分用于满足植物的蒸腾需要，一部分通过地面蒸发进入大气，这个过程就是蒸发。如果忽略构成植物的组织与细胞间的极少部分水分，则植物需水量就是蒸腾和蒸发两部分之和。严格来说，植物需水量由三部分组成，即植物根系从土壤中吸水通过叶面气孔蒸腾的水分、从植物棵间地面蒸发的水分以及组成植物组织的水分。由于后一部分水分比前面两部分少得多，一般情况下需水量只计算蒸发和蒸腾量。因此植物需水量也成为蒸发蒸腾量。

植物需水量的大小主要取决于气候因素、植物种类、生长阶段和管理措施。

1. 气候因素影响

气候因素包括光照、气温、空气相对湿度、风速等。由于影响草坪需水量的气候因素多、关系复杂，为了估算植物需水量，在农田植物需水量的估算中引入了参考作物需水量的概念，它是指生长均匀的作物或植物长势良好、完全覆盖地面、水肥供给充足，在这种条件下达到最大产量时的需水量，用 ET_0 表示。

草坪的需水量也引用这个概念，通常采用蒸发皿计算法计算草坪需水量：

$$ET_0=K_{pan}\times E_{pan}$$

式中，ET_0——参考作物需水量（mm/d）；K_{pan}——蒸发皿系数；E_{pan}——蒸发皿蒸发量。

由于大面积自由水面蒸发量与相对较小的蒸发皿蒸发量之间存在一定的差别，因此用蒸发皿系数来修正这两者之间的差别。蒸发皿系数与蒸发皿的地理位置、观测季节以及短期气象变化情况有关，是一个变量。我们一般广泛采用的是美国国家气象局 A 级蒸发皿，蒸发皿系数为 0.3 ~ 0.85，平均为 0.7。

2. 植物种类、生长阶段影响

参考作物需水量是理想生长条件下只考虑气象因素对需水量的影响，而实际作物需水量还要考虑不同的作物、不同的生长条件对需水量的影响。实际作物需水量与参考作物需水量之间可以建立如下的关系：$ET_{crop}=K_c \times ET_0$。

式中，ET_{crop}——实际作物需水量（mm/d）；K_c——作物系数；ET_0——参考作物需水量（mm/d）。

作物系数（K_c）主要取决于植物种类、品种、生长阶段和气候条件。作物系数也就是实际蒸发蒸腾量与潜在蒸发蒸腾量的比值。不同的生长阶段，作物系数不同，我们一般采用平均作物系数或根据最大蒸发蒸腾量进行估算。通常暖季型草坪草的作物系数为 0.5 ~ 0.7，冷季型草坪草的作物系数为 0.6 ~ 0.8。

3. 管理措施

确定草坪的浇灌需水量，就需要根据降雨量预报和植物不同生长阶段的需水情况，制定浇灌计划，将浇灌需水量分配到各个阶段，通过适当的浇灌方法向草坪植物供水，因此需要确定每次的灌水量、灌水开始时间、灌水间隔时间或灌水周期以及灌水次数等参数，这些是浇灌管理的主要内容，需要在浇灌设计阶段就进行慎重考虑。

（1）浇灌需水量

植物生长所需要的水分主要通过降雨和浇灌补给。因根系较深的树木，主要吸收利用深层土壤水分和地下水通过毛细管作用补给的水分；而浅根系的草坪草、地被花卉等几乎没有地下水的补给，完全依靠降雨和浇灌。

在大多数情况下，降雨能提供部分植物需要的水量，不足部分通过浇灌提供。在这种情况下，浇灌需水量就是植物需水量与有效降雨量之差，即：$IR=ET_{crop}-Pe$。

式中，IR——浇灌需水量（mm）；Pe——有效降水量（mm）。

（2）有效降雨量的确定

雨水落到地面以后，部分渗入土壤，部分停留在土壤表面。停留在表面的这部分水一部分通过蒸发进入大气，一部分形成地表径流，在径流过程中仍有一部分继续渗入土壤。对于渗入土壤的全部水量，一部分储存在植物根系带的土壤中供给植物吸收利用，另一部分水分通过根系带继续下渗补给地下水，这部分水分叫深层渗漏。因此，有效降雨量应当是根系带储存在植物根系带土壤中的这部分降雨量，只有这部分水分才能有效供给植物吸收利用。即：

$$Pe=P-(R+E+D)$$

式中，Pe——有效降雨量（mm）；P——总降雨量（mm）；R——地表径流量（mm）；E——蒸发量（mm）；D——深层渗漏量（mm）。

要计算有效降雨量，需要确定径流量、蒸发量以及深层渗漏量，但这些参数都难以准确取得，因此，美国水文手册建议采用以下经验公式估算有效降雨量 Pe。

如果每月总降雨量 $P>75mm$，则 $Pe=0.8P-25$；

如果每月总降雨量 $P<75mm$，则 $Pe=0.6P-10$。

利用以上经验公式估算有效降雨量时，有效降雨量最小为 0，不能成为负值。

三、对浇灌的要求及经济实力

可持续浇灌设计的目标除了考虑这个系统能够在安装阶段提供足够的水量补给来满足草坪植物的需要外，这个系统还要考虑短期和长期成本效率，以有效和高效的原则进行设计。与传统地面漫灌相比，现代灌溉技术基本采用管道化的压力灌溉系统（图 4-27），根据草坪压力不同灌溉系统浇灌方式分为喷灌、微喷灌、滴灌、地下滴灌、地下渗灌以及人工压力管道喷洒等。

图 4-27　可持续浇灌类型

（一）微喷灌，建设成本低，喷洒半径小，工作压力低，喷洒水量小，因而在小面积、不规则草坪和花卉中得到了广泛应用。目前的主要问题是配水管道暴露于草坪上，显得比较凌乱，在一定程度上影响园林景观，需要人工卷收管道和水泵等，人工成本高。

（二）滴灌，广泛应用于花卉、乔木和灌木的浇灌，但在草坪及其他密植植物上的应用尚不多见。滴灌系统工作压力小，一般为 0.05 ~ 0.35MPa，流量小，滴头流量一般为 2 ~ 10L/h。滴灌以灌水量少、灌水次数多、灌水位置准确而著称，是目前最为节水的浇灌方法，但是滴灌系统对浇灌水质有较高要求，水源必须要经过严格的过滤，否则会堵塞滴灌灌水器或滴头。建设成本低，但易损坏、易堵塞，长期成本效率中等。

地下滴灌为滴灌的一种类型，非常适合园林树木的浇灌，美国也在试验高尔夫球场果岭的地下滴灌技术。地下滴灌不影响地面景观，水分蒸发损失小，水直接输送到植物根部，是比较节水的浇灌技术，在草坪中具有发展潜力。

（三）草坪主要采用喷灌方式，喷灌技术正处于由低级向高级的发展阶段，主要表现在从人工压力管道喷洒到移动式喷灌，从地上摇臂式喷头到地埋式喷头，从手动控制喷灌到自动控制喷灌系统，从普通加压水泵到变频调速水泵等的转变。大型草坪（包括广场草坪、公园绿地、运动场草坪、高尔夫球场草坪等）采用自动化喷灌系统的越来越多，而小型草坪应用普通喷灌甚至人工洒水浇灌也比较普遍。喷灌短期建设成本高，但高效、便捷，所需投入人工成本低，长期成本效率高。

四、精确设计浇灌区

除运动场等由单一草坪植物组成绿地以外，大多数城市草坪都是一个由乔木、灌木、花、草等多种植物组成的人工生态群落，不同植物对水分的需求也不同，如图 4-28 所示绿色剧场的花境和草坪。作为向植物供水的浇灌系统，也应当根据不同植物的需水规律和需水量向植物供水。

图 4-28　绿色剧场花境和草坪

图 4-29　向北的草坪被遮阴

单个浇灌区的规模主要是由水源泵站压力或管道压强决定的。在设计浇灌分区时，主要有两个关键原则：一是尽量减少浇灌分区，二是尽可能将草坪、地被花卉、灌木分组浇灌。尽可能少地设定浇灌区数量，能将区域的阀门及配套的电器控制元件数量降至最少，降低安装费用。但是这种做法会导致对不同类型的植物种植区域进行统一浇水的可能性增大，造成浇灌量大于植物需水量。

浇灌系统的设计必须要综合考虑与草坪相配套景观植物的类型和规格、植物生长的动态预期以及浇灌区的方位。例如，南北走向分布的新草坪景观区就应该在阳光充足的地方安装浇灌设备，保证区域的每个末端都能得到同样的浇灌量。这种设计在新建时期比较适合，因为这个时候周边景观植物生长受限，乔灌木树冠较小。但随着树木生长，北面遮阴的草坪开始受遮挡（图 4-29），这部分草坪的需水量就会减少。在浇灌系统的未来操作中，南面无遮挡部分的草坪会被过度浇灌退化（反之，北部草坪会变得过于干旱退化）。在设计浇灌系统时进行有差别的细节考虑和实施，就能够满足未来不同草坪区的不同需水量。

在草坪区和其他景观植物种植区中，创造浇灌分区与不同植物需水量供应及建设成本应该平衡考虑。

4.4.2 浇灌系统关键设施选择和安装

一、浇灌系统器件

浇灌系统中草坪浇灌设备一般包括喷头、管道、控制闸阀、水泵、自动控制设备、水源过滤设备以及微灌灌水器等几大类。本章主要介绍喷头、管道、泵站这些核心设施的性能、特点以及相关的新材料，在充分了解这些设备的性能基础上，才能在草坪浇灌中进行适当的选用和安装。

（一）喷头

喷头是根据射流和折射原理设计制造的水动力机械，通过喷头的喷嘴、折射和分散器件，将压力水流经过喷嘴高速喷出，通过分散机构使水流分散、雾化，应用折射器件使分散的水流尽可能喷射到较远的距离，最后依靠空气阻力使高速运动的水流进一步分散成细小水滴，以较小的速度降落在草坪或需浇灌的区域。

1. 喷头分类

用于喷灌的喷头类型很多，可以根据喷头的安装位置、喷洒方式、工作压力等，将喷灌喷头分为几大类。根据安装位置与地面的相对关系，喷头可分为地埋式喷头和地上式喷头两大类（图 4-30）；根据喷头的喷洒方式可以分为散射式喷头和旋转式喷头两类（图 4-31）；按喷头的工作压力大小（表 4-5），可分为低压喷头、中压喷头和高压喷头。

图 4-30　地埋式与地上式喷头

图 4-31　旋转式与散射式喷头

喷头的工作压力大小

表 4-5

喷头类型	工作压力（MPa）	射程（m）	喷头流量（m^3/h）	主要特点
低压喷头	<0.2	<15.5	<2.5	射程短，水滴打击强度小
中压喷头	0.3~0.5	15.5~22	2.5~3.2	喷灌强度比较适中，应用范围广
高压喷头	>0.5	>22	>3.2	喷洒范围大，水滴打击强度也大

2. 喷头的性能

喷头的水力性能指标是喷头选型中最重要的参数，这些参数主要包括喷头工作压力、射程、喷头流量、喷灌强度等。

（1）喷头工作压力

喷头的工作压力并不是喷灌水源系统的压力，而是喷头达到设计射程和出流量时需要的工作压力，这是喷灌系统设计中确定的最小工作压力。

压力、压强常用的国际制单位是帕斯卡（简称帕，Pa）。

在工程中，有人为了简化计算，依习惯使用一些非法定计算单位，这些单位换算为：$1kg/cm^2=0.1MPa=10m$ 水柱高。

（2）喷头射程

喷头射程是喷头选型参数中最重要的参数之一。喷头射程与工作压力有关，一般喷头产品说明书中给出的喷头射程就是在规定的工作压力下，按喷头试验范围确定的喷洒距离。在相同压力下，射程参数就是喷头布置的唯一依据。

喷头射程的选择不仅要考虑喷洒范围的大小，而且要考虑喷灌系统的造价。一般小射程喷头价格较低，但用量大，由此带来管道及管件用量增加；大射程喷头价格相对较高，但布置间距大，喷头用量少，由此带来管道及管件用量减少。因此，选择喷头射程时，首先根据喷洒区域选定喷头射程的适用范围，再适当考虑价格等经济因素。城市绿化草坪与运动场草坪、高尔夫球场草坪相比，一般比较零散，草坪地形不规则，如城市道路绿化带、街心花园、住宅区绿化带等，形状狭长，宽度小，因此，选择喷头时射程就成为决定性的参数。而在运动场草坪中，过多的喷头会影响运动场的使用，一般选用射程较大的喷头。

（3）喷头流量

喷头流量是指喷头单位时间内经喷嘴喷出的水量，一般用 m^3/h 或 L/min 表示。如果喷头的射程相同，则流量大的喷头喷灌强度高，流量小的喷灌强度低。喷头出流量一般由喷嘴尺寸控制，喷嘴尺寸越大，出流量就越大。喷头流量增大，意味着管道流量增大，这就需要较大的管径，因此，大流量会增加喷灌工程的造价。

（4）喷灌强度

在喷头选型时，除喷头工作压力、射程和喷头流量三个主要参数外，喷灌强度也是需要考虑的一个参数。喷灌强度就是单位时间内地面上喷洒的水深。喷灌强度可分为单喷头喷灌强度和组合喷灌强度。在设计喷灌系统时组合喷灌强度不应大于草坪土壤入渗速度，否则就会产生积水或径流。

（二）管道

管道及管道连接件在喷灌系统中用量大、规格多、费用高，属于地下隐蔽工程。喷灌系统的设计在一定程度上就是管网的水力设计，管道水压力为喷头的转动、升降提供了动力，并润滑了转动部件。所以，了解喷灌用管道种类、规格、型号和性能，才能正确选用管道和管理喷灌系统。目前，园林绿地喷灌管网用的管道绝大部分为塑料管道，原因是塑料管道质轻、耐腐蚀、易安装、造价低，而且塑料管道能承受的压力与园林绿地浇灌系统要求的压力相当。塑料管道的使用寿命可以超过 40 年，比浇灌系统中的其他任何设备寿命都长。

1.PVC 管道的性能与规格

PVC 管道有两大类：一类是给水用管道，一类是排水用管道。作为喷灌系统的压力管道，必须使用给水用的 PVC 管道。由于 PVC 管道重量轻，搬运、装卸、施工、安装便利，不结垢，水流阻力小（其粗糙系数为 0.009，远小于其他管材），耐腐蚀，机械强度大，耐内水压力高，不影响水体的水质，使用寿命长，因此，PVC 管是喷灌系统主输水管、干输水管和支输水管的首选管材。喷灌系统中使用的给水用 PVC 管应满足以下基本要求。

（1）能承受一定的水压力。喷灌系统是压力系统，要求各级管道能承受一定的压力。在选用管道时，要明确管道需要承担的最大压力，按这一压力选用适当的管道。

（2）耐腐蚀、抗老化。喷灌系统的管道一般埋入地下，管道要适应地下的土壤、水文地质条件，同时管道内部输送水流，要求耐腐蚀、抗老化性能要好。

（3）规格齐全、管件配套。管道品种规格齐全、管件配套是喷灌系统选用管道的一个重要条件。如果管道的规格不全，管件又不十分配套，就会增加喷灌系统的造价，也增加安装工作的难度。

（4）管道及管件符合规定标准。喷灌系统选用的管道及管件应符合国家规定的技术标准，在外观上还应当管壁平整光滑、无裂纹、无凹陷，管道及管件接口处无毛刺。

（5）便于运输和安装。PVC 管道为硬管，在工厂按定尺长度进行生产，一般定尺为 4 m 和 6 m 两种，这样方便运输和安装。

2.PVC 给水管道的连接方式

PVC 管道的连接方式有活套承插连接和黏结承插连接两种。

（1）活套承插连接

这种活套管一头为扩口的带橡胶密封圈的承口，另一头为管口倒角的插口，橡胶密封圈起管道接口的止水和箍紧管口的作用。

（2）黏结承插连接

一头为扩口，另一头为管口倒角的插口，连接时在扩口内和插口外均匀涂上 PVC 黏合剂，两端管子就连接为一体了。

一般来说，管径较大的管道采用活套连接，较小的管道采用黏结连接。

PPR 管：聚丙烯管，坚固，承压高，有冷热水管之分，多用于家装，热熔连接。

ABS 树脂管：丙烯腈 - 丁二烯 - 苯乙烯管，在浇灌项目中应用较少，主要应用于化工管道。专用胶水连接。

PE 管：聚乙烯管，柔软，能随地形沉降变化，造价高，热熔、电熔连接，并可以不用管件直接对接。

可持续性浇灌系统设施不断采用新材料、新技术。浇灌系统设施配件的配套性、可靠性和先进性，注重新设备和新产品的研制及产业化，特别重视设备和产品的标准化、系列化和通用化，不断推出新的产品或品种，并不断改进老产品的性能。喷灌系统的所有配件几乎均能根据需要进行制作，产品加工精良、性能可靠、使用方便。

（三）泵站

1. 引水建筑物

设计泵房考虑美观性，一般建钢筋混凝土结构地下水池（图 4-32）作为泵站竖井，并由直径为 1000mm 的暗涵管由人工湖引水至竖井。引水涵管进口端安装拦污网，孔径不大于 0.1cm，具体结构尺寸需按照《水工建筑物荷载设计规范》SL 744—2016 与《水工建筑物抗震设计标准》GB 51247—2018 设计。

图 4-32　地下泵站系统

2. 主泵站性能（图 4-33）。

根据场地浇灌面积和高程，设计浇灌泵站参数，如辰山植物园绿色剧场一体式灌溉泵站：总流量 $80m^3/h$，扬程 80m，泵组出口压力可设定在 0.90MPa。

二、浇灌系统安装

浇灌系统安装按照程序进行，一些实际操作的细节问题，包括旋转喷头喷杆高度、喷头间隙、喷嘴尺寸以及与草坪相邻的硬建景观边界设置等，需要与设计师、产品供应商、安装工沟通，这些实际问题对浇灌系统的可持续性都有重要影响。

（一）喷头喷杆高度

喷头喷杆高度，即相对于草坪的高度，弹出式旋转喷头是一种可供选择的草坪浇灌方法。这种系统包括位于喷头处的杆体（图 4-34），这个部位的高度是可变化的。在大多数情况下，较长的弹出杆（15cm）比较短的弹出杆（5cm）更好。较长的杆体可以与草坪坪床面保持足够的距离，既可以使喷头升到足够的高度以保证供水的均匀分布，又不至于使喷头受到草坪后期养护中打孔、疏草工作的影响而损坏。

图 4-33　浇灌系统主泵站

图 4-34　不同类型喷头的喷杆高度

（二）喷头间距

在喷头和管道临时被放置在开挖的管沟之后，必须重新测量各喷头之间的距离以确保能够获得最佳的水分覆盖率。如果施工区域的面积和管道无法改变，则应该调整喷头，喷头之间的距离应该保持统一，呈等边三角形排布（图 4-35），不要过近或者过远。粗糙的测量方法和错误的喷头放置将会导致不均匀的间距和较差的水分覆盖率。在建造过程中调整喷头间距比在系统安装齐备后调整更加容易。

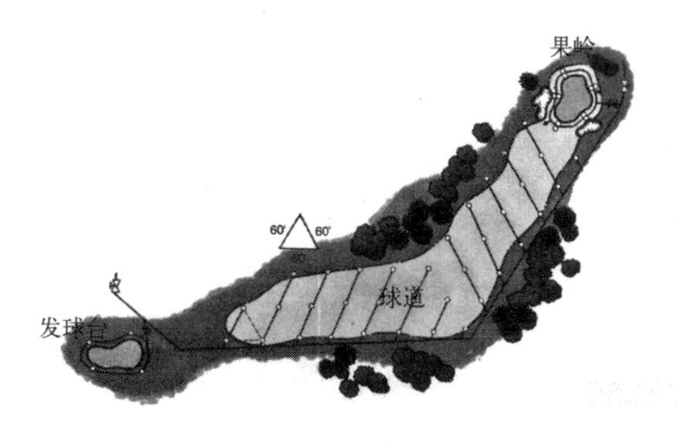

图 4-35　适合的喷头间距

（三）喷嘴尺寸

与喷头间距一样，浇灌系统安装时需要考虑的另一个至关重要的方面是喷嘴尺寸。不论是全方位旋转还是固定角度旋转，为了在整个区域中获得相匹配的浇灌率的唯一方法是使用不同尺寸的喷嘴。例如，全方位旋转喷头的喷水量是16L/min，180° 旋转喷头的喷水量是 8L/min，90° 旋转喷头的喷水量是 4L/min。

（四）与草坪相邻的硬建景观边界设置

草坪种植边界外的浇灌水都是浪费和无效的。但实际上，浇灌边缘可以使覆盖区超过目标浇灌区域一点。为了保证草坪区和邻近的种植床能够得到足够的水量，部分水会喷洒在人行道或者其他硬建景观上。在人行道纵横交错的大型草坪区，主要考虑贯穿整个区域的浇灌均匀分布，不必过多考虑硬建景观。

4.4.3 雨水、劣质水等资源化利用

一、城市雨水资源利用

我国是一个水资源贫乏的国家，利用一切可以利用的水资源是必不可少的，其中城市雨水是非常重要的草坪浇灌水源。未来城市草坪用水中，加大对雨水的利用程度，高效利用水资源，使之成为城市草坪浇灌水的主要水源将是大势所趋。

二、城市污水或劣质水的利用

将劣质水（主要是城市市政河水、生活污水和微咸水）资源化后用于农业、林业、城市绿地浇灌，已成为减轻环境污染、开源节流、缓解水资源供需矛盾的一种有效方法。

将市政河道水资源经过净化处理后作为绿化景观用水，在上海等一些过渡气候带以南的降雨较为充足的南方城市已经比较普遍。上海辰山植物园为了提高植物园内水环境质量，达到生态和景观的双重效应，设置水体净化处理场，将植物园外围市政河水通过过滤、沉淀、生物净化等工艺将辰山市河劣 V 类水处理后达到 Ⅲ 类水标准，补充园内水体（图 4-36），按照《地表水环境质量标准》GB 3838—2002 水体标准检测，满足景观用水需要。

另外，利用微咸水对城市绿地植物实施浇灌的方法在世界上一些国家也已取得较好的效果，我国也在尝试用咸水和淡水混合浇灌草坪。在植物对盐分的非敏感期内，利用微咸水浇灌；而在植物对盐分的敏感期间，则采用淡水浇灌，或完全采用混合水浇灌。

随着科技的发展，可持续草坪浇灌技术与设备逐步进入以智能化技术为基础的精准浇灌。利用遥感技术（RS）、地理信息系统（GIS）、决策支持系统（DSS）以及全球定位系统（BDS），及时采集水分信息，通过智能决策达到控制浇灌系统的目的。这样，就可以根据植物的需水规律，在灌水数量、灌水时间、供水空间

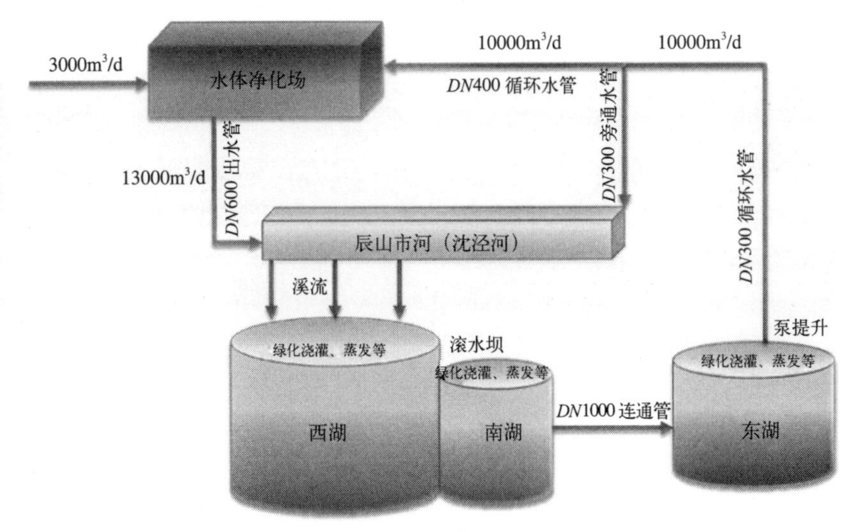

图 4-36 景观水体净化循环示意图

上做到精确控制，真正按需水量投入水资源。

可持续浇灌系统集成喷灌技术、滴灌技术以及实施水肥同步供给技术等浇灌方法，将不同的浇灌方法纳入同一个系统，以满足植物群落多元化的要求。例如，对乔木、灌木实行滴灌、地下滴灌，对花、草实行喷灌，同时草坪的地面及基层还具备雨水积蓄和保水功能。因此，可以将地上灌、地面灌、浅层灌、深层灌结合起来，将降水、浇灌水和地下水统一调配，形成综合的草坪水分管理体系。

国际上以美国、以色列、日本、澳大利亚等为代表的经济发达国家，发展节水城市绿地浇灌系统，实现城市绿地的高效用水。在采用新技术的基础上，将节水型绿地的发展重点转移到生物节水、精量控制以及节水系统的科学管理上。我国近年来也将城市绿地的节水浇灌技术、城市雨洪利用技术以及城市再生水利用技术列入国家高技术研究发展计划（863 计划），进行系统研究与示范，其目的就是促进我国城市草坪的浇灌向节水型、精准化和管理科学化方向发展。

4.5 可持续的草坪排水

草坪生长过程中常因各种原因遭受涝害、湿害，当土壤水分过多形成积水时，草坪根系分布层内土壤就会通气不良，造成缺氧，土壤中二氧化碳浓度过高，短期内可使细胞呼吸减弱，影响根压，继而阻碍吸水；时间较长，就形成无氧呼吸，产生和积累较多的酒精，导致根系中毒受伤，吸水更少。这时作物虽然受涝，反而表现出缺水现象，根系不能正常吸收氧气和正常代谢，从而引起功能衰退，植株无法正常生长，严重时造成斑秃或死亡。因此，要使草坪有一个良好的植物生长环境，不仅要浇灌，而且要排水，草坪的浇灌与排水同样重要。

草坪的排水就是利用自然的或人工的方法，将草坪表面由于暴雨形成的积水和土壤中由于降雨或浇灌入渗的多余水分排出。在中国温暖湿润带、过渡带年降雨量较大的地区（如第 2 章中 2.4.1），草坪排水系统结合硬质景观透水材料的应用，是形成可持续草坪景观的重要保障。

4.5.1 排水设计

考虑不同的草坪草种，其耐淹程度有所不同。

在冷季型草坪中，匍匐剪股颖的耐淹性是最强的，其次是高羊茅和细弱剪股颖，草地早熟禾的耐淹性属中等，而多年生黑麦草和细叶羊茅类草坪的耐淹性较差。在暖季型草坪草中，狗牙根是最耐淹的，其次是钝叶草和地毯草，结缕草和假俭草的耐淹性较差。因此，在建设草坪选择草种时，应充分考虑场地的排水状况，如果场地中没有设置排水系统，日后草坪可能会经常性积水，则应选择耐淹性较强的草坪草种。当然，选择草坪草种还要考虑建坪的要求和用途等很多其他重要因素，场地排水状况只是其中之一。

4.5.2 排水方式

草坪的排水方式一是排出地面径流和积水，二是排出多余的土壤水分。根据排水的来源可以将草坪排水系统分为两类，用于排除地面径流和积水的排水系统称为地表排水系统，用于排除土壤水和地下水的排水系统称为地下排水系统。事实上，这两种排水系统并不是截然分开的，而是常常结合在一起形成一个排水系统。因为在草坪中无论是地表径流还是土壤水分，都是由于降雨和喷灌产生的，可以直接将两种水混合排入河流、湖泊。

一、地表排水系统

地表排水系统的主要功能是排出暴雨产生的地表径流和地表积水。对于比较平整的草坪，将地表径流和积水通过地表坡度汇集在地势低洼处，在此建排水汇集入口或雨水井，将各个雨水井通过地下输水管道按一定的坡度连接起来，最后将地表水排出。对于有地表起伏的草坪，地形低洼点就是雨水井的位置。

地表水排水系统与城市街道雨水排水系统相同，是一个有雨水汇集的雨水井、管道、检查井、排水口以及干排水管道、支排水管道，按一定纵坡相连的完整系统，其特点是排水速度快、排水效果好，管道系统完全建在地下，不影响地面景观。

草坪地表水排水系统的另一个作用是汇集土壤中排出的水，通过管道系统排出场地以外。

二、地下排水系统

建立草坪地下排水系统，就是建立一整套技术设施，排除植物根系层土壤中的过多水分。这些设施包括地下暗管、暗沟系统、坪床排水基层等。地下暗管排水与坪床基层排水相结合的地下排水技术是目前草坪应用最多的排水技术，其特点是土壤根系层的水进入地下暗管速度快，能迅速降低根系层的土壤含水量，起到调节土壤中水、肥、气、热状况的作用，为植物生长创造良好的环境条件。同时这种排水方式具有工程量小、地面建筑物少、土地利用率高、不影响草坪活动功能的特点。

4.5.3 草坪地下排水系统布置和安装

一、地下排水系统的类型与布置

地下暗管排水系统的布置方式主要有 4 种类型：自然型、鱼刺型、平行格栅型和截留型，还有这 4 种类型相互结合的其他形式。

（一）自然型管道布置

自然型（或不规则的）排水管铺设方式主要适合于非全面地下排水措施，只在草坪中的局部区域或小面积的草坪进行地下排水的情况（图 4-37）。

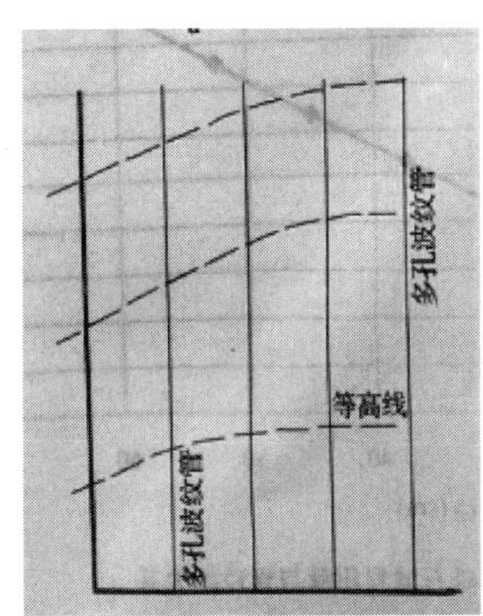

图 4-37　自然型管道布置

例如草地网球场、高尔夫球场中的果岭以及沙坑排水等均采用这种不规则的暗管布置方式。这种布置方式完全依照自然地形，管道的总体排水方向从高到低，但具有一定的灵活性。

（二）鱼刺型管道布置

鱼刺型排水管道布置时，排水管分干管和支管两种，干管位于中间，支管位于两侧，支管从两侧分别向主管倾斜，支管与干管的连接角度为 45° 左右（图 4-38）。尽量避免 90° 安装。这种布置方式适合于中间低洼、周边较高的地

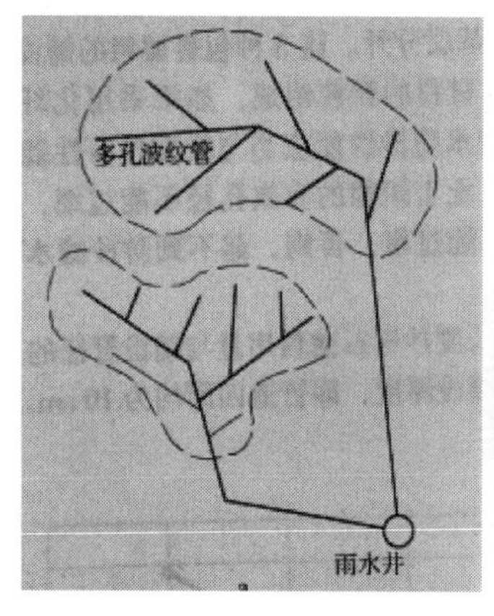

图 4-38　鱼刺型管道布置

形或两侧坡向中间汇水的地形。干管应布置在地形的较低处，支管垂直于等高线或与等高线成一定角度布置。干管的作用是汇聚各个支管的排水，因此干管可以采用多孔波纹管，这样可以加强中间低洼地带的排水，但也可以采用无孔的普通排水管作为输水管使用。干管直径一般等于或略大于支管管径。另外，为了便于检修，在排水干管的最高处应预设检查孔或冲洗口。必要时用压力水冲洗地下排水管，以防堵塞。在排水管出口预设检查井，以检查排水管的工作情况是否正常。这种排水管布置方式需要较多的 45° 斜三通接头。

（三）平行格栅型管道布置

这种布置方式基本与鱼刺型布置类似，只是支管只有一侧。显然这种单侧支管的布置方式减少了干管上的三通接头，比鱼刺型布置经济。

在排水区域宽度大、坡度比较均匀的单面坡上可以采用这种布置。

（四）截留型管道布置

对于地势较低的草坪为防止周围高地上的地下潜流进入需要保护的重点草坪，可以在高地的坡脚布置与等高线平行的截渗流多孔排水管道。

草坪绿地上除以上多孔管道排水系统外，还可以配合其他排水方式，如在坪床基层铺设排水层，也可以采用地下渗流沟替代多孔排水管道。

二、坪床排水基层

一般情况下，草坪根系层的土壤需要进行适当的处理，以满足植物生长所需的保水、保肥、透气等条件。根系层底部的土壤成为基层，一般是原状土壤结构层。由于地质条件以及土壤性质的不同，有些基层土壤天然具有较好的透水性，这时就可以利用自然排水条件将根系层中饱和的多余水分通过深层渗漏排入地下含水层，而不需要单独铺设地下排水管道，这种情况下就需要改良表层土壤，以便为草坪创造一个排水、通气良好，又具有一定持水、保肥能力的生长条件。通过改良表层土壤的透水性，使根系层中饱和的水分能以较快的速度渗透到地下。实际上，无论土壤基层是否具有较好的透水条件，草坪根系层土壤都应具有良好的透水性。但是，如果坪床基层土壤透水性较差，或与根系层土壤相比，是一个相对不透水层，此时就应采取人工法加强排水，其中铺设人工排水基层就是措施之一。这种排水基层就是将坪床底部的相对不透水层或黏土层整形使之具有一定坡度，然后在其表面铺设沙砾石排水层，使根系层中的水分垂直下渗到沙砾层时，沿不透水层的坡度排出场外，这种坪床排水基层往往与管道排水结合以增强坪床排水的效果。

草坪根系土壤层是草坪草根系生长和分布的最主要层次，一般由直径 0.25 ~ 0.5mm 的沙粒、泥炭土、有机肥等按一定比例混合的一种混合物，称为混合层。铺设厚度为 30cm，混合层下面是粗沙层，厚度 5cm，主要作用是在混合层与以下的豆石层（或砾石层）之间有一个过渡，获得较好的颗粒级配。再下面就是砾石层，粒径 5 ~ 10mm，厚度 10cm。这就是比较典型的草坪坪床结构和坪床排水基层结构。这种坪床结构的优点是具有良好的渗水性能，草坪中多余的水分可快速排除，同时，坪床还具有良好的持水和保肥能力，为草坪的生长保存必要的水分和防止养分流失，为草坪草根系的生长发育创造良好的条件。

对于运动型草坪，为了排水迅速，常常加大混合层的含沙量。在考虑渗透速度的同时，还需要考虑土壤的保水能力，若渗透过快，土壤容易干旱，从而影响草坪的正常生长，同时沙粒过粗容易使土壤养分流失，因此应采用大部分中沙和细沙，少部分粗沙，特别是高尔夫球场果岭、草坪网球场等场地。

三、地下排水渗沟

地下排水渗沟的排水方式与暗管排水的不同之处在于它不使用排水管道，而是按一定的间距开挖具有坡度的排水沟，沟内先填一层较厚的砾石，利用砾石孔隙作为水流的通道，在砾石上面再铺设类似于暗管外层的反滤层，反滤层之上才是草坪根系层。渗沟排水如果间距适当、反滤层设计良好，其排水效果和使用寿命也是很好的。

还有一种拦截式渗沟（又称截渗沟）排水，用于坡度较大以及坡面较长的草坪渗水拦截。尤其在园林中起伏较大的草坪以及高尔夫球场的山坡地带，为防止坡面过多的地表水与土壤水向下流动，形成较大的汇流，在坡面适当的部位或山腰部设置截渗沟，使地表水流到截渗沟顶部时能快速下渗到沟内，截留土壤水向低洼区域的流动。截渗沟以适当的坡度将水排出场外。截渗沟的断面一般为梯形或矩形，截面尺寸可大可小，主要根据截渗的水量来确定。

对于零散的、面积较小的低洼地，不宜采用埋设地下暗管或开挖渗沟来排除地表及土壤中的积水，可以采用渗水井排水。渗水井又称为旱井，其建造方法是在草坪内面积较小且地下水排水不畅的低洼地，挖一深坑，最好挖到沙砾石层，然后在坑底铺设粗砾石，再铺碎石及粗沙，表层铺 30cm 的细沙种植层，并在上面种植草坪。当水汇集在低洼地的渗水井位置时，由于基层具有很强的透水性，水可以通过沙层进入到砾石层，快速渗入到渗水井底部，然后通过底层较强透水性的土壤，使井中的水逐渐渗透到地下含水层。渗水井具有较大的空隙，在降雨过程中可以临时存储一定的水量，雨后缓慢下渗。渗水井的挖深根据现场的土壤剖面结构确定，其大小取决于低洼地的汇水面积与要求的排水速度。

建立配套可持续排水系统，还要确保园区的排水系统和市政排水系统有效贯通，确保土壤入渗 - 土壤排水 - 下水管道之间的畅通。

4.6 与草坪配套的其他硬建景观要素

大型草坪建造项目一般都是以草坪为主的综合景观项目，除了草坪区、观赏景观外，还包括了入口区域、车道、行人道和户外座位区域一系列的硬建景观。无论在商业地产还是公共绿地中，硬建景观可供选用的材料丰富，许多产品都具可持续性。其中，用作场地各类道路的可渗透性材料可以很大地减轻场地暴雨排水压力，提高道路等场地使用效率，降低项目成本。另外，对建设过程中废弃物建筑材料的回收利用大大降低了城市废弃物的消纳压力，增加了整体景观的可持续性。

4.6.1 可持续性硬建景观材料选择

可渗透性铺砌材料的特点是具有很高的初始表面渗透率。这些表面可以立即浸透并储集降水，在很多情况下，径流是可以被完全消除的。如果下雨时这些铺砌材料的表面上存在污染物（油、景观化学剂等），这些污染物会随着雨水流动穿过铺砌材料所处的石底基层，然后被净化水源的自然过程处理。当这些可渗透性铺砌产品被用在围绕或紧邻花圃的地方，可以使植物生长和发育所必需的水分和氧气渗入土壤。

用于车道和行人道路面可渗透的主要技术处理是使用透水性混凝土、多孔沥青混合料和可渗透性互锁混凝土铺砌材料。每种技术都有其优缺点，但对于会导致暴雨溢流的不透水景观来说都是较好的替代方案。从色彩选择、安装问题、表面清洁要求、冬季耐用性、修复的难易程度和效率、产品中所包含的回收组成成分以及产品本身是否可以被重新利用、产品费用等方面对这 3 种产品进行比较。

一、透水性混凝土路面

透水性混凝土虽然在欧洲已经使用了几十年，但在中国的海绵城市建设中才开始使用。这是一种耐久的、高孔隙度的混凝土，并允许水分和空气穿过。让水穿过混凝土而进入 25 ~ 30cm 厚的路基混合基础的产品特性，能够将水保持住直到可以渗入土壤或者流至道路边缘出水井，进入暴雨排水系统。

二、多孔沥青路面

与透水性混凝土类似，水分通过多孔沥青排出进入石底基层，随后再渗透进土壤中。但是与透水性混凝土不同的是多孔沥青的石底基层深度通常是 45 ~ 90cm。

三、可渗透性互锁混凝土路面

可渗透性互锁混凝土路面（PICP）的渗透率与透水性混凝土路面和多孔沥青路面类似，但区别在于路面是由 0.3 ~ 1.25cm 宽的充满骨架的接缝将分离的混凝土块连接而成。这些铺砌路面本身是不被渗透的，但各路面之间的连接部分是可渗透的，这就能保证较高的渗透率。这些路面被安装在 4 ~ 5cm 厚的小型骨料垫层上，而这个垫层又铺设在 20 ~ 30cm 厚的石底基层上。这层石底基层可以作为渗透过充满骨料的接缝处水分的储集层和过滤层。

四、其他可持续性硬景观产品

除之前可渗透材料外，还有可用于其他景观用途的可持续性硬建景观材料。常用的复合仿木是由再生塑料、木质产品和黏合剂（树脂）复合生产而成的。这种材料防潮抗虫，不会随着时间弯曲、凹凸或者褪色，也不要求刷油防腐、上色等定期维护。

复合木可以预制成栏杆、扶手、栏杆柱、柱帽等装饰性元件，并有一系列的色彩和纹理。这种产品能够用于户外座位区的长凳或者挡土墙以及大型种植区。虽然复合木产品的初期成本稍高于木质产品，但其长期成本效率较高。

4.6.2 资源回收利用

通过在景观建造中尽可能地回收利用现有材料、减少原材料的使用来提高可持续性。常见的如，场地拆迁中产生很多木材、玻璃、砖块和混凝土等现有材料，就地利用和消纳代替了将这些材料再经过高耗能的工业回收处理。相关实例包括重新使用挡土墙的石块，将混凝土碎块用于户外座位区、道路下垫面。重新使用现有建筑碎屑材料用作台地造型或者场地中的其他地形塑造基础材料。

4.6.3 环境影响

硬建景观材料对环境的影响主要是混凝土等不透水材料能防止水渗入土壤，增加了地表径流，也导致污染物通过地表径流进入河道或者其他水源中。渗透性互锁混凝土铺砌材料、大孔隙沥青混合材料和透水性混凝土等多孔材料能允许水渗入土壤，但其短期建造成本及其过滤效果也有争议。

4.7 可持续草坪建造质量评估

在草坪建造完成后、交付使用前，一般要对草坪工程的质量进行评价，一般情况由草坪建设单位或业主方组织专家对草坪建植质量做出评价，但常因缺乏完善的、适应地域条件的草坪质量标准，或缺乏简便易行的草坪工程质量评价方法和程序，主观性较强，经常在草坪验收过程中造成甲、乙双方的深刻矛盾，不利于草坪可持续发展。在这方面，苏德荣等人提出的草坪工程质量评价模型（图 4-39），用于草坪工程质量评价。

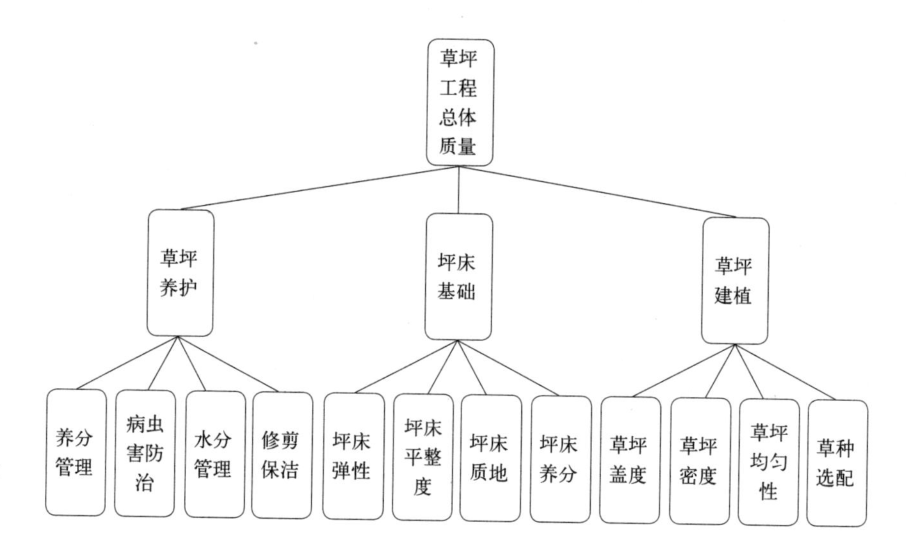

图 4-39 草坪建造工程质量评估

4.7.1 新建草坪养护

任何草坪从建植到交付使用都要经过一定时期的新建草坪养护管理，即使建植、坪床等工作质量满足要求，如果建植后管理养护跟不上，草坪质量照样达不到要求。在养护管理阶段还可以弥补一些在建植及坪床处理工作中的不足，如通过加沙、追肥、清除杂草、消灭病虫害、适时适量灌水等措施可改善或部分改善草坪的整体质量。因此，在建植养护期的管理水平也应作为整体质量评估的一项内容。

4.7.2 坪床基础

土壤坪床是草坪赖以生存的基本保证，其质量的好坏直接影响草坪的前期生长和长期寿命。可用土壤养分、土壤质地、坪床平整度和坪床弹性指标来衡量坪床的整体质量。这些指标中有些需要在评估前测定，如土壤养分、土壤质地和结构，测定是否有草坪植物所需要的一定量和比例的养分，测定坪床土壤的颗粒组成以判断是否具备草坪生长的土壤结构。坪床平整度反映了建坪过程中的精细程度，坪床至少应做到微小区域不积水、无规定粒径的石块等坚硬物质。坪床弹性可反映坪床表面的含沙量、坪床翻耕深度等，若坪床过于僵硬，就会造成草坪生长不良。

4.7.3 草坪建植

草坪建植以后留给评估人员的就是能观察、可测量的一片草坪，建植过程中的一切问题均不同程度地反映到草坪表面上来了。例如，草种选配、草坪均匀性、草坪密度、草坪覆盖度等，从坪观颜色、草坪质地及整体均匀性方面可反映草种选配是否合理，坪床整理是否细致等内容；从现场测量的密度、覆盖度等方面可以反映出播种量、发芽率以及播植后的管理等问题。

4.7.4 综合评估

将以上 3 个一级指标和 12 个二级指标运用到草坪质量评价数学模型，在草坪工程质量评价指标体系中，各评价因素都具有一定的特征值，这些特征值具有不同的物理量纲。在对草坪质量进行评价时，可把这些指标特征值转化为反映指标优劣的隶属度，即指标特征值对模糊概念“优”或“劣”的隶属度。

设定质量评价量化评级集合，请草坪工程验收专家组对评价指标进行评分投票，有些指标可能得到较高分，而有些指标的评分可能较低，将各质量评价指标对最后评价结果有多大的影响进行排序，最终得到草坪工程整体质量综合评价的总分数。

应用草坪工程质量评价模型，可把影响草坪工程质量的各种因素分解成子项目，以便从草种的选配、坪床基础准备工作、草坪的生长状态以及交付使用前的管理养护行为等不同方面评估工程质量。通过这种分解与综合，可以使人们对草坪工程质量的理解更加条理化，并且使质量或工程验收数量化，避免许多人为主观因素的影响，大大推进了草坪工程项目的管理向着数量化、精确化方向发展。在此综合评价中只有专家意见，如果随机加入大众或者运动性草坪使用者的意见，将更加可观、更加合理，这一点可以参照英国皇家园艺协会对新型花卉品种的鉴定评价方法。

4.8 总结

草坪建造是一个多阶段过程、多工种工程。成功的建造项目得益于前期设计师和实际建造公司之间良好的沟通。本章着重比较了传统草坪景观建造过程和低影响开发解决方案之间的差异，讨论了提高草坪建造项目可持续性的技术和方法，包括草坪和种植床设计，安装有效的灌溉、排水系统，选择现场可利用的原材料制造场地景观设施，选择可渗透性路面而不是传统不透水产品进行暴雨排水溢流管理等，并对核心部分草坪的建造过程进行评估方法的梳理和采纳，旨在全面、系统地提高草坪建造过程的可持续性。

4.9 实践

案例 三亚某高尔夫球场建造

1. 场地现状

该高尔夫球场项目位于海南省三亚市市中心西北某镇内，离三亚市仅 10 多公里。依山而建，两边山峦起伏、气势磅礴、植物充盈、景色秀丽，工程为 19 个球道及练习场，占地 800000m^2，球场选址处为丘陵山地，原始地貌属剥蚀低山丘陵间夹山间谷地（图 4–40）。

图 4-40 原始地形地貌

气候属于热带海洋季风性气候，年平均气温 25.4℃。气温最高为 7 月，平均气温 28.4℃；气温最低为 1 月，平均气温 21℃。全年日照时间达到 2500 多个小时，年平均降雨量 1279 mm，四季如夏，鲜花常开，素有“东方夏威夷”之称。

土壤成分主要为沙壤土和粉沙壤土，地下水的 pH 值在 6.5 ~ 7.5。本项目所在地石方数量较大，山体以花岗岩风化土为主，花岗岩球状风化体众多，建造过程可能会大量使用爆破工程，这可能为施工过程中重要的技术点，地质情况较为复杂，覆土深度约为 2 ~ 5m，以下为 3m 左右的强风化岩，再下就是微风化岩层和青石层。

1.1 工程难点

高尔夫球场施工建造属大型露天场地工程，工程施工过程中涉及大型土方工程、管道工程、排水工程、喷灌工程等施工项目。所有项目施工过程均受到天气、地质条件影响。

（1）草坪种植及养护工程由于涉及草坪生长状态，因此受到气候条件的限制。

（2）降雨导致现场泥泞不堪，大型施工机械在雨天难以展开，导致工程进度受到影响。

（3）雨季造成土方沉降、造型破坏、水土流失等严重影响。这主要是由于球场地形以丘陵为主，球道成狭长形布置，且标高内高外低，如全面进行土石方施工将会出现泥浆滚滚的现象。因此必须制定严格的雨季保护措施及施工措施，才能确保工期和质量。

（4）现场原有的不少景观植物需要保留，施工过程中需要重点保留和保护。

对策措施：在有效施工时间段内加紧由内至外地有序安排施工组织，施工一段尽快结束一段，逐步推进，切忌全面开挖，导致建造材料的运输困难，如沙、石、草坪、管材等，将工期最大速度推进的同时，减少恶劣天气对工程质量的影响。

土石方项目进行时，在球场用地范围线内山坡上挖一道宽 2m 的截流沟，并做好截流沟的临时排水安排，以防山体上的雨水冲入施工现场，造成对施工场地的更大破坏。同时设计阶段，制定好土壤、植被等材料的保存、再利用的有效措施。

1.2 设计分析

整个球场工程为 19 洞、长 6297m 的高尔夫球场和一个面积为 55188m^2 的练习场。施工过程和技术严格按照设计图纸，参考遵循表 4-6 所示的标准和依据。

高尔夫球场建造施工标准和依据 **表 4-6**

序号	规范编号	内容
一、球场建造工程		
1		1）设计师提供的球场建造规范 2）业主提供的球场图纸
2		USGA高尔夫球场建造标准（果岭建造）
二、土建工程		
3	GB 50201-2012	土方与爆破工程施工及验收规范
4	GB 50204-2015	混凝土结构工程施工质量验收规范
5	GB 50345-2012	屋面工程技术规范
6	GB 50209-2010	建筑地面工程施工质量验收规范

续表

序号	规范编号	内容
三、测量工程		
7	CJJ/T 8-2011	城市测量规范
8	GB 50026-2007	工程测量规范
四、地基工程		
9	GB 51004-2015	建筑地基基础工程施工规范
10	GB 50202-2002	建筑地基基础工程施工质量验收规范
11	JGJ 79-2012	建筑地基处理技术规范
12	YBJ 225-1991	软土地基深层搅拌技术规程
13	YBJ 234-1991	振动挤密砂桩施工技术规程
14	HG/T 20578-2013	真空预压法加固软土地基施工技术规程
五、高尔夫场地基工程		
15	CJJ 82-2012	园林绿化工程施工及验收规范
六、给排水工程		
16	GB 50268-2008	给水排水管道工程施工及验收规范
七、道路工程		
17	JTG F80-1-2017	公路工程质量检验评定标准 第一册 土建工程
18	JTJ/T060- 1998	公路土工合成材料试验规程（附条文说明）
20	JTGF 10-2006	公路路基施工技术规范
21	CJJ 1-2008	城镇道路工程施工与质量验收规范
22	JTGH 10-2009	公路养护技术规范

2. 施工关键技术

2.1　施工总体布置

高尔夫球场建造是一个多工序、连续性的大型室外工程，施工过程中对天气、场地的依赖程度很大。做好工程施工的总体部署将有力克服施工中的工序交错混乱、施工衔接不力等因素，其中机械准备尤为关键（图 4-41）。

2.1.1　总体施工流程安排

高尔夫球场总体施工中，采取先外围后内圈、先地下后地上、先竖向后水平、先粗后精的原则。球场施工包含测量、土石方、排水、喷灌、GTB 建造、铺沙等多道工序。一般为：施工准备→土方工程→造型工程→地下管线工程→ GTB 建造工程→铺沙植草工程。

土方及造型工程是球场建造的基础，整个工程以土方施工为主线安排施工进度。土方施工需要及时到位，为后期的造型及相关工作及早创造条件。在土方施工阶段，粗造型队伍迅速跟上。在粗造型阶段，排水、喷灌及 GTB 建造队伍及时跟进。粗造型完成以后将根据先深后浅的原则迅速进行排水、喷灌的管道安装。完成地下工程后，后续地面工程施工队伍跟进。在各条球道施工过程中，按照球道细造型，排水、喷灌、GTB 建造等相关工序跟进施工。

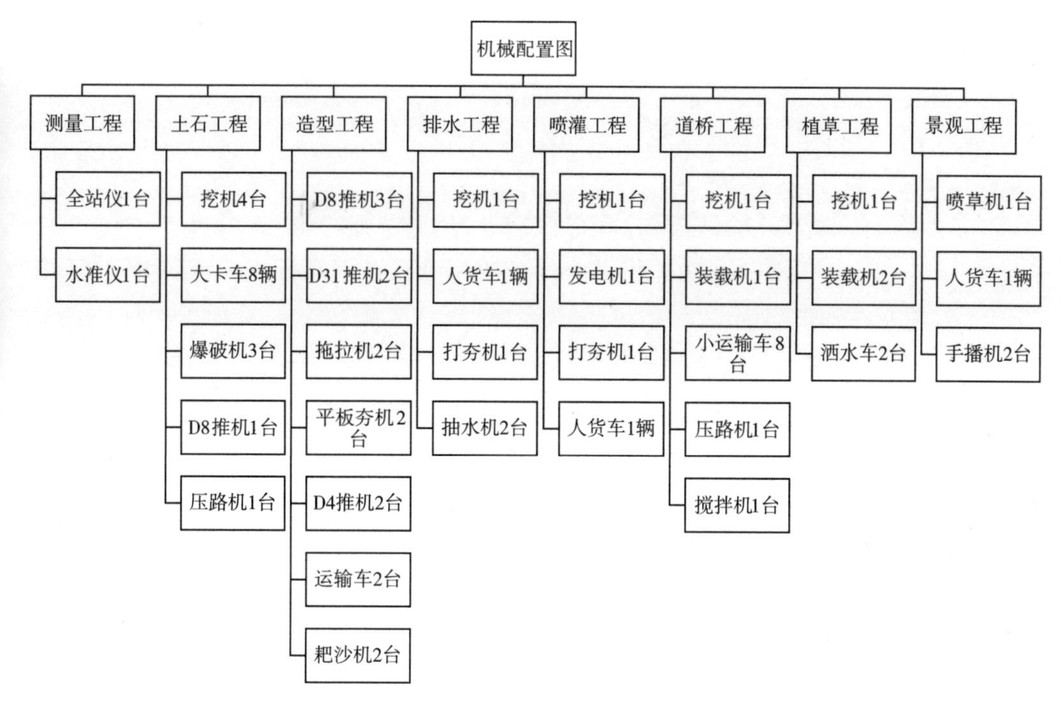

图 4-41　总体机械安排

2.1.2　施工进度

本项目总工期 300d，遵照业主对工期总体目标的要求，其单项工程的主要时间节点如下。

一、土方造型：开工指令日期后 120d。

二、排水系统：开工指令日期后 90d。

三、喷灌系统：开工指令日期后 120d。

四、铺沙：开工指令日期后 80d。

五、植草：开工指令日期后 80d。

六、球场养护及验收：开工指令日期后 180d。

七、场地清理完后退场：开工指令日期后 300d。

2.2　关键技术

2.2.1　测量工程

测量放样贯穿施工始终，施工工序交错，测量的恢复工作多，是球场建造过程中测量作业量的主体。

一、人员、机械配置

本测量工程整个施工过程需要持续为工程开工直到工程竣工，投入人员器械为：测量师 2 名、辅助测量人员 4 名、全站仪 2 台、水准仪 1 台。

二、球场首级控制网测量

边长应控制在 500m 之内，首级控制点采用永久埋石或混凝土浇筑方式，测量方法采用联网观测平差法，再用支导线测量方法校核。

（一）控制测量依据国家控制点向场内引进导线点并加密图根点，依据国家水准点引进四等水准点。

（二）定位测量

参考点和边界线标记由有资格的人员使用专业的测量方法定位。

使用铁条（或木条）在指定的位置插进土壤里，直至铁条（或木条）的顶部高出地面 2cm。

在原先定位的铁条桩内 10cm 处挖一个深 50cm、直径 15cm 的洞。在洞里安装钢、木制或塑料的柱。洞要用土回填并且夯实，直到柱能稳当直立。

每个柱的上半部分要按照以下颜色规则用油漆标识：

发球台参考点……………………………………红色

折点参考点…………………………………………蓝色

推杆果岭中心参考点……………………………绿色

所有物边界线标记………………………………黄色

木或金属招牌应永久立于柱旁。招牌将用数字标记特别的球洞，并用字母缩写来标记主要参考点（tee=T，urning point = TP，green = G），比如：

#13 后发球台…………………………………13-T-A

#15 第二转折点……………………………15-TP-B

#6 果岭…………………………………………6-G

（三）边界线标记要贴上"边界线"的标签。

边界线标记应间隔标记，不要超过 100 m。在很模糊的情况下，为确保能从一个标记清楚地看到另一个标记，就需要拉近距离间隔标记。

三、关键节点测量人工湖边界应在其特征点用径粗 30 ~ 50mm、长 500mm 的木桩标记，并插上蓝色小旗表示。山丘和集水井等造型关键点也应打木桩标记，在桩上写明该点现时标高及填挖高度。

放线过程中应对测放的标桩利用不同的控制点进行抽检。其水平位移不大于 0.5m；发球台和果岭的标高在不同控制点所得高程误差不大于 10cm；其余标桩的标高在不同控制点所测得高程误差不大于 30cm；施工过程中首级控制点采用重点保护。

四、竣工总图的编绘与实测

竣工总图的比例尺宜为 1 ： 20000。现场使用的坐标系统、图幅大小、注记、图例符号及线条，应与原设计图一致，各子项工程竣工资料要翔实。

2.2.2　现场清理工程

场地清理是将球场清场图所指定范围内的树木、树桩、地上及地下建筑物和构筑物等有碍球场施工的物体清除出场（图 4-42），为下一步施工做好准备。

图 4-42　场地清理

一、人员、机械配置

清理表面工作量为 800000m²。现场人员主要为测量师和机械管理人员；挖掘机：5 ~ 9 台，运输车：根据现场的需要调度。

二、施工技术措施

项目表层土壤质地较好，适于草坪种植要求，外调土壤质地比场址土壤质地差，球场建造不投入大量资金对外调土壤进行改良。现场植物茂盛、表土少、石方量大，施工会导致很多的碎石之类产生，为此在施工过程中表土保存尤为重要。

表土收集是选择在表层土壤较干燥时，使用推土机、铲运机将地面表层 20 ~ 30cm 深的表土运输到指定存放点，待进行球道、发球台、高草区草坪坪床处理时再运回铺设。表土堆放好后垒沙袋将其包围起来，高约 30cm，防止雨水冲刷，用于以后草坪坪床建造时进行坪床土壤改良或防止水土流失材料。

表土收集必须在球场清场工程完成后进行，将清场过程中没有清理干净的地面杂物如植物茎秆、根系等清理掉。表土临时堆放区要以不影响施工为原则，最好能放置在球场边界附近，不能离表土铲运点太远，以免增加运输费用。

三、场地清理中注意保留那些对球场景观有价值、能组成球道打球战略的树木和珍贵树木，以及有保留价值的其他自然景观材料。

2.2.3　土方工程

高尔夫球场的土石方工程是按照土方挖填平衡图和球道造型等高线，在场址内进行大范围的土方挖填与调运及从场外调入大量客土的工程（图 4-43）。土石方工程是打开高尔夫球场建造局面的一项关键工程，尤其是在山地球场建造中，土石方工程往往成为整个工程进展的瓶颈。

一、人员、机械配置

本项目中土石方挖方总量为 578376m³，工期 4 个多月；现场技术总负责 1 名，跟踪测量工程师 1 ~ 2 名，主力造型师 1 名；挖土机 12 台，自卸卡车 35 ~ 40 台，推土机 6 台。

二、施工技术措施

在各个施工分区内，根据造型等高线图及土石方调配，测定各挖填区域边界

图 4-43　土方装运和挖填

及挖填标高，并与土石方施工队伍一起定桩放线，同时在每根桩上标明挖填高度，以指导施工队伍施工。在土石方挖运与填埋过程中，都必须将一切对将来球场植草有影响的碎屑物质外运或深埋，埋深应大于 1.5m，特别是在发球台和果岭区域。除高尔夫球场设计师指定之外，在高尔夫球场填方区域不应使用腐殖土、泥炭土或其他包含过多有机质的材料。填方应一次到位，以免基底积水；对回填区内的杂物应清除；回填时应分层填埋并压实，每层填埋深度不超过 50cm，土壤压实度应尽量控制在 90% 左右。土方临时运输道路尽量按照球车道走向布设，对脱离球车道方向的运输道路，应征得设计师同意。土石方施工完成后、铺沙之前，应将坪床素土层的压实度降低至 80% ~ 85%。土方工程完成后，应根据球场土方挖填图纸验收，各区域标高误差应不超过 +10cm。

备注：土方施工与球场初造型工程紧密结合，在土方工程进行到一定阶段、有足够的工作面以后，造型师需要尽快进场，来主持球场初造型工程及相关土方调配工作。

2.2.4　粗造型工程

粗造型工程是在土石方工程基本到位的基础上，由造型师依据球场造型等高线图对球道区域进行造型加工，如图 4-44 所示建造出球道内起伏的基本雏形，形成球道整体表面排水基本走向，便于喷灌系统依势安装，球车道、休息亭、发球亭、避雨亭依势建造，园林景观绿化等后续工程可以展开。

一、人员、机械配置

整个场地工程造型面积为 800000m^2，使用主要技术人员及机械如下。主力造

图 4-44　粗造型阶段

型师 2 ~ 3 名，助理造型师 1 ~ 2 名，测量工程师 2 名。CAT-D8 造型机 2 台，CAT-D6 造型机 1 ~ 2 台，CAT-D5 造型机 2 台，耙沙机 1 台。

球场造型施工是整个高尔夫草坪建造施工过程的核心，其质量将直接影响球场的整体品质。造型组拟配置粗造型施工机械 CAT-D8、CAT-D5 等专用造型机若干台（或同型号其他造型机械）用于特殊区域的造型工作。

二、施工技术措施

除球场设计师同意修改情况外，球场的造型工作应严格按照球场造型等高线图进行，造型后的各等高线控制点要基本符合设计要求。特殊情况下，造型师可结合经验与现场实际情况与设计师商议对球场造型局部调整，但需保证球道区内坡度不得大于 10%。在造型过程中，应将地表 35cm 内所有石块、垃圾等杂物彻底清理。应对填方区域进一步压实，以免将来发生沉降，特别是在发球台、果岭、沙坑和落球区。所有造型工作均应遵循造型表面不产生积水区域的宗旨，保证球道各造型区域排水顺畅。

2.2.5　排水工程

高尔夫球场排水工程是指为保证高尔夫球场草坪正常生长和高尔夫运动的正常进行，对因降雨或浇灌等形成的积水进行排除的建造工程。

一、人员、机械配置

本项目中排水工程总量为 13443m^3，按照上述工程量，此项目排水工程投入人力机械如下。测量工程师 1 ~ 2 名，排水工程师 2 ~ 3 名；挖土机 1 ~ 2 台；推土机 1 ~ 2 台；装载：1 ~ 2 台。备注：此项投入的机械主要指挖土机、推土机等大型机械，其余小型工具如抽水机、振动泵等不在此列。

二、粗造型完成后、排水工程开始前，进行排水管及集水井的定位放线。施工场地及施工材料临时贮放地，应能满足施工需要。预留孔洞应严格区分所穿行管道类型及口径大小，另外要特别注意预留部位是否有防水、防火等特殊要求。材料进场后，应认真核准排水管材及配套的胶黏剂性能是否符合该工程技术要求，其实物和资料经核实无误后方可入库备用。

三、测量放线

雨水井建造、出水井建造、管沟开挖、管道安装按照前文 4.3.1 中所述的排水施工组织计划与技术措施进行。

靠近球车道的集水井要与球车道的设计结合考虑，所有地下主干排水管相对于最终地平的最小埋深为 1.0m（图 4-45）。盲排水管根据总体地形进行积水处重点排放（图 4-46）。

管道安放到位后，做好隐蔽记录，并标明管底标高、坡度及走向位置，然后上报、验收。

图 4-45　深（主）排水安装

图 4-46　盲排管道

2.2.6　喷灌工程

高尔夫球场采用喷灌方式，为草坪正常生长提供必要水分。由于高尔夫球场草坪管理的特殊性和商业经营的需要，现今的高尔夫球场浇灌系统都采用全自动或半自动喷灌系统。喷灌工程的工作内容包括测量放线、开挖管沟、安装管道和泵站机组、布置管控线路和电源线、管道冲洗、安装喷头、保压试验、回填、试喷等（图 4-47）。

一、工程特点及对策：施工质量要求高，高尔夫球场喷灌系统是一项复杂而又大部分安装在地下的系统工程，要求管道的安装质量必须提高，因此必须组织有丰富施工经验和技术且责任心强的施工人员进行精心施工，本工程选用的材料必须达到设计和规范要求，主要部件采用国外进口产品，严格控制材料质量，保证不符合要求的材料不进现场。购买管材、直埋阀等材料时，必须提交出厂证明书、质保书。

图 4-47　喷灌管道安装和回填

施工工期紧，本工程配合造型和排水施工，由于各段进度参差不齐，喷灌系统材料采购时间跨度长，喷灌系统工程安装在排水管安装后进行，而后面植草工程等又要紧跟着安装，因而实际喷灌系统工程安装的时间只有 125 ~ 140d，要求施工单位必须做好各种准备工作，合理安排好时间，见缝插针地完成任务。

施工现场情况复杂，各工种施工交叉作业多，容易造成相互间影响过多，给施工带来很大困难，施工现场距离长，又必须分段施工，临时用电驳接不便，必须由施工单位自行用柴油机发电，施工临时设施也需根据安装的地段进行多次搬移。

二、人员、机械配置

为实现喷灌系统的一流品质，按期完工。专门成立海南三亚高尔夫球场建造项目部，由项目经理进行管理，技术总工直接带领喷灌系统施工小组。成立工作组后，管理人员开始进场，有关施工技术人员熟悉施工图纸及施工验收规范，了解工艺流程及管道设计参数，制定总体施工计划、具体施工办法及技术措施，向施工班组做好技术交底，交代清楚施工任务、技术要点、施工工艺安装和文明施工措施，提前准备好施工机械（表 4-7）。

喷灌施工设备投入 **表 4-7**

序号	名称	单位	数量
1	PVC 专用开孔器	台	2
2	拉管器	套	3
3	砂轮切割机	台	4
4	吊装索具	批	2
5	拉线架	个	2
6	手提式发电机	台	2
7	汽车吊机	台	2
8	手提式冲击钻	台	2
9	挖掘机	台	2
10	开沟机	台	2
11	散装物体运输车	台	2
12	打夯机	台	2
13	手推车	台	10
14	绝缘表	台	2
15	电焊机	台	2
16	万能表	台	2
17	接地电阻测试仪	台	2
18	人工挖土方工具	批	2
19	套丝器	台	1
20	管道安装工具	批	2

三、按照现场及球场建造一般程序，喷灌系统施工划分为施工准备、沟槽开挖、管道组对安装、半自动控制系统安装、试压及回填五个阶段，施工按照 4.3.1 中所述的喷灌施工组织计划与技术措施进行。另外，施工人员编写好材料采购及进场计划，材料组根据计划进行材料订货及采购，并按计划陆续组织材料进场。施工机具进场后，对施工机具按照使用地方进行初步布置、接线、施工准备，协助业主办理施工许可证等各种手续。

2.2.7 细造型工程

细造型工程包括两方面内容：一方面是指在完成球道粗造型、排水、喷灌、球车道等单项工程施工的基础上，对球道进行微地形恢复建造，进一步精雕细刻加工过程，这一工作将使球道造型起伏更加自然流畅，造型表面排水更加顺畅；另一方面是指对各球道果岭、发球台、沙坑等严格按照设计详图进行精雕细刻的过程。

一、人员、机械配置

造型师 1 名，主力造型师 2 名，测量工程师 2 名。

CAT-D6 造型机 1 ~ 2 台，CAT-D5 造型机 2 台，耙沙机 1 台，拖拉机 1 ~ 2 台，刮平器 1 台。

二、施工技术措施

球场细造型施工是整个施工过程的核心，其质量亦将直接影响整个球场的品质。球道的细造型应严格测量并保证造型流畅，果岭、沙坑和发球台区域应严格控制密实度，以免将来产生不均匀沉降。果岭细造型是高尔夫球场中造型精度要求最高的，在施工过程中应严格按照大比例尺的设计详图进行测量放线，并根据设计师和设计单位外籍造型师的要求及时做现场调整。果岭造型完成后，对基座应充分压实，并进行严格复测。对发球台的细造型应与果岭一样精细，为了保证排水流畅和球手挥杆顺畅，发球台从后向前或从前向后，均应有不小于 1% 的坡度。发球台基座的制作应低于设计标高 20cm，以备建造坪床时覆沙。沙坑细造型的基本原则是果岭区有详图的沙坑大小、形状和深度应严格遵循设计师的设计，球道落球区域的沙坑应以浅沙坑为宜，沙坑面应保持在发球台一端，保证从发球台可以清楚看见。果岭沙坑细造型完成后，需经设计师认可后，方可进行果岭沙坑建造的其余工程。排水和喷灌工程完成后，相关部位进行细致的细造型恢复时，由于集水井、闸阀井、喷头、快速取水器等设施已经安装到位，因此要求造型师十分小心，测量工作人员应在相关位置插彩色旗子进行标记，以免损坏已安装的设施。

2.2.8 果岭建造工程

果岭在高尔夫球场中具有突出的重要性，在建造方面的要求很高。以其单位面积计算，所投入的资金、人力和时间是最昂贵、最费时的，建造的效果也是最精致、最能代表设计者对球场的美学思想。

一、人员、机械配置

造型师 1 名，果岭建造工程师 1 名，测量工程师 1 名；造型机 1 台（根据需要进行配置），耙沙机 1 台（根据需要进行配置）。

二、材料准备

目前世界上为了保证果岭的建造品质，果岭建造以 USGA（美国高尔夫球协会的英文简称）标准为准。果岭沙层的沙要求含土量低，不含盐分和其他杂质。沙粒大小和分配要符合以下要求，采样和检测应以 USGA 为标准（表 4-8）。

USGA 果岭坪床用沙粒径标准 **表 4-8**

<table>
<tr><th>名称</th><th>粒径大小（mm）</th><th colspan="2">推荐量（以重量计）</th></tr>
<tr><td>小砾石</td><td>2.0 ~ 3.4</td><td colspan="2" rowspan="2">不能超过总量的 10%，其中小砾石的最大量不能超过 3%，最好没有</td></tr>
<tr><td>很粗的沙</td><td>1.0 ~ 2.0</td></tr>
<tr><td>粗沙</td><td>0.5 ~ 1.0</td><td colspan="2" rowspan="2">至少达到总量的 60% 以上</td></tr>
<tr><td>中沙</td><td>0.25 ~ 0.5</td></tr>
<tr><td>细沙</td><td>0.15 ~ 0.25</td><td colspan="2">不能超过总量的 20%</td></tr>
<tr><td>很细的沙</td><td>0.05 ~ 0.15</td><td>不能超过总量的 5%</td><td rowspan="3">三者之和不能超过总量的 10%</td></tr>
<tr><td>粉粒</td><td>0.002 ~ 0.05</td><td>不能超过总量的 5%</td></tr>
<tr><td>黏粒</td><td><0.002</td><td>不能超过总量的 5%</td></tr>
</table>

USGA 推荐的果岭根际层的物理特性指标为果岭结构的最顶层，由根系混合物填充，厚度一般为 30cm。

三、施工技术措施

果岭建造工程工序繁杂、工期长、施工难度大、技术要求高，需要精心组织计划。果岭建造施工过程中，拟在施工区外建一约 1000m^2 的场地，用于果岭建造材料堆放。果岭建造时应先进行基座平整夯实，并进行造型复测，使其达到造型设计要求。果岭基座排水管沟应布设为“鱼骨状”或“半鱼骨状”，主排水管应沿着最大水流方向布设，横向排水管应沿不同的推杆面由低向高斜向布设，使水自然流向主排水管（图 4-48），横向排水管布设间距为 4.5m，管沟宽 20cm、深 30cm。

果岭土壤结构采用美国标准（图 4-49），果岭排水管沟底部应均匀铺装最少 5cm 厚直径约 6 ~ 20m 的水洗清洁碎石作为基础，管沟深度和碎石厚度可以根据具体情况而定，以保证排水管最少 0.5% 的坡度。排水管应采用 ϕ110 有孔单壁波纹管，管孔应朝下安装，管道安装好后用与基础一样的碎石回填管沟，所有主排水管的顶端应安装一个通向果岭表面的 T 型接口，即冲洗口，以备将来排水管出现堵塞时能够用水冲洗。为了防止果岭与周边土壤之间出现毛细管水流运动，在果岭周边应铺设一圈果岭隔板与球道分隔，同时防止日后球道草对果岭的入侵，其厚度为 1 ~ 3mm、宽 40cm，但其铺装时顶端应与周边造型设计高度一致。果岭装料前应小间距打桩并标出各桩点各料层应铺装的位置，果岭砾层铺装的最小

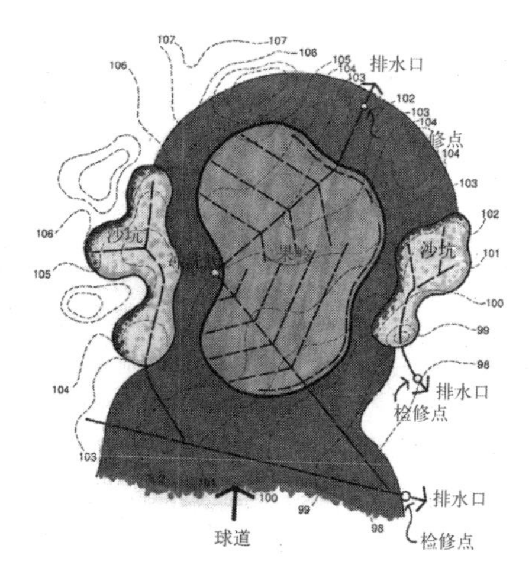

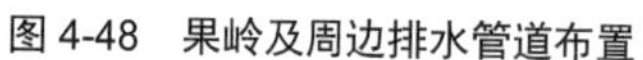
图 4-48　果岭及周边排水管道布置

图 4-49　果岭剖面结构

厚度为 10cm，65% 的碎石料径应在 0.8cm 左右，所有铺装果岭用的碎石都应该经过水洗，并保持不受污染。混合层经过反复充分压实后铺设厚度为 30cm，使果岭具有均一的密实度，压实和表面整平应交替进行，这一工作完成后果岭表面高程与设计高程的误差应不超过 2cm。

根系混合物铺设完毕后，要进行果岭表面细造型，即对果岭表面的标高进行局部微调，使之符合果岭详图的要求。使用履带式拖拉机（或手拖的注水滚筒、小型推土机）或浇水沉降的方法，对根系混合物进行碾压，使其坚固，保证日后表面永不产生沉降为止。整个果岭区域的根系混合物，经沉降和碾压后的厚度为 30cm。果岭表面的细造型需要采用耙沙机与人工相结合的方式进行，细造型后的果岭表面应平整、光滑。此时果岭的造型最终完成，可进入草坪建植阶段。

2.2.9　发球台、球道建造工程

一、人员、机械配置

按照业主提供的图纸计算，本项目需要建造发球台总面积为 12689m^2，按照此工程量投入人力机械为：造型师 2 ~ 3 名，测量师 1 ~ 2 名，发球台建造工程师 1 ~ 2 名；挖掘机 1 ~ 2 台，造型机 2 ~ 3 台。

二、施工组织计划与技术措施

（一）发球台建造在其细造型完成后即可进行。

（二）在球场清场前进行的测量放线，已测放出各发球台中心桩的位置，在发球台建造中以这些设置好的中心桩作为基准点，按照设计师的设计标示出每个发球台的形状和轮廓，定出发球台的边界位置，并打上标桩，标出标高。

（三）发球台基坑表面应该较最终标高低 20 ~ 45cm，使基坑造型与最终造型相匹配（图 4-50）。发球台基础造型表面应达到 1%的排水单坡坡度，具体排水方向需根据现场情况和设计师确认。

（四）发球台建造时应先进行基座平整夯实，并进行造型复测，使其达到造型设计要求。

（五）发球台是受到球员践踏较为集中的地方，为尽可能地减少土壤紧实，改善发球台坪床土壤的通透性，使草坪草具备良好的生长条件，有必要铺设地下排水系统。

1. 第一步：测量放线

将基础清理干净，并彻底压实，然后依据发球台详图给排水管准确定位、放线。排水管出水口的确切位置做出定位后，按设计排水管线路图用白石灰放线。

图 4-50　发球台基坑造型

2. 第二步：开挖沟

排水管布列方式采用自然型管道布置，支管间距为 4 ~ 5m，与等高线垂直，从前往后平行排列，间距 2 ~ 5m（图 4-51）。管沟开挖深度和宽度都为 20 ~ 30cm，管沟两壁要求垂直，保证水流能以自然流方式流向出水口（3% ~ 5%的坡降）。沟底应干净，无任何建筑垃圾，并夯实到平滑、坚硬。

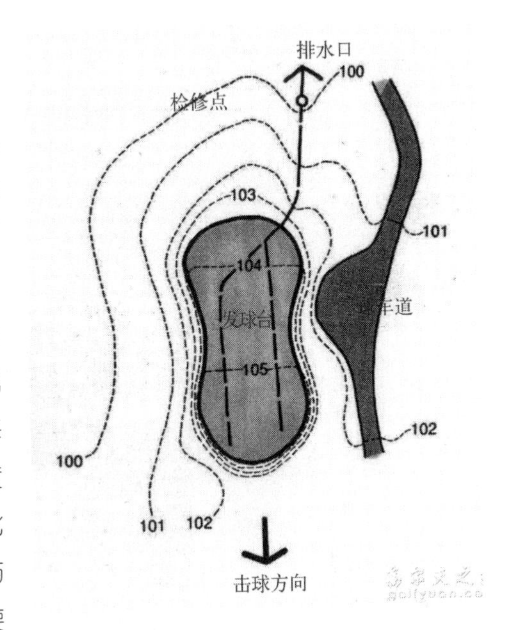

图 4-51　发球台排水管布置

3. 第三步：铺设排水管

管沟开挖及沟底夯实平整工作完成后，在沟底铺设厚为 3 ~ 5cm 的水洗砾石层（粒径为 6 ~ 12 mm），沿管沟中心线将有孔 ϕ110 ADS 波纹管铺设在砾石垫层上，并用尾盖盖住每根排水管的末端，以防止砾石或泥沙进入排水管。主管的坡度不小于 1%，支管坡度不得小于 0.5%，且排水管的坡度要变化均匀。管沟和排水管用相同的砾石（直径 6 ~ 12mm）回填与夯实，直到回填料与相邻的地基面齐平为止。砾石铺完后，要在其上铺中沙，保护管线，以免在根系层混合物铺设前，管道被泥水污染。

将发球台渗排水引向就近的球场地下排水系统中，其排水管为 ϕ110 的无孔 PVC 管，埋设深度不得小于 30cm。

（六）发球台根区层均匀混合改良剂，然后需经反复充分压实，使其表面具有均一的密实度，压实和表面整平应交替进行。进行压实工序时应注意按设计要求用耙沙机调整发球台表面坡向，发球台从前向后或从后向前应保持 1%的坡度。

（七）发球台各层铺装完成后，表面终造型前安装喷灌头和快速接水阀。安装时注意避免破坏发球台周边造型和发球台下层结构。

（八）根系混合物（水洗沙）铺设完毕后，要进行发球台表面细造型，即对发球台表面的标高进行局部微调，使之符合发球台详图的要求。

使用履带式拖拉机（或手拖的注水滚筒、小型推土机）或浇水沉降的方法，对根系混合物（水洗沙）进行碾压，使其坚固，保证日后表面永不产生沉降为止。

整个发球台区域的根系混合物，经沉降和碾压后的厚度为 20 ~ 30cm，表面坡度为 1% ~ 2%。细造型后的发球台表面应平整、光滑。此时发球台造型最终完成，可进入草坪建植阶段。

2.2.10 沙坑建造工程

沙坑是高尔夫球场上由纯沙粒填充而成的凹陷区域，是球场障碍区的一个重要组成部分，也是构成打球战略的重要部分。沙坑一般由沙坑前缘、沙坑后缘、沙坑边唇、沙坑面和沙坑底等几部分组成。沙坑建造工程的主要工作内容有测量放线、基础开挖、粗造型、排水管安装、边唇建造、细造型、沙坑上沙、周边定型压实及铺草皮等（图 4-52）。

图 4-52 沙坑建造

一、人员、机械配置

按照业主提供的工程图纸计算，其沙坑建造总面积为 6098m^2。按照此工程量及相关施工要求投入人力机械为：造型师 2 ~ 3 名，沙坑建造工程师 1 名，测量工程师 1 名，造型机 2 ~ 3 台，拖拉机 1 台，耙沙机 1 台。

二、施工技术措施

（一）沙坑建造在细造型完成后即可进行。

（二）果岭沙坑按照果岭详图和果岭中心桩基础点进行放线；球道沙坑以球道中心线桩为基础点，按沙坑细节图进行放线。两种沙坑均可采用极坐标法和网络法进行放线。前期放线工作主要是给沙坑定位、定界，确定沙坑的边界线。在沙坑边界上每隔 4 ~ 5m 打一个标桩，标识出沙坑边界。另外，还需要对沙坑周边的造型轮廓线和等高线放线，为沙坑周边的粗造型提供依据。

（三）沙坑放线后首先要进行沙坑的坑体开挖工作，开挖深度、沙坑周边造型高度均可通过标桩控制。挖掘出的土方用于沙坑周边的造型，多余的挖方直接运送到球场其他需土区域。

（四）沙坑粗造型是对沙坑基础和沙坑周边进行整形。基础造型和周边造型既符合设计图纸要求又起伏流畅，并且与果岭和球道的造型紧密衔接。为防止地表雨水在建造过程中大量流入沙坑中，根据实际情况，在沙坑周边修建排水沟、分水沟等，将水引向别处。

沙坑基座排水管安装技术要求与果岭基座排水管安装要求一致。沙坑基座排水安装完成后，应先将沙坑基座人工整平、夯实方可进行土工织物安装。

（五）沙坑沙的选择应考虑粒径、颜色、硬度、洁净度等因素。沙坑沙的粒径应尽量与果岭混合料粒径相近，这样可避免沙坑沙被击上果岭后对草坪养护机械带来损坏；从沙质考虑应选择硬度大的二氧化硅含量高的沙，以免其物理风化或机械破碎后对沙坑排水造成影响；沙坑铺装的沙坑沙应符合设计师认可的均一度和颜色。

通常为了达到较好的景观效果，沙坑沙为不易分解的石英砂，白色或褐色。沙子在放入沙坑前要充分冲洗，并捡除杂物，尽量避免沙子中含有黏粒和粉粒及其他杂物。沙坑沙的粒径要求如下：

大于 1.5mm........................5% 或更少；

0.5 ~ 1.5mm 之间 ....15%或更多；

0.25 ~ 0.50mm 之间 ....75%或更少；

小于 0.25mm...................... 5% 或更少。

（六）在坪床植草前应将沙坑周边的斜坡用球道草草皮铺贴，待草坪成坪后，再将沙坑沙铺装在沙坑内，以免雨水冲刷污染沙质。

2.2.11　球车道工程

高尔夫球场球车道是供球车和管理车辆行走的球车道路，此外还有供球手步行的人行道路。一般球车道设立在高草区，在球道左边，离球道边线 10m 左右，宽 2.5 ~ 3.5m，这种道路皆不允许机动车辆行驶。高尔夫球场道路工程内容包括测量放线、清理路面与开挖路基、碎石路基铺设、路面表层铺设、路边小型集水井砌筑、截水沟浇筑、截水沟盖铺铁箅、伸缩缝切割、局部路沿砌石、减速带安装、护栏安装等（图 4-53）。

一、人员、机械配置

球车道总长度为 8182m，按照此工程量，投入人力机械为：造型师 1 ~ 2 名，测量师 1 名，路桥工程师 1 名；挖掘机 1 台，压路机 1 台，造型机 1 台，卧式搅拌机 1 台（备用），混凝土运输车 2 台。

二、施工技术措施

严格按照图纸、设计说明及《道路施工规范》施工。

（一）邻近发球台、落球点及果岭区域球车停车区宽度至少为 3.5m，长度不少于 12m。

（二）根据施工高度开挖路基，夯实平整，使路基与路面最终坡度变化一致，基槽开挖碾压后铺设 10cm 碎石稳定层。

如果在基槽下 50cm 以内有软基下卧层时，根据实际情况必须用干土置换软基，

图 4-53 做好基础的球场道路

多次分层碾压密实；如果软基深度超过 100cm 时，块石垫层必须不小于 50cm 且需振动夯实。支设模板并检查合格后，浇筑 10 ~ 15cm 厚 C25 混凝土；内设 6mm 圆钢、间距 250mm 钢筋网，浇筑完毕后，应拉毛路面。

（三）排水和喷灌管道或其他地下管线横穿球车道时，需预埋在路基 50cm 以下或者穿镀锌钢管，不得在路基下有接头；与球车道平行布设的管线应与路边保持 200cm 以上距离；过桥电缆管、喷灌管应提前预埋相关配件。

（四）平整路基及铺设 10cm 碎石稳定层，再按球车路宽度安装路牙，保证与球车路宽度一致，然后浇筑 C25 混凝土，最终路牙高出路面 5cm。路面浇筑后应覆盖并浇水养护，养护期 14d。

（五）路面每 6m 应设置伸缩缝，混凝土浇筑 3d 后用混凝土切割机切割，切缝深度为路面厚度的 1/3。施工时每 30m 应设一变形缝，其做法为在混凝土浇筑时，用分隔条分隔，浇筑完成后再用沥青嵌缝。

（六）在部分坡度陡急的路段加铺减速带，并在减速带路段刷上醒目的黄色油漆，提醒客人减速缓行，如果球车道侧边是悬崖、池塘、大沟等易使车辆或人员发生意外事故的路段必须安装护栏。

2.2.12 人工湖防渗

人工湖作为球场营造景观的重要因素，更重要的是为球场草坪提供水源，需要对湖底做防渗漏处理以保持湖泊水面基本稳定，满足球场景观、球场浇灌的要求。本项工程包括铺设床沙、铺设防渗膜、焊接、铺设保护层等（图 4-54）。

图 4-54　人工湖防渗工程

一、施工技术措施

（一）测量控制

1. 开工前，在监理工程师的协助下，由勘测设计单位将测设的平面控制点、高程控制点、主要建筑物轴线方向桩和起点、工程地形图等有关测量数据向项目部交底，现场交接各类控制点，并对坝区原设计控制点进行复查和校测，并补充不足或丢失部分。

2. 根据勘测阶段的控制点，项目部技术人员建立满足施工需要的施工控制网，在三等以上精度的控制网点以及湖体轴线标志点处设固定桩，并标明桩号，桩号与设计采用的桩号一致。

3. 在开挖和填筑过程中，定期进行纵横断面坡度测量，并将测量成果绘制成图表，计算出有效方量，方量计算误差不得大于 5%。

4. 施工期间所有施工放线、坡度、工程量、竣工等测量原始记录、计算成果和绘制的图表，均及时整理、校核、分类、整编成册，妥为保存。工程全部完工后，项目部负责将上述资料及地面控制网点全部移交监理工程师。

（二）填挖、整形及运输

1. 开挖前布置好临时道路，并结合施工开挖区的开挖方法和开挖运输机械，规划好开挖区域的施工道路。

2. 根据各控制点，采用自上而下分层开挖的施工方法。开挖必须符合施工图规定的断面尺寸和高程，并由测量人员进行放线，不得欠挖和超挖。

本工程开挖面积较大，挖深量不大，采用中型挖掘机较合适，故选用 1 台 0.5m^3

挖掘机进行挖土，同时配备 2 台 TS140 推土机、2 台 ZL50 装载机和 4 辆 8t 自卸汽车进行土方的装运。

3. 开挖过程中要校核测量开挖平面位置、水平标高、控制桩、水准点和边坡坡度等是否符合施工图纸的要求。设计边坡开挖前,必须做好开挖线外的危石清理、加固工作。由于该湖体设计边坡较平缓，主要采用机械挖、人工修的开挖方法。

4. 开挖时遇有地下水时，应采取有效的疏导和保护措施。对于开挖中出现的裂缝和滑动现象，采取暂停施工和应急抢救措施，并做好处理方案，做好记录。土方开挖后，对需要回填的部分进行与实际施工条件相仿的现场生产性试验，然后根据设计高程进行回填夯实。填方采用分层填筑、分层压实的施工方法。施工时按水平分层由低处开始逐层填筑，每层不得大于 50cm，回填料直径不得大于 10cm。

5. 填筑料原则上采用挖方弃土，选择土料黏粒较高，不得含有杂物，有机质含量小于 5%。由 1 台 YZK12B 振动碾配合 2 台 TS140 推土机逐层平整、压实，并配合人工进行平整。边缘、角落及碾压不到的部位使用蛙式夯机压实，打夯机行走应采取迂回路线，一夯压半夯，严禁漏压或欠压。回填土应每填一层，按要求及时取土样试验，土样组数、试验数据等应符合规范规定。边坡回填亦采用此方法。

6. 修帮和清底，为不破坏基础土壤结构，在距池底设计标高 15cm 处预留保护层，采用人工修整到设计标高并满足设计要求的坡度和平整度。

（三）复合土工膜防渗工程关键技术

1. 下部支持层施工

支持层表面铺设 10cm 厚沙土作为垫层，并在施工过程中保持沙土层不受破坏。

支持层可见植物根系清理，截至其表面 10cm 以下。

当面层存在对复合土工膜有影响的特殊菌类时，可用土壤杀菌剂处理。

2. 防渗层施工

复合土工膜的储运应符合安全规定，运至现场的土工膜应在当日用完。

复合土工膜铺设前应做下列准备工作：检查并确认基础支持层已具备铺设复合土工膜的条件；做下料分析，画出复合土工膜铺设顺序和裁剪图；检查复合土工膜的外观质量，记录并修补已发现的机械损伤和生产创伤、孔洞、折损等缺陷；进行现场铺设试验，确定焊接温度、速度等施工工艺参数。

3. 复合土工膜的铺设施工应符合以下技术要求。

按先上游、后下游，先边坡、后池底的顺序分区分块进行人工铺设。

铺设复合土工膜时，应适当放松，避免人为硬折和损伤，并根据当地气温变化幅度和工厂产品说明书，预留出温度变化引起的伸缩变形量。膜块间形成的结点应为 T 字形，不得做成十字形。

复合土工膜焊缝搭接面不得有污垢、沙土、积水（包括露水）等影响焊接质量的杂质存在。

坡面上复合土工膜的铺设，其接缝排列方向应平行或垂直于最大坡度线，且应按由下而上的顺序铺设。坡面弯曲处应使膜和接缝紧贴坡面。

复合土工膜应自然松弛，与支持层贴实，不宜折褶、悬空。

复合土工膜铺设完毕、未覆盖保护层前，应在膜的边角处每隔 2 ~ 5m 放一个 20 ~ 40kg 重的沙袋。

4. 复合土工膜铺设应注意下列事项。

铺膜过程中应随时检查膜的外观有无破损、麻点、孔眼等缺陷。

发现膜面有缺陷或损伤，应及时用新鲜母材修补。补疤每边应超过破损部位 10 ~ 20cm。

5. 复合土工膜现场连接应符合下列规定。

焊接形式采用双焊缝搭焊。

主要焊接工具采用 TH-1 焊膜机。使用塑料热风焊枪作为局部修补用辅助工具。

6. 现场连接复合土工膜采取以下步骤。

用干净纱布擦拭焊缝搭接处，做到无水、无尘、无垢；土工膜平行对齐，适量搭接。焊接宽度为 5 ~ 6cm。

根据当时当地气候条件，调节焊接设备至最佳工作状态。做小样焊接试验，试焊接 1m 长的复合土工膜样品。

采用现场撕拉检验试样，焊缝不被撕拉破坏、母材被撕裂认为合格。

现场撕拉试验合格后，用已调节好工作状态的焊膜机逐幅进行正式焊接。

7. 复合土工膜现场连接应符合下列规定。

根据气温和材料性能，随时调整和控制焊机工作温度，焊机工作温度应为 180 ~ 200℃。

焊缝处复合土工膜应熔结为一个整体，不得出现虚焊、漏焊或超量焊的现象。

8. 保护层施工

保护层材料采用满足设计要求的细沙土，其中不得含有任何易刺破土工膜的尖锐物体或杂物。不得使用可能损伤土工膜的工具。

垫层采用筛细土料摊平后人工压实，再铺设沙砾石料保护层。铺放在边坡上沙土应压实。

在土工膜铺设及焊接验收合格后，应及时填筑保护层。填筑保护层应与铺膜速度相配合。

必须按保护层施工设计进行，不得在垫层施工中破坏已铺设完工的土工膜。

保护层施工工作面不宜上重型机械和车辆，采用铺放木板、用手推车运输的方式。

2.2.13　草坪建植工程

草坪建植工程是在处理好的果岭、发球台、球道、长草区坪床上，利用购买来的草皮、草茎，在准备好的坪床上进行草坪建植的过程。

一、人员、机械配置

草坪主管 1 ~ 2 名，机械主管 1 名；植草器 1 台，滚压器 1 台，运输车 2 台，施肥机 1 台，起草皮机 1 台，打药机 1 台。

二、施工技术措施

在每个球道果岭、发球台和球道区（包括长草区）坪床处理完成的前提下，以每个球道的果岭为一个单元、发球台和球道区为一个单元分别进行不同草种的植草工作。沙坑周边区域、湖边坡等修整完成后即可铺草皮护坡（图 4-55），这样可以防止沙坑沙被雨水冲刷而受到污染，其他区域为节省成本种植草茎（图 4-56）。雨季施工时，为了防止降雨引起球道冲刷，对于面积较大的球道，草坪建植工作应和坪床处理工作紧密结合，可对球道进行区域划分，分区进行坪床处理和草坪建植工作，雨后应及时进行修复补草（图 4-57）。

图 4-55　沙坑、湖边铺草皮护坡

图 4-56　草茎种植

图 4-57　雨水冲刷后的修复

2.2.14　新建草坪前期养护

草坪养护工作以养护球场品质、保持果岭推杆品质、清除球道杂草、防治病虫害、养护促进草坪生长、逐步提高草坪综合质量（均一性、色泽等）为主要目标。草坪养护施工包括排水、打孔、铺沙、更换草皮、形状改造等。草坪养护是球场工作重点，在草坪养护日常方案中主要涉及草坪肥料使用、农药使用、沙料使用、草坪修建等各个部分。

一、剪草工作

剪草前滚刀和刀片要磨锋利，减少草坪草被撕扯、拉毛的现象。剪草机械要进行适当调整以适应场地草坪剪草要求，滚刀和刀板之间松紧要调节适当，两端要调节平衡，试刀以能剪下报纸不留毛口为标准，刀片打磨之后要固定好，在磨刀过程中，将剪草高度调整好。果岭机、发球台剪草机磨刀时旋转方向与剪草时相反，五联剪草机用逆转键进行磨刀，中拖剪草机要用机床打磨滚刀，刀片式剪草机用砂轮机打磨刀片。使用剪草机前要检查机油和燃料油，不够要加足或带够。

球场剪草区实行分区剪草：果岭、发球台、球道、长草区、林带、备草区、练习场、会所周围草坪、果岭边等，剪草技术要求如表4-9所示。

新建草坪剪草技术要求　　表4-9

区域 项目	果岭	果岭边	发球台	球道	长草区
高度	3.5～7.5mm	1～1.5cm	8～15mm	1.5～2.5cm	3.5～10cm或不修剪
频率	每天一次	隔天	每周2～4次	每周2～3次，视草生长情况而定	每周一次
方式	每次轮流按四个方向修剪	正反轮流	方形发球台按与边平行的两个方向；弧形发球台按四个方向轮流进行	沿球道纵向修剪；偶尔横向修剪	纵横向均匀
机械	果岭机	果岭边机	发球台机	七联剪草机	五联剪草机
其他	每天六点前进行		剪下茎叶移出原地	周五前完成	

二、水肥管理

施肥由草坪主管根据草坪生长状况提出方案，报草坪部经理批准后实施，由草坪领班负责安排进行操作。

施肥技术要求：根据施肥量要求，肥料斗一般在施肥前进行调整，撒肥时保持直行，以恒定速度推行，中间以交叉30～40cm为宜。施肥后进行一定量浇水，保证肥料充分吸收和防止肥料烧伤草坪，一般速效肥料宜分两次浇水，洒水时间以肥料完全溶解为标准，缓释性肥料浇湿即可。

三、有害生物防治

（一）杂草处理：球场新建的第一年杂草数量少、种类少。由于除草剂有严格的品种适应性，要根据现场杂草的类型进行使用。

图 4-58　杂草拔除

由于周边树林等区域可能将杂草种子带进球场内，一般新建球场在草坪第一次越冬以后需要在春季草坪萌芽之前喷施萌前除草剂，除草剂的种类及使用量需要按照周边区域的杂草种类来严格控制。为此除草剂的使用方式需要根据现场决定。

杂草拔除、清理，轻重缓急，以果岭、发球台及周围为主。

杂草较多的地方，拔除后要进行铺沙。

大面积成块杂草以更换草皮形式进行，换草皮后要压平浇透水，以后保持水分供应，新换上草皮应插桩标明为“修整地”，等草长好可以打球之后再取掉桩。

拔除杂草应统一放到指定垃圾点。

杂草拔除工作应每周定期进行一次（图 4-58）。

（二）虫害处理：杀虫剂的使用与除草剂一样，需要严格按照球场的实际情况及天气条件来进行。

虫害防治主要以调查为基础，在虫害刚发生时抓紧时间防治，防止扩散蔓延。

洒杀虫剂由草坪直接管理者安排草坪工进行，洒药时顺风进行，洒药时需戴口罩和手套，防止农药顺风飘移接触到身体和通过呼吸进入体内。洒药时由草坪主管指导进行，统防统治，并按一定速度喷洒，长草区打药时速度要放慢。

地面害虫以喷洒药液为主，洒药时均匀透彻，触杀性药剂一定要直接接触虫体，药液配比由草坪领班按各种农药说明书处理。

地下害虫防治以撒施颗粒剂为主，这种方法简便易行，效果也较好，具体用量参照说明书进行。

四、重点单项果岭养护

果岭品质是球场品质的决定性因素，由于果岭剪草高度低、修剪频率高、使用要求高等原因导致果岭的养护难度大、成本高，控制好剪草和水肥等主要养护项目决定了养护质量。

果岭剪草高度一般在 3.5mm 左右，按照果岭的使用要求一般每天剪草一次，在主办赛事期间一般早晚各剪草一次。

果岭施肥根据草坪生长情况灵活调整，选择三种标号的果岭专用缓释肥，依照季节气候的变化分别施用。果岭专用缓释肥的标号为 18-3-18、24-4-12 和 15-0-26 三种。果岭单位面积全年施用氮素的量累计为 20g。

3. 项目总结

高尔夫球场草坪建设是一个综合性强、复杂程度高的项目，需要从项目组织、现场施工、成本控制、进度安排以及机械设施利用等方面强有力地统一协调、分工合作，以关键技术及流程为主线，从细节施工中贯彻可持续、生态环保的理念，使球场满足可打、可观、可养护的功能。

05

第5章

可持续草坪的成坪养护

5.1 引言

草坪养护是从 20 世纪 50 年代美国开始，快速发展阶段在 20 世纪 60 年代。第一章中谈到第二次世界大战后时期的特征：城市化、婴儿潮、经济膨胀、个人财富增加、技术革新等，与这些改变一起出现的还有草坪绿化养护行业，较明显的是带有大型草坪的地产、公园等景观大量增加，相关养护设备、肥料和病虫害化学药剂产品的快速丰富，支撑草坪业快速发展，日益满足人们对草坪功能和景观的需求。

剪草、浇灌、施肥、病虫害防治和草种选择的过程，在全世界大部分种植草坪的地区都已经标准化了。典型的养护项目包括每周进行剪草并清除修剪草屑，在气候适宜的条件下每年选择合适的肥料进行 3 ～ 6 次的施肥作业，在部分地区还会使用一定的除草剂和杀虫杀菌剂。

专业的传统草坪养护一般根据日期而形成养护月历，基本可以满足业主要求。但存在所有草坪都得到同一个程度的养护，而往往没有考虑它在景观中的特殊性或在设计中的功能性的问题。为了使草坪养护符合可持续化管理模式，最关键的在于业主方、设计师和养护方在成本和效果平衡考虑基础上，就草坪使用方式和管理方式达成统一意愿。

5.2 可持续草坪养护目标

专业的传统草坪养护过程；可持续性草坪养护关键策略。

5.3 传统草坪养护过程

这里所讨论的草坪养护区别于第四章所讲的新建草坪的养护，主要讲述成熟草坪精细养护技术，修剪是最基本的养护措施，其他措施如浇灌、施肥、杂草防除、病虫害防治、打孔、疏草、覆沙等，则视草坪类型、养护要求而定。

草坪养护基本原则：第一，提供草坪的观赏性；第二，增加草坪的功能性；第三，延长草坪寿命。

5.3.1 草坪剪草

草坪修剪也叫刈剪、剪草，定期去掉草坪草枝条的顶端部分，使草坪经常保持平整美观，以充分发挥草坪的坪用功能，是草坪养护中最基本但最核心的作业。

一、草坪修剪的基本原则

草坪修剪的 1/3 原则是确定草坪修剪时间和修剪频率的唯一依据。1/3 原则，即任何一次修剪，被剪掉的部分小于或等于草坪草总高度的 1/3（图 5-1），如果一次修剪的量多于了 1/3，那么由于大量的茎叶被剪去，势必会引起养分亏空。

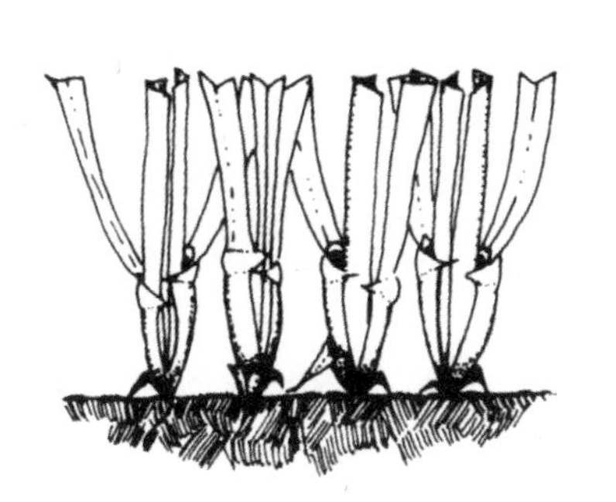

图 5-1 草坪修剪高度示意图

与该原则相关的两个概念：留茬——未被修剪去的茎叶和尚未伸展形成叶的分蘖芽（或生长点、叶原基）；失剪——由于自然或人为的原因导致修剪不及时。

二、草坪修剪的意义

正面：整齐美观；促进分蘖，增加密度；改善草坪质地，利于有害生物防治。

负面：过度修剪，影响草坪的再生能力和光合作用，导致退化，杂草增加是一个明显特征；失剪，杂乱无章，不美观（图 5-2）。

图 5-2 草坪修剪不当引起的问题

三、草坪修剪高度

修剪高度：草坪修剪后留在地面的高度，也称留茬高度，影响该高度的因素包括草坪种类、草坪用途（观赏、运动、生态、休憩等）、环境条件、生长阶段（休眠期、生长高峰期）等。

（一）草坪修剪高度与不同草种生物学特性相关（表 5-1）。

草坪草参考修剪高度 **表 5-1**

草种	修剪高度（cm）	草种	修剪高度（cm）
普通狗牙根	2.1～3.8	匍匐剪股颖	0.5～1.3
杂交狗牙根	0.6～2.5	细羊茅	3.8～7.6
结缕草	1.3～5.0	草地早熟禾	3.8～5.0
地毯草	2.5～5.0	多年生黑麦草	3.0～5.5
海滨雀稗	1.5～3.5	高羊茅	3.8～7.6

（二）草坪因用途、草种不同，修剪高度不同

高尔夫球场的果岭区为 0.5cm 左右；足球场一般在 2 ～ 4cm 范围内；游憩草坪不同草种修剪高度不同，分别可达 3 ～ 5cm；水土保持等草坪可控制在 8cm 以上。

（三）环境条件对修剪高度的影响

当草坪受到不利因素压力时，最好是提高修剪高度、增加根冠比，以提高草坪的抗性（图 5-3）。典型的例证，对竖直生长的冷季型草坪草按照剪草高度上限进行修剪后，由于植物冠层较大，根系更加强健，能更好地抵抗干旱和炎热气候。

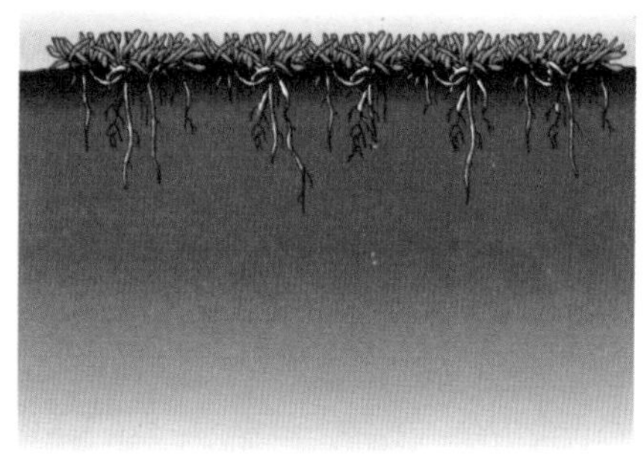

图 5-3 修剪高度对草坪根系的影响

（四）草坪根据生长季节进行特殊修剪：根据需要、利用目的、草坪交播或其他原因，不按草坪 1/3 原则实施的修剪或者非传统剪草方式的修剪。

暖季型草坪越冬或冷季型草坪越夏前，适当提高留茬高度，储藏足够多的光合产物，修剪高度提高到 1.5 倍。草坪越冬或越夏后第一次修剪，再生部位降低，积累的养分集中储存到地表和地下营养器官中，且萌发不久的草坪高度降低，此次修剪按适宜留茬底限进行。

化学修剪：草坪生长调节剂通过改变植物体内激素分布和含量，以实现控制生长的作用。两种类型：I 型阻止分区细胞分裂和分化，如除草剂、乙烯利，容易出现叶片褪色等；II 型阻止分区细胞的伸长和膨胀，如抗倒酯、多效挫、调嘧醇。

四、修剪频率：一段时间内草坪修剪的次数，由草坪草生长速度和草坪用途决定（表 5-2）。观赏型和运动型等草坪，剪草目标频率是每周一次，类似高尔夫球场这类型运动型草坪可以达到这个频率，绝大部分草坪很难达到这个目标要求。

草坪草参考修剪频率 表 5-2

利用地	草坪草	剪草频率（次/月）				年修剪次数
		4～6月	7～8月	9～11月	12～3月	
庭院	结缕草	3	4～6	3		10～12
公园	剪股颖	6～9	16～18	9–12	1	32～40
	狗牙根	6～9	8～10	6～9		20～28
	结缕草	6～9	6～8	6～9	1	19～27
	雀稗草	6`9	6～10	6～9		18～28
	交播草坪	12～15	12	9～12	4～8	37～47
高尔夫球场	狗牙根（球道）	12～15	8～12	12	1	33～40
	剪股颖（果岭）	120	60	90	40	310

五、草坪修剪方向：剪草机作业时运行的方向和路线，会影响草坪枝叶的生长方向和土壤受挤压的程度。对修剪低矮的草坪，如高尔夫果岭匍匐剪股颖草坪，长期对同一草坪从同一方向、同一路线往返进行剪草，会使草坪的叶片趋同一个方向定向生长，轻则出现纹理现象，严重则导致草坪均一性下降，影响运动的趣味性。

5.3.2 草坪浇灌

一、草坪浇灌原则

浇灌有利于草坪根系向深层扎根；单位时间浇灌量应该小于土壤水分渗透率，总浇灌量不应大于土壤田间持水量；对壤土和黏土每次浇透，干透再浇，沙土土质少量多次更适宜。

二、草坪浇灌时机

浇灌时间确定方法：植株观察法、土壤含水量目测法、仪器测定法——张力计、蒸发皿法。观察草坪颜色，亮绿变灰绿，修剪高度较低的草坪可以借助偏光眼镜看得更加明显。植株观察法看到的缺水症状，只能说明生理性缺水，确定真正原因还需要通过 10～15cm 处土壤颜色及张力计判断草坪可利用的水分含量，综合这些因素，决定灌溉时间，一般为最佳浇灌时间。

最佳浇灌时间：小于等于 60% 田间饱和持水量，凉爽的傍晚或早晨。

三、草坪浇灌与季节

为减少病、虫危害，在高温季节早晨浇水为佳，尽量避免晚上浇水，需采取补救措施，控制病虫害。上海地区冬季应灌透、少灌（间隔长）。修剪时，干旱季节适当提高留茬高度，减少修剪次数，少量的草屑可留在草坪中，防止水分蒸腾散失。干旱时期，应减少施肥用量，并应使用富含钾的肥料以增加草坪草的耐旱性。因为高比例的氮肥，草坪草生长很快，叶片多汁，需水较多，更易萎蔫。

四、草坪浇灌方式

大部分采用人工管带浇灌，近些年开始发展自动喷灌设施，见第 4 章 4.4 节。

5.3.3　草坪施肥

一、草坪施肥的目的

增加土壤肥沃性；改善土壤理化性质，促进土壤团粒形成；调节土壤环境，益于土壤微生物活动；增加草坪植物的密度和绿度，延长绿期。

二、草坪施肥的原则

达到可以接受的草坪颜色；使草坪产生具有与杂草竞争的足够密度；尽量减少草屑量的产生。

三、草坪草需要的营养元素及种类

草坪生长所需营养元素指植物必需的营养元素，包括碳、氢、氧（生态元素），主要来源于空气和水；氮、磷、钾、钙、镁、硫（大量元素）九种和铁、锰、锌、硼、钼、铜、氯七种（微量元素）。

氮：草坪草土壤含氮量（主要为有机氮）为 0.2% 时，不能满足草坪草的需要，频繁修剪带走养分，需施氮肥。

磷：易被土壤固定，施入的磷肥仅 10% ~ 20% 被植物吸收，其余被土壤固定。

钾：植物对钾大量吸收。

四、草坪肥料种类

常用肥料按照养分成分分为氮肥、磷肥、钾肥、复合肥、微量元素肥料。

氮肥：硫酸铵、硝酸铵、碳酸铵、氯化铵、尿素（尿素为高效氮肥，常用于草坪追绿）。草坪使用氮肥过多，会造成植株抗病力下降而染病，使用浓度不当也极易烧伤，因此一般不宜多用。秋季重施氮肥，促进光合产物的积累，晚秋施肥可促进草坪草根系的生长，使其根系更加发达，有利于次年春季草坪草的返青。

磷肥：过磷酸钙、重过磷酸钙、钙镁磷肥。多作基肥使用，也可用作追肥。因为磷主要集中在草坪草幼芽、新叶及根顶端生长点等代谢活动旺盛的部位，可促进根系的早期形成和健康生长，对新建植的草坪特别重要，所以新建草坪要在种植层中施加过磷酸钙。

钾肥：硫酸钾、氯化钾，秋后使用。

复合肥：复合肥分为速溶和缓溶两种，是草坪的主要用肥。速溶复合肥一般直接干撒，容易烧草。

一般不应单独施用氮肥，而是氮、磷、钾肥平衡施用。一般成熟草坪施肥的养分比例基数为氮：磷：钾：4 ：1 ：3。

五、施肥与植物表现

一般情况下，如图 5-4 中植物体内缺少某种元素，会表现出一定症状：植物缺氮表现为叶面颜色发黄；植物缺磷表现为叶面发红，植株发焦，草坪草根系生长缓慢，老根发黄且根少而细，株体瘦小，分蘖减少，老叶片的叶缘变成紫色；植物缺钾表现为植株生长迟缓，叶面出现橘红色褪绿斑点等。正常生长草坪草干物质中氮素含量为 3% ~ 5%，磷为 0.4% ~ 0.7%，钾为 1.5% ~ 4%。钙为细胞壁主要组成成分，缺钙抗病性变差；镁是叶绿素中心组成成分，起活化作用，缺失导致叶脉失绿；微量元素在碱性土壤中，溶解度极低，在过酸环境中浓度过高会对草坪草产生毒害。

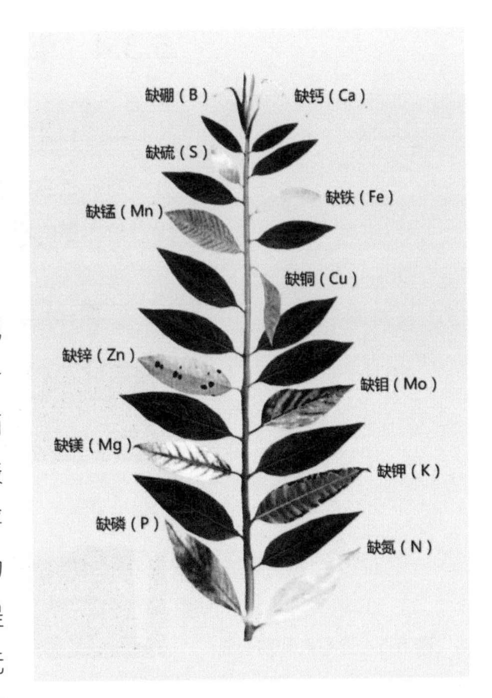

图 5-4　草坪缺肥症状

六、施肥方法

施肥均按片、区的步骤进行，以保证均匀。

施肥时，观察风向，撒播均匀、一致，不应漏施、重施；严格选用不同的施肥设备，画线撒播，尽量减少人工手撒。施肥时将肥料二等分，分纵、横撒播。完成工作后，立刻浇水、溶肥。

七、施肥与季节

草坪在不同季节施肥，作用不一，相应的肥料类型和使用量见表 5-3。

春季：促分蘖、促返青。

秋季：促根系生长、有利于越冬。

夏季：促生长。

冬季：保绿（北方休眠，不施肥）。

施肥与季节　　**表 5-3**

季节	月份	草坪生长状况	施肥时间	肥料类型	全年施肥量
春～初夏	4 ~ 6	茎叶生长旺盛，根系自身营养消耗	4 月底～ 5 月初	速效 18-6-9	氮：10 ～ 30g/m² · y；磷：5 ～ 10g/m² · y；钾：20 ～ 40g/m² · y
盛夏～初秋	6 ~ 9	高温高湿导致病害严重	6 月初	缓释 6-0-12	
秋季	9 ~ 11	最佳生长期	9 月初	缓释 5-5-15	
冬季到初春	11 ~ 4	低温胁迫	11 月初	缓释 2-6-24	
春秋重点施肥，抗逆夏、冬温度胁迫					

5.3.4 草坪特殊养护措施

一、打孔

打孔是指对草坪进行穿洞技术处理，以利于土壤呼吸和水分、养分渗入坪床中，促进草坪草的根系发育，包括打孔（打实心孔）和除芯土（空心孔）（图 5-5）。

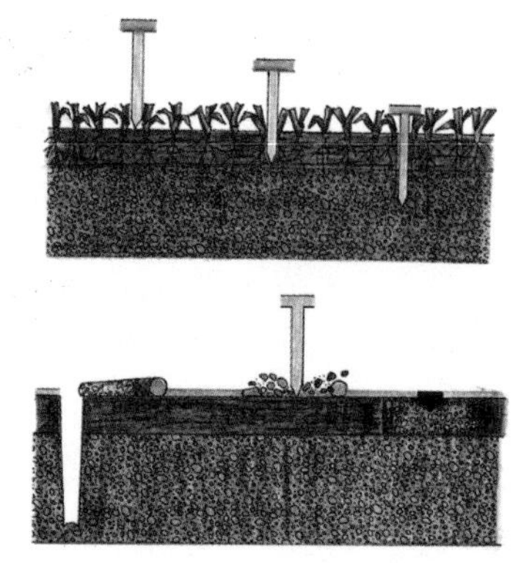

图 5-5 空心孔和实心孔

（一）打孔作用：改善土壤通气性；改善土壤的渗透性、供水性和蓄水性；改善土壤的供肥性和保肥性；促进草坪草的生长发育。

（二）打孔时间：选择在草坪生长恢复旺季，冷季型草坪为夏末秋初，暖季型草坪为春末夏初。

（三）打孔应配合其他作业如施沙、拖耙或垂直修剪、施药等进行。

二、疏草

疏草也叫垂直刈剪，是借助高速旋转水平轴上的刀片近地垂直刈割。

（一）疏草作用：以清除草坪表面积累的枯草层，同时除去部分草坪草茎叶，降低草坪草密度，改善草皮表层通透性为目的的一种养护措施。枯草层是由枯死的根茎叶组成的致密层，堆积在土壤和青草之间。枯草层太厚，会阻碍草坪草对水分和养分的吸收。

（二）疏草时间：选在草坪生长旺季，暖季型草坪为春末夏初，冷季型草坪为夏末秋初。

（三）疏草要特别注意：疏草深度，碎屑要及时清除，草坪干燥时进行疏草，避开杂草萌发期（秋季早熟禾、夏季马唐），疏草可配合其他作业进行。

三、表施土壤

表施土壤是将沙、碎土和有机质适当混合，均一施入草坪坪床（图 5-6）填平坪床表面的小洼坑。

（一）表施作用：覆盖草坪草匍匐根茎或丛生草坪草茎基，有利于萌发新株，其次作用是改善草坪平整度。常用的表施材料是中等粒径的黄沙。打孔或疏草后配合覆沙也是治理苔藓、加速枯草层分解的综合有效措施。

图 5-6　草坪覆沙

（二）表施材料：近床土；肥料含量较低；沙、有机物、园土和土壤材料的混合物，其中园土：沙：有机物 = 1 ∶ 1 ∶ 1。

注意：施土前必须先剪草和施肥，土壤材料应干燥并过筛，施土厚度不宜超过 0.5cm，施后必须用金属刷拖平。

（三）表施时间：一般在草坪草萌芽期或生长期进行最好。

冷季型草坪草：春季和秋季，在 3 ～ 6 月和 9 ～ 11 月。

暖季型草坪草：春末夏初和秋季，通常在 4 ～ 7 月和 9 月。表施土壤的数量为 0.5 ～ 1.0 cm 厚，一般的草坪为 1 年 1 次；高尔夫球场、运动场草坪为 1 年 2 ～ 3 次。

注意事项：理论上，表施土壤的材料要干燥、过筛，实际中用中粗黄沙代替；一定不能带杂草种子、病虫害等；严格控制表施土壤的深度，千万不要施得太厚；配合施肥、杀地下虫等作业一并进行。

（四）表施方法：通常提前剪草，如果枯草层太厚要先疏草，以免草叶太长，被压在材料下面导致草坪枯黄甚至死亡。为了避免表施土壤带来的草坪土壤成层问题，可以结合垂直修剪或打孔进行表施土壤作业。

草坪打孔、疏草、切根、铺沙等措施最终目的是“养根”，配合合理的施肥和浇灌，减少高温季节草坪表层苔藓对水分、养分的隔离，增加根部土壤通透性，使草坪健康生长。

四、滚压

对草坪滚压是抵抗外来压力、保持场地平整的重要保障措施之一，即用压辊在草坪上边滚边压的作业。

（一）滚压作用

1. 主要改善景观：能增加草坪草分蘖和促进匍匐枝的伸长，可使匍匐茎的浮起受抑制，使节间变短，叶丛紧密而平整；使场地平整；勾勒草坪图案。

2. 其他作用：碾压可抑制杂草入侵；对因霜、冻胀、融化或蚯蚓等动物搅乱而引起的土壤变形进行修整，以防修剪时这些植物被揭盖或因干燥而死亡；对运动场草坪可增加场地硬度，使场地平坦，提高草坪的使用价值；草坪播种后镇压可起到平整苗床、改善种子与土壤接触的作用，能提高草坪草种子萌发的整齐度，使建成的草坪坪面更平整。

（二）滚压时间：冷季型草坪应选择在春、秋季节进行；暖季型草坪在夏季进行。

（三）滚压方法：滚压分人力手推和机械两种，草坪滚压机的镇压器多数是充水的，可通过调节水量来改变压力大小，滚压强度必须依据具体情况合理控制，避免强度过大造成土壤板结，或强度不够达不到预期效果。一般手推轮重为 60 ~ 200kg，机动滚轮为 80 ~ 500kg。滚压的重量依滚压次数和目的而异，如为了修整床面则宜少次重压（200kg），播种后使种子与土壤接触宜轻压（50 ~ 60kg）。

（四）滚压注意：滚压也会给草坪带来副作用，当土壤硬度超过 242kg，草坪种子不能发芽、生根；所以经常滚压的草坪应定期进行疏耙，地面修整也可采用表施土壤来代替滚压；在土壤黏重、太干或太湿时不宜滚压；滚压通常都结合修剪、表施土壤、灌溉等作业进行。

五、草坪交播及翌年转换

（一）草坪交播的原理及时间

在气候过渡地区亚热带，对暖季型草坪在秋季播种冬绿的冷季型草坪草，以在暖季型草坪草休眠期获得良好的冬绿效果，一般选用生长力强、建坪迅速、短寿的多年生黑麦草草种。上海地区一般在 9 月底、10 月上中旬进行（图 5-7）。

图 5-7　草坪交播

（二）草坪交播的流程（图 5-8）。

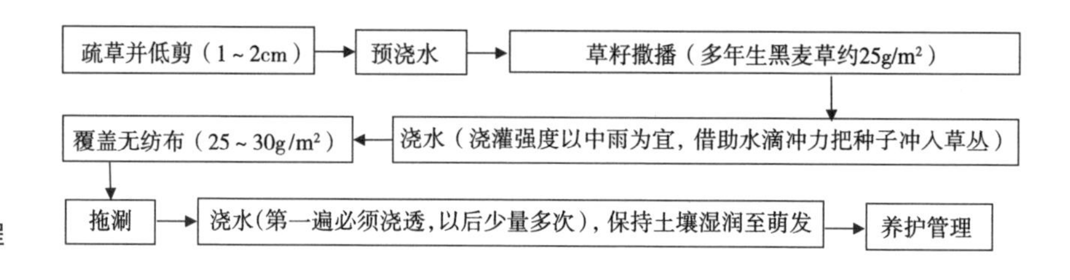

图 5-8　草坪交播流程

（三）出苗期的养护

修剪：新出苗的草坪在 25d 左右，已有 3 片左右真叶时才能轻度修剪，留茬高度 5cm。

施肥：暖季型草坪交播多年生黑麦草出苗后半个月需施“断奶肥”，幼苗期以尿素为主，5 ~ 10 g/m^2；成坪后以复合肥为主，25 g/m^2。

（四）成坪期入冬前养护

新成坪草坪因草坪草幼嫩，过多踩踏不利于草坪生长，应采取封育措施，如立牌警示、拉绳隔离、围栏设置，阻止人们早期进入。

成坪期施肥用尿素催苗，入冬前（一般在 11 月底至 12 月初）草坪叶色必须保持深绿，否则入冬后草坪会因脱肥而呈黄绿色，缺乏生气。

（五）翌年草种转换期养护

从 3 月下旬起必须频繁低修剪，剪草留茬高度 1 ~ 2cm，为了抑制黑麦草生长，在 2 月底 3 月上旬暖季型草未萌发前应进行一次强度疏草，降低黑麦草密度（图 5-9），使底层的暖季型草容易返青。其次，上海地区暖季型草坪交播多年生黑麦草，为利于暖季型草返青，还应从 2 月下旬起必须控制水肥。最后，为了暖季型草容易返青，从暖季型草基本萌发后应及时施肥，但必须少用氮肥，避免催助黑麦草生长。

特别注意：务必在梅雨来临前完成冷、暖季型草坪交替转换。

图 5-9　翌年草坪转换低剪和疏草

（六）病虫害防治

上海地区暖季型草坪交播多年生黑麦草一般于 10 月中旬进行，此时暖季型草坪上还有末代秋季害虫，如淡剑灰翅贪叶夜蛾、水稻切叶螟等，有的还有较大的虫口密度，仍有较大危害性，需在播种前施一遍杀虫剂。

多年生黑麦草播种后一个月至 45d 左右，常易发生烂根现象，地上部分表现为叶片从叶梢发黄，向下发展，整片叶子发黄，直至枯死。病灶常呈块状、小片状。此时可喷施多菌灵或恶霉灵等杀菌剂，并施尿素加复合肥，不久病情能得到控制，烂根的幼苗重新发根，长势逐渐恢复。

5.4 可持续草坪重点养护策略

基本的养护操作包括剪草、浇灌、施肥和病虫害防治，还采用打孔和杂草管理等额外的辅助措施来改善生长条件。本节将重点介绍剪草、浇灌和施肥可持续技术，杂草、病虫害防治的内容将在有害生物防治一章重点讨论。

5.4.1 剪草策略

草坪通过定期剪草而确定草坪与草原、草地的差异性。从 1830 年发明剪草机到现在，剪草成为主要的草坪养护措施。草坪机械设备生产商研发出一系列设备来提高剪草质量与效率，以及通过有效的技术处理修剪草屑。可持续性草坪修剪综合全面考虑 4 个剪草因素：剪草高度、剪草频率、草屑管理和剪草机械配置。

一、剪草高度

在追求可持续性方面，剪草高度是一个需要考虑的主要因素。一般绿地养护中，剪草高度一概而论，被统一修剪到一定高度。可持续剪草应该根据草坪种类、草坪用途、环境条件、生长阶段等来确定剪草高度。

对竖直生长的冷季型草种超过 7.5cm 以上的高度进行修剪后，这些草种对莎草科、禾本科马唐属植物的竞争力会增强，耐阴性也得到提高。由于植物冠层较大，根系更加强健，抗旱性更强。不足之处在于，这类丛生竖直生长的草种明显比匍匐生长的草种需水量要大很多。对于匍匐生长的草种，在调至最高修剪高度时，草坪低矮、整洁的外观受到影响。目前可供使用的剪股颖属本特草耐低剪而不适合高剪，它们所能耐受的最低修剪高度是 0.3cm，超过 3.5cm 就会形成冗乱的草冠，导致倒伏以及较差的草坪质量（图 5-10）。另外，考虑到夏天的高温，一些专家建议夏季的本特草修剪高度应该高于春季或者秋季。草坪管理者碰到一个常见的剪草问题，大部分草坪景观中的剪草养护都是使用旋刀剪草机，对冷季型的高羊茅、多年生黑麦草修剪高度为 5cm，而匍匐生长的暖季型草坪草可以快速侵占，成为杂草。如果长期使用剪草高度较高的旋刀剪草机，随着匍匐生长植物的蔓延，会很快成为主导草种，草坪质量将大大降低，可持续性策略是使用剪草高度较低的滚刀式剪草机，同时使用含氮量较低的复合肥。在最适宜的水肥条件和适当的剪草高度下，匍匐生长的杂草将大大减少。

二、剪草频率

由于对精细化养护中剪草机械化程度的认识不足，在草坪剪草中确保修剪高度从不会超过草坪总高度 1/3 的推荐做法几乎是不可能实现的。因此在日常养护中，一般按照调度安排剪草，而不是根据草坪生长来进行剪草。

图 5-10　剪草高度影响草坪平整度对比

为了在减少剪草频率的同时仍然保持草坪整洁性，可持续做法是：根据草坪类型，尽量选择生长缓慢的草种；通过减少浇灌量而降低生长速率；通过减少氮肥使用而降低生长速率；使用化学生长调节剂来抑制生长，这种方式在高尔夫球场草坪上具有优势，但在一般商业地产景观养护中不具可操作性。

三、草屑管理

草屑管理在景观养护中始终是一个问题，草种类型、浇灌和施肥方式都会影响草屑的数量。管理目标是通过控制这些因素来减少草屑的产生，也可以降低剪草频率和减少燃料的消耗。对暖季型草种来说，目标是在自然活力旺盛的夏季将其生长效率降至最低；对冷季型草种来说，目标是植物自然活力旺盛的春季和秋季避免由于浇灌和施肥作业而造成过度生长（图 5-11）。

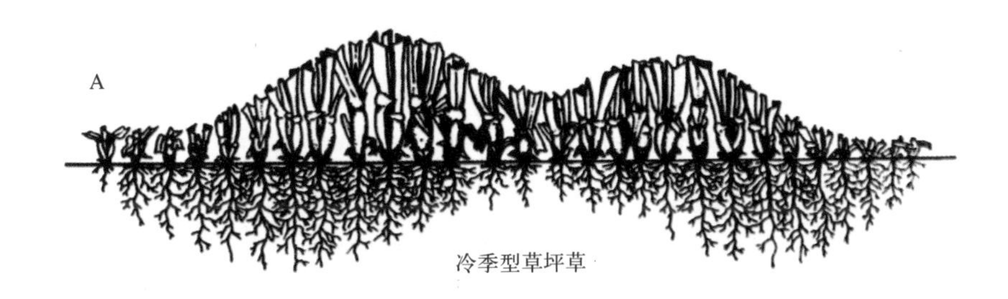

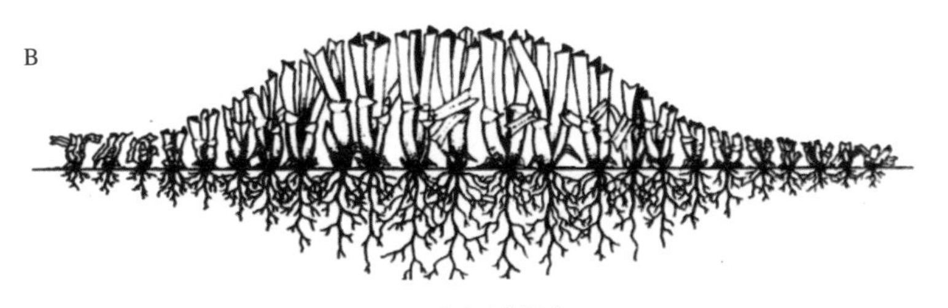

图 5-11　冷、暖季型草坪草生长最适季节

大部分草坪都是使用小型旋刀式剪草机来剪草，草屑粒径大，易产生草屑团粒。所以剪草过程中清除的草屑都是被送往绿化垃圾场，这就造成了废弃物和肥料流

失的问题，草屑带走的养分必须经过额外的施肥来补充。

解决草屑问题最简单的方法是高频率剪草结合低修剪高度、高剪切率修剪技术来使草屑回归草坪，这对多数养护公司来说，是一种难以实现的解决方案。主要因为商业地产景观草坪养护标准在定期施肥、定期浇灌、每周剪草等条件下草屑量很大，所以，最佳方法是通过减少肥料和水分来减少草坪生长量，找到一个草坪性能中等、剪草频率低又不会产生大量草屑的平衡点。

四、剪草机械的配置

传统的剪草机械：基本都是使用旋刀剪草机，尤其在亚热带以北区域，冷季型的高羊茅、多年生黑麦草修剪常规高度为 5cm，而匍匐生长的暖季型草坪草可以快速侵占，成为杂草。如果长期使用剪草高度较高的旋刀剪草机，草坪质量会随匍匐生长植物的蔓延并成为主导草种而降低。旋刀剪草机还会导致草屑问题产生。

可持续性策略：使用剪草高度较低的滚刀式剪草机，同时使用含氮量较低的复合肥。在最适宜的水肥条件和适当的剪草高度下，减少匍匐性生长的杂草和草屑，提高草坪养护质量和效率。

5.4.2 浇灌策略

一、挖掘浇灌问题

（一）在草坪养护管理中常见的观点是美观草坪的形成需要大量浇灌。草坪大量消耗水资源，主要是由于盲目浇水行为造成的，缘由就来源于这种错误观点。因此在实际养护中，草坪实际获得的供给量远远大于其需水量。

（二）在草坪浇灌可持续性上的另一个障碍在于它们是如何被设计的，许多被种植于道路边缘、道路中央分隔带、行道树种植区、陡坡上的草坪，不采用过度浇水的往往造成草坪死亡，但过度浇水的造成径流产生废水。另外，不规则的草坪种植区即使有浇灌设施也很难进行有效的浇灌，因而为了达到浇灌均匀覆盖的效果，养护者不得不进行过度浇灌。

（三）浇灌设施是否被有效建立、维护和利用也是关键。人工压力管带或洒水车浇灌比较粗放，一个良好灌溉系统的价值在于其能最大程度地保证整个灌溉区域水分供给的均匀性，同时能够保障灌溉量和灌溉时间的灵活控制。老化的浇灌系统、损坏的喷头、未使用适当角度的喷嘴都会导致浇灌耗水问题的加重。最后，人工控制操作上未及时调整浇灌强度和频率，白天有风的时间段中运行系统，春季过早地运行系统，秋季过晚地运行系统，根据感觉而不是根据特定区域已知的降水量来设定系统运行时间，都会导致废水的产生。总结以上问题，在管理可持续性草坪浇灌方面可以有的放矢。

二、可持续性草坪浇灌

可持续性草坪浇灌要求采用一种全面、系统的方法，这种方法包括 5 个关键步骤。

（一）根据浇灌需求，对浇灌区域进行分级。

草坪根据实际情况可以被划分为不浇灌区域、偶尔浇灌区域和定期浇灌区域，可以有效降低用水量。

（二）了解浇灌系统原理，熟悉浇灌系统的设置参数，并对运作情况定期检查。

智能的浇灌系统能够按照已知的降水量进行均匀给水。草坪管理者考虑的问题包括：判断现有浇灌分区是否合适；调整喷头间距能否获得全面的覆盖率；喷头是否保持竖直，可以正常升降；调整部分转动喷头的弧度；判断喷嘴是否匹配妥当；测定浇灌区域的降水量；确保控制器能够正常运转。

（三）根据草坪草和土壤实际情况来优化浇灌

根据土壤类型、压实情况、杂草情况，保证不同土壤中适宜的浇灌量。黏土要求采用小雨浸透的方法来避免由于渗透率缓慢而产生的废水渗流。压实作用会降低渗透率，促进径流的发生，造成浇灌效率低下。一种方法是在春季配合打孔作业，提高土壤渗透率，促使根系生长深度加深。杂草与草坪草争抢水分，有效控制杂草也可以减少浇灌量。

（四）判断用水需求

草坪养护中，绝大多数的草坪浇灌都是根据经验而定的。当草坪看起来干旱时，系统运行时间就增加；当草坪看起来不错时，浇灌系统被认为是运转良好的。也有根据蒸发量（ET）来设计浇灌系统的观点。根据 ET，浇灌系统在判断草坪用水时有更加可靠的方法，但仍然存在许多问题，基于气象学的公式会导致过度浇灌。ET 值应该被当作起点进行考虑，确定草坪的浇灌需水量，就需要根据降雨量预报和草坪植物种类、草坪养护水平、土壤质地、气候条件、生长阶段的不同，以 ET 值为参考，再采用反复试验法进行调整，制定浇灌计划，以减少用水量。详见 4.4 可持续浇灌设计一节。

（五）制定全年浇灌系统运行策略

全年草坪浇灌需求是变化的，然而，普通的策略是在春季时节启动系统、夏季调增运行时间、晚秋关闭系统并做好过冬准备，这就是造成草种过度浇灌的原因。

适当的方法应该是在早春试运行，启动系统，对喷头进行竖直、调整、修复和更换。在全面抽样检查用水情况之后，重点放在主要浇灌区域或存在浇水覆盖问题的区域。在进入定期浇灌季节要基于往年情况设置准确浇灌频率。在大多数情况下，将一周的浇灌运行时间分为 2 ~ 4 次进行，通常能够在不造成过度浇灌的情况下获得最优的草坪质量。当进入秋季时，可持续性草坪浇灌方法是尽可能早地停止浇灌。春季浇灌要尽可能晚地开启系统，夏季浇灌应该不断完善调整系统，利用浇灌系统优势结合浇灌技术将过度浇灌的问题降至最低，减少水资源的浪费。

三、节水型草坪养护措施

实现节水型草坪是可持续草坪养护中的重要体现，关键是采用措施促使草坪根系往土壤深处生长，提高草坪草抗旱性是根本之路。

（一）建坪时，尽可能选用耐旱的草种或品种，增施有机肥和土壤保水剂，提高建坪土壤的保水能力。

（二）修剪时，不要超过修剪留茬高度进行低修剪，干旱季节适当提高留茬高度，减少修剪次数，少量的草屑可留在草坪中。

（三）干旱季节应减少施肥用量，并使用富含钾的肥料以增加草坪草的耐旱性。因为高比例的氮肥使草坪草生长很快，叶片多汁，需水较多，更易萎蔫。

（四）其他配套措施

1. 对草坪进行打孔，打孔通气可打破枯草层并加快其分解，改善土壤的渗透性，降低土壤紧实度并促进根系向更深的土层分布。在草坪面临逆境时应避免打孔通气操作。

2. 通过疏草，清除枯草层。

3. 表施土壤，同时适量施用磷肥以提高草坪草根系活力。

4. 尽量少用除草剂。

5.4.3 施肥策略

施肥的可持续性管理要求多层面考虑问题。相关考量因素包括对草坪美观、功能的要求以及土壤测试、肥料品种、肥料使用量和时机、肥料作业过程等。可持续施肥策略就是将这些因素综合考虑、统筹应用。

一、土壤测试

定期土壤测试能够让管理者对土壤理化性质做出快速诊断，以及为施肥作业提供可靠依据。一般基础土壤测试提供有机质含量，土壤 pH 值，有效氮含量、磷含量、钾含量、钙含量、镁含量、钠含量以及某些场地中的硫酸盐含量等相关信息。

（一）土壤 pH 值

土壤 pH 值能够准确反映出土壤酸碱度。pH 值下降，活性酸度增加；pH 值上升，活性酸度减少。pH 值范围为 1 ～ 14，其中 7 代表中性；绝大多数草种生长可接受的 pH 值为 5 ～ 8，最理想的范围是 6 ～ 7。因而，可持续养护管理目标之一是将 pH 值维持在这个范围内。如果土壤酸性过大，可以用石灰来增加 pH 值；如果 pH 值过高，可以通过施加硫磺来进行酸化。土壤 pH 值非常重要，因为它会影响养分阳离子的固定和可用性。酸性过大的土壤（pH 值低于 5）不太可能维持养分，会造成可用铝元素过高，而这种元素对许多草种来说都是有毒的；碱性过大的土壤（pH值高于 7.5）则可能降低铁元素和磷元素等养分的可用性。

（二）氮元素

草坪肥料中最重要的元素就是氮，同时这也是土壤测试不能够提供可靠信息的少量元素之一。含氮肥料根本上是根据草坪的美观预期、土壤质地、草种需求以及草屑管理措施来确定的，因为施加含氮肥料能让草坪变得更加鲜绿，刺激嫩芽生长，增加叶子延展幅度，因而应该在谨慎的管理条件下使用。总的来说，生长在质地更大的土壤而不是黏质土壤中的成熟草坪，在适当浇灌和遗留草屑条件下，对补充氮元素的需求量更少。外界补充氮素主要通过与温度紧密相关的尿素进行。

尿素施入土壤中需经转化酶作用转化为无机态氮，即铵态氮（NH_4-N）和硝态氮（NO_3-N）草坪才能吸收。土壤温度愈高，转化速度愈快（表 5-4）。夏天高温只需 2 ~ 3d 就能完成，施肥后草坪叶色很快变墨绿。土壤温度愈低，转化速度愈慢。

尿素在中性土壤中转化为无机态氮与温度关系　　表 5-4

温度（℃）	天数（d）
10	7 ~ 10
20	4 ~ 5
30	2 ~ 3

秋末尿素转化很慢，因此秋季交播多年生黑麦草必须抓住幼苗施肥时气温及土温尚高时施用，使每次肥效都能衔接上，到 12 月土温已很低了，再施肥，见效很慢。

人民广场草坪测得土温如下：2015 年 10 月 08 日，草坪 5cm 深 23℃；2015 年 11 月 11 日，草坪 5cm 深 19℃；2015 年 11 月 30 日，草坪 5cm 深 17℃；此时施尿素见效很快。

（三）磷元素

通过土壤测试可以很容易地测定磷元素含量，相关研究表明磷元素含量和植物健康程度之间有着相当好的关联性。常规施肥作业，过量磷元素的过度使用导致在土壤中聚集并超过健康植物生长所需的程度。由于表面径流和土壤侵蚀以及旋转喷洒机直接施加在人行道和下水道中的磷元素，在被冲洗进入湖泊和河道之后，会造成水体富营养化的环境问题。

（四）钾元素

钾元素通过土壤测试同样也很容易测定，但它在沙质土壤中是非常容易流失的。现在有过量使用含钾肥料的趋势，一部分原因是缺乏土壤测试，另一部分原因是认为含钾程度高的肥料可以提高草种的抗威胁能力。可持续做法可以通过每隔 2 ~ 3 年对土壤钾元素含量进行监测来减少不必要的钾元素运用，也可以调整运用方法以使钾含量维持在健康草坪生长的范围内。

二、肥料选择

可持续性施肥的原则是达到可以接受的草坪颜色要求，并使草坪产生具有能与杂草竞争的足够致密程度的同时，尽量减少草屑量的产生。在高尔夫球场果岭区，通过定期使用 0.5 g/m^2 的可溶氮肥来补充营养并获得最小的生长速度。此外，施肥作业一般都是贯穿整个生长季节的，选择可溶性和缓慢挥发型复合肥料来确保获得适当的生长速率。另外在价格、分解率、气味、有效元素含量上要平衡考虑。

在有机肥料使用上，有机肥料中氮元素的含量合适而磷元素的含量异常高，如果定期使用的话，最终会导致土壤磷元素含量过高。

三、肥料使用量和时机

氮元素每次的标准使用量为 5 ~ 10 g/m^2，每年 2 ~ 3 次。

过去磷元素和钾元素是按照标准比例与氮元素存在于复合肥料中的，常见肥料比例范围在 18-12-12 ~ 15-15-15 之间，如果定期使用，这些比例最终都会在土壤中造成磷元素和钾元素的过度使用。从可持续观点来看，确保土壤中不会出现磷元素或钾元素不足问题的适宜比例应该是 10-1-2。草坪施肥作业的时机应该根据当地气候和特定的施肥目的来确定，通常来说，大部分养护者选择在春、秋季对冷季型草种进行施肥；对暖季型草坪在春、夏季施肥；应该基于当地应用经验进行施肥作业。

四、施肥作业过程

草坪施肥时，尽可能地远离硬建表面区域，改变传统人工手撒施肥的做法，用施肥机械更加均匀，肥料利用率高。一般使用旋转式施肥机和直落式施肥机（图 5-12），调节挡位的旋转施肥机的缺陷在于使用导流板而造成的喷洒扭曲，人工脚步快慢也影响肥料撒播的覆盖面宽度和稳定性。对于干燥肥料来说，更好的解决方案是使用直落式施肥机，这种施肥机的使用更加精准，基本能够清除过量喷洒的问题。

图 5-12　传统施肥方式与精准施肥对照

对液体肥料选用喷施法，在大型座驾式喷雾车的保障下，适用于比较平整的草坪类型（图5-13），但是这个系统不太适合缓慢挥发的肥料和有机颗粒肥料。

图5-13 喷雾车喷施叶面肥

在肥料被喷洒到路面上时，使用吹风机来清除路面和停车区肥料是常见的做法，但通常效率不高，还会将肥料吹进雨水道中；另外一种策略是使用吸收器来收集过量喷洒的肥料，这需要更多的设备来消耗过多的时间。避免过量喷洒问题的可持续性替代方案是选用适当的设备和肥料。

施肥过程中更具可持续性的策略包括以下几种。

（一）避免在施肥困难的区域设计草坪，如狭窄的道路中央分隔带。

（二）对新建普通草坪来说，选择低养分需求的草坪草种或者草坪草－双子叶植物混合草坪。

（三）对现有草坪来说，寻找减少含氮肥料使用的方法，如适合的美观要求，草屑回归，使用有机肥料将施肥区域划为高、中、低需氮区域。

（四）使用最低的有效施肥量进行作业，季节性使用有针对性的肥料。

（五）进行周期性土壤测试指导施肥工作，判断土壤酸、碱性。避免使用磷元素和钾元素含量高的肥料类型。

（六）优化施肥技术，清除撒到硬建路面区域的多余肥料。

（七）在大到暴雨降水之前杜绝施肥。

5.5 可持续草坪养护质量评估

草坪质量评价是对草坪整体性状的评定，用来反映成坪后的草坪是否满足人们对它的期望与要求，也可用来间接衡量草坪养护管理的水平。目前，国内外采用的草坪指标测定方法一般都是目测法，典型的是美国国家草坪评比体系（The National Turfgrass Evaluation Program，NTEP）九分制法，属于定性描述，所以测定结果就不尽准确，要使测定结果准确、客观，必须采用定量的测定方法。本书在分析国内外草坪质量评价指标体系的基础上，采用简捷有效、普遍适用的指标体系（图5-14）以及定量的手段，建立综合的草坪评价方法。

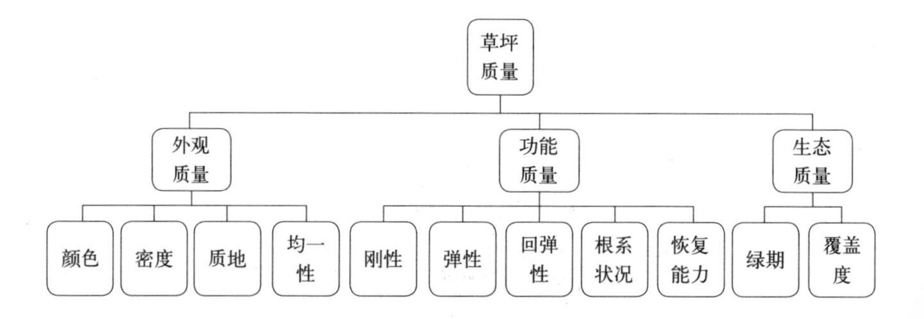

图 5-14　草坪养护质量评估

5.5.1　草坪外观质量

外观质量评价引用 NTEP 系统，这是一种外观质量 9 分制评分法，评分因素考虑草坪颜色、质地、密度、均匀性和总体质量。9 代表一个草坪能得到的最高评价，而 1 表示完全死亡或休眠的草坪。用 9 分制评分法，1 ~ 2 分为休眠或半休眠草坪；2 ~ 4 分为质量很差；4 ~ 5 分为质量较差；5 ~ 6 分为质量尚可；6 ~ 7 分为良好；7 ~ 8 分为优质草坪；8 分以上质量极佳。

一、密度

评估正在建植的草坪时，其密度是和盖度紧密相关的。从草坪上方垂直往下看，完全为裸地、枯草层或杂草时，为 1 分；盖度 <50%时，为 1 ~ 3 分；盖度 50% ~ 80%时，为 3 ~ 5 分；盖度 80% ~ 100%时，为 5 ~ 6 分；盖度达到 100%时，由较稀疏到很稠密，为 6 ~ 9 分。

二、质地

表示草坪叶片的细腻程度，是人们对草坪叶片喜欢程度的指标。手感光滑舒适、叶片细腻的草坪质地最佳；手感不光滑、叶片宽、粗糙的草坪质地最差。对手感光滑舒适的草坪，叶片宽度为 1mm 或更窄，为 8 ~ 9 分；1 ~ 2mm，7 ~ 8 分；2 ~ 3mm，6 ~ 7 分；3 ~ 4mm，5 ~ 6 分；4 ~ 5mm，4 ~ 5 分；5mm 以上，1 ~ 4 分。虽然叶片较窄，但对手感不好的草坪，在以上评分的基础上，略减。

三、颜色

颜色表明整个小区内草坪的绿色状况，是草坪表观特性的重要指标。枯黄草坪或裸的为 1 分；小区内有较多枯叶、较少量绿色时，1 ~ 3 分；小区内有较多绿色植株、少量枯叶，或小区内基本由绿色植株组成但颜色较浅时，为 5 分；草坪从黄绿色到健康宜人的墨绿色为 5 ~ 9 分。

四、均匀性

均匀性是草坪外观上均匀一致的程度，是对草坪草颜色、生长高度、密度、组成成分、质地等几个项目整齐度的综合评价。草坪草色泽一致、生长高度整齐、密度均匀，完全由目标草坪草组成，不含杂草，并且质地均匀的草坪为 9 分；裸地、枯草层或杂草所占据面积达到 50%以上时，均匀性为 1 分。

5.5.2 草坪功能质量

一、刚性

刚性是指草坪叶片对外来压力的抗性。与草坪的耐践踏能力有关，是由植物组织内部的化学组成、水分含量、温度、植物个体的大小和密度所决定的。例如结缕草和狗牙根的刚性强，草地早熟禾和多年生黑麦草刚性则差，一些匍匐剪股颖刚性更差。

二、弹性

弹性是指草坪叶片受到外力作用下变形，在消除应力后叶片恢复原来状态的能力。初冬季节，在清晨有霜冻发生时，草坪叶片的弹性急剧降低，应禁止一切草坪上的活动。此时践踏草坪的脚印造成的损伤是无法恢复的。当温度升高以后，草坪草的弹性会得到恢复，早上喷灌可加快这一进程，尤其在高尔夫球场果岭上。

三、回弹力

回弹力或韧性是草坪吸收外力冲击而不改变草坪表面特征的能力。草坪的回弹力部分受草坪草本身和生长介质特性的影响，土壤类型和结构是影响草坪回弹力的重要因素。

四、再生能力

再生能力是指草坪受到病害、虫害、踩踏及其他因素损害后，能够恢复覆盖、自身重建的能力。再生能力受植物遗传特性、养护措施、土壤与自然环境条件的影响。土壤板结，施肥、灌溉不足或过量，温度不适宜，光照不足及土壤存在有毒物质和病害都可影响草坪草的再生能力。有利于草坪草生长的环境条件也有利于草坪草的再生与恢复。

五、根系状况

根量是指草坪草在生长季节的任何一段时间内根系的生长量。根量评价方法：用土壤取样器在草坪上打孔取样，小心地用手指抖掉土壤以露出根系，无数伸向较深土壤的白根代表生长健壮的草坪。

5.5.3 草坪生态质量

一、绿期

绿期是指草坪全年维持绿色外观的时间长短，不同生态型、不同种植地、不同养护管理水平的草，其草坪的绿期差异很大，所以它是评价草坪质量的一个重要指标。可采用草坪中 8% 的植物返青之日到 80% 的植物呈现枯黄之日的持续天数。

二、盖度

盖度是指种群在地面所覆盖的面积比率，即种群实际所占据的水平空间的面积比。盖度越大，草坪质量越高。一般采用针刺法，在样方中针插若干个方格点，计算草坪草的盖度。

5.5.4 综合评估

首先要对两个指标层指标的数值进行无量纲化，采取归一化方法，其计算公式如下：当评价值与指标值正相关时，$P_i=(X_i-X_{min})/(X_{max}-X_{min})$；当评价值与指标值负相关时，$P_i=(X_{max}-X_i)/(X_{max}-X_{min})$。其中，$P_i$ 表示某一指标因子的规范化值；X_i 表示某一评价草坪选取的某指标的实测值；X_{max} 表示所选相关草坪指标中的最大值；X_{min} 表示所选相关草坪指标中的最小值。

对不同功能类型的草坪进行评价时，其侧重点必然不同，指标权重也就不尽相同。观赏性草坪注重的是其美学上的观赏价值，故其外观质量的权重应最大；游憩草坪除了对其外观质量有一定的要求外，耐踩踏性也是一个重要的评价指标，故其权重由大到小应为外观质量、使用质量、生态质量；运动草坪对草坪的外观质量和使用质量都非常注重，其权重大小应不相上下；保土草坪不但要求有一定的绿化美化功能，还要求有一定的水土保持能力，因此表征其环境适应性的生态质量权重也应较大。在广泛征求专家、草坪使用者意见的基础上，综合分析得出各分目标层和指标层的指标在各类型草坪中的权重。

分目标层指标数值是根据其所属各指标层指标数值乘各自的权重后进行加和。草坪综合指数（LCI）是将各分目标的指标数值乘各自权重，再进行一次加和。

5.6 总结

结合可持续草坪植物资源、设计、建造等内容，确定可持续性草坪养护的源头应该从筛选最适宜的草种为基础，选择生长率缓慢、养分需求较低、耐性好的品种。为了构建可持续性草坪景观，草种养护者还应该根据场地特殊生境，将选择的适应性强的草坪分类、分区管理。在草坪的日常养护中形成剪草、浇灌、施肥作业规程，减少草屑的定期清除频率，通过定期土壤测试，确定土壤养分可以被更有效地使用和有针对性地补充，侧重配套和有效管理浇灌系统、草坪机械设施等方面的核心措施，并通过对草坪外观、功能、生态质量的评估，衡量草坪养护水准，并不断调整和完善，进而提高草坪养护的可持续性。

5.7 实践

案例 1　上海辰山植物园草坪养护

1. 项目介绍

上海辰山植物园位于上海市松江区松江新城北侧、佘山山系中的辰山，东西宽约 1600m，南北长约 1500m，全园占地面积约 207hm^2，由中心展示区、植物保育区、五大洲植物区和外围缓冲区四大功能区构成。中心展示区布置了 26 个植物专类园，与辰山植物保育区的外围以全长 4500m、平均高度 6m 的绿环围合而成，绿环展示了欧洲、非洲、美洲和大洋洲的代表性适生植物，整体的设计风格为疏林草地型（图 5-15），2007 年 4 月动工，2011 年 1 月正式开园。草坪种类主要有狗牙根属的矮生百慕大和结缕草属的日本结缕草两种，面积约 70 万 m^2。

图 5-15　辰山植物园整体风格

2. 可持续草坪养护

2.1　草坪植物素材动态调整

根据植物园可持续发展理念、养护成本预算等因素，以园区景观提升重点项目——土壤改良为契机，逐步调整草坪类型的格局和规模（图 5-16）。在草坪草资源的引进和筛选研究基础上，选择抗性强、生长缓慢、养分需求低、耐旱的结缕草种，减少耐阴性差的狗牙根属植物种植面积，保持草坪景观季相（图 5-17），同时减少了秋季交播冷季型草籽，从基础草坪植物素材上提高草坪养护的可持续性。

2.2　分级养护

针对景观重要性程度，草坪养护实行分级标准，其中月季园、矿坑花园、药用与岩石园、温室草坪养护标准为一级，其他专类园为二级，绿环、草圃为三级，水处理厂、山体等为四级。

2.2.1　草坪的分级

一、特级草坪：每年绿期达 360d，草坪平整，留茬高度控制在 25mm 以下，仅供观赏。

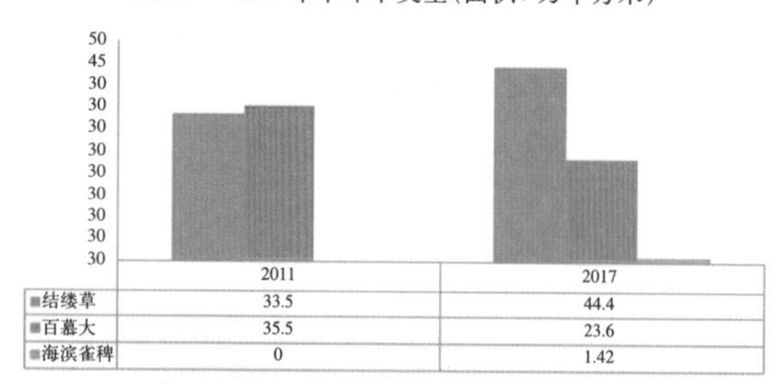

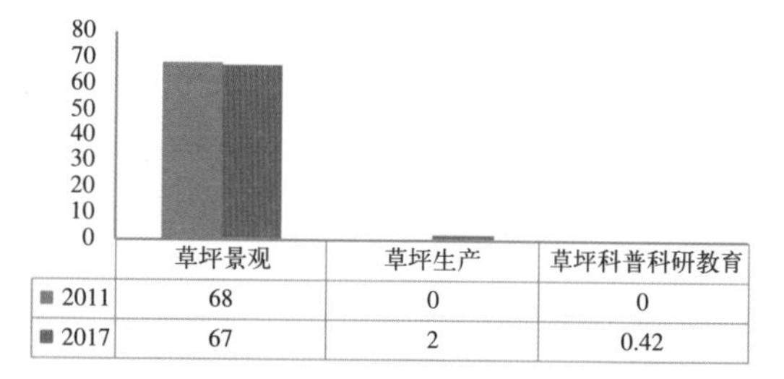

图 5-16　全园草坪类型及其人工调整

图 5-17　草坪冬季季相

二、一级草坪：绿期 340d 以上，草坪平整，留茬 40mm 以下，供观赏及家庭休憩用。

三、二级草坪：绿期 210d 以上，草坪平整或坡度平缓，留茬 60mm 以下，供公共休憩及轻度踩踏。

四、三级草坪：绿期 180d 以上，留茬 100mm 以下，用于公共休憩、覆盖荒地、斜坡保护等。

五、四级草坪：绿期不限，留茬高度要求不严，用于荒山覆盖、斜坡保护等。

2.2.2 草坪养护分级标准

一、剪草

要保持平整完美，草坪就要时常修剪，生长过于旺盛会导致根部坏死。

（一）剪草频度

1. 特级草春夏生长季每 5d 剪 1 次，秋冬季视生长情况每月 1 ~ 2 次。

2. 一级草生长季每 10d 剪 1 次，秋冬季每月剪 1 次。

3. 二级草生长季每 20d 剪 1 次，秋季共剪 2 次，冬季不剪，开春前重剪 1 次。

4. 三级草每季剪 1 次。

5. 四级草每年冬季用割灌机彻底剪 1 次。

（二）机械选用

1. 特级草坪只能用滚筒剪草机剪，一级、二级草坪用旋刀机剪，三级草坪用气垫机或割灌机剪，四级草坪用割灌机剪，所有草边均用软绳型割灌机或手剪。

2. 在每次剪草前应先测定草坪草的大概高度，并根据所选用的机器调整刀盘高度，一般特级至二级的草，每次剪去长度不超过草高的 1/3。

3. 剪草步骤

（1）清除草地上的石块、枯枝等杂物。

（2）选择走向，与上一次走向要求有至少 30° 以上的交叉，避免重复方向修剪引起草坪长势偏向一侧。

（3）速度保持不急不缓，路线直，每次往返修剪的截割面应保证有 10cm 左右的重叠。

（4）遇障碍物应绕行，四周不规则草边应沿曲线剪齐，转弯时应调小油门。

（5）若草过长应分次剪短，不允许超负荷运作。

（6）边角、路基边、树下的草坪用割灌机剪，若花丛、细小灌木周边修剪不允许用割灌机（以免误伤花木），这些地方应用手剪。

（7）剪完后将草屑清扫干净入袋，清理现场，清洗机械。

（三）剪草质量标准

1. 叶剪割后整体效果平整，无明显起伏和漏剪，剪口平齐。

2. 障碍物处及树头边缘用割灌机式手剪补剪，无明显漏剪痕迹。

3. 四周不规则及转弯处无明显交错痕迹。

4. 现场清理干净，无遗漏草屑、杂物。

5. 效率标准：单机全包 200 ~ 300m^2/h。

二、浇灌

（一）特级、一级、二级草坪夏秋生长季每天淋水 1 次，秋冬季根据天气情况每周淋水 2 ~ 3 次。

（二）三级草坪视天气情况淋水，以不出现缺水枯萎为原则。

（三）四级草坪基本上靠天水。

三、施肥

施肥要少量、多次，使草能均匀生长。

（一）肥料

1. 复合肥分为速溶和缓溶两种，是草坪的主要用肥。速溶复合肥用水溶后喷施，缓溶复合肥一般直接干撒，但施用缓溶复合肥通常会有局部烧灼现象，因此多用于要求较低的草坪。

2. 尿素为高效氮肥，常用于草坪追绿。草坪使用氮肥过多，会造成植株抗病力下降而染病，使用浓度不当也极易烧伤，因此一般不宜多用。

3. 快绿美为液体氮肥，作用与尿素相近。

4. 长效复合肥是固体多元素肥，具有肥效长、效果好的特点，一般不会有烧灼现象，但价格昂贵。

（二）肥料选用原则

一级以上草坪选用速溶复合肥、快绿美及长效肥，二、三级草坪采用缓溶复合肥，四级草地基本不施肥。

（三）施肥方法

1. 速溶复合肥采用水浴法按 0.5% 浓度溶解后，用高压喷药机均匀喷洒，施肥量 $80m^2/kg$。

2. 快绿美按说明浓度及用量稀释后，用高压喷药机喷洒。

3. 长效肥按说明用量用手均匀撒施，施肥前后各淋一次水。

4. 缓溶复合肥按 $20g/m^2$ 使用量均匀撒施。

5. 尿素按 0.5% 的浓度，用水稀释后，用高压喷雾枪喷施。

6. 施肥均按点、片、区的步骤进行，以保证均匀。

（四）施肥周期

1. 长效肥施肥周期根据肥料使用说明确定。

2. 没有施用长效肥的特级、一级草坪每月施速溶复合肥一次。

3. 快绿美及尿素只在重大节庆日、检查时才用于追绿，其他时间严格控制使用。

4. 二级、三级草坪每 3 个月施放一次缓溶复合肥。

四、杂草防除

除杂草是草坪养护的一项重要工作，杂草生命力比种植草强，要及时清理，不然会吸收土壤养分，抑制种植草的生长。

（一）人工除草

1. 一般少量杂草或无法用除草剂的草坪杂草采用人工拔除。

2. 人工除草按区、片、块划分，定人、定量、定时地完成除草工作。

3. 应采用蹲姿作业，不允许坐地或弯腰寻杂草。

4. 应用辅助工具将草连同草根一起拔除，不可只将杂草地上部分去除。

5. 拔出的杂草应及时放于垃圾桶内，不可随处乱放。

6. 除草应按块、片、区依次完成。

（二）除草剂除草

1. 已蔓延的恶性杂草用选择性除草剂防除。

2. 应在园艺师指导下进行，由园艺师或技术员配药，并征得绿化保养主管同意，正确选用除草剂。

3. 喷除草剂时喷枪要压低，严防药雾飘到其他植物上。

4. 喷完除草剂的喷枪、桶、机等要彻底清洗，并用清水抽洗喷药机几分钟，洗出的水不可倒在有植物的地方。

5. 靠近花、灌木、小苗的地方禁用除草剂，任何草地上均禁用灭生性除草剂。

6. 用完除草剂要做好记录。

（三）杂草防除质量标准

1. 三级以上草坪没有明显高于 15cm 的杂草，15cm 的杂草不得超过 5 棵 /m^2。

2. 整块草坪没有明显的阔叶杂草。

3. 整块草地没有已经开花的杂草。

五、病虫害防治

要注意病虫害防治，根据病虫害的发生规律，在发生前，采取有效措施加以控制。

1. 草坪常见病害有叶斑病、立枯病、腐烂病、锈病等，草坪常见虫害有蛴螬、蝼蛄、淡剑夜蛾等。

2. 草坪病虫害应以防为主。一级以上草坪，每半个月喷一次广谱性杀虫药及杀菌药，药品选用由园艺师或技术员确定，二级草坪每月喷一次。

3. 对于突发性的病虫害，无论哪一级草坪都应及时有针对性地选用农药加以喷杀，以防蔓延。

4. 对因病虫害而导致严重退化的草坪，应及时更换。

六、打孔、疏草、更换

1. 二级以上的草坪，应每年打孔一次；视草坪生长密度，1 ~ 2 年疏草一次；举行过大型活动后，草坪应局部疏草并培沙。

2. 局部疏草：用铁耙将被踩实部分耙松，深度约 5cm，清除耙出的土块杂物，施上土壤改良肥，培沙。

3. 大范围打孔疏草：准备机械、沙、工具，先用剪草机将草重剪一次，用疏草机疏草，用打孔机打孔，用人工扫除或旋刀剪草机吸走打出的泥块及草渣，施用土壤改良肥，培沙。

4. 二级以上草坪如出现直径 10cm 以上秃斑、枯死，或局部恶性杂草占该部分草坪草 50%以上且无法用除草剂清除的，应局部更换该处草坪草。

5. 二级以上草坪局部出现被踩实、导致生长严重不良的，应局部疏草改良。

6. 冬季出现枯黄的二级以上观赏性草坪，每年 11 月中旬开始撒播黑麦草种，标准为 60m^2/kg。

2.3　分类养护

根据草坪属于单一草坪还是混播草坪，制定分类养护措施，避免统一操作造成资源和人工的浪费（表 5-5）。

全园不同类型草坪养护技术　　　　**表 5-5**

<table>
<tr><th colspan="5">第一类 秋季交播黑麦草的狗牙根草坪规范化养护</th></tr>
<tr><th rowspan="2">月份</th><th colspan="4">养护措施</th></tr>
<tr><th>剪草</th><th>施肥</th><th>浇灌</th><th>其他</th></tr>
<tr><td>一</td><td>1~2次（气温低，黑麦草生长几乎停滞）</td><td></td><td rowspan="2"></td><td rowspan="3">冬季杂草防除</td></tr>
<tr><td>二</td><td>1~2次（气温低，黑麦草生长缓慢）</td><td></td></tr>
<tr><td>三</td><td>8~10次（黑麦草开始快速生长，剪草高度降到2cm以下）</td><td>控肥</td><td>控水</td></tr>
<tr><td>四</td><td>8~10次（频繁剪草≤12mm以下）</td><td>控肥</td><td rowspan="2">抑制黑麦草生长，促进百慕大草坪转换</td><td rowspan="2">疏草降低多年生黑麦草密度，促进矮生百慕大返青</td></tr>
<tr><td>五</td><td>10-12次（频繁剪草≤2cm以下）</td><td>控肥</td></tr>
<tr><td>六</td><td>8~10次（梅雨季剪草高度上升到2.5cm）</td><td>高温来临后，施肥1次，尿素10g/m^2，促进百慕大补满黑麦草退出后的空隙</td><td rowspan="4">根据降雨情况，酌情浇灌。浇灌原则：不干不灌水，每次灌水灌透根层300mm深的土壤</td><td>夏季杂草防除</td></tr>
<tr><td>七</td><td>4~6次（夏季生长高峰期）</td><td>施肥1次，每次缓释肥，促进百慕大盖度恢复</td><td rowspan="2">若草坪踩踏板结，应打孔通气；若草层过厚，应疏草，去枯草；注意蛴螬的防治</td></tr>
<tr><td>八</td><td>4~6次（夏季生长高峰期）</td><td></td></tr>
<tr><td>九</td><td>4~6次</td><td>施肥1次，缓释肥</td><td>食叶性害虫的防治，春季死斑病的预防，冬季杂草防除</td></tr>
<tr><td>十</td><td>低剪草高度1.2cm</td><td>黑麦草齐苗后追施肥2~3次，每次尿素10g/m^2，改用速效复合肥1次，促进黑麦草立苗</td><td>交播后第一周，每天浇灌3~4次，保持水分湿润直至出苗。出苗后根据根系生长情况，逐渐降低浇灌次数</td><td>10月上旬交播多年生黑麦草</td></tr>
<tr><td>十一</td><td>4次（剪草高度维持在4~5cm）</td><td></td><td rowspan="2">根据降雨情况酌情浇灌</td><td rowspan="2">冬季杂草防除</td></tr>
<tr><td>十二</td><td>1次（气温低，黑麦草生长缓慢）</td><td></td></tr>
</table>

续表

第二类 结缕草、狗牙根草坪规范化养护措施				
月份	养护措施			
	剪草（高度≤5cm）	施肥（缓释肥 N：P：K=4：1：3）	浇灌	其他
一	不剪草（冬季休眠期）			冬季杂草防除
二	不剪草（冬季休眠期）			
三	草坪刚开始返青时剪草1次，剪去上层的枯枝，促进返青	施尿素肥1次10g/m²，促进返青		
四	1～2次（草坪生长较慢）			夏季杂草防除
五	2～3次（草坪生长较慢）	施缓释复合肥1次20g/m²，提高草坪质量		
六	4～5次（气温上升，草坪长势加快）		根据降雨情况，酌情浇灌。浇灌原则：不干不灌水，每次灌水灌透根层300mm深的土壤	梅雨季铺沙1次（绿剧场）
七	4～5次（夏季生长高峰期）			若草坪踩踏板结，应打孔通气；若草层过厚，应疏草，去枯草；注意蛴螬的防治
八	4～5次（夏季生长高峰期）			
九	4次（气温开始下降，草坪长势开始放缓）	施缓释复合肥1次20g/m²，提高越冬草坪质量		食叶性害虫的防治，春季死斑病的预防，冬季杂草防除
十	2～3次（草坪生长缓慢）			
十一	不剪草（草坪生长停滞）			
十二	不剪草（冬季休眠期）			

3. 草坪养护关键技术流程

可持续性草坪的成本效率包含短期和长期两层含义。草坪建造费用是短期成本，养护费用即长期成本，随着时间推移，长期成本一般为短期成本的 10 ～ 15 倍。优化草坪养护中关键技术的程序是可持续性草坪养护的显著优势，可以大大节约后期养护费用和特殊情况应急费用（人员保险费、机械配件费）。

3.1　剪草（表 5-6）

草坪剪草程序　　**表 5-6**

项目	程序
人员安全	1 集中注意力，避免因操作不当造成草坪破损； 2 不要将手脚接近转动的滚刀，严重时可能会造成人身损伤； 3 剪草过程中注意周边游客动向，如有冲突，先给予友情提示； 4 选择负责人指定的机械
提前准备	1 检查汽油与机油油位，是否漏油； 2 开出车库测试机器启动、运行是否正常； 3 检查胎压； 4 检查空气滤清器、冷却器

续表

项目	程序
剪草过程	1 全年剪草的高度、频率，特别要求：老虎皮 4 ~ 6cm、百慕大 2.5 ~ 3.5cm、海滨雀稗 1 ~ 3cm，为了维持良好的草坪质量，在草坪草的生长季都需修剪，集中在 6 ~ 9 月剪草，7 ~ 10d/ 次； 2 剪草程序：剪草→清洁（吸草）→装袋，严格按照 1/3 剪草原则，带集装箱剪草； 3 了解工作环境，熟悉剪草地形，清楚阀门盖、取水盖、树木、建筑物、湖边坡度、各种标志的位置、深浅、坡度，严禁在不熟悉的情况下，以冒险的心理去剪草的行为； 4 剪草中注意转弯不能太急、太快，严禁因操作不当而造成草皮损坏；剪草时注意观察草地、注视前方，遇上石子、树枝和会磕碰损坏刀具的障碍物，要停机清理后才可继续作业；每剪一小段落，停机检查剪过草的地方有无异常现象，并检查机械，尤其注意在有露水时，检查有无漏油发生，以将漏油对草坪的损害减少至最小范围内； 5 剪草前，应通知管区人员，在剪完后，清理作业区的草屑、各种废弃物，不得有草屑过夜； 6 检查工作行走过的区域有无异常现象，如剪草不整齐、漏剪、漏油、掉落机械零配件、损伤草皮等，并采取相应的补救措施
清理和存放	1 冷却机器后彻底冲洗，发动机等部位不能冲水； 2 注满规定的燃油和机油； 3 机械不正常时，及时报告负责人； 4 按规定摆放机器于园区指定地点

3.2 浇灌（表 5-7）

草坪浇灌程序 **表 5-7**

项目	程序
提前准备	准备水泵，排好水管
操作过程	1 用草坪植株、土壤含水量目测法，决定浇水量； 2 人工浇灌，浇完后检查水分浸润土层厚度，每次以 3 ~ 10cm 为准，草坪生长旺季以每周 2 次为宜； 3 浇水时间应以无风、湿度高、温度低为宜
清理和存放	1 冷却水泵后入库； 2 加满规定的燃油和机油； 3 如遇机械不正常的现象，及时报告； 4 按规定摆放机器

3.3 病虫害防治（表 5-8）

草坪病虫害防治程序 **表 5-8**

项目	程序
人员安全	1 专人专职，未经培训过的人员，严禁上机操作，严重时可能会造成人身损伤； 2 严格按照要求调配农药比例，禁止擅自改变喷药种类、比例； 3 配制喷洒农药，严格执行安全防护条例，戴口罩、手套
操作过程	1 做好喷药前的病虫害调查，暖季型草坪草容易发生的病害有币斑病、褐斑病、锈病、根腐病、春季死斑病、腐霉枯萎病；虫害主要有蝼蛄、蚯蚓、蛴螬及夜蛾类； 2 喷洒时，观察风向，喷洒均匀、一致，不应漏喷、重洒； 3 操作过程中出现故障，如漏药、喷药不均匀等，立即停机，待检修完毕、完好后方可继续工作，以免造成药害； 4 如果出现过量的喷药、施肥，做好标记，立即通知负责人，采取补救措施，减少药害； 5 完成工作后，仔细清洗机器，尤其是酸、碱农药的部位，彻底清理干净，绝不允许药、肥残留物长时间停留在机器上（内），对机器造成腐蚀

续表

项目	程序
清理和存放	1 每次用完的农药瓶、罐和肥料袋，放置垃圾箱（池）内，严禁乱丢乱放，未用完的肥料、农药，包装好，放回仓库或指定地点； 2 如实填写每次施肥、喷药记录表，次日上交存档； 3 按规定摆放机械设备

3.4 打孔、铺沙（表 5-9）

草坪打孔、铺沙作业规程 **表 5-9**

项目	程序
安全	1 专人专职，未经培训的人员，严禁上机操作，不要将手脚接近转动的部位，以防造成人身损伤； 2 调整好草坪打孔深度及行进速度，切忌因操作不当造成草坪撕扯，影响美观
提前准备	1 打孔前贮备好需用的河沙、肥料或农药； 2 提前对打孔机、铺沙机等检修与保养； 3 选定暖季型草坪的最佳打孔时间：春末夏初
操作过程	1 打孔作业时，控制打孔深度 12cm 左右，按照剪草→打孔→拖散土屑→清洁→施肥（喷药）→浇水程序，并让部分人标出阀门、井盖等地坪材料位置，以防损坏机械； 2 打孔作业后，需及时将草坪表面沙子拖拉干净，以免影响美观； 3 打孔后，铺沙，厚度在 0.5 ~ 1.0cm 左右
清理和存放	1 冷却机器后彻底冲洗，不能冲洗高温发动机及排气管部位； 2 加上规定的燃油和机油； 3 机械不正常时，及时报告负责人； 4 按规定摆放机器

3.5 疏草（表 5-10）

草坪疏草程序 **表 5-10**

项目	程序
安全	1 专人专职，未经培训的人员，严禁上机操作，不要将手脚接近转动的部位，以防造成人身损伤； 2 机械疏草时，避免反复，减少对草坪的损伤
提前准备	1 人工配备扫把、运输车辆； 2 提前对疏草机、剪草机等进行提前检修与保养； 3 疏草时间选择在生长旺盛、环境胁迫小、恢复力较强的春末夏初或初秋
操作过程	1 疏草作业时，以结缕草所在区域为主，每两年疏一次，按照剪草→疏草→清洁→浇水程序，并让部分人标出阀门、井盖等地坪材料位置，以防损坏机械； 2 疏草作业后，需及时清理草屑、枯草层； 3 如有可利用的草茎，可分离用作建植材料
清理和存放	1 冷却机器后彻底冲洗，不能冲洗高温发动机及排气管部位； 2 加上规定的燃油和机油； 3 机械不正常时，及时报告负责人； 4 按规定摆放机器

3.6 交播（表 5-11）

草坪交播程序 **表 5-11**

项目	程序
人员安全	1 提前对播种机、铺沙机、碾压机等进行提前检修与保养； 2 建植作业时，必须让部分人员标出阀门、井盖等地坪材料位置，以防损坏机械
操作过程	1 利用草种繁殖，多年生黑麦草约 25g/m^2，程序一般是预浇水→草籽撒播→浇水→滚压→养护管理； 2 铺沙 0.5 ~ 1cm，使草籽部分埋入土壤； 3 通过碾压，使草籽与坪床紧密结合； 4 浇灌强度以小到中雨为宜，保持土壤湿润至萌发； 5 在缺苗处，补播草籽
清理和存放	1 冷却机器后彻底冲洗，不能冲洗高温发动机及排气管部位； 2 加满规定的燃油和机油，机械不正常时，及时报告负责人，按规定摆放机器； 3. 富余草籽低温干燥储存

案例 2　高尔夫球场草坪养护

1. 项目介绍

上海某高尔夫球场地处上海市青浦区，草坪面积约 55 万 m^2。球场于 1997 年 10 月正式开工，1999 年正式投入使用。球场由澳洲球王兼球场设计大师彼特 · 汤姆逊设计，属典型的城市型球场。其各个功能区的草坪草种不同，果岭上的草坪草种为剪股颖属本特草；球道、发球台的草种都为狗牙根属‘天堂 419’；长草区或边坡所用草种有普通狗牙根和高羊茅。在上海属于中高端高尔夫球场养护品质。

2. 可持续养护策略

该球场属于 20 世纪 90 年代的球场，营运时间近 20 年，球场运营和场地管理比较成熟，形成了一套运行成本、利润及草坪质量稳定的可持续发展模式，制定的各功能区养护标准长效运行。根据草坪功能的重要性程度，实行高、中、低不同等级养护水准和成本投入，实现养护的规范化、标准化和机械化。

2.1　分区域养护

2.1.1　果岭草坪养护方案（表 5-12）

果岭草坪养护技术措施 **表 5-12**

项目	季节	球道果岭	备用果岭	推杆果岭	备注
修剪高度	生长季	4.0 ~ 4.5mm		4.5 ~ 5.0mm	
	非生长季	5.0 ~ 5.5mm		5.5 ~ 6.0mm	
修剪频率	生长季	1 天 1 次		1 ~ 2 天 1 次	
	非生长季	2 ~ 3 天 1 次		2 ~ 3 天 1 次	
修剪方法	采用米字形修剪，从 6 个方向轮换修剪，非必要时不横向剪				

续表

项目	季节	球道果岭	备用果岭	推杆果岭	备注
修剪时间	春夏秋季	清晨，夏季气温不高过 30℃			
	冬季	冰、霜融化后			
修剪机械	巴洛耐斯（必要时带疏草刀头）				
果岭球速	生长季	8.5 ~ 10	无要求	8 以上	
	非生长季	7.5 ~ 8.5	无要求	7 以上	
其他要求	平整，表面无球斑凸起、杂物和其他影响到推球效果的物品； 色泽均匀，无大块明显的斑块； 基本无杂草，边线整齐圆滑				
特殊作业	打空心孔	每年春、秋季各 1 次（必要时再增加 2 次）			生长旺季实施
	实心孔 / 穿刺	每月 1 ~ 2 次			
	轻梳	每月 1 ~ 2 次			
	疏草 / 切根	每月 1 次			
	铺厚沙	配合疏草或打空心孔进行			
	铺轻沙	每月 2 ~ 4 次			
	滚压	每周 1 ~ 2 次，使用果岭机（轻）或果岭滚压机（重）			
	土壤处理	春秋两季各 1 次，配合打空心孔进行			
	切边	每两月 1 次			
病虫防治	病害	每 7 ~ 10d 进行一次化学防治			
	虫害	虫害发生季，每月 1 ~ 2 次化学防除			
	杂草	每月 1 次人工拔除			
肥料施用	颗粒肥	生长季，每 25 ~ 35d 施用一次，浇水淋溶			
	液体肥	非生长季，每 10 ~ 15d 施用一次，浇水淋溶			
浇灌	夏季	早上 9 点前完成，15min 浇水；中午雾化降温 3 ~ 5min；下午 5 点前适时补水			
	春秋季	早上开剪前浇水 3min 除露，适时浇水 10 ~ 15min			
	冬季	适时补水 3 ~ 5min			

2.1.2 果岭周边草坪养护方案（表 5-13）

果岭周边草坪养护技术措施 **表 5-13**

项目	季节	果岭内环	果岭外环	裙带	备注
修剪高度	生长季	同果岭	同发球台	同发球台	
修剪频率	生长季			每周 2 ~ 3 次	
修剪方法	果岭环每次交差换向； 裙带采用米字形修剪，从六个方向轮换修剪，方向与球道修剪相错，非必要时不横向剪				
修剪时间	生长季	同果岭	同发球台	尽量在早上完成	
修剪机械	果岭外环、裙带用三联果岭机				
其他要求	平整，表面无球斑凸起、杂物和其他影响推球效果的物品； 色泽均匀，无大块明显的斑块； 基本无杂草，边线整齐圆滑				

续表

项目	季节	果岭内环	果岭外环	裙带	备注
特殊作业	生长季	同果岭		同发球台	生长旺季实施
病虫防治					
肥料施用					
浇灌	生长季	同果岭			

2.1.3 发球台草坪养护方案（表5-14）

发球台草坪养护技术措施 **表5-14**

项目	季节	发球台	备注
修剪高度	生长季	10~12mm	
	非生长季	12~15mm	
修剪频率	生长季	每周2~3次	
	非生长季	每周1~2次	
修剪方法	采用十字形修剪，从四个方向轮换修剪，非必要时不斜向修剪		
修剪时间	春夏秋季	每天下午，空闲时可其他时间；比赛时根据需要修剪	
	冬季	不修剪	
修剪机械	日本产巴洛耐斯		
其他要求	平整，紧实但不板结； 色泽均匀，无大块明显的病斑； 球斑修补及时		
特殊作业	打空心孔	每年春、夏季各1次	生长旺季实施
	打实心孔	每两月1次	
	疏草/切根	每月1次	
	铺厚沙	配合疏草或打空心孔进行	
	滚压	每月1~2次，使用果岭机（轻）或果岭滚压机（重）	
	土壤处理	春秋两季各1次，配合打空心孔进行	
病虫防治	病害	每15~20d进行一次化学防治	
	虫害	每月1~2次化学防除，夏秋两次地下害虫防除	
	杂草	每年2~3次化学防除，随时人工拔除	
肥料施用	颗粒肥	生长季每25~35d施用一次，浇水淋溶	
	液体肥	根据需要施用，浇水淋溶	
浇灌	生长季	夜间完成，15~20min浇水；白天适时补水，重点是边坡	

2.1.4 球道区养护方案（表 5-15）

球道区养护技术措施 **表 5-15**

项目	季节	球道	备注
修剪高度	生长季	10 ~ 15mm，长期保持在 12mm	
修剪频率	生长季	每周 2 ~ 3 次	
	非生长季	每周 1 ~ 2 次	
修剪方法	采用米字形修剪，从六个方向轮换修剪，非必要时不横向剪		
修剪时间	春夏秋季	全天	
修剪机械	7700 或其他机械如五联剪机		
其他要求	草坪密度高，茎叶直立生长，托球效果好； 平整，紧实但不板结； 色泽均匀，无大块明显的病斑； 球斑修补及时		
特殊作业	打空心孔	每年春、夏季各 1 次	生长旺季实施
	打实心孔	根据排水情况，局部打孔	
	疏草 / 切根	春、秋各 1 次	
	铺厚沙	配合春季疏草、秋季交播进行	
	滚压	每月 1 ~ 2 次，使用球道拖挂式滚筒	
	土壤处理	配合打空心孔进行，局部进行	
病虫防治	病害	每月 1 次化学防治	
	虫害	每月 1 ~ 2 次化学防除，夏秋两次地下害虫防除，同发球台	
	杂草	每年 2 ~ 3 次化学防除，局部人工拔除	
肥料施用	颗粒肥	生长季，每 45 ~ 60d 施用一次，浇水淋溶	
浇灌	生长季	夜间完成，15 ~ 20min 浇水；白天适时补水，重点是边坡	
边线调整	生长季	此工作需由场务经理、运作经理协商，在春季完成	

2.1.5 长草区草坪养护方案（表 5-16）

长草区草坪养护技术措施 **表 5-16**

项目	季节	长草区	高草区	备注
修剪高度	生长季	25 ~ 45mm	35 ~ 50mm	所有边坡修剪要求同高草区，其他要求同邻近区域
修剪频率	生长季	每周 1 ~ 2 次	每月 2 次	
	非生长季	每月 1 次	不修剪	
修剪方法	单次尽量同方向剪，每次转变方向			
修剪时间	生长季	全天		
修剪机械	3225C0 五联剪机			
其他要求	草坪表面平整，无明显秃斑或积水； 色泽均匀，无大块明显的病斑			

续表

项目	季节	长草区	高草区	备注
特殊作业	打空心孔	根据排水情况，局部打孔		生长旺季实施
	打实心孔	根据排水情况，局部打孔		
	疏草 / 切根	春季同球道梳 1 次，根据生长情况切根 1 ~ 2 次		
	铺沙	根据生长情况，局部人工铺沙		
	滚压	同球道进行		
	土壤处理	根据生长情况，局部进行		
病虫防治	病害	每月 1 次化学防治		
	虫害	每月 1 ~ 2 次化学防除，夏秋两次地下害虫防除，同球道		
	杂草	每年 2 ~ 3 次化学防除，局部人工拔除，同球道		
肥料施用	颗粒肥	春夏两季，各施 1 次，浇水淋溶		
浇灌	生长季	同球道		
修边	全年	返青前修边 1 次，生长旺季如有条件，局部修边		

2.1.6 沙坑养护方案（表 5–17）

高尔夫球场沙坑养护技术措施 **表 5-17**

项目	果岭沙坑	球道沙坑	备注
耙沙频率	每天	每周 2 ~ 3 次	球道沙坑耙沙主要由球童完成；沙坑外侧放置沙耙
耙沙方式	人工	人工或机械	
耙沙方法	以沙坑为中心，画同心圆；边缘 50 ~ 80cm，向沙坑中耙，耙出纹路		
耙沙时间	全天		
使用机械	耙沙机 1200A；沙耙		
其他要求	沙面平整、顺畅、无积水； 沙色均一、明亮； 紧实度适中，无板结或过松包球现象； 沙坑内无石子、泥土、垃圾或其他杂物； 沙坑周边散落白沙用吹风机清理干净		
沙厚度	坑底至少 12cm，坑边至少 5 ~ 10cm，视坡度而定		
切边	长生季	每月 1 ~ 2 次，要求边缘顺滑	
修复	因喷灌或雨水冲刷造成的损坏，及时修补；2 ~ 3 年补、换沙 1 次		

2.1.7 球车道养护方案

每天开场前，用球道吹风机对全场球车道进行清理，避免路上有杂物。

生长季，每 1 ~ 2 月切边 1 次，避免草坪覆盖路牙石；切边后，草坪面不应高过路牙石 2.5cm 以上，切口不宽过 1cm。

每年春、秋季，对已损坏路牙石进行集中修补和更换。

雨天检查排水口是否堵塞；暴雨或台风前，集中检查道路集水井是否堵塞。

每月使用喷灌水冲洗球车道 1 ~ 2 次，确保路面清洁；铺沙或草坪修补等作业完成后，同样清洗球车道。

2.1.8　球场标识和其他设施养护方案

球场标识包括界桩、障碍桩、T-mark、道路指示 / 警示标志、标码桩、维修桩等；球场设施包括垃圾箱、沙桶、洗球机等。

球场设施每天开业前应进行检查、维修或补充，每年冬季完成重新喷漆等更新工作。球场标识每年应进行至少 1 次全面检查，随时更换，集中维修。随时保证所有标识和设施功能正常、无严重的表面损坏。

2.1.9　球场其他配套养护工作（表 5-18）

球场其他配套养护措施　　　　**表 5-18**

准备工作	内容
洞杯更换	每次更换按难 - 中 - 易顺序各 6 个洞，难度位置图由运作部门提供； 每 2 ~ 3d 更换洞杯一次，客流量大时，可每天更换； 更换时注意配合 T-mark 移位，注意不同旗布颜色代表的难易度
T-mark 移位	2 ~ 3d 移动 1 次，注意配合果岭画旗位，对应关系为：前 - 易、后 - 难； 间距 5 ~ 8m，距 T 台边 1 ~ 1.5，如果 T 台面积过小，则保证与 T 台边的距离； 尽量摆放在中央位置，与 T 台整体大小协调；尽量避开球斑过多的区域，一旦草坪恢复，原则上前后移，必要时左右移
T 台清洁	由保洁人员每天人工清理所有打坏的发球台，烟头或其他垃圾；每周球童集中清理一次 A2 发球台等处的树叶； 洗球器每天检查是否满水或变质；刷子是否干净；是否有异物
果岭周边	重点是果岭上的树叶清扫
沙桶	根据客流量多少，每周给沙桶加沙 1 ~ 3 次
垃圾桶	每天上午开场前，集中清理垃圾箱
球车道清洁	每周吹路 1 ~ 2 次

3. 分时段运营

因场地功能及景观需求，球场例行周一对草坪和其他设施重点养护，如遇雷雨、暴雨（超过 50mm/d）、山洪、台风天气时，暂时封场。超过半天的封闭需求，在可以提前预知的情况下，封场前一天，需由公司现场负责人同运营部经理协商后，由公司和运作部出具封场通知，经俱乐部总经理审批同意后执行，由运营部负责向客户告知和解释事宜。不超过半天的临时封场，由公司现场负责人或运营部经理向总经理电话提出，得到批准后执行，运营部、公司现场负责人相互通知。球场封场后开放时间，由公司现场负责人根据具体情况决定。

4. 项目人员制度和架构

根据养护工作的质量和效率要求，实行工种职责明确、定岗定编、责任到人的人力资源管理制度，建立人才储备、岗位轮换机制，应对人员离职、调休等特殊情况。在工作量饱满的基础上，实行高薪聘请形式，留住重点工种的熟练、年轻的技术人员。

5. 项目成本分析

财务管理制度主要从人员劳务、材料购买、机械更新添置等方面着手考虑，需要每年对固定资产、人员流动情况动态更新。在草坪养护材料上注重环境友好型材料，考虑使用高效、低污染的产品代替用量大、价格低、高污染产品，计算短期和长期的成本效率。

表 5-19 的预算是基于以下的球场参数：保证 18 洞球场的正常运营，果岭面积 13000m^2，发球台面积 12000m^2，球道面积 104000m^2，其他区域的草坪面积 180000m^2，沙坑面积 30000m^2。养护标准：球场养护管理品质 CMI 指数 7.5 ~ 7.9 之间。秋季暖季型草坪正常休眠，冬季只进行 18 洞的发球台、球道交播，整体景观在每年 4 月进入最佳状态。

上海中高档标准 18 洞球场全年养护成本 **表 5-19**

项目		说明	合计 /（元）
劳务	工资	所有员工工资总额	977984.4
	制服	员工工作服	22500
	员工餐	员工早、中、晚餐费，在球场员工食堂用餐，跟球场其他员工标准一致	100000
	临时工	根据工作需要而招收的一些短期临时工（夏季突发招聘 15 人）3 个月	240000
	员工奖金	员工的年底奖金，一个月工资	100000
	员工保险费	员工参加社会保险的费用（含税）	283000
	工程部	5 人（税后工资总金额）	276000
	员工福利	过年、过节时发给员工的一些物品	10000
肥料	果岭	果岭用的肥料费用（进口）	30000
	发球台	发球台用的肥料费用	
	球道、长草区	球道、长草区、高草区、景观用的肥料费用，去年 4 次	250000
有害生物防治药剂	杀菌剂	杀菌剂费用	180000
	杀虫剂	杀虫剂费用	60000
	生长调节剂	渗透剂、生根剂等费用	60000
	除草剂	除草剂费用	150000
设备费	设备维修	机械设备维修、保养所需要的各种零配件费用	300000
	水电费	维保中心使用的饮水费（含喷灌电费）	120000
	维修工具	维修机械所需要的工具费用及客货二用小型车（保险费、验车费及保养费用）	15000
	新增设备	2018 年根据球场设备状况增加设备	

续表

项目		说明	合计 /（元）
排、灌系统	喷灌用水费	用于喷灌系统外河水资源费	5000
	喷灌系统养护费	喷灌管道、喷头、喷灌泵等的维修、检修、更换费用	150000
	管材、石子等	对球场场地分析，制定改善排水的计划和预算，审批后实施	
沙土	果岭沙	常规铺沙所需要的果岭沙	50000
	沙坑沙	沙坑补沙	60000
	球道沙	发球台、球道铺沙（含秋季草坪交播黄沙）	120000
草种	果岭	用于果岭交播的草籽费用	20000
	球道及发球台	用于发球台、球道冬季交播的草籽费用	120000
燃油类	柴油	各种草坪养护设备所需要的柴油	120000
	汽油	各种草坪养护设备所需要的汽油	30000
	润滑油	各种草坪养护设备所需要的润滑油	10000
	其他油类	各种草坪养护设备所需要的防冻液、液压油	5000
其他材料		铁锹、扫帚、镰刀、水管、沙耙等农用工具的费用	20000
		用于冬季保护果岭所需要的覆盖果岭材料费用，利用现有的就可以了	5000
监测费	土壤	每年两次的土壤检测费用	
	水	每年两次的喷灌水检测费用	10000
其他	通信	办公室的电话、网络费，主管以上人员的电话补助费	2000
	差旅	球场草坪总监出差、参加行业会议等的差旅交通费	5000
	备用金	应付突发事件的预备费用（伤人事故及夏季中暑事情的发生）	50000
		叁佰伍拾捌万玖仟肆佰捌拾肆元肆角整	3589484.4

06

第6章

可持续草坪的有害生物防治

6.1 引言

可持续性有害生物防治的目标是将在草坪养护中使用化学药剂的需要降至最低。本章节重点对比传统的和可持续的有害生物防治方法。本章重点讨论以下6个主题：

传统的病虫害、杂草防治；

有害生物综合治理的定义IPM；

有害生物综合治理；

虫害防治策略；

病害防治策略；

杂草防治策略。

6.2 传统的草坪病虫害、杂草防治

6.2.1 草坪病害相关概念及防治

在草坪草的生长过程中，常常会受到各种病原菌的侵染和危害，使草坪出现变色、枯死、萎蔫、腐烂等症状，从而严重影响了草坪的整体观赏价值和使用价值，降低了草坪的可用年限（图6-1）。因此，掌握草坪上主要病害症状与发生规律，可以有针对性地进行防治，从而有效控制草坪主要病害的发生与危害。

一、草坪病害相关基础知识

当草坪草受到病原生物或不良环境的影响时，其正常的生理功能受阻，导致生理生化、组织结构和外部形态的一系列病变，生长发育停止甚至死亡，造成景观效果的破坏和经济损失。

（一）影响草坪病害的生物因素和非生物因素

能够导致草坪生病的生物病原种类有真菌、细菌、植原体、病毒、类病毒、线虫、寄生性种子植物等。目前最常见的是真菌，其次是病毒、线虫、细菌和植原体。

非生物因素可分为物理和化学两大类。化学因素包括营养缺乏或过剩、有害物质或气体（药害、肥害、土壤过酸或过碱）；物理因素主要有温度失调、水分胁迫、光照过强或不足等。

（二）草坪侵染病害和非侵染病害的区别

由生物病原引起的病害叫侵染性病害，也叫传染性病害，如褐斑病、腐霉枯萎病等（图 6-2）。由非生物病原引起的病害称非侵染性或非传染性病害，也叫生理性病害，如缺铁引起的叶片黄化（图 6-3），缺锌引起的小叶病等。两者的根本区别在于有没有传染性。

（三）草坪病害的分类

1 按草坪草分类：剪股颖病害、草地早熟禾病害等；

2. 按发病部位分类：叶部病害、根部病害等；

3. 按生育阶段分类：幼苗病害、成株病害等；

4. 按病原分类：侵染性病害和非侵染性病害；

5. 按传播方式分类：气传病害、土传病害、种传病害等。

（四）草坪病害的防治原则

传统草坪病害防治讲求“预防为主，综合防治”的原则，要判断“预防为主”体现程度，先要弄清“防”与“治”的区别界限。以真菌病害侵染草坪为例（图 6-4），“防”就是在病害侵染初期——孢子萌发阶段或者侵入阶段采取措施，有效控制病害的发生以及避免或减少对生态环境的不良影响。而“治”是要在病害孢子扩展阶段进行化学防治，要求在短期内控制病害蔓延，指采取措施防治。通常我们用肉眼看到草坪病斑已经大面积出现，已是病害孢子显症阶段或再侵染阶段，此时再用任何杀菌剂都效果不佳，养护管理者为了增加药效，随意加大用药量，殊不知长此以往会增加抗性风险，同时也会对环境造成不利影响。因此提早用药、合理用药可省时省力、事半功倍。

通常在孢子萌发阶段和入侵阶段，可以喷施保护性的杀菌剂如百菌清、代森锰锌、咯菌腈等。在孢子扩展和显症阶段可以用内吸治疗性的杀菌剂，如嘧菌酯、丙环唑、甲基硫菌灵等。总之，在病原菌大规模爆发前，提前预防可以大大提高用药的效率和节省费用。夏季高温高湿时，杀菌剂可在傍晚喷，傍晚后露水等造成草坪叶面潮湿，病菌易滋生，这时喷药触杀和内吸效果好，药剂起到预防、消灭病菌作用；有的杀菌剂如敌克松见光易分解，就更应在傍晚喷药。

二、草坪主要病害及防治策略

（一）草坪褐斑病

草坪分布最广的病害之一，可以侵染所有草坪草，如草地早熟禾、粗茎早熟禾、紫羊茅、细叶羊茅、高羊茅、多年生黑麦草、细弱剪股颖、匍匐剪股颖、结缕草、野牛草、狗牙根等 250 余种禾草，冷季型草坪受害较重，暖季型草坪狗牙根受害较轻。该病害可造成植株死亡，使草坪形成大面积秃斑，极大破坏草坪的景观和使用。

1. 褐斑病症状

被侵染的病叶及叶鞘上会出现梭形或长方形的云纹状病斑，形状不规则。初呈水浸状，中心枯白，边缘红褐色，最终叶片干枯呈深褐色。在潮湿或清晨有露水条件下，叶鞘和叶片病变部位着生稀疏的褐色菌丝，枯草圈边缘出现 2 ~ 5cm 宽的烟环（图 6-5）。太阳照射，叶片干燥后烟环消失。叶片最终干枯、萎蔫，死去的叶片仍直立。

2. 褐斑病病原

半知菌亚门丝孢纲无孢，该病原菌能以腐生菌丝或菌核的方式在土壤中度过不良环境，也能在寄主植物残体中以菌核或腐生菌丝、休眠菌丝的方式存活。

3. 褐斑病发病规律

在枯草层、表层土壤、寄主植物根部经常能发现菌核。菌核抗逆能力很强，即使连续萌发数代之后也能存活多年；菌丝通过气孔或伤口侵染寄主叶片，也能通过侵染垫层或裂片状的附着胞直接侵入植物体内。白天温度 30℃、晚上温度 15-20℃，并且湿度较高的条件持续数天，每天超过 10h 以上的湿润环境，以及修剪过低、过量施用氮肥会加剧褐斑病危害。

4. 褐斑病的防治策略

（1）水肥管理：打孔疏草作业十分重要，清除枯草层，通风透光，防止草坪密度过大。控制氮肥使用量、提高磷钾肥用量，在高温高湿天气到来之前或期间，少施氮肥。避免傍晚浇灌草坪，尽量使草坪草叶片上夜间无水。修剪造成的伤口是病原菌主要的侵染部位，高温高湿病害高发期间，草坪修剪高度不易过高，剪草后及时喷施杀菌剂。

（2）药剂防治：根茎基部病害，需选用大孔径喷嘴点灌；在发病初期效果较好的药剂有杀毒矾、代森锰锌、甲基托布津、敌力脱、雷多米尔锰锌、力克、扑海因等，喷雾灌根。病害压力较大时期选用绘绿、扮绿进行高效防治。配药操作：50% 多菌灵，称重 50g，兑水 10 ~ 15L 溶于打药桶，搅拌均匀。

（二）草坪腐霉枯萎病

腐霉枯萎病是由腐霉菌引起的一种毁灭性真菌病害，能在很短的时间内杀死许多草坪草；可以侵染所有草坪草，其中冷季型草坪草较易受害。一般在排水不良、通气性差、氮肥施用过多的草坪易发生。腐霉枯萎病扩展速度快，在 1 ~ 2d 内就能使大面积草坪草死亡，形成大片枯草秃斑，破坏相当严重，死亡的枯草地块一般需要补播或草皮修补。

1. 腐霉枯萎病症状

高温高湿季节，腐霉病具有突然爆发性，病斑初期呈 2 ~ 5cm 圆形斑，相邻病斑汇合会加大发病的传播速度；可侵染草坪草的各个部位，种子萌发和出土时会被腐。

成株受害，在清晨有露水时，病株呈水浸状暗绿色腐烂。病叶变软、倒伏、黏滑，幼根近尖端部分表现为典型的褐色湿腐。雨后的清晨或晚上可见一层有绒毛状的白色菌丝层（图 6-6），干燥时菌丝消失，叶片萎缩成红棕色，整株枯萎死亡。

图 6-1 草坪大面积发生病害

图 6-2 侵染性病害

图 6-3 非侵染性病害

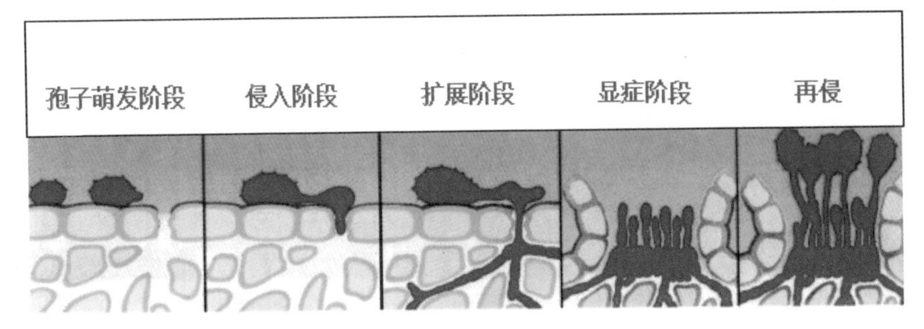

图 6-4 真菌病害的侵染过程——以真菌病害为例

图 6-5 褐斑病症状及病原

图 6-6　腐霉枯萎病及病原

2. 腐霉枯萎病病原

鞭毛菌亚门卵菌纲霜霉目腐霉科腐霉属，主要种有瓜果腐霉（*Pythiuma phanidermatum*）、终极腐霉（*P. ultimum*）、禾谷腐霉（*P. graminicola*）等。菌丝为无隔多核的大细胞，分枝或不分枝，无色透明。

3. 腐霉枯萎病发病规律

高温高湿是腐霉菌侵染的最适条件，当白天最高气温在 30℃以上，夜间最低气温 20℃以上，大气相对湿度高于 90%，且持续 10h 以上时，腐霉枯萎就可大面积发生；腐霉菌是一种土壤习居菌，有很强的腐生性，土壤和病残体中越冬的卵孢子是最重要的初侵染菌源；腐霉菌萌发需要水环境，卵孢子萌发后产生游动孢子囊和游动孢子，继而形成休止孢子后萌发产生芽管和侵染菌丝，侵入禾草的各个部位，之后菌丝体主要在寄主细胞间隙扩展而产生大量菌丝体以及无性繁殖器官孢囊梗和孢子囊，造成多次再侵染。

4. 腐霉枯萎病防治策略

（1）水肥管理：根部病害，促根措施皆可预防病害发生，例如改善排水条件，浇水要浇透，避免傍晚浇水，另外避免过量使用氮肥，可在浇灌水中加入叶面肥；最后要通风、透光，清晨除露，遮阴草坪要增加照明，春季疏草打孔。

（2）药剂防治：由于腐霉病发展很快，且容易产生抗性，药剂预防是最佳措施。病害发生压力较大时使用嘧菌酯、代森锰锌进行预防，发病初期选用金雷、乙膦铝、霜霉威等多种不同作用机理内吸性杀菌剂轮换使用，以避免抗药性的产生。杀菌剂应在傍晚喷，傍晚后露水等造成草坪叶面潮湿，病菌易滋生，这时喷药触杀和内吸效果好，药剂起到预防、消灭病菌作用。

（三）草坪蘑菇圈

又称仙环病，草坪常见危害，可在所有草坪草上发生，并非真正意义上的病害。一般枯草层过厚、低肥力土壤、浇水不足容易发生。其致病病原是土壤习居担子菌的 20 多个属约 60 余种真菌。

1. 蘑菇圈症状

可分为“坏死环”和“局部生长”两类。坏死环类：其症状表现为圆环上的草枯萎、坏疽，甚至死去；局部生长类：刺激局部草坪草生长，形成暗绿色的圆环或弧形，局部生长到后期可能转变成坏死环。浇灌后或雨后环内会有蘑菇长出，枯草层较厚，水肥不足区域易发生此危害。一般在秋冬季节就会自然消去（图 6-7）。

图 6-7　蘑菇圈症状及恢复后状况

2. 蘑菇圈病原

其致病病原是担子菌的 20 多个属约 60 余种真菌。引起蘑菇圈的真菌也称为木腐菌，因为它们喜食木质素，木质素为植物细胞壁提供能量，常见于所有高等植物，同时也是草坪中枯草层的重要组成部分，换句话说，枯草层越厚，草坪草染病概率就会越高，所以，必须有效控制枯草层厚度。

3. 蘑菇圈发病规律

草坪发生蘑菇圈会有环状死草现象，其原因是菌丝在土壤中大量生长积聚，阻隔水分渗入土壤，植株因干旱而死。另外担子菌产生有毒物质侵害植株根部，因此担子菌并非直接侵染草坪草。有些蘑菇圈周围草坪草徒长，其原因是大量担子菌分解土壤周围有机物，释放出大量氮元素被周围草吸收，因此生长旺盛。

4. 蘑菇圈防治策略

在日常养护中，根据气温、水分及草坪草生长状况适度进行打孔、垂直疏草，保证土壤充足水分、避免浅层浇灌、及时清除枯草层等工作，可有效预防。

（1）水肥管理：控制枯草层厚度，枯草层越厚，染病概率越高。病区适度进行打孔，打孔后晾晒 24 ~ 48h 后，然后覆沙填满孔洞。受侵染区域应采取局部打孔灌水，迫使水分到达根系，避免使草坪局部出现严重干湿交替现象。染病区域草坪草根系一般很浅，故应在夏季快速洒水降温，并且适当补充染病区域土壤的水分，使根系不至于暴露在干沙中。土壤过于潮湿或饱和都会造成草坪草枯萎，所以原则就是“水不在多，无干沙则可”。另外根据土壤检测结果，平衡施肥。当草坪缺少氮肥时，第二类仙环病将变得更为明显。

（2）药剂防治：一旦气温连续 5d 高于 16℃，开始有针对性地使用保护性杀菌剂；病害发生初期使用广谱杀菌剂加渗透剂并配合打孔共同防治。目前较为有效的杀菌剂有：嘧菌酯、丙环唑和氟酰胺等，春季 3 ~ 5 月施用两次，秋季 9 ~ 10 月施用 1 ~ 2 次。

（四）狗牙根春季死斑病

春季死斑病是发生在三年期或建植更长时间的狗牙根草坪上的常见病害，多在长江中下游过渡带、华南及四川、重庆地区出现，草坪一旦发生春季死斑病很难在短时间内根治。

1. 春季死斑病症状

休眠的狗牙根草坪在春季恢复生长后，局部出现圆形褐色枯草斑，斑内枯株死亡。枯草斑直径为数厘米至 1m 左右，发病后 3 ~ 4 年内枯草斑往往在同一位置重复出现。发病严重的区域往往多个斑块汇合在一起，使草坪总体上表现出不规则、类似冻死或冬季干枯的症状，病斑向下凹陷（图 6-8），往往持续到夏季，到狗牙根夏季生长高峰，病斑周边的狗牙根匍匐生长逐步恢复草坪覆盖度，如果病斑面积较大，草坪在当年秋季休眠期前仍无法恢复。狗牙根的根部和匍匐茎严重腐烂，可见深褐色的菌丝体和菌核。一般在土壤紧实、缺肥的地块易发生。

图 6-8　春季死斑病

2. 病病原

病原菌在土壤中存活，春季和秋季温度较低，土壤湿度较高时病原菌最活跃。10 ~ 20℃时土壤中病原菌生长最快，依附在草坪草匍匐茎上（图 6-9）。春季寄主茎叶恢复生长后，受害最明显。肥力低下的草坪发病较轻，夏末大量施氮肥可导致严重发病。

3. 春季死斑病发病规律

病原菌并不直接杀死狗牙根的根系，而是通过秋冬季入侵寄主根茎部，使得草坪草对寒冷胁迫更加敏感。在冬季，连年发生的区域草坪枯黄的颜色和正常的草坪有所不同。对这些地块，每年秋季就要进行必要的防治措施，如果春季已经看见病斑不能正常返青，此时再进行防治措施已经无效。另外，冬季越寒冷、草坪草休眠期越长的地区，春季死斑病越严重。

4. 春季死斑病防治策略

（1）选用耐病品种，目前狗牙根的‘TifSport’品种比较耐春季死斑病，此耐病品种具有发达的根系，即使有病菌侵入也可通过增强根系发育而减轻损失。

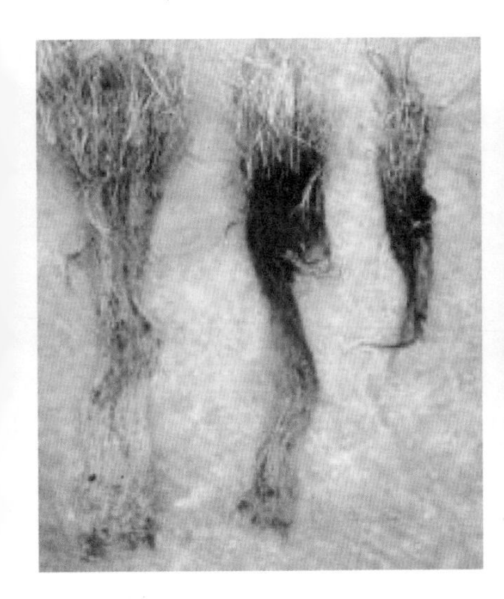

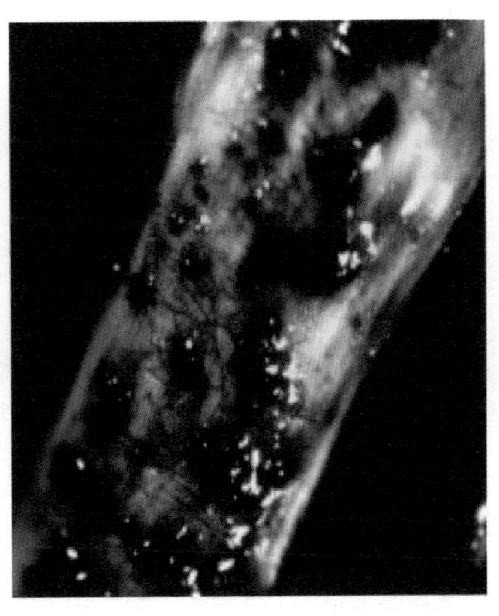

图 6-9 匍匐茎附有深褐色菌丝体和菌核，受害植株根部腐烂

（2）改善土壤条件，保持土壤通透、排水良好，避免雨后积水、干时土壤板结。

（3）及时清理枯草层，减少病原菌数量，枯草层过厚会加剧春季死斑病的发生。

（4）氮肥过高会加剧病情。在夏季，不要大量施入速效氮肥，要保持草坪健壮而不过分致密。秋季过多地施入氮肥、土壤缺钾、pH 值过高、土壤紧实、排水性差及低温冻害等是引发春季死斑病的因素，所以，养护中应避免这些诱发因素。

（5）药剂防治：重点是秋季的药剂防治，春季防治效果非常有限。上海地区每年 9 月和 10 月两次施药，可用百菌清、嘧菌酯、丙环唑、甲托、咯菌腈等。

病害管理的基础是改善狗牙根根系结构；根系改善不是一蹴而就的，因此，此类病管理需要多年的积累；春季死斑病的发病率会随着常年的根系养护措施而逐年降低。

（五）草坪锈病

所有草坪都能被侵染发病，主要侵染草地早熟禾、多年生黑麦草、高羊茅、狗牙根、结缕草等；特别一提的是，暖季型草坪草最易发生在结缕草上。草坪上常发生的锈病有条锈病、叶锈病、秆锈病和冠锈病。

1. 锈病症状

主要危害叶片、叶鞘和茎秆，属于叶部病害，不会发生在草坪根部。在发病部位生成黄色至铁锈色的夏孢子堆和黑色冬孢子堆，被锈病侵染的草坪远看是黄色的。不同锈病可根据其夏孢子堆和冬孢子堆的形状、颜色、大小和着生特点进一步区分。病害发生严重时幼叶变黄色至红褐色，生长缓慢（图 6-10）。

2. 锈病病原的许多种，属担子菌门柄锈菌属真菌。

3. 锈病发病规律

通常发生在早春至中夏期间；草坪草种和品种的抗病性是影响病害发生的基本因素，湿度、降雨、草坪密度、水、肥等养护管理水平，往往构成不同年份、不

图 6-10　锈病整体症状和孢子

同地块发病程度的决定因素。通常阴凉区域易发生该病害。

4. 锈病防治策略

从管理措施上应该使用抗性品种，及时修剪草坪、清理草屑、通风透光、降低遮阴。在防治药剂上可选择三唑类，其效果好、持效长，常用粉锈宁、立克秀、敌力脱、扮绿。

6.2.2　常见草坪害虫识别及其防治

一、草坪虫害相关基础知识

草坪虫害相对于草坪病害来讲，对于草坪危害较轻，比较容易防治，但如果防治不及时，也会对草坪造成大面积的破坏。草坪虫害的防治要预防为主、综合防治，了解主要虫害的发生规律，以科学养护管理为核心，协调运用生物防治、化学防治、物理防治等，进行综合防治。

草坪害虫按其危害部位的不同可分为地下害虫和地上害虫两大类。

（一）地下害虫是指在土中生活的害虫，它们栖息于土中，取食草坪草萌发的种子，咬断植株地下部分的根、根茎和地上部靠近地面的嫩茎，造成草坪缺苗稀疏、整株发黄、萎蔫、成片枯死、出现斑秃。有时被危害的草坪轻轻用力就可抓起一片草皮。上海地区常见的害虫主要有地下害虫蛴螬、蝼蛄、象甲等。

（二）地上害虫又分为咀嚼式食叶害虫和刺吸式食叶害虫。咀嚼式害虫嚼食草叶，形成圆孔和缺刻，甚至吃掉全部茎叶，此类害虫如果不及时有效防治，时代重叠发生，对草坪危害较大，影响草坪景观，上海地区主要有淡剑贪叶夜蛾、斜纹夜蛾、水稻切叶螟等；刺吸式害虫吸食植物汁液，虽然植株外表没有显著的缺失损坏，但是叶部被刺吸后出现褪绿小斑点，或者变红、卷曲、皱缩等，此类害虫有蚜虫、稻飞虱、叶蝉、蓟马等。

二、草坪主要虫害及防治策略

（一）蝼蛄

蝼蛄科，属直翅目蟋蟀总科。大型、土栖昆虫。触角短于体长，前足开掘式，缺产卵器。本科昆虫通称蝼蛄，俗名拉拉蛄、土狗。全世界已知约 50 种，中国已知 4 种：华北蝼蛄、非洲蝼蛄、欧洲蝼蛄和台湾蝼蛄。

1. 形态特征

体狭长。头小，圆锥形。前胸背板椭圆形，背面隆起如盾，两侧向下伸展，几乎把前足基节包起。前足特化为粗短结构，腿节略弯，具强端刺，便于开掘。

2. 生活习性及危害特点

蝼蛄为多食性昆虫，以成虫、若虫食害幼苗的根部和靠近地面的幼茎，被害部呈不整齐的丝状残缺，受害幼苗枯死。由于成虫、若虫常在表土层活动，钻成许多纵横交错的隧道（图 6-11），轻者降低草坪质量，重者可以使一片草坪萎蔫或枯黄，甚至死亡。蝼蛄活动受温度（特别是土温）的影响很大，上海地区一年中蝼蛄可形成两个危害高峰（5 ~ 6 月、9 ~ 10 月）。蝼蛄在清明前后头转向上，并到地表活动，顶出虚土堆。4 月中旬出窝，隧道上留一小眼，5 月上旬至 6 月中旬是蝼蛄最活跃的时期，夏季气温 23℃以上时，则潜入较深层土中，9 月是第二次危害高峰。蝼蛄喜欢在潮湿的草坪中生活，对未腐熟的有机质特别感兴趣，成虫有很强的趋光性。蝼蛄一般于夜间活动，但气温适宜时，白天也可活动。

图 6-11　蝼蛄

3. 防治策略

（1）物理防治：利用趋光性特点设置黑光灯、电子灭蛾器。另外蝼蛄具有群集性，可以找到洞穴集中消灭。

（2）人工灭卵：根据蝼蛄卵窝在土面的特征，向下挖卵窝灭卵。这种方法只能在可见虚土堆的稀疏草坪上应用，在致密草坪上，可根据 6 ~ 8 月产卵盛期，出现成行或成条枯萎死草的症状，向根下挖掘出隧道，再挖窝灭卵。

（3）化学防治：草坪建植时可使用辛硫磷等对土壤进行处理；也可利用蝼蛄趋粪性、喜湿性以及对香甜物质趋化性的特点，将炒至半熟的谷物、豆饼和 90% 敌百虫、西维因药剂制成毒饵诱杀。具体做法是傍晚时均匀撒于草坪上或沟施。在危害严重时，采用奥力克 1000 倍或辛硫磷 1000 倍 + 灭幼脲 2000 倍灌根。

（4）生物防治：白僵菌。

（二）蛴螬

蛴螬是金龟子的幼虫，别名白土蚕、核桃虫，成虫通称为金龟甲或金龟子（图6-12）。金龟子成虫并不危害草坪，危害草坪的是金龟子的幼虫——蛴螬，喜食刚播种的种子、根、块茎以及幼苗，对草坪造成危害。按其食性可分为植食性、粪食性、腐食性三类。其中植食性蛴螬食性广泛，危害多种农作物、经济作物和花卉苗木，是世界性的地下害虫，危害很大。

图6-12 幼虫和成虫

1. 形态特征

蛴螬体肥大，体型弯曲呈C型，多为白色，少数为黄白色。头部褐色，上颚显著，腹部肿胀。体壁较柔软多皱，体表疏生细毛。头大而圆，多为黄褐色，生有左右对称的刚毛，刚毛数量的多少常为分种的特征。

2. 生活习性

蛴螬1～2年1代，幼虫和成虫在土中越冬，成虫即金龟子，白天藏在土中，晚上8：00～9：00时进行取食等活动。蛴螬有假死和负趋光性，并对未腐熟的粪肥有趋性。幼虫蛴螬始终在地下活动，与土壤温湿度关系密切。当10cm土温达5℃时开始上升土表，13～18℃时活动最盛，23℃以上则往深土中移动，至秋季土温下降到其活动适宜范围时，再移向土壤上层（图6-13）。

图6-13 蛴螬生活习性

3. 危害特点

成虫并不危害草坪，危害草坪的是金龟子的幼虫——蛴螬。蛴螬啃食根系、根茎等植物组织，容易导致草坪大面积受害；初始局部草坪呈青灰色失水状，然后萎蔫、发黄；草坪出现形状不规则的局部枯斑，能轻易揭开草皮。蛴螬对草坪危害有两个高峰期：春秋两季。

4. 防治策略

（1）合理养护措施：在成虫发生盛期，减少浇灌，因为湿的草坪会招引雌虫产卵，尤其是土壤干旱时更是如此。在卵孵化后，浇灌或降雨有助于减轻危害；合理施肥，控制氮肥，促进根系发育，增强抗虫能力；及时清理草坪，可减轻危害。

（2）生物防治方法：利用捕食、寄生性天敌压低蛴螬种群数量，例如步甲、蚂蚁和其他有益昆虫取食卵或低龄幼虫。

（3）化学防治：预防为主的杀虫剂：吡虫啉、噻虫嗪等提前用药可预防 3 龄前的幼虫，持效期可在一个月以上；紧急应对的杀虫剂：当虫龄已达 3 龄以上，虫口密度很大，此时可用毒死蜱、辛硫磷等毒性较大的杀虫剂集中处理。成虫防治：乙酰甲胺磷、高效氯氰菊酯等。

（三）淡剑夜蛾

鳞翅目夜蛾科昆虫，世界性分布，国内各地都有发生，主要发生在长江流域、黄河流域，是一种暴食性害虫。上海地区危害草坪的夜蛾类害虫主要有淡剑夜蛾和斜纹夜蛾等。

1. 形态特征

卵馒头形，直径 0.3 ~ 0.5mm，有纵条纹。幼虫体色变化大：初孵化时灰褐色，头部红褐色；取食后呈绿色；老熟幼虫为圆筒形，体长 13 ~ 20mm，头部为浅褐色椭圆形，腹部青绿色，沿蜕裂线有黑色“八”字纹。蛹体长 12 ~ 14mm，初化蛹时为绿色，后渐变红褐色，具有光泽；幼虫有假死性，受惊动卷曲呈“C”形；成虫身体淡灰褐色，前翅灰褐色，后翅淡灰褐色，比前翅阔。

2. 生活习性

成虫日伏夜出，具有较强的趋光和趋化性，特别对短波光的黑光灯趋性最强。一般第 3 ~ 5 代幼虫危害严重，各龄幼虫的生活和危害习性不同。幼虫有趋湿性，喜欢温暖潮湿的环境，在上海一般夏秋两季危害较重。

3. 危害特点

幼虫吃食植物叶片，为暴食性害虫，孵化后即在附近取食。幼虫 1 ~ 2 龄时，只取食嫩叶叶肉，留下透明的叶表皮；2 龄后分散；3 龄以后取食叶片，吃成缺刻，在草坪的茎部啃食嫩茎；3 ~ 4 龄食量还较小；4 龄后幼虫抗药性大大增强；进入 5 ~ 6 龄后食量大增，为暴食期，把叶脉及嫩茎吃光，阴雨天昼夜咬食危害。轻者造成草坪发黄，如不及时防治，严重时会造成草坪整片死亡（图 6-14），严重影

图 6-14　淡剑夜蛾

响草坪的观赏和正常生长。因此，药剂防治应把幼虫消灭在 3 龄以前。根据杀虫灯的诱捕监测情况，7 月下旬是淡剑夜蛾幼虫发生的第 3 代，3 ~ 5 代都是淡剑夜蛾防治的关键时期。

4. 防治策略

（1）合理养护措施：淡剑夜蛾的防治应以第 1 代为重点。及时拔除田间杂草，可消灭卵和幼虫。高龄幼虫残存量大时，每天早晨扒开新被害植株周围表土，人工捕捉也是有效的补救措施。

（2）物理防治：可用黑光灯和糖醋液诱杀成虫（预报措施）。

（3）化学防治

根据危害程度：轻发生（1 级）0<N ≤ 50 头 /m^2、中发生（2 级）50 头 /m^2<N ≤ 300 头 /m^2、大发生（3 级 N>300 头 /m^2），量化化学药剂。对密度超过 300 头 /m^2 的草坪用 1.2% 烟碱苦参碱 500 倍或乐斯本 1500 倍液 + 除虫脲 2000 倍液进行喷雾防治。一般情况，氨基甲酸酯、除虫菊酯等药剂喷雾灭杀成虫；3 龄前幼虫防治效果最好，草坪建植时药剂拌种或土壤处理；草坪成坪后可以采用辛硫磷、毒死蜱等药剂喷雾或灌根；诱杀淡剑夜蛾幼虫的毒饵配方：用 90% 晶体敌百虫 0.5kg，加水 2.5 ~ 5kg，喷拌 50kg 碾碎炒香的棉籽饼，或用 50% 辛硫磷乳油每亩 50g，拌棉籽饼 5kg，毒饵每亩用 5kg。

（4）生物防治：危害轻微可以使用短稳杆菌 800 倍喷雾。中后期采用：短稳杆菌 600 ~ 700 倍 + 除虫脲 1500 倍；喷雾森得保 1000 倍 + 除虫脲 1000 倍；甲维盐 1000 倍 + 除虫脲 1000 倍；乐斯本 1000 倍 + 除虫脲 1000 倍。

（5）施药时间：最好傍晚喷施。害虫白天藏匿不活动，一般都在傍晚出来取食、活动，傍晚喷药容易起到触杀、胃毒效果。

（四）斜纹夜蛾

鳞翅目夜蛾科昆虫，世界性分布，国内各地都有发生，主要发生在长江流域、黄河流域，是一种暴食性害虫。上海地区危害草坪的夜蛾类害虫主要有斜纹夜蛾和水稻贪叶夜蛾等。

1. 形态特征

成虫前翅具许多斑纹，中有一条灰白色宽阔的斜纹，故名。成虫具趋光和趋化性。幼虫危害草坪，幼虫头颈有黑环（图 6-15）。老熟幼虫体长 38 ~ 51mm，夏秋虫口密度大时体瘦，黑褐或暗褐色；冬春数量少时体肥，淡黄绿或淡灰绿色。幼虫共 6 龄，有假死性。

图 6-15　斜纹夜蛾幼虫（头颈带黑环）

2. 生活习性及危害特点

上海地区一年发生 4 ~ 5 代；7 ~ 10 月利于发生，一般 8 ~ 9 月危害最重；幼虫 3 龄前取食叶肉，叶片呈现白纱状斑，4 龄进入暴食期，叶片吃光，排泄物污染草坪；老熟幼虫入土 1 ~ 2cm 化蛹；幼虫喜欢温暖潮湿的环境，高温干旱对其不利。

3. 防治策略

化学防治：① 90% 晶体敌百虫；② 40.7% 乐斯本（毒死蜱）；③氯氰菊酯（或顺式氯氰菊酯、杀灭菊酯）；④ 20% 灭幼脲 I 号或 III 号制剂。特别一提：杀虫剂最好傍晚喷施。害虫白天藏匿不活动，一般都在傍晚出来取食、活动，傍晚喷药容易起到触杀、胃毒效果。药剂配制：40.7% 乐斯本按照 1 ： 800 比例稀释喷雾处理。在危害初期，可以利用虫瘟一号 1000 倍喷雾，虫瘟一号由于是多核体病毒药剂，药效较慢，从用药到虫子死亡大约需 2d 时间。

（五）水稻切叶螟

此类害虫以水稻切叶螟为例，是上海地区危害草坪的螟虫类害虫之一。水稻切叶螟危害草坪的叶部，因其体型小、食量少，不会像夜蛾类幼虫那样一晚上吃掉一大片。幼虫白天蛰伏草皮浅层洞穴，傍晚出来活动，切断洞穴周围草叶（图 6-16），拖入洞穴切食。有些成虫可持续到 9 月，因此会造成世代重叠。危害严重时，草坪类似肥料烧草症状，草叶吃掉逐步露出草茎，虫口密度大时，此类症状可连成一片。

（六）象甲（水稻象甲）

鞘翅目象甲科，水稻象甲是水稻主要害虫，分布在中国各产稻区，同时也是

图 6-16　水稻切叶螟幼及幼虫白天蛰伏洞内

草坪草害虫。

1. 形态特征

成虫头部延伸成稍向下弯的喙管，口器着生在喙管的末端，触角端部稍膨大，黑褐色。末龄幼虫体长 9mm 左右，头褐色，体乳白色，肥壮多皱纹，弯向腹面，无足（图 6-17）。

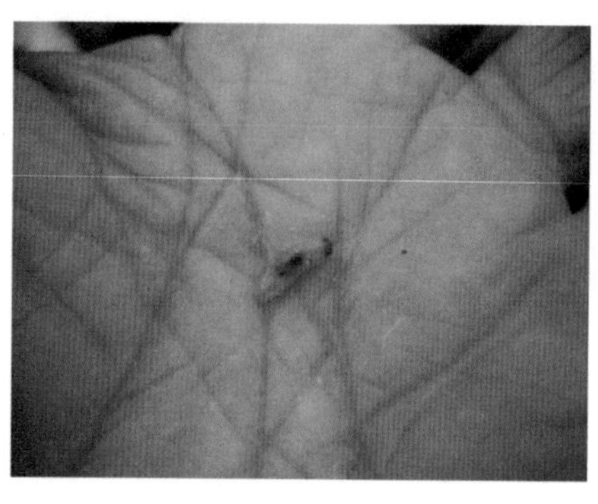

图 6-17　象甲幼虫和成虫

2. 生活习性

南方一年生两代，成虫在田边、草丛、树林落叶层中越冬。翌春成虫开始环杂草叶片或栖息在茭白、水稻等植株基部，黄昏时爬至叶片尖端，在水下的植物组织内产卵期 1 个月，产卵量 50 ~ 100 粒，卵期 6 ~ 10d，初孵幼虫取食叶肉 1 ~ 3d，后落入水蛀入根内为害，幼虫期 30 ~ 40d。老熟幼虫附着于根际，营造卵形土茧后化蛹，蛹期 7d。主要通过运送稻草等进行远距离传播，成虫飞翔或借水流也能蔓延。

3. 危害特点

成虫早晚活动，白天躲在草丛基部株间，有假死性和趋光性。对草坪产生危害的是象甲幼虫，啃食草坪地下根茎。矮生百慕大、海滨雀稗等低修剪草坪受水稻象甲幼虫危害症状似肥料颗粒状“烧草”（图 6-18）。

图 6-18　海滨雀稗受象甲幼虫危害

4. 防治策略

在水稻象甲危害严重的地区，已见叶片受害时，喷洒 50% 杀螟松乳油 800 倍液或 90% 晶体敌百虫 600 倍液。

（七）飞虱（稻飞虱）

稻飞虱属同翅目飞虱科。危害水稻的主要有褐飞虱、白背飞虱和灰飞虱三种。稻飞虱是水稻主要害虫，也是草坪草害虫。稻飞虱很少直接成灾，但能传播病毒。

1. 形态特征

体形小，触角短锥状，后足胫节末端有一可动的距。翅透明，常有长翅型和短翅型个体。稻飞虱长翅型成虫均能长距离迁飞。趋光性强，且喜趋嫩绿。取食时，口针伸至叶鞘韧皮部，先由唾腺分泌物沿口针凝成“口针鞘”抽吸汁液。

2. 生活习性

稻飞虱长翅型成虫均能长距离迁飞，成虫和若虫均群集草坪叶片或茎秆上刺吸汁液，趋光性强，且喜趋嫩绿。稻飞虱的越冬虫态和越冬区域因种类而异。上海地区，若虫在杂草丛、稻桩或落叶下越冬。每年发生 4 ~ 6 代，部分地区世代重叠。其盛发期均值水稻穗期。在浙江以若虫在麦田杂草上越冬，在福建南部各虫态皆可越冬。

3. 危害特点

刺吸式口器，成虫、若虫吸取植物茎秆、叶鞘等部位的汁液，消耗植株养分，并传播纹枯病等病害。稻飞虱对草坪的危害，除直接刺吸汁液，使生长受阻外，严重时还可使草坪枯萎，产卵也会刺伤植株，破坏输导组织，妨碍营养物质运输并传播病毒病。

4. 防治策略

化学防治：前期预防可用 10% 醚菊酯悬浮剂，爆发时使用预防和速效性药物辛硫磷、毒死蜱等喷雾处理。

6.2.3 常见草坪杂草及其防治

一、草坪杂草相关基础知识

（一）草坪杂草的定义

草坪杂草是指草坪中除有目的种植的草坪植物外，非有意识栽培的植物，即长错了地方的植物。草坪杂草除少数来自于草种种子的携带外，大多数来源于坪床土壤中及外来传播。

（二）草坪杂草的危害

1. 与草坪草竞争空间（地上和地下）、阳光、水分、肥料等。

天胡荽（*Hydrocotyle sibthorpioides*）、卷耳（*Cerastium arvense*）等春季出苗早于草坪草返青，争夺地上空间及阳光；牛筋草、狗尾草（*Setaria viridis*）等根系分布于浅层土壤，截留水分及肥料；牛筋草、马唐等分蘖多且平铺生长，能快速侵占草坪面积。

2. 分泌化学干扰物质

抑制/杀死草坪草：马唐、牛筋草、萹蓄（*Polygonum aviculare*）、车前（*Plantago asiatica*）等。

3. 病虫害的寄主

草坪周边杂草种群高低细密、配置合理，十分利于病虫害的寄生繁衍；草坪常见病害很多都能在禾本科杂草上寄存并传播；稗草是叶蝉、黏虫的中间寄主。

4. 影响人类

有毒杂草：龙葵、猪殃殃（*Galium spurium*）、泽漆（*Euphorbia helioscopia*）等；花粉易致过敏：豚草（*Ambrosia artemisiifolia*）；破坏美观，影响情绪。

（三）草坪杂草的特点

1. 产生大量种子：杂草能产生大量种子繁衍后代，如马唐、马齿苋在上海地区一年可产生 2 ~ 3 代。一株马唐、马齿苋可以产生 2 万 ~ 30 万粒种子。如果草坪中没有很好地除草，让杂草开花繁殖，必将留下数亿甚至数十亿粒种子。

2. 繁殖方式复杂多样：有些杂草不但能产生大量种子，还可以无性繁殖，如根蘖、匍匐茎、根茎、球茎等。

3. 传播方式的多样性：杂草种子易脱落，且具有易于传播的结构或附属物，借助风、水、人、畜、机械等外力可以传播很远，分布很广。

4. 种子具有休眠性，且休眠顺序、时间不一致。

5. 种子寿命长：据报道，野燕麦（*Avena fatua*）、看麦娘（*Alopecurus aequalis*）、蒲公英（*Taraxacum mongolicum*）、牛筋草的种子可活 5 年；金狗尾、荠菜（*Capsella bursa-pastoris*）种子可存活 10 年以上；马齿苋、龙葵（*Solanum nigrum*）可活 30 年以上；反枝苋（*Amaranthus retroflexus*）可存活 40 年以上。

6. 杂草出苗、成熟的不整齐性：大部分杂草出苗不齐，例如荠菜、繁缕、婆婆纳（*Veronica polita*），除最冷的 1 ~ 2 月和最热的 7 ~ 8 月外，一年四季都能出苗开花；马唐、马齿苋、牛筋草在上海地区从 4 月出苗，一直延续到 9 月，先出苗的于 6 月下旬开花结果，先后相差 4 个月。

7. 杂草的竞争力强、适应性广、抗逆性强，竞争力远远高于草坪草。

（四）草坪常见杂草的种类

1. 按除草剂杀草谱分类

禾本科杂草：叶片长条形，叶脉平行；茎切面为圆形，根系为须根系；

莎草科杂草：叶片长条形，叶脉平行；茎切面三角形，根系为须根系；

阔叶类杂草：叶片宽阔，叶脉网纹状；茎切面圆形或方形，根系直根系。

2. 按生命周期分类

一年生杂草：春夏萌发，夏秋开花结实后死亡，生命史在当年结束，如牛筋草、马唐、一年生早熟禾、稗草（*Echinochloa crus-galli*）、狗尾草等；

越年生杂草：夏秋萌发，来年开花结实，生命史跨越 2 个年度，如一年生早熟禾、繁缕、婆婆纳，看麦娘等。

多年生杂草：生命史跨越 3 个年度以上，能多次开花结实，营养繁殖发达，如水花生（*Alternanthera philoxeroides*）、天胡荽、白茅（*Imperata cylindrica*）、香附子等。

3. 禾本科杂草、阔叶类杂草和莎草科杂草的区别

（1）禾本科杂草和莎草科杂草属单子叶植物：看果实，单子叶的种子只有单片子叶，不能分成两半；我们天天吃的大米、小麦、玉米属单子叶植物。

马唐、牛筋草、狗牙根、狗尾草、稗草，属禾本科杂草；香附子（*Cyperus rotundus*）、蜈蚣草、碎米莎草（*Cyperus iria*），属莎草科杂草。

（2）阔叶类杂草属双子叶植物：看果实，双子叶的种子有双片子叶，可掰成两半，如花生、大豆、豇豆属双子叶植物。水花生、繁缕、婆婆纳、马齿苋，属阔叶类杂草。

（3）禾本科杂草的叶长条形、线形，平行叶脉，叶稍尖，农民形象地称为“尖叶草”，如马唐、牛筋草、狗牙根、狗尾草、稗草。

阔叶类杂草叶形圆形、匙形、三角形、披针形等，网状脉，农民形象地称为“圆叶草”，如水花生、繁缕、婆婆纳、马齿苋、灰藜。

（4）禾本科杂草的茎无中央髓部，即茎中空，如马唐、牛筋草、狗牙根、狗尾草、稗草。

阔叶类杂草的茎有明显的中央髓部，多年生的还有后生木质部（年轮），如一枝黄花（*Solidago decurrens*）、蒿类、水花生、繁缕、婆婆纳、马齿苋、灰藜。

（5）禾本科杂草的根多数是须根系，无明显的主根，如马唐、牛筋草、狗牙根、狗尾草、稗草。阔叶类杂草的根与叶一样，为直根系，有主根和侧根之分，如一枝黄花、蒿类、水花生、繁缕、婆婆纳、马齿苋、灰藜。

二、草坪主要杂草及防治策略

（一）常见禾本科杂草

草坪上发生危害的禾本科杂草很多，一年生禾本科杂草主要种类有牛筋草、马唐、一年生早熟禾、稗草、狗尾草等；多年生禾本科杂草主要有白茅、双穗雀稗、狗牙根、铺地黍（*Panicum repens*）等。

1. 上海地区常见的夏季禾本科杂草

（1）马唐

禾本科一年生夏季杂草，上海地区每年 4 ~ 10 月发生。倒伏生长；膜质叶舌；新叶卷叠在叶鞘内；主要以种子萌发为主（图 6-19）。马唐和止血马唐（*Digitaria linearis*）的区别：马唐叶鞘及叶片正反面均有毛，而止血马唐叶鞘和叶片少毛。

图 6-19　马唐植株

马唐在低于 20℃时，发芽慢，25 ~ 40℃发芽最快，种子萌发最适相对湿度 63% ~ 92%，最适深度 1 ~ 5cm。喜湿喜光，潮湿多肥的地块生长茂盛。上海地区只要温度适宜，4 月初即有马唐种子萌发，4 ~ 6 月大量集中出苗，8 ~ 10 月结籽，种子边成熟、边脱落、边萌发，生命力强，一年可发生数代。成熟种子有休眠习性。11 月枯死后腐烂，呈褐色斑块，严重影响景观质量（图 6-20）。

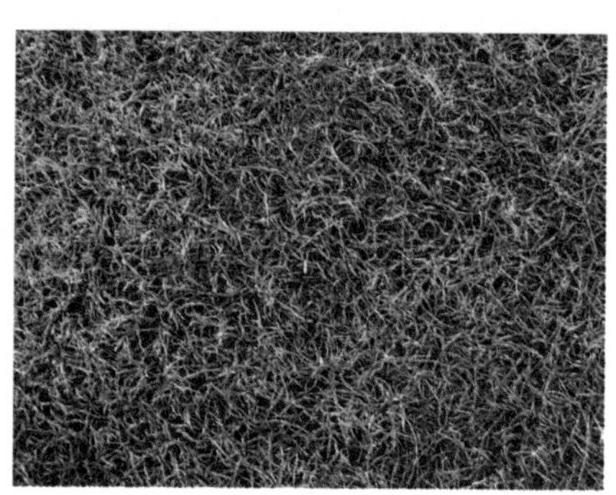
图 6-20　马唐死亡后的不良景观

防治方法：马唐为主要的夏季一年生杂草，在上海地区每年 4 月上旬开始出苗，最先萌发的一批杂草在 6 月中上旬开花结籽，新种子继续萌发为害，所以马唐发生世代交替严重，通过人工拔除或萌后除草剂很难控制，费时费力，最好的防治方法就是使用萌前除草剂，而且对所有的暖季型草坪草都很安全，主要有氨氟乐灵、二甲戊乐灵和恶草酮等。氨氟乐灵 65% 水分散粒剂（商品名拔绿）每公顷 1.2kg 兑水 1000L，可封闭马唐三个月以上；每公顷使用 1.5kg 可封闭四个月以上。二甲戊乐灵和恶草酮最高剂量仅能封闭 2 个月。萌前除草剂使用后需大量浇水，让药剂进入土壤层中才能发挥作用。

对于已经出苗的马唐需要及时进行苗后处理，狗牙根、结缕草、海滨雀稗草坪内可用二氯喹啉酸，在狗牙根、结缕草中可以用啶嘧磺隆（秀百宫或金百秀）、甲砷酸钠（MSMA），海滨雀稗中可用嗪草酮茎叶处理。

（2）牛筋草

一年生夏季杂草，根系极发达。牛筋草的茎叶贴地有力、不易铲锄，成株轮状分布，叶片有明显折痕（图 6-21），多见于干燥紧实的裸露土壤。

图 6-21　牛筋草

上海一带于 4 月中下旬出苗，5 月中上旬进入发生高峰，6 ~ 8 月发生少，部分种子 1 年内可生 2 代。秋季成熟的种子在土壤中休眠 3 个多月，在 0 ~ 1cm 土中发芽率高，深 3cm 以上不发芽。发芽需在 20 ~ 40℃变温条件下有光照。恒温条件下发芽率低，无光发芽不良。

防治方法：春季萌发比马唐较晚；多见于干燥紧实的裸露土壤；在成坪的狗牙根、结缕草、海滨雀稗草坪上用氨氟乐灵、二甲戊乐灵和恶草酮等萌前除草剂。每年 4 月中上旬施药，防治策略参考马唐，通常春季 4 月初使用一次萌前除草剂可同时封闭马唐、牛筋草、狗尾草等夏季杂草。对于已经出苗的牛筋草可用甲酰胺磺隆进行茎叶喷雾处理。

（3）狗尾草

狗尾巴草，别名狗尾草，属禾本科狗尾草属一年生草本植物。上海地区每年 5 ~ 10 月发生。根为须状，高大植株具支持根。秆直立或基部曲膝，高 10 ~ 100cm，基部茎达 3 ~ 7mm。叶鞘松弛，无毛或疏具柔毛或疣毛，边缘具较长的密棉毛状纤毛。

防治方法：可以用萌前除草剂氨氟乐灵和二甲戊乐灵进行土壤封闭抑制杂草萌芽。对于已经出苗的在 3 叶期前，狗牙根和结缕草草坪上用三氟啶磺隆钠盐（11% 油悬浮剂）每公顷 300 ~ 450mL 兑水 600L 进行苗后处理，或者 25% 的啶嘧磺隆每公顷 210 ~ 240 g 兑水 600L 茎叶喷雾。

2. 上海地区常见的冬季禾本科杂草

（1）一年生早熟禾

别称小青草、小鸡草、冷草等，一年生或越年生冬季杂草。在中国南北各省，欧洲、亚洲及北美洲均有分布。是世界广布性杂草，近几年在上海地区危害十分严重，需要严加管理控制。主要以种子繁殖。叶片中脉明显，叶尖船型，新叶折叠，常有皱缩，白色膜质叶舌，在任何修剪高度下都能抽穗开花（图 6-22）。

一年生早熟禾在潮湿遮阳、土壤板结时发生蔓延。生长习性从疏丛型到匍匐型，在草坪中表现为淡绿色的斑块，抗热性差，炎热的夏季干枯死亡。只要环境适宜，整个生长季节都长穗，上海地区每年夏末即可萌发，一直到翌年 3、5 月都有杂草

图 6-22　一年生早熟禾及其花序

种子相继萌发，每年 4 月中旬左右抽穗开花，给草坪景观带来很大压力。

一年生早熟禾最初侵入草坪时很可能不会受到草坪管理者的重视，所以不会花精力、花成本去防除，但是一年生早熟禾繁殖能力惊人。据国外资料统计，一年生早熟禾每平方英尺（1 平方英尺 =0.09m^2）的面积上可结籽 1.4 万 ~ 6.5 万粒。如果不采取任何措施，年复一年，土壤中的种子数量就会像滚雪球一样，越来越多。

防治方法：一年生早熟禾的发生呈明显的双峰曲线，每年的春季和秋季是萌发的两个高峰，以上海地区为例，每年 2 月下旬、4 月中旬是春季萌发高峰期，下半年的 9 月上旬、11 月下旬是秋季萌发相对比较集中的时期。事实上，除了这两个时间段，其他季节只要温度和雨水等气候符合其萌发条件，一年生早熟禾立即出苗，因此一年生早熟禾出苗不整齐是其防治的难点。

目前使用萌前除草剂是最佳防治方法，在成坪的狗牙根、结缕草、海滨雀稗草坪上安全性高。氨氟乐灵 65% 水分散粒剂（商品名拔绿）每公顷 1kg 兑水 1000L，在每年 2 月和 9 月施药两次，注意喷药均匀、覆盖全面，施药后浇透水即可。另外还可选用二甲戊乐灵和恶草酮等萌前除草剂。如果草坪在秋季有交播黑麦草作业，需要黑麦草出苗四叶期，或根系达到 5cm 以上时，才可使用萌前除草剂。

对于已经出苗的一年生早熟禾要及时处理，狗牙根和结缕草草坪（不交播黑麦草）用三氟啶磺隆钠盐（商品名抹绿）11% 油悬浮剂每公顷 300 ~ 450mL 兑水 600L 进行苗后处理，一般温度较低时需要 4 周杂草死亡，温度较高时需要 2 ~ 3 周。海滨雀稗草坪上可用甲酰胺磺隆处理已经出苗的一年生早熟禾。萌后除草剂使用时期正好是暖季型草坪休眠期或返青期，对药物敏感，选用其他药剂防治要做小面积试验，避免影响暖季型草坪正常返青。

（2）看麦娘

一年生或越年生禾本科杂草，是长江流域常见主要杂草。冬季杂草，上海地区每年秋天开始萌发出苗，冬季可越冬，春季陆续萌发。直立或基部曲膝；秆单生或丛生；叶线形，灰绿色，叶鞘光滑，叶舌膜质。圆锥花序细圆柱状；颖膜质，外稃与颖片等长，基部中央有一芒，无内稃；花药橙黄色；颖果长椭圆形，约1mm。

防治方法："骠马"药剂。

（3）棒头草（*Polypogon fugax*）

禾本科一年生杂草，分布于华东、西南、华南地区。冬季杂草，春秋冬季都有发生。成株秆丛生，光滑无毛，株高15～75 cm；叶鞘光滑无毛，大都短于或下部长于节间；叶舌膜质，长圆形，常二裂或顶端呈不整齐齿裂；叶片扁平，微粗糙或背部光滑。圆锥花序穗状，长圆形或兼卵形，较疏松，具缺刻或有间断；小穗灰绿色或部分带紫色；颖几乎相等，长圆形，全部粗糙；芒从裂口伸出，细直，微粗糙；颖果椭圆形。

（二）常见莎草科杂草

上海地区常见的莎草科杂草有香附子、水蜈蚣（*Kyllinga polyphylla*）、碎米莎草，这三种杂草都是夏季发生。莎草科杂草典型特征是茎三棱形。莎草类杂草的叶片和禾本科杂草有相似之处：叶片长条形，叶脉平行。所以可根据茎的差异区分两者。

1. 香附子

世界性恶性杂草。多年生莎草，主要夏季为害，根茎和种子均可繁殖，难以防治；三角形的直立茎秆，叶片很长，3级排列；根茎横走，先端膨大形成卵形或纺锤形的块茎。块茎坚硬，褐色或黑色，有香味，节上有须根，根茎很发达，地下根茎顶端膨大形成的块茎繁殖能力极强，可以在地下30cm处萌发。新生长出的根茎和块茎，蔓延生长很快（图6-23），如果只除去地上部分，又能很快长出新苗，故有"回头青"之名。香附子具有喜潮湿、不耐干旱、怕冻、怕阴、怕水淹等特点。

图6-23 草坪中香附子及其花序

防治方法：香附子主要是通过地下根茎繁殖，很难通过人工进行拔除，使用萌前除草剂也没有很好的效果，所以萌后除草剂防治效果最佳。一般选用内吸传导型的除草剂，可通过叶片吸收后，在植株体内转移到新生部位，阻止新生部位再次萌发，例如磺隆类除草剂，此类除草剂见效较慢，通常需要 2 ~ 4 周，温度较高时杂草吸收快，2 周之后杂草死亡，温度较低时需要 4 周才能萎蔫死亡。

狗牙根和结缕草草坪中的杂草可用三氟啶磺隆钠盐（商品名抹绿）11% 油悬浮剂每公顷 300 ~ 450mL 兑水 600L 进行苗后处理，一般 2 周后叶片发黄萎蔫，4 周后植株全部枯死；或者 25% 的啶嘧磺隆（商品名金百秀、秀百宫）每公顷 210 ~ 240g 兑水 600L。海滨雀稗草坪上用氯吡嘧磺隆进行防治。

2. 水蜈蚣

多年生莎草科杂草，主要夏季为害，丛生，根状茎长而匍匐，秆成列散生，扁三棱形，平滑，基部不膨大，具 4 ~ 5 个圆筒状叶鞘。穗状花序单个，极少 2 或 3 个，球形或卵球形（图 6-24），具极多数密生的小穗。花果期 5 ~ 9月。

图 6-24　水蜈蚣植株及花序

防治方法：狗牙根和结缕草草坪中的杂草可用三氟啶磺隆钠盐（商品名抹绿）11% 油悬浮剂每公顷 300 ~ 450mL 兑水 600L 进行苗后处理，一般 2 周后叶片发黄萎蔫，4 周后植株全部枯死；或者 25% 的啶嘧磺隆（商品名金百秀、秀百宫）每公顷 210 ~ 240g 兑水 600L。海滨雀稗草坪上用氯吡嘧磺隆进行防治。

3. 碎米莎草

一年生杂草，以种子繁殖。秆丛生，扁三棱形。叶片长线形，叶鞘红棕色。叶状苞片 3 ~ 5 枚，穗状花序长 1 ~ 4cm，具小穗 5 ~ 22 个；小穗排列疏松，长圆形至线状披针形（图 6-25）。果实呈倒卵形或椭圆形。上海地区每年 5 月上旬出苗，6 ~ 7 月达到高峰，8 ~ 10 月结实。

图 6-25　碎米莎草及花序

防治方法：狗牙根和结缕草草坪中的杂草可用三氟啶磺隆钠盐 11% 油悬浮剂每公顷 300 ~ 450mL 兑水 600 L 进行苗后处理，一般 2 周后叶片发黄萎蔫，4 周后植株全部枯死；也可用环胺磺隆（商品名金秋），每公顷 10% 金秋 225 ~ 300g（有效成分 22.5 ~ 30g）。

（三）常见阔叶类杂草

1. 上海地区常见的夏季阔叶类杂草

（1）水花生

又名空心莲子草，苋科莲子草属多年生草本；茎基部匍匐，上部上升，管状；叶片矩圆形、矩圆状倒卵形或倒卵状披针形，基部相连合成杯状；退化雄蕊矩圆状条形，和雄蕊约等长，顶端裂成窄条；子房倒卵形，具短柄，背面侧扁，顶端圆形。果实未见。花期 5 ~ 10 月。

（2）天胡荽

多年生杂草，伞形科。茎细长，匍匐或直立。叶片心形、圆形、肾形或五角形，有裂齿或掌状分裂；叶柄细长，无叶鞘；托叶细小，膜质（图 6-26）。花序通常为单伞形花序，细小，有多数小花，密集呈头状；花梗通常生自叶腋，短或长过叶柄；花白色、绿色或淡黄色。

图 6-26　天胡荽

防治方法：在暖季型草坪草中天胡荽很难通过修剪或人工清除，除草剂多选用萌后除草剂使它隆、甲磺隆、二氯喹啉酸、2，4-D 等防治。甲磺隆使用剂量为每公顷用 10% 可湿性粉剂 75 ~ 120g（有效成分 7.5 ~ 12g）。

（3）凹头苋

别名刺苋或野苋。苋科一年生夏季杂草，全体无毛（图 6-27）；茎伏卧而上升，从基部分枝，淡绿色或紫红色。叶片卵形或菱状卵形，腋生花簇，直至下部叶的腋部，生在茎端和枝端者呈直立穗状花序或圆锥花序；花期 7 ~ 8 月，果期 8 ~ 9 月。

防治方法：通过草坪修剪可以适当控制苋类杂草的危害。萌后除草剂可用甲磺隆，使用剂量为每公顷用 10% 可湿性粉剂 75 ~ 120g（有效成分 7.5 ~ 12g）。狗牙根和结缕草中还可用氯氟吡氧乙酸和苯达松，海滨雀稗草坪中可用苯达松进行防治。

（4）马齿苋

一年生杂草，苋科。全株无毛。茎平卧或斜倚，伏地铺散，多分枝，圆柱形，淡绿色或带暗红色。叶互生，有时近对生，叶片扁平、肥厚、倒卵形，似马齿状；叶柄粗短（图 6-28）。花无梗，午时盛开；蒴果卵球形；种子细小，多数偏斜球形，黑褐色，有光泽，直径不及 1mm，具小疣状凸起。花期 5 ~ 8 月，果期 6 ~ 9 月。

图 6-27　凹头苋

图 6-28　马齿苋

防治方法：通过草坪修剪可以适当控制苋类杂草的危害。萌后除草剂可用甲磺隆，使用剂量为每公顷用 10% 可湿性粉剂 75 ~ 120 g（有效成分 7.5 ~ 12 g），使它隆亦可。狗牙根和结缕草中还可用氯氟吡氧乙酸和苯达松，海滨雀稗草坪中可用苯达松进行防治。

（5）灰绿藜（灰藜）

藜科，一年生早春草本，茎直立，多分枝，有条纹。叶互生，叶形变化大，多为菱形、卵形或三角形，先端尖，基部宽楔形，叶缘具不整齐的粗齿，叶背有灰绿色粉粒，叶柄细长。花小，聚合成圆锥花序，排列甚密，顶生或腋生。胞果包于花被内或顶端稍露，种子双凸状，黑色，有光泽。

防治方法：通过草坪修剪可以适当控制。发生较为严重的地块也可以用使它隆与 2，4-D 丁酯、二甲四氯混用，每公顷用 20% 使它隆 375 ~ 525mL（有效成分 75 ~ 105g）加 72% 的 2，4-D 丁酯 525（有效成分 378 g）或 20% 二甲四氯 2250mL（有效成分 450 g）；48% 水剂麦草畏每公顷 300 ~ 450mL（有效成分 144 ~ 195 g）茎叶处理。

（6）野塘蒿（*Conyza bonariensis*）

一、二或多年生草本，稀灌木。叶互生，全缘或具齿，或羽状分裂；头状花序异形，盘状（图 6-29），通常多数或极多数排列成总状、伞房状或圆锥状花序，少有单生；总苞半球形至圆柱形，花冠管状，冠毛污白色或变红色。瘦果线状披针形。花期 5 ~ 10 月。常生于荒地、田边、路旁。原产南美洲，广泛分布于热带及亚热带地区。

图 6-29 野塘蒿及其花序

防治方法：狗牙根和结缕草草坪中的杂草可用三氟啶磺隆钠盐 11% 油悬浮剂每公顷 300 ~ 450 mL 进行苗后处理，一般 2 周后叶片发黄萎蔫，4 周后植株全部枯死。海滨雀稗草坪中可用甲磺隆，使用剂量为每公顷用 10% 可湿性粉剂 75 ~ 120g（有效成分 7.5 ~ 12g）。

2. 上海地区常见的冬季阔叶类杂草

（1）一年蓬（*Erigeron annuus*）

一年生或二年生草本，茎粗壮，根呈圆锥形，有分枝，黄棕色，具多数须根。全体疏被粗毛，茎呈圆柱形，表面黄绿色，有纵棱线，质脆，易折断，断面有大形白色的髓，单叶互生（图 6-30）。

防治方法：狗牙根和结缕草草坪中的杂草可用三氟啶磺隆钠盐 11% 油悬浮剂每公顷 300 ~ 450mL 兑水 600L 进行苗后处理，一般 2 周后叶片发黄萎蔫，4 周后植株全部枯死；或者每公顷可用 25% 啶嘧磺隆 160 ~ 240 g 兑水 600L 喷药。

（2）小飞蓬（小白酒草）

小飞蓬为一年生或越年生杂草，菊科。主要靠种子繁殖。10 月初发生，10 月中下旬出现高峰期，花期在次年 6 ~ 9 月，果实 7 月渐次成熟。小飞蓬幼苗除子叶外全体被粗糙毛。子叶卵圆形，初生叶椭圆形，基部楔形，全缘（图 6-31）。

防治方法：狗牙根和结缕草草坪中的杂草可用三氟啶磺隆钠盐 11% 油悬浮剂每公顷 300 ~ 450 mL 兑水 600 L 进行苗后处理，一般 2 周后叶片发黄萎蔫，4

图 6-30 一年蓬

图 6-31 小飞蓬

周后植株全部枯死；或每公顷可用25%啶嘧磺隆160 ~ 240 g兑水600 L喷药，二甲四氯亦可。海滨雀稗上可二甲四氯和麦草畏混用。

（3）宝盖草

又名珍珠莲、接骨草、佛座等，唇形科一年生或二年生植物。茎高10 ~ 30cm，基部多分枝，常为深蓝色。茎下部叶具长柄，柄与叶片等长或超过之，叶片均圆形或肾形，基部截形或截状阔楔形，半抱茎，边缘具极深的圆齿（图6-32）。花期3 ~ 5月，果期7 ~ 8月。

图6-32　宝盖草及其花序

防治方法：狗牙根和结缕草草坪中的杂草可用三氟啶磺隆钠盐11%油悬浮剂每公顷300 ~ 450mL兑水600L进行苗后处理；二甲四氯加使它隆苗后处理亦可。

（4）泽漆

又名猫眼草、五朵云。大戟科，全株含乳汁。茎基部分枝，带紫红色。叶互生，倒卵形或匙形，茎顶有5片轮生的叶状苞；总花序多歧聚伞状，顶生（图6-33）。

防治方法：该杂草较难防治，可人工拔除或灭生性除草剂点喷处理。

（5）繁缕

又名鹅肠菜、鹅耳伸筋、鸡儿肠。石竹科，高10 ~ 30cm。茎俯仰或上升，基部多少分枝，常带淡紫红色。叶片宽卵形或卵形，顶端渐尖或急尖，基部渐狭或近心形，全缘；基生叶具长柄，上部叶常无柄或具短柄。疏聚伞花序顶生（图6-34）。

图6-33　泽漆

图6-34　繁缕

（6）婆婆纳

玄参科，铺散多分枝草本植物，有短柔毛。有蓝、白、粉三种颜色。茎自基部分枝，下部匍匐地面。三角状圆形或近圆形的叶子在茎下部对生，上部互生，边缘有圆齿。早春开紫红色小花，单生于苞腋。果期3～5月。

三、杂草化学防除

1. 草坪杂草的化学防除

化学防除草坪杂草是当前草坪养护管理的一项重要措施，具有效果好、省工省时、低成本、高效率的优点，因此普遍被人们所重视。同时，化学除草对草坪干扰少，为草坪草生长提供合理的环境，这是人工拔草所不能比的。

2. 正确使用除草剂

（1）选择除草剂品种。由于不同除草剂品种作用特性、防治对象不同，所以要根据草坪草种类、杂草种群特征及发生规律等因素选择适宜的除草剂品种，特别是区分暖季型草与冷季型草，如秀百宫杀谱很广，但不能用于冷季型草坪及暖季型的海滨雀稗。另外，对于那些通过种子萌发的一年生杂草，可选用萌前除草剂在杂草种子萌发前一两周使用，对于那些已经出苗的杂草就要选择萌后除草剂；萌前除草剂要考虑残效期，以免造成交播黑麦草失败；尚未铺植或种植的草坪，可以选择灭生性的除草剂，如草甘膦、百草枯等，已成坪草坪中的杂草，可选择内吸性的除草剂如三氟啶磺隆钠盐、秀百宫等处理。

（2）确定用药量。严格按照说明书上的使用剂量操作，根据除草剂品种特性、杂草种群数量、杂草生长阶段、气候条件及土壤特性，确定单位面积的最佳用量。例如上海地区夏季马唐4～9月只要气候条件允许都可出苗，为了长期有效地防治马唐陆陆续续出苗，可用65%水分散粒剂氨氟乐灵15～18g/100m^2处理，封闭可维持4～5个月，基本能控制整个生长季的马唐。如果封闭早春的一年生早熟禾，因为出苗集中在2月底到4月初，可用65%水分散粒剂氨氟乐灵1g/m^2处理，即可有效防除一年生早熟禾的春季危害。由此看来，可根据调节氨氟乐灵的用量，有效控制靶标，既控制了成本又达到了防除杂草的目的。

（3）确定喷施时间和方法。最佳使用时间的确定，通常来说，萌前除草剂对时间的要求更严格一些，一定要了解杂草的发生规律，在杂草集中萌发前一两周用药，有些萌前除草剂如二甲戊乐灵、金都尔的封闭期相对短一些，药效就四五十天，使用早了，还没等杂草集中出苗就失效了，使用晚了又错过出苗高峰期，造成资金浪费、事倍功半。

（4）天气温度、太阳光强弱确定用药种类和用量。如二甲四氯、使它隆在夏季温度高（30℃左右）、太阳光强时效果好；而二甲四氯在冬天基本无效果，需改用对低温没要求的使它隆；但在夏季高温（38℃左右），且太阳强光照时，这两种除草剂平时安全的用药量，可把草坪打死。

图 6-35　萌前除草剂在土壤层中形成药土层

（5）草坪草幼苗期谨慎使用萌前和萌后除草剂。如草坪草幼苗期对二甲四氯敏感。

（6）做好除草剂的轮换和交替使用计划，以避免杂草群落的演替和抗性的产生。

3. 除草剂的类型

（1）按施用方法：分为土壤处理剂和茎叶处理剂。

（2）按传导特性：分为触杀性除草剂和内吸性除草剂。

（3）按作用时间：萌前除草剂和萌后除草剂，也可称芽前除草剂和芽后除草剂。

（4）按化学结构：芳香类、苯甲酸类、酰胺类等 17 个类型。

4. 常规使用的除草剂

（1）萌前除草剂

萌前除草剂的使用要点：一定在杂草萌发之前使用，出苗后无效；草坪一定要成坪，地上高度不低于 2cm，地下根系要达到 5cm 以上。根系浅很可能产生药害；喷施后一定要充分喷灌，让药剂到达土壤层，在土壤中形成一层药土膜后才能达到封闭的效果（图 6-35）；药效期间不能扰动土层，如打孔、深翻等作业会破坏药土层，降低封闭效果。

1）氨氟乐灵

氨氟乐灵，商品名拔绿，适用于已经成坪的各类草坪（草坪根系达到 5cm 以上）。用途是选择性芽前土壤处理剂，主要通过杂草的胚芽鞘与胚轴吸收。对已出土杂草和多年生杂草无效；对禾本科和部分小粒种子的阔叶杂草有效，持效期长。防除稗草、马唐、牛筋草、一年生早熟禾、千金子、大画眉草（*Eragrostis cilianensis*）、雀麦、硬草、棒头草、苋、藜、马齿苋、繁缕、蓼、匾蓄、蒺藜等一年生禾本科杂草和部分阔叶杂草。施药后要充分浇水，使药剂达到土壤层已确保药效。使用剂量多少可决定封闭时间的长短。本品在土壤中的吸附性强，不会被淋溶到土壤深层，施药后遇雨不仅不会影响除草效果，而且可以提高除草效果，不必重喷。65% 水分散粒剂氨氟乐灵 15 ~ 18g/100m^2 药效可达 90 ~ 150d。

2）二甲戊乐灵

二甲戊乐灵，商品名施田补，是世界第三大除草剂，销售额仅次于灭生性除草剂（草甘膦、百草枯），也是世界上销售额最大的选择性除草剂。可防治一年生禾本科杂草、部分阔叶杂草和莎草，如稗草、马唐、狗尾草、千金子、牛筋草、马齿苋、苋、藜、苘麻（*Abutilon theophrasti*）、龙葵、碎米莎草、异型莎草（*Cyperus difformis*）等。对禾本科杂草的防除效果优于阔叶杂草，对多年生杂草无效。土壤有机质含量低、沙质土、低洼地等用低剂量，土壤有机质含量高、黏质土、气候干旱、土壤含水量低等用高剂量。在土壤中的持效期达 40 ~ 60d。

3）精－异丙甲草胺

精－异丙甲草胺，商品名金都尔，是先正达公司在全球最大的选择性除草剂——都尔的基础上开发的新一代高科技产品。金都尔是选择性芽前除草剂，主要通过萌发杂草的芽鞘、幼芽吸收而发挥杀草作用。在低温、高湿气候下，或是在积水低洼区域使用同样安全。对多种单子叶杂草、一年生莎草及部分一年生双子叶杂草有高度防效，如稗、马唐、千金子、狗尾草、牛筋草、蓼、苋、马齿苋、碎米莎草及异型莎草等。因为干旱不利于药效发挥，最好是在降雨或浇灌前施用，若土壤过于干旱或预报短期内不会降雨可能会缩短药效。金都尔在土壤中的持效期为 50 ~ 60d。

4）乙（丁）草胺

丁草胺为酰胺类选择性芽前除草剂。需在土壤润湿的条件下施药，可防除稗、马唐、狗尾草、异型莎草等一年生禾本科杂草和某些双子叶杂草。持效期可达 1 ~ 2 个月。土壤水分过低会影响药效的发挥。

（2）萌后除草剂

萌后除草剂的使用要点：①杂草已经萌发，阔叶类杂草在 2 ~ 4 叶期、禾本科杂草在 3 叶期之前使用可有效防治；对一些地下球茎及其他地下繁殖的多年生杂草，苗后处理的最佳期是在杂草的营养生长向生殖生长过渡的时期；②茎叶处理的药效很大程度上取决于雾滴沉降及其在叶片上的覆盖面积，因此要提高喷雾技术、改进喷雾器械，否则会造成药害（图 6-36）。稳定地把喷杆握在你的前方，不要来回挥动喷杆。

图 6-36　除草剂喷洒方法不当导致药害

1）使它隆

使它隆，商品名氟草定。适用于禾本科草坪，是内吸传导性苗后除草剂，施药后能很快被杂草根茎叶吸收，地上部分幼嫩组织在施药后二三小时就表现萎蔫，5 ~ 7d 叶片发黄逐渐枯死。温度对除草效果无影响，但影响药效发挥的速度。一般在温度低时药效发挥较慢，可使植物中毒后停止生长，但不立即死亡；气温升高后植物很快死亡。使它隆在土壤中淋溶性不显著，大部分分布在 0 ~ 10cm 表土层中。防治猪殃殃、马齿苋、龙葵、繁缕、田旋花、反枝苋、水花生等阔叶杂草，对禾本科和莎草科杂草无效。使它隆和二甲四氯混用可扩大杀草谱。严格按照使用剂量，随意加大用量会产生药害。

2）三氟啶磺隆钠盐

商品名抹绿，适用于暖季型草坪（结缕草类和狗牙根类），对草坪草安全性高。可用于防除暖季型草坪（仅限于狗牙根类、结缕草类草坪草）中的阔叶杂草和莎草科杂草。对苣荬菜（苦苣菜）、藜（灰菜）、小藜、灰绿藜、马齿苋、反枝苋、凹头苋、绿穗苋、刺儿菜、刺苞果、豚草、鬼针草、大龙爪、水花生、野油菜、田旋花、打碗花、苍耳、醴肠（旱莲草）、田菁、胜红蓟、羽芒菊、臂形草、大戟、酢浆草（酸咪咪）等阔叶杂草具有很好的防除效果；尤其对香附子、水蜈蚣等多年生莎草科杂草有卓越的效果；对马唐、旱稗、狗尾草、假高粱等禾本科杂草防效较差。

三氟啶磺隆对温度要求较高，一般低于 14℃药效发挥很慢，温度越高，杂草吸收越快，死亡速度越快。

三氟啶磺隆处理一年生早熟禾效果非常好，在狗牙根休眠前后及返青前后这两个敏感时期使用安全性高，特别是春季一年生早熟禾杂草植株很大时使用，防治效果仍然很明显，同时不会延迟狗牙根返青。

3）啶嘧磺隆

商品名秀百宫或金百秀，适用于暖季型草坪（结缕草类和狗牙根类），是内吸性传导型除草剂，可为杂草茎叶和根部吸收，随后在植物体内传导，造成敏感植物生长停滞、茎叶褪绿、逐渐枯死，一般情况下 4 ~ 5d 内新生叶片褪绿，然后扩展到整个植株，20 ~ 30d 杂草彻底死亡。可用于防除暖季型草坪（仅限于狗牙根类、结缕草类草坪草）中的阔叶草、莎草和禾本科杂草。啶嘧磺隆的施药适期为大批杂草种子萌发、土壤湿润时对细土均匀撒施进行土壤封闭，也可以在杂草 3 ~ 4 叶期、株高小于 10cm 进行茎叶喷雾。对香附子具特效，药后 5 ~ 7d 香附子的地下球茎变褐，10 ~ 5d 枯死，不能再生，克服了其他除草剂防除香附子需连续施用两次的缺点。狗牙根草坪春季返青前要谨慎使用，会有延迟草坪返青的状况。

冷季型草坪（剪股颖属、早熟禾属、高羊茅等）敏感勿用。防除香附子等多年生莎草，水蜈蚣、香附子等结合镢莎使用效果卓越。杂草 5 叶以上药效降低。在土壤中持效期约 40 ~ 100d，即可以封闭草坪土壤 1 ~ 2 个月基本不长杂草。

4）二甲四氯钠盐

二甲四氯为苯氧乙酸类选择性内吸传导激素型除草剂，可以破坏双子叶植物的输导组织，使生长发育受到干扰，茎叶扭曲，茎基部膨大变粗或者开裂。可用于狗牙根、结缕草、草地早熟禾、高羊茅、黑麦草等草坪上，防除多种一年生阔叶杂草及莎草科杂草。一般晴天、高温效果最好。为了充分发挥药效，先喷施除草剂后隔一两天再修剪草坪，给杂草充分吸收除草剂的机会。严格按照使用剂量，随意加大用量会产生药害。配制方法：20% 的二甲四氯钠盐稀释 400 倍喷雾处理。

5）草甘膦（灭生性）

草甘膦是由美国孟山都公司开发的除草剂。商品名农达，属于灭生性除草剂，所以草坪正常生长的时候，可用草甘膦局部点喷。如上海地区每年 1 ~ 2 月，暖季型草坪草狗牙根、结缕草进入冬季休眠期可以用草甘膦局部点喷冬季杂草一年生早熟禾、小飞蓬等，气温回暖时停止使用，一般不会影响狗牙根、结缕草的返青。

草甘膦是通过茎叶吸收后传导到植物各部位的，可防除单子叶和双子叶、一年生和多年生、草本和灌木等 40 多科的植物。各种杂草对草甘膦的敏感程度不同，因而用药量也不同。如稗、狗尾草、看麦娘、牛筋草、马唐、猪殃殃等一年生杂草，用药量以有效成分计为 6 ~ 10.5g/100m^2；对车前草、小飞蓬、鸭跖草等用药量以有效成分计为 11.4 ~ 15g/100m^2；对白茅、芦苇等多年生恶性杂草则需 18 ~ 30g/100m^2。一般兑水 3 ~ 4.5kg，对杂草茎叶均匀定向喷雾，在第一次用药后 1 个月再施 1 次药，才能达到理想的防治效果。草甘膦入土后很快与铁、铝等金属离子结合而失去活性，对土壤中潜藏的种子和土壤微生物无不良影响。

6）百草枯（灭生性）

商品名克芜踪，是一种快速灭生性除草剂，具有触杀作用和一定的内吸作用。能迅速被植物绿色组织吸收，使其枯死。通俗说法“见绿就杀”，对非绿色组织没有作用。在土壤中迅速与土壤结合而钝化,对植物根部及多年生地下茎及宿根无效。草坪种植前可用其除草，上海地区可在狗牙根、结缕草冬季休眠期（1 ~ 2 月）局部处理冬季杂草。

有效成分对叶绿体层膜破坏力极强，使光合作用和叶绿素合成很快中止，叶片着药后 2 ~ 3h 即开始受害变色，克芜踪对单子叶和双子叶植物绿色组织均有很强的破坏作用，有一定的传导作用，但不能穿透栓质化的树皮，接触土壤后很容易被钝化。不能破坏植株的根部和土壤内潜藏的种子，因而施药后杂草有再生现象。

百草枯对人毒性极大，且无特效解毒药，口服中毒死亡率可达 90% 以上，目前已被 20 多个国家禁止或者严格限制使用。我国自 2014 年 7 月 1 日起，撤销百草枯水剂登记和生产许可，停止生产。

6.3 可持续性有害生物管理

6.3.1 有害生物综合治理的定义

中国在生态文明战略建设期，各地开始推广使用有害生物综合治理（IPM）方式。IPM 项目利用有害生物生命周期及其与环境互动作用的信息用于有害生物防治，环保、有效，是一种可持续性有害生物防治办法。

6.3.2 有害生物综合治理

设计与施工阶段的控制；现有问题分析；关键植物和关键有害生物；植保监测；选择抗性植物。

一、前期设计和施工

在设计前，核心工作应该是选择草坪植物和调研市场相应草坪资源充裕度。通常有关本地草坪植物病虫害信息可以查询中国知网相应的文献资源，也可以直接通过农药和绿化公司进行咨询。现在很多教科书中会提供通用型的信息，针对性列举出抗性植物品种的信息量欠缺。除了观赏性、功能性、生态性考虑外，在可持续性草坪中，对有害生物的抗性应该是选择过程中的重要部分。作为可持续性设计过程中的一部分，设计师针对植物的选择都应该提交“有害生物影响评估报告”，尽可能地选择具有抗性的植物，对选择不耐病虫害的植物要详细说明原因。

通过筛选和育种工作，抗病性的草坪草种逐渐被推广、栽培。对于新品种的抗性等级可以通过在全球各个试验站进行的各种试验中获得，其中，在美国农业部国家草坪评比项目（NTEP）中数据较多。

在关键体现抗性植物筛选的充分设计后，注意施工过程中场地清理时杂草清除不完全、造型压实作用造成的土壤条件差、施用基肥时有机质使用质量不佳等也会产生病、虫、杂草。

二、现有问题分析

在现有草坪养护中，采用 IPM 方法首先要确定植物不良的生长环境，如处于潮湿土壤中或者遮阴严重的草坪，改进做法是更换植物、提高排水能力等改造生长环境。现在普遍做法是疏于改变场地境况，而使用大量的杀菌剂和杀虫剂，治标不治本。

三、建立关键植物与相应病虫害数据库

找出主要的有害生物和主要的受侵害植物，摸清其发生规律，平时可以针对性预防，或一旦遭遇这些问题，可以做出快速反应，有效处理。建立一个有效的 IPM 项目，尤其是建立关键植物和对应有害生物的数据库至关重要，因为积累的庞大数据库会提醒养护者在同一或不同区域中出现不同类型的病虫害问题，让养护者可以及时应对。

这里所讲的关键植物是指那些最容易遭受病虫害的植物、主要景观区域中主要体现价值的植物，在平时养护中还要注重关键植物的实时监测监控。

四、形成植保预测预报长效制度

定期有害生物监测是防治的前提，主要任务是判断当下和将来存在哪些病害虫以及病虫害对植物的损坏是否严重到需要治理的程度。

监测一般是对植物进行目测或长距离检查茎叶虫口密度或病害发生面积，定量化描述有害生物的数量或者侵害范围，为治理措施的程度提供基础数据。监测从草坪生长春季开始，每 2 周进行一次检查，现在常用的 GPS 定位仪监测记录病虫害情况使工作更加高效。现在还有更加精细化、智能化的监控技术可以通过物联网技术、嗅探技术采集和传输信息，经过数据积累和深度学习，形成一套监测管理平台。

工作中，为规律性出现的有害生物建立监测和防控计划，形成植保月报长效制度、成立林业三防测报平台等，对当地草坪可持续养护具有重要的指导意义。

6.3.3 虫害防治策略

预测预报工作明确了虫害及其对草坪的影响程度，下一步即建立防控策略，包括种植抗性植物、生物防治、物理防治和化学防治。传统的草坪养护，包括一些绿地、高尔夫球场、草圃等主要采用辛硫磷、乐斯本、毒死蜱等化学药剂集中大量使用，污染环境的同时，使害虫产生抗药性，防效日渐微薄。

一、生物防治措施

生物防治包括通过生物活体及其副产品抑制有害生物的数量，可以通过有脊椎和无脊椎的捕食者、各种拟寄生物和微生物致病体的活动来抑制有害物种，在竞争生物体之间应该保持食物链的平衡。在生物防治方案中有 3 种基本策略:引入、增加和保护。

（一）引入

将有害生物的自然天敌引入处理区域中，并不断繁殖，有效控制有害生物的传播。如果引入的控制物种能适应新的环境，这种方法能够起效。

（二）增加

通过增加和释放人工饲养的捕食者来控制虫害也是常用的措施，如释放瓢虫与蚜虫形成竞争，或者引入带有昆虫病原体微生物的线虫以控制根系象鼻虫就属于增加天敌措施的一种实例。

（三）保护

为天敌营造健康的环境，有益生物大量繁殖，有害生物数量就能得到抑制，这种情况下除了要保持土壤空气流通、维持健康土壤 pH 值以外，还要平衡或忍耐虫害对景观的破坏与化学防治杀死有益天敌的矛盾，将化学防治措施减至最低水平，从而建立一个健康的环境，使天敌得到保护。另外，景观配置中增加植物多样性能够为更多数量和种类的有益生物提供繁殖环境，增强生物防控效果。

二、生物防治种类

现在越来越多的生物防治方法被应用，除了常规的捕食者以外，还有通过微生物、线虫、内生真菌、信息素、昆虫生长调节剂和植物杀虫剂等进行治理。

（一）细菌

细菌是生物昆虫防治的主要手段。针对特定的昆虫防治措施，已经开发出了许多苏云金芽孢杆菌（通常被称为 Bt）的不同菌株，衍化出许多亚种和变种，所有这些都会分泌有毒的蛋白质晶体，被昆虫摄取后，这些蛋白质晶体就会在体内分解，最终导致害虫麻痹。Bt 乳剂被广泛用作有针对性的短期防治措施，对于叶蛾类害虫的控制非常有效。最常见的有用于叶蛾类防治的 Bt kurstaki 和 Bt aizawai、用于蚊子防治的 Bt israelensis 以及用于叶甲类害虫防治的 Bt tenebrionis。

另外一种常用细菌——日本金龟子芽孢杆菌会在日本金龟子蛹中生成乳白色的斑点。这种斑点的大量形成，会造成蛹的内部系统紊乱，导致缓慢死亡。

（二）共生真菌

有研究发现多年生黑麦草、细羊茅与真菌共生，对许多常见草坪草象甲、水稻贪夜蛾等有害生物的防治有着显著的效果。这些真菌寄生在茎叶上，生成生物碱为草坪提供抗虫性。也有研究发现，如草地早熟禾和本特草这类常见的冷季型草种不能形成内生真菌共生体，暖季型草种的这种与真菌共生抗虫的现象还没被发现。

（三）昆虫生长调节剂

昆虫生长调节剂（IGRs）包括天然的和合成的化学品，能够干扰昆虫幼虫从一个龄期到另一个龄期的转变。这种生物杀虫剂，活性和昆虫致死率较低。在草坪中，IGRs 对象甲类幼虫、拟茎草螟虫和夜蛾类害虫有效。

（四）植物提炼杀虫剂

植物杀虫剂包含了来源于植物的众多化学品。目前可用于草坪植物的植物杀虫剂包括印楝素乳油、柑橘香精油以及除虫菊。印楝素可以作为一种昆虫生长调节剂，阻止昆虫进食。印楝素乳油同时对观赏植物也能起到杀真菌的作用。

三、人工合成化学杀虫剂

绝大多数合成杀虫剂都是为了进行有害生物防治而专门生产的有机化合物。早期的产品包括氯化烃类（例如 DDT 及其相关产品）、有机磷酸酯（例如二嗪农和毒死蜱）以及氨基甲酸酯（例如呋喃丹）。这些合成杀虫剂已经被广泛运用在虫害防治中，对环境形成很大的影响，因此，目前这方面的研究和应用方向是环境友好型产品，如肥皂、糖酯和烟碱类农药。

可持续性景观有害生物防治中的低风险化学品，包括以下几类。

（一）肥皂类

肥皂是脂肪酸的盐类，能够从植物或者动物中提取。肥皂通过黏着性对蚜虫以及其幼虫进行触杀，对众多益虫和生态环境友好。

（二）糖酯类

糖酯是一种相对新兴的杀虫剂，是由糖类与脂肪酸反应而成的。它们通过窒息作用、破坏昆虫角质层和脱水作用而杀死昆虫。目前没有记录表明它们会伤害有益生物。作为一种食品级材料，它们对人类也无害。目前注册的产品可有效处理蚜虫、介壳虫和蓟马。

（三）烟碱类

这类合成杀虫剂对哺乳类动物毒性小，在全球范围内用于处理各种不同的害虫，包括蚜虫、介壳虫、叶甲虫、网椿和一些天牛，如苦参碱、藜芦碱。烟碱类农药在植物中被吸收，具有一个较长的活性残留期，例如烟碱类吡虫啉就能有效防治金龟子造成的落叶问题。

6.3.4 病害防治策略

病害防治的传统方法：简单使用几种合成的化学杀真菌剂，效果日渐减弱。通过化学杀菌剂进行有害生物防治的较好做法是循环使用各种类型的杀真菌剂以避免产生抗药性，这是可持续草坪养护中病害控制的一个有效方法。另外，对环境无毒性的石硫合剂、硫磺、高岭土等常作为传统杀菌剂使用。石硫合剂是一种广谱性无机农药，可以有效防治叶螨、介壳虫和锈病、白粉病、腐烂病、溃疡病、疮痂病、褐腐病、炭疽病等多种病害，在冬季植物休眠期作为清园剂，可以预防和减轻这些病虫害的发生。使用方法：石硫合剂晶体 300 倍，石硫先碾碎用小桶化开，再倒入大桶稀释，喷雾时均一。

病害防治的可持续性方法是从选择抗性植物、优化植物配置以及精细养护开始的，最后才是使用天然或合成的低毒杀菌剂。

6.3.5 杂草防治策略

一般从杂草防治角度，可以将杂草划分为冷季型草坪杂草和暖季型草坪杂草两大类。杂草化学防治高效性使其成为草坪养护的常规措施，考虑到环境污染因素，可持续的杂草防治策略应该是综合的、动态的。主要从以下几个方面着手。

一、控制杂草侵入源头

杂草来源包括引入土壤、植物设计、过度修剪引起的草坪退化，通过风、水等自然方式以及昆虫、飞禽、人等各类“游客”传来的杂草种子。杂草处理都是一个持续过程，可以得到缓解，但不可能根除。

场地的杂草种源遗留、外来的土壤、草皮或草茎、基肥都会携带一年生杂草或多年生杂草，例如莎草、水花生等，一旦引入，这些杂草都很难控制。

常用的有机覆盖材料中也会带来杂草，且随着其自然分解，会成为杂草萌发和生长的理想环境。

在源头控制杂草应注意以下几点：

（一）场地清理，播种前进行土壤熏蒸、翻耕、晾晒等作业；

（二）建植本底草坪草种选择，选择可持续使用的草坪草种类，如第二章 2.4 部分；

（三）切断杂草种源，把好种子及其他建植、养护材料检疫关，清除草坪周围环境的杂草；

（四）合理使用除草剂，即使要用，务必选择适当的针对性强的除草剂。

1. 确定杂草种类，再有针对性地选择广谱、高效、低毒的除草剂产品来处理场地杂草问题。对一年生杂草进行芽前封闭事半功倍，注意施药时间及持效期；对多年生及恶性杂草进行芽后处理，可能需要 2 次以上处理。

2. 在适宜的时间施用。萌前除草剂可以防止杂草发芽。如果在杂草已经出现后再使用，大多数产品都是无效的。了解杂草生长特性对于获得良好的防治效果很重要。

3. 采用多重策略。采用灭杀性、内吸性除草剂来清除现有杂草，再使用萌前除草剂来防止靠籽繁殖的新杂草的产生。在某些情况下，使用除草剂之前进行人工清除杂草是一种更加有效的杂草控制方法。

4. 使用除草剂特别注意：确定除草剂对草坪草的安全性及安全剂量；选择有效成分明确的药剂，规避药害及抗性风险；更换相同有效成分的药剂也推荐先做药害试验（隐性成分）。

二、人工防除草坪杂草

（一）对新建植的草坪场地最好进行人工除草，可以避免幼嫩草坪除草剂药害问题。利用草坪和杂草的正常生长高度差，通过修剪的办法处理杂草。

（二）使用剪草高度较低的滚刀式剪草机提高剪草频率，杂草开花季节，收集草屑减少杂草种源，同时在最适宜的水肥条件和适当的剪草高度下，减少匍匐性生长的杂草，提高草坪养护质量和效率。

（三）对建群草坪草“固本培元”，科学、系统地设计调整，适地适草。

1. 在景观设计中，统筹考虑草坪长期养护需求，坡度大等地形复杂区域草坪中往往杂草丛生，而且给养护工作带来诸多安全问题，比如工作效率低、草坪修剪不平整、机械容易损坏、养护人员容易受伤等。解决方案是以地被植物替换草坪进行类似的美感设计，减少杂草，减少对水、肥料和人工的投入，使得场地具备可持续性。

2. 考虑到景观中植物具有不同生长速率的特性，决定植物之间的相互影响和生长状态，常见的问题是顶层植物相对于建群草坪景观区形成过大的遮阴，造成草坪要经常更换。解决方案是通过树木修剪等手段限制植物生长速度，保持植物配置长期处于正常比例。其次，狗牙根类草种在相对日照不足的林缘线以内就无法正常生长，可以采用结缕草属等耐阴性更强的植物。这是一种具可持续性的方案。

3. 在季节性花卉植物更换区域会导致土地裸露，伴随杂草迅速滋生。解决方案是通过植物设计使其层次搭配而营造种植密度，拥有足够树冠密度的景观杂草问题较少，利用空床期进行土壤熏蒸、晾晒、翻耕。

三、使用覆盖的方法进行草坪外杂草控制

平衡美观功能和养护现实之间的矛盾，产生一个更具可持续性的景观，在陡坡不宜剪草并且大树遮阴草坪退化的区域设置为景观树穴是一个不错的选择，再进行有机材料覆盖防除杂草。

使用有机材料进行杂草控制要求精心选择材料。例如，细致结构的树皮以及堆肥等盖土通常就达不到预期效果，因为它们都是杂草发芽和生长的良好介质。堆肥材料通常含有大量的氮、磷和钾元素，这会进一步促进杂草生长。

例如松针、树皮块和粗木质碎片等之类的粗糙材料能够获得相对较好的杂草控制效果。这些粗糙颗粒的尺寸使其成为不利于杂草种子发芽的环境。具有高碳氮比的同种盖土材料能够创造出一种氮含量不足的环境，这能降低杂草幼苗的活力。

例如，使用 10 ~ 15cm 的粗糙材料能够在 1 年或者更长的时间中带来很好的杂草抑制效果，这还取决于当地环境和浇灌方法，粉碎很细的材料保水能力强于粗糙的有机材料，这会为杂草生长提供更好的环境，分解速度相对较慢的材料防治杂草时期更长。

四、草坪的可持续性杂草控制策略

可持续的杂草控制主要通过优化剪草、施肥和浇灌措施来维持现有的致密健康草坪，有效减少杂草侵入的概率，其次应该建立杂草控制的长效制度，采用人工和化学综合方法适时使用。

6.4 总结

有害生物综合防治可以明显减少化学药剂的使用量。管理者对草坪长效预测预报和设定可接受的有害生物对草坪的损害程度，可以理性地采取相应防治措施。避免日历式的药剂喷施作业，而是需要在认证评估后采用天然或合成产品进行有针对性的喷施。

在对场地和植物素材特性充分熟悉的情况下，通过草坪草种选择、优化种植和养护方案、精确选用除草剂等综合手段，系统解决问题，而不是头痛医头、脚痛医脚，不断探索环境友好型有害生物控制方案，可以大大减少景观中化学药剂的需要量和使用量。

6.5 实践

案例 上海地区大型绿地草坪杂草发生特点及防治方法

1. 项目介绍

上海作为国际大城市，到 2017 年，常住人口 2445 万，森林覆盖率达 16.21%，建成区绿化覆盖率达 39.1%，人均公园绿地 8.1 m^2 以上。在 2010 年以后，由于世博会、进博会的拉动，上海新增大型绿地项目越来越多。其中，很多项目采用欧美地区的设计规划，如植物园、城市中央公园、高尔夫球场等，广泛选用当地和引进的大型乔灌木，保持大面积的草坪和草地，为市民营造游憩休闲场所，不断改善居民生活环境。但是在单一大面积草坪类型的绿地中，杂草危害成为一个主要的问题。通过 2007 ~ 2012 年从小区试验到大面积推广应用，总结出比较科学、环保、经济的防除方法。探讨如何在生态环保的前提下，改善草坪美观度及其运动性，既注重防除杂草效果，又兼顾防除成本。为此，于 2007 年 3 月至今，连续对上海某高尔夫球场、上海辰山植物园草坪的主要杂草进行了调查，并对其杂草的防治方法进行了研究。

2. 项目杂草调查

2.1 调查和方法

根据项目要求，设计草坪调查表，通过发调查表的形式，要求面积 1000m^2 以上。

调查类型：公园、公共绿地、高尔夫球场，每块草坪取 1000m^2 以上，随机抽取调查面积的 1%，对 1m^2 面积内杂草种类、所发生面积及出现频率进行统计。调查时间为 2011 年 4 月 ~ 2012 年 12 月，分春、夏、秋 3 次进行。

2.2 调查结果

本次调查草坪总面积 150000m^2，确立上海常见的 5 种草坪品种，即马尼拉、百慕大、高羊茅、结缕草、百慕大 + 黑麦草。

2.2.1 草坪杂草的种类

草坪杂草品种共有 54 种，23 科。包括单子叶植物 11 种分 2 科，其余均为双子叶植物。一年生或越年生杂草有 33 种，多年生杂草有 21 种。其中，菊科 10 种、禾本科 9 种，分别占 18.5% 和 16.7%。百慕大 + 黑麦草混合型草坪是上海近十年大量栽种的新型品种，在调查中发现了新传播来的一年生杂草——通泉草。

2.2.2 草坪杂草多度等级

从表 6-1 可知，5 种草坪杂草的种数在多度等级上比较平均，丰盛和偶尔等级杂草种数相对多，稀少和很少等级相对少。其中，处于丰盛等级的 12 种，分别为酢浆草、天胡荽、香附子、空心莲子草、通泉草、地锦、马唐、早熟禾、球序

草坪杂草多度等级　表 6-1

参考克列门茨	A	F	O	R	V
种数	12	10	12	10	10
占杂草总数比例（%）	22.2	18.5	22.2	18.5	18.5

卷耳、蚤缀、阿拉伯婆婆纳、野塘蒿。前 4 种是多年生有根状茎的种类，生长繁殖快，难以进行人工拔除。后 8 种是一年生的种，主要在百慕大 + 黑麦草混合型新型草坪中发生较多，原因在于每年秋季百慕大草坪中要交播黑麦草，这些杂草种子夹杂在黑麦草种子里，年复一年，杂草数量就多了。常见等级的有 10 种，主要以菊科和禾本科为多，分别为菊科 3 种、禾本科 3 种、石竹科 1 种、莎草科 1 种、茜草科 1 种、旋花科 1 种。

3. 杂草综合防治技术

尽管杂草的药剂处理见效快、范围广，但药剂在草坪上用量大、长残效、高毒致癌、有漂移污染、有异味、有药害及对土壤有毒化作用也是草坪管理中一个棘手的问题。因此，草坪杂草综合治理："从生物和环境的关系整体观点出发，本着预防为主的指导思想和安全有效、经济简易的原则，因地因时制宜，合理利用生物、化学、物理的方法，以及其他有效的生态手段，把杂草控制在不足危害的程度，以达到保护人类健康和使草坪生长正常、优质、美观的目的。"

3.1　长期全面监控、制定防治方案

不同的草坪杂草发生的种类也会有所不同，因此，在清除杂草之前，首先要查明该草坪中杂草的群落，了解杂草的消长规律，才能因地制宜地来制定治理方案。在查明杂草群落之后，根据杂草的发生规律、生物学特性和数量，找出主攻对象，兼治品种。如果不能兼治也得分批治理，制定出全年治理方案。

上海杂草发生概括起来有两个时间段，即春夏季和秋冬季。一般春夏季发生的杂草多，人们比较重视，了解得比较多。对于秋冬季发生的杂草，由于其发生种类少而且冬季气温低，生长缓慢，细小的草常不被人注意，等到春暖花开之时，它们会迅速抢占有利地位，给一切复苏的植物带来威胁，所以，对秋冬季发生的杂草也要加强治理。

严格检疫进场材料，堵住外来杂草侵入，每年 10 月的黑麦草交播尤其应该引起高度重视；适时播种，避杂草同步萌发；建隔离区，防周围草籽侵染，对农田荒地，杂草丛生，是土壤中杂草种子库重要的源头，建立 20 ~ 25m 宽的隔离区，可将杂草种子（或地下茎）拒之门外。

3.2　降低成本、减少污染

杂草成灾之前，除运用试验成功药剂外，为了使除草剂达到最好的防治杂草的效果，首先要做到用药期恰当。防治禾本科草坪内的单子叶杂草（如稗草和马唐等）过去一直是比较困难的。防治单子叶杂草的药效是确切的，尤其抹绿、啶嘧磺隆、草坪宁 2 号防治 3 ~ 5 叶期早熟禾十分明显，防治 1 ~ 3 叶期马唐也有明显的效果，但需要掌握适当的防治时期，一般要在草坪草 3 叶期以后进行，否则容易产生药害。莎草对夏季新建植草坪的危害比较严重，抹绿可以在 5 ~ 8 叶期防治莎草。

3.2.1　减少喷药次数和施药范围

根据上海杂草的发生规律，一年防除 3 ~ 4 次即可达到防控效果，一般 4 ~ 5 月一次、7 月一次、9 月一次即可，若早春一年生杂草发生量大，可在 3 月中旬加防一次。由于除草剂属于化学药剂，喷多了会污染土壤，破坏土壤团粒结构使土壤板结，生物活性下降，因此尽量控制喷药次数，这样既降低成本又环保。此外喷药时需采用分块进行，避免漏喷或重复喷，以免影响防治效果。喷药方法建议采用点喷，有杂草的地方喷药，没有的地方不要喷药。

3.2.2　谨慎操作，提高防治效果

采用同样的防治方法，不同的人操作会产生不同的防治效果，原因在于操作人员的严谨性和工作细节上把握的差别。除草剂多数属于茎叶处理剂，通过叶面吸收破坏杂草的新陈代谢达到防治效果，操作仔细与否和叶面受药多少会直接影响防治效果。因此，在防治措施得当的前提下，进一步强调操作人员的严谨性会取得更好的防治效果。

3.3　创造条件、长期控草

3.3.1　合理的水肥管理

巧施肥料，杜绝杂草生存环境，高尔夫球场草施的是配方肥料，在多年生莎草严重的地方，可改用高氮低磷的肥料，使杂草因不适应恶劣环境而失去与草坪草的竞争力。草坪草和其他植物一样，在生长过程中都离不开水，尽管需要也应适度，过多或过少不利于其生长，不同的品种对水的需求也不同。耐旱性最强的是狗牙根系列，耐旱性强的是结缕草属和羊茅属，耐旱性中等的是早熟禾属，耐旱性较差的是黑麦草属。

3.3.2　以密控草

想要结束这种竞争就要让栽培植物牢牢占据整个环境空间，不让杂草有任何空隙可钻。即把栽培植物养护好，一般病、虫、草都是弱寄生，只有栽培植物生长势差，病、虫、杂草才会发生。杂草具有种子的延滞性，在不良环境中处于休眠状态不发芽。根据杂草这种特性我们就可以加以利用，在园林环境中创造这种“不良环境”——以密控草。例如，采用地被密集种植，草坪秃斑及时处理，播撒草茎，增强草坪竞争力；通过草坪和杂草不同的生长密度特性，选择合适的剪草频率和高度也是抑制杂草的有效办法。

任何单一的除草措施孤立应用，都难以获得理想的除草效果，化学除杂草以芽前除草为主，辅以苗后早期除草，人工拔除漏网大草，配合以优质的水肥管理、科学修剪、增强草坪草竞争力的生物防除，草坪杂草化学防除才能取得主动权，最终达到防治目的，使草坪可持续利用。

4. 制定杂草防除之长效计划

为解决杂草带来的系列问题，保证杂草防除任务的高效进行，需制定长效计划。

4.1　准备阶段

该阶段工作不可或缺，做好必要的基础工作，为下一阶段工作做好铺垫，提供实施操作依据，有的放矢，使之事半功倍。主要任务有两项。①杂草调查与分析。于每年 3 ~ 4 月、10 ~ 11 月各进行一次，调查两个杂草生长高峰期的杂草种类、规模、主要发生区域，并做好书面及照片记录；分析杂草发生特性和规律、本地区气象气候资料及先前用药的防除效果，不断总结归类，为制定新一轮的施药计划提供可靠的技术参考系数。②除草剂试验。进行针对性的化学除草剂试验，因地制宜，方法要科学，以便准确证实药效及安全使用范围，积累杂草防除的初始资料，扩大公司对化学除草剂的选用范围（尽量选用性价比高的产品）。

4.2　实施阶段

基于上一阶段的工作成果，制定行之有效的除杂养护月历，并综合草坪、杂草生长状况，周围环境（光、温、水、气、土、人工）等因素，以调整并实行合适的用药技术，进入全面的实地杂草防除阶段。

1 月：该月属华东最冷的时间段，除草剂使用效果较差，因此主要采用更换草皮的办法防除杂草，修复球场的边边角角区域。注意：在换草的同时，对这些区域应撒播颗粒杀虫剂，浇水使渗透杀灭地下害虫。

2 月：对球场早熟禾进行化学喷雾处理；山坡继续更换草皮；订购封闭型除草剂。

3 月：该月主要是对长草区、球道区进行暖季型杂草的药剂封闭工作。除此之外，对局部的长草区山坡、湖畔、园林区域等杂草泛滥处，利用草甘膦喷雾两次，及时人工清理这些区域的枯草，尽量减少杂草草籽遗留、传播；对长草区、球道进行低剪，减少早熟禾杂草结籽率；针对初生期的一枝黄花、芦苇进行草甘膦高浓度涂抹、清根，将其处理在幼苗初期。

4 ~ 5 月：该月初杂草生长很快，阔叶杂草、莎草、禾本科杂草都开始萌芽。视杂草生长情况，对杂草马唐进行大剂量喷施一类具土壤封闭兼茎叶处理的除草剂，配合低剪、大规模疏草等措施，用物理方法减少早熟禾杂草数量；对初生的天胡荽、莎草用选择性药剂喷雾；对杂草集中区域使用草甘膦灭生并铺沙，准备 6 月气温回升至 30℃时种植草茎。另外，再次利用草甘膦处理湖边芦苇，同时应兼顾景观效果，保持球场局部区域的野性风格，这样做也大大减少了冬季芦苇清理的大量人工投入，为完善其他工作腾出来很多时间；加强人工对果岭换草，抑制狗牙根及其他杂草对果岭的侵袭。

注意：在高尔夫球场大规模使用除草剂应高度重视用药安全，结合球道地形、风向、土壤湿度、杂草草龄，专人负责，跟踪作业；使用时需距果岭30码以上，在雨水易流淌入果岭或交播球道的高坡区域，不使用除草剂；球客有可能通过鞋底将药剂带走的通道区域，也应该根据当日球客的数量、天气情况决定是否喷施药剂，灵活应用。

6月：对马唐漏喷区域进行药剂点喷；对原使用草甘膦做灭生处理的区域开始种植草茎；建植备草区；地被建植。

7～9月：草茎种植；局部小面积马唐处理，人工对梯台、果岭裙带拔草；高草区频繁修剪；在外围区及球场管理的盲区使用草甘膦处理，抑制其开花结籽，最大范围地减少现有及潜在的马唐数量。

10月：对冷季型杂草进行药剂封闭处理，主要针对秋季萌发的草地早熟禾和部分阔叶杂草。

11月：该月底早熟禾已经成片萌发，在封闭过后的盲区，对遗漏杂草进行点喷，最大限度减少该杂草数量。

12月：在晴好天气继续杂草处理，主要是通过茎叶喷药处理早熟禾。

4.3　维持阶段

在成熟的杂草处理技术和丰富的除杂经验基础上，接受以前因该工作不足引起的杂草泛滥之教训，每年保证一定的人力、财力，按照综合防治、预防为主的原则，针对长江下游杂草生长的三个高峰期——3～4月的阔叶、暖季型马唐杂草期，6～7月的禾本科杂草期，10～11月的冷季型禾本科杂草期，对症下药，合理控制成本。

07

第7章

场地改造提高草坪的可持续性

7.1 引言

草坪作为绿地景观的主要组成部分，由于自身的特性限制，不能随着外界环境变化而变化，景观、运动、生态方面的功能退化不能满足当下人的需求。这时需要通过重新设计和改造以整合资源效率，提高场地的可持续性。

这种调整的目的是将草坪对环境影响降至最低，将成本效益最大化。本章主要从草坪经常出现的问题入手，主要在设计和日常管理方面，寻找解决问题区域而使场地更具可持续性的方法。本章重点分析以下主题：改造场地分析；明确改善草坪可持续性的问题所在和响应解决方案；可持续性改造的核心对象：土壤；可持续性改造关键措施。

7.2 场地分析

需要改造场地的分析与新建项目场地调查、分析不同，但两者之间又互相关联，其中，与原设计团队沟通合作是改造现有场地的必要步骤。在改造场地分析中需要考虑的有三个主要问题。

现有草坪场地是否还具有美观性？

日常草坪养护出现了什么问题？

与草坪养护配套的基础设施元素（道路、停车区、照明设施）是否满足现在的需求？

7.2.1 现有草坪场地是否还具有美观性

一、建群草坪草种类是否正常生长，在景观中是否起到作用？

因为草坪植物在景观中占据了很重要的比例，所以检验植物在景观中的美观功能非常重要。草坪在景观中有作为主景、衬托作用、运动休闲、疏散人群、改善空气环境、控制水土流失等一系列的美观作用和生态功能。设计阶段所选择的草坪植物与后期外界生长环境的恶化不匹配，可能导致植物抗性较差，比如随着遮阴、淹水等的变化而加剧，最终全部生成苔藓类地表（图 7-1）。

有效的解决方案可以通过筛选适应性强的草坪植物加上适当的养护管理，保证草坪在景观中达到其预定的功能性或者美观性目标。例如，杂交狗牙根草种在相对日照不足的林缘线以内就无法正常生长，可以采用结缕草属耐阴性更强的植物。

图 7-1 淹水、遮阴对草坪的影响

二、与草坪相关的周边乔灌木是否发生大的变化。

植物具有不同生长速率的特性，决定植物之间的相互影响和生长状态。如果初始设计比例发生了显著改变，顶层植物相对于主要草坪景观区形成过大的遮阴，就会造成草坪要经常更换，有效的解决方案是通过修剪等手段限制植物生长速度，保持植物配置长期处于正常比例。其次，替换顶层植物可以减少大量的修剪工作及产生大量的绿化垃圾，这是一种可持续性的方案。

图 7-2 景观树穴代替退化草坪

在其他情况下，改造工作或许要对景观进行再设计，使美观功能和养护现实之间实现平衡，产生一个更具可持续性的景观，这是景观提升改造阶段的主要考虑因素。如图 7-2 所示，在陡坡不宜剪草，并且大树遮阴草坪退化的区域设置为景观树穴是一个不错的选择。

7.2.2 草坪养护存在的问题

草坪场地养护措施必须是随着时间延长而提升改进。但实际情况是，年复一年的重复工作几乎没有改变，但场地随着人们踩踏、雨水冲刷一直发生着改变，最终导致草坪退化、死亡。以下是一系列在考虑草坪可持续性时会涉及的养护方面的问题及改造方案。

一、日常草坪养护计划是否一概而论，通用于所有区域？

草坪中所有区域并不需要进行同一程度的养护。很明显，重点景观区需要更多的投入，但在其他区域可以降低工作标准和强度。

解决方案：提供多套养护方案，实施分级、分区的草坪剪草、浇灌，粗放区域或自然保育区使草坪自然生长，这些措施可提高场地可持续性，进而节省费用。

二、是否有机会将精细养护植物更换为低养护植物？

高质量草坪养护要求投入大量的水、肥料和人工。如高尔夫球场中匍匐剪股颖被认为是高质量草坪草，除了本身细腻的质地外，还因为它非常容易受到病虫草害影响。即使仅有少量的这种高养护标准的草坪植物也会比只包含低养护植物的养护投入更多成本。

解决方案：将高养护植物更换成低养护植物。例如，低养护、抗病性好的结缕草属、蜈蚣草属的草种替代狗牙根属草种。

三、修剪等养护措施是提高还是降低了草坪外观？

草坪草植物按照近自然的生长高度从很大程度上提高了草坪的抗性，在设计和后期养护中都应该考虑到这一点。当选择耐低修剪程度差的草坪草时，持续修剪常常会降低美观性，比如缀花草坪。

解决方案：将那些因为过度修剪而变得不符合原来设计的草坪植物替换为适合这个场地养护强度的草坪草类型。充分考虑植物在设计、功能性或美观性中的角色，再根据这些考虑而选择植物。选择生长缓慢的植物，并根据其生长期的不同进行适当的修剪、养护等作业。

四、草坪养护中杂草有效防除是否只能通过化学除草剂方法？

乔灌木树冠可以遮阴，从而限制许多杂草的萌发。没有足够种植密度的景观设计通常会有严重的杂草问题。例如，在季节性花卉植物更换区域会导致土地裸露，伴随杂草迅速滋生。无遮挡的土壤成为杂草萌发并传播的主要地点，在这种情况下，都需要大量的除草剂和人工才能控制杂草数量。从长期来看，这些做法都不可持续。

解决方案：通常来说，拥有足够树冠密度的景观杂草问题较少，这种种植密度可以通过乔灌木设计使其层次搭配而营造出来，也可以通过种植多年生的地被植物来实现。配合松针、竹屑、绿化树木粉碎物等进行覆盖也会大大降低杂草的数量（图 7-3），从而减少除草剂依赖。

通常，草坪、地被植物在竞争中会抑制杂草生长，使杂草种子很难接触土壤表面，从而防止它们萌发，因此对草坪的“固本培元”做法很关键。

图 7-3　松针、绿化粉碎物覆盖树穴减少杂草

五、场地是否产生了大量的草屑垃圾?

由于草坪草选择错误而必须大量剪草将产生大量的草屑。高频率浇灌和施肥作业加剧场地产生绿化垃圾的数量。

解决方案：主要是将需大量修剪工作的草坪植物替换为能更好适应场地的植物，可以选择出垃圾产量少、成本投入低的草坪植物种类。表 7-1 列举了一些常见低矮、紧密、生长缓慢的草坪品种。

生长相对缓慢的草种　　表 7-1

类型	中文名	拉丁名
冷季型草坪草	冰草	*Agropyron cristatum*
	沙生冰草	*A. desertorum*
	蓝茎冰草	*A. smithii*
	小糠草	*Agrostis alba*
	鸭茅	*Dactylis qlomerata*
	高羊茅	*Festuca arundinacea*
	紫羊茅	*F. rubra*
	碱茅	*Puccinellia distans*
暖季型草坪草	地毯草	*Axonopus compressus*
	垂穗草	*Bouteloua curtipendula*
	格兰马草	*B. gracilis*
	野牛草	*Buchloe dactyloides*
	虎尾草	*Chloris virgata*
	弯叶画眉草	*Eragrostis curvula*
	假俭草	*Eremochloa ophiuroides*
	两耳草	*Paspalum conjugatum*
	巴哈雀稗	*P. notatum*
	铺地狼尾草	*Pennisetum clandestinum*
	钝叶草	*Stenotaphrum helferi*
	偏穗钝叶草	*S. secundatum*
	锥穗钝叶草	*S. subulatum*

续表

类 型	中文名	拉丁名
暖季型草坪草	大穗结缕草	*Z. macrostachya*
	沟叶结缕草	*Z. matrella*
	细叶结缕草	*Z. tenuifolia*

其次将浇灌和施肥量限制在使草坪质量维持在可接受程度的最小需求点上，即饥饿式养护。将植物替换的方案和降低浇灌肥料的概念结合起来。

六、存在陡坡难以剪草、排水不良的草坪区是否可以做出种植调整?

在景观设计中,草坪区通常是被当作覆盖材料使用。草坪的建植成本相对较低，生长速度快，可以立竿见影。不足的是，大多设计对草坪长期养护需求考虑不周，这些需要包括剪草、浇水和施肥等。地形复杂区域草坪对完成养护工作带来诸多困扰，比如工作效率低、草坪修剪不平整、机械容易损坏、养护人员容易受伤等。

解决方案:在一些情况下,以地被植物替换草坪进行类似的美感设计（图 7-4），不一定都追求实用低矮平整的草坪景观。通常考虑狭窄的中间条带区、停车场地带和其他没有大客流量的区域，用矮生地被植物，如铺地柏、松果菊、忍冬、络石类等来替换草坪，减少对水、肥料和人工等的投入，使得场地具备可持续性。

图 7-4　陡坡种植地被类植物

七、浇灌系统是否定期维护及更新不适用的控制器和喷头?

效率不高的浇灌系统会导致一系列包括浇灌过度或浇灌不足的养护问题，不论是哪一种，都会降低景观美观性，同时植物生长状况不佳。

解决方案: 浇灌系统每年的保养、养护能够确保系统处于正常的工作状态。更新系统的现有设备和技术，能够进一步提高工作效率。

7.2.3　与草坪养护配套的基础设施元素

配套草坪的硬质景观、照明设备和其他场地设备设施对于整个草坪景观的功能性都是至关重要的。如果硬建道路系统处于维护停用的状态，整个场地的交通量和进入性都会受限，就会对场地中植物尤其是容易被踩踏的草坪造成干扰。当照明设施由于植物生长而受到阻挡时，它们就丧失了其功能性，反过来也会影响植物的生长。相比于前面讨论过的其他元素，这些元素进行改造需要耗费更多的资金。以下是一系列在评估草坪场地可持续性时会涉及的基础设施相关问题及改造方案。

一、草坪场地中行人道和其他硬质场地表面是否能正常使用?

由于人为磨损、自然风化或者安装不当，造成行人道、车道、停车区和其他硬质景观的功能性退化，确保良好的硬质表面对于可进入性和安全性都很重要。

解决方案：损坏的道路应该被及时修复，建立停泊弯用于错车、停车，减轻相邻草坪被过度踩踏的压力（图 7-5）。在合适的地方将损坏的材料更换为更耐久和更可持续性的产品，确保这些材料得到适当的安装，减小再修复的返工成本。

图 7-5　草坪相邻道路处理及过度踩踏问题

二、照明因素是否处于最适水平?

场地照明功能的减弱与设计、植物生长和产品质量是息息相关的。有的设计会导致灯杆放置位置太过靠近树木和低洼区，而造成照明设施周围剪草困难及场地积水造成设施损坏的问题（图 7-6）。随着树木的生长，它们也会遮挡部分或全部的照明设备。设计师需要考虑到树木的生长情况，后期安装公司在安装阶段中遇到灯杆放置时，必须与设计师沟通。

图 7-6　场地照明设施

解决方案：一个大的草坪建设项目会将室外照明设计、施工进行发包，如果项目被外包，那必须在安装之前，要仔细确定安装位置和评估其安装的必要性。一旦照明系统被安装了，其包括清理遮挡照明设备的植物或者移除照明设备等改造费用会非常高。放置在草坪中的照明设备周围应该设有保护设备设施，降低被日常养护造成的损坏概率。

7.3 可持续改造核心目标：土壤

草坪是一个养护量要求很高的园林产品，草坪的概念包括草坪植物群落及支撑群落的表土两个部分，草坪草离开生长所需的良好土壤条件，是不可持续利用的。园林常规做法是按照作物的土壤进行配备，其实草坪与作物差别很大，作物是以收获籽实为主要目标，而草坪则主要是以长期维持营养阶段低矮、平整、均一的状态为最终产品，因此，草坪植物的低矮、根系浅，抗逆性差导致对土壤质量要求更高。特别是对运动场草坪，由于其特殊的功能要求，对土壤理化性质的要求远高于农业土壤。

7.3.1 土壤物理性状对草坪的影响

物理性状指由于土壤颗粒的大小分布及其堆积所产生的孔隙性质、紧实状况，以及由这两个因素所导致的土壤水、气、热与耕作性能等的变化。良好的土壤物理性质会为植物创造好的根系生长环境。

土壤物理性质制约土壤肥力水平，进而影响草坪生长，也是制定合理耕作和排灌等管理措施的重要依据。土壤物理性质除受自然成土因素影响外，通过人类的耕作、轮作、灌排和施肥等也能使之发生深刻的变化。因此可在一定条件下，通过农业措施、水利建设以及化学方法等对土壤不良的物理性质进行改良、调节和控制。运动场草坪种植层多用黄沙、沸石等改善种植层物理结构。

一、土壤结构对草坪的影响及改良

土壤中的颗粒，沙粒和粗粉粒粒径较大，常呈单粒分散状态存在；细粉粒和黏粒往往被胶结成复粒或直径小于 0.05mm 的微团聚体。单粒、复粒、微团聚体在土壤中可以单独存在，也可以被胶结，凝聚成大小不同、形态各异的团聚体。这些团聚体或颗粒的排列方式、稳定程度、孔隙状况称为土壤的结构性。土壤结构性在一定条件下，影响着土壤中的水、肥、气、热状况和植物根系的发育，因而土壤结构是影响土壤肥力的一个重要因素。

土壤结构是土壤形成过程中产生的新性状。不同的土壤往往具有不同的结构性，并表现出不同的肥力。因此，认识和研究土壤结构的形成、特性，才能因地制宜地提出改善措施，对提高土壤肥力具有重要意义。

（一）土壤质地

1. 土壤质地分类

自然界的土壤都是由各种大小不同的土粒组合而成，各级土粒在土壤中所占的质量百分数，称为土壤的机械组成。根据土壤的机械组成将土壤划分为若干类别，这种类别名称叫土壤质地。土壤质地是土壤的重要属性，对土壤的理化性质、肥力状况以及植物生长发育影响很大。

（1）国际制

以沙粒、粉沙粒和黏粒的百分比含量并结合其特征而划分的，共分为四类十二级，国际制质地分类系统对我国土壤质地分类影响较大，国际制土壤质地分类标准是根据沙粒（2 ~ 0.02 mm）、粉粒（0.02 ~ 0.002 mm）和黏粒（<0.002 mm）三粒级含量的比例，划定 12 个质地名称（表 7-2）。

国际制土壤质地分类 **表 7-2**

土壤质地		各级土粒质量		
类别	名称	黏粒（<0.002mm）	粉粒（0.02 ~ 0.002mm）	沙粒（2 ~ 0.02mm）
沙土类	1. 沙土及壤质沙土	0 ~ 15	0 ~ 15	85 ~ 100
壤土类	2. 沙质壤土	0 ~ 15	0 ~ 45	55 ~ 85
	3. 壤土	0 ~ 15	35 ~ 45	40 ~ 55
	4. 粉沙质壤土	0 ~ 15	45 ~ 100	0 ~ 55
黏壤土类	5. 沙质黏土壤	15 ~ 25	0 ~ 30	55 ~ 85
	6. 黏土壤	15 ~ 25	25 ~ 45	30 ~ 55
	7. 粉沙黏土壤	15 ~ 25	45 ~ 85	0 ~ 40
黏土类	8. 沙质黏土	25 ~ 45	0 ~ 20	55 ~ 75
	9. 壤质黏土	25 ~ 45	0 ~ 45	10 ~ 55
	10. 粉沙质黏土	25 ~ 45	45 ~ 75	0 ~ 30
	11. 黏土	45 ~ 65	0 ~ 55	0 ~ 55
	12. 重黏土	65 ~ 100	0 ~ 35	0 ~ 35

（2）美国制

美国制土壤质地分类采用三角形图示，用法举例如图 7-7，某种土壤含沙粒（2 ~ 0.02mm）45%、粉粒（0.02 ~ 0.002mm）15% 和黏粒（<0.002mm）40%，则可以从三角形坐标图查得三数据之线的交叉位置在壤质黏土范围内，故此土壤的质地属于壤质黏土。

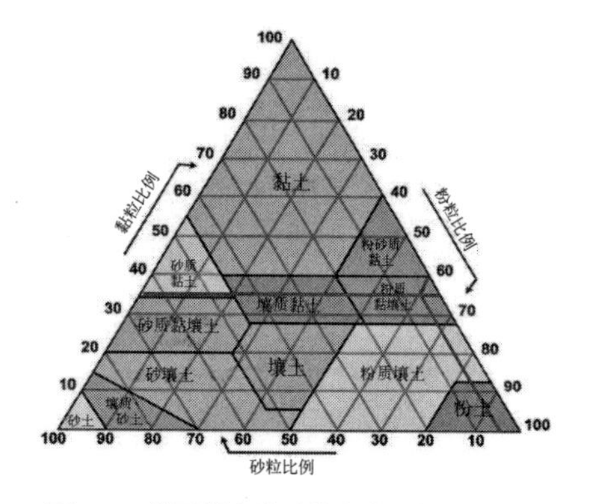

图 7-7 美国制土壤质地分类三角形坐标图

（3）中国

我国暂拟土壤质地分类系统不是完全根据各粒级的相对数量划分的，而是考虑到各类型土壤中沙粒、粉粒和黏粒三个粒级对土壤物理性质所起的主导作用，相应地把土壤分为三个组，再进一步细分为若干质地类别（表 7-3）。

我国土壤质地分类 **表 7-3**

质地	质地名称	颗粒组成（粒径：mm）		
		沙粒（1 ~ 0.05）	粗粉粒（0.05 ~ 0.01）	沙粒（<0.001）
沙土	粗沙土	>70	—	—
	细沙土	60 ~ 70		
	面沙土	50 ~ 60		
壤土	沙粉土	>20	>40	<30
	粉土	<20		
	粉壤土	>20	<40	
	黏壤土	<20		
	沙粒土	>50	—	>30
年土	粉黏土	—		30 ~ 35
	壤黏土			35 ~ 40
	黏土			>40

2. 土壤质地层次组合方式

自然土壤剖面各层次很少是由单一的土壤质地组成的，往往是沙、壤、黏的土层交错排列。土壤质地层次排列状况影响土壤水分的运行和调节，影响土壤中气、热状况的变化，还影响土壤的保肥供肥性能，从而影响土壤肥力状况，对土壤肥力有着重要的意义。土壤质地层次组合方式有以下几种。

（1）沙盖黏型

上层厚约 30cm 的沙质土，其下为厚 40cm 以上的黏质土。上层土壤质地轻松、空隙大、通透性好，能接受较多的降水，增加土壤含水量，又能促进土壤中有机质和养分的分解转化，有效养分含量多。下层土壤黏重，起到托水、托肥作用。由于毛管作用，水分源源不断从下层补充到上层，土壤肥力高，被称为“蒙金土”。但是，如果上层沙质层太厚，毛管弱，就不能表现回润力；如果上层沙质层太薄，水分不易下渗，容易形成地表积水。

除高尔夫球场果岭区外，草坪基质是典型的沙盖黏型质地结构。建植草坪时，上层一般会铺 20cm 的沙，只要下层质地不太黏重，即是较为理想的土壤结构。上层沙性基质具有良好的通透性，下层壤质基底托水肥，草坪生长良好，能够满足运动的需要。

（2）黏盖沙型

表层为 30 cm 左右的黏质土壤，其下为沙土层，上层土黏重紧实、通透性差、持水保肥力强。降雨时雨水不易下渗，造成地表径流或地表积水，湿时泥泞，干时龟裂板结，是土壤肥力比较差的类型，是最不理想的草坪基质，一定要进行改良。特别要注意的是建植运动场草坪时不能铺植农场出售的草皮，因为市售草皮有约3 ~ 5mm的黏土层，覆盖在表层后形成黏盖沙型质地结构，严重影响草坪的通透性和运动性。

（3）夹层型

沙粒层次相间排列，但沙层和黏层均具有一定的厚度，约20 ~ 40cm，太厚则不属于夹层型。依沙层和黏层的厚度分为黏夹沙型和沙夹黏型。一般来说，沙黏层次适当相间既可透水通气，又可蓄水保肥，因而具有对土温、养分、水分的调节作用。视沙黏排列情况，可以作为草坪基质，但30mm以上不允许有黏层。

3. 土壤质地对草坪的影响及改良

土壤质地是指土壤固体矿物颗粒的大小组合，其分类是按土壤颗粒组成的比例特点所做的。草坪草广泛适宜于大多数质地的土壤，从沙土到黏土。沙土如果能提供持续的水分和肥料，即可满足优质草坪草的需要。从自然供给草坪草的条件来讲，壤土最为适宜。然而，由于沙土在潮湿区严重踩踏时，很少可能变得相当紧实。因此，这类土壤有可能也是适宜的。对于建植或养护一个优质草坪，土壤质地一般不是主要的限制因子。同时，在实际生产中，改善土壤的理化性状要比“客土法”改善土壤质地更为现实。

（二）土壤结构的类型和特征

土壤是由固体、液体和气体三类物质组成的（图7-8），即土壤三相比，固体容积（固相）：水容积（水相）：容气量（气相），这三相物质的比例是土壤各种性质产生和变化的基础。一般适于草坪草正常生长的土壤固态容积、液态水容积、气态容气量比例是4 ∶ 3 ∶ 3。固体物质包括土壤矿物质、有机质和微生物等；液体物质主要指土壤水分；气体是存在于土壤孔隙中的空气。土壤中这三类物质构成了一个矛盾的统一体。它们互相联系、互相制约，为作物提供必需的生活条件，是土壤肥力的物质基础。

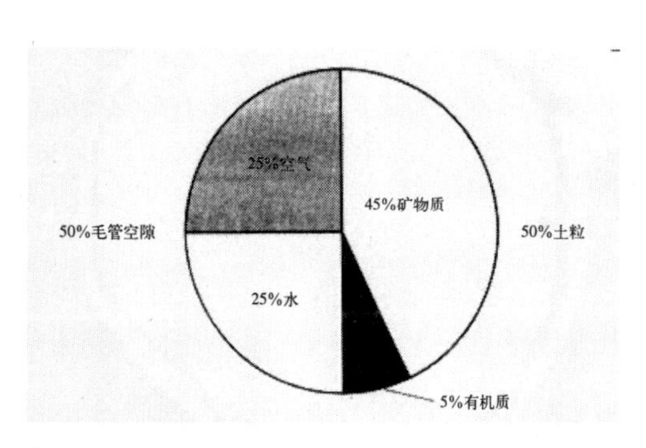

图7-8　土壤三相

1. 常见的土壤结构

（1）单粒结构

土粒分散、互不胶结，缺乏有机质的沙土具有单粒结构。这类结构的土壤通透性好，但漏水漏肥，草坪土壤属于这个类型。

（2）块状结构和核状结构

在缺乏腐殖质的黏重土壤上形成，结构体沿长、宽、高三轴发育，棱面不明显、形状不规则。块状结构50 ~ 100mm；核状结构5 ~ 10mm，棱角较明显。

块状结构和核状结构是不良的土壤结构，土块之间互相架空，漏水、漏气、漏肥，肥力差。幼苗不易成活，作业困难。

（3）柱状结构和棱状结构

结构体沿垂直轴发育，具有垂直裂缝，通透性好，但漏水、漏肥。黄土母质发育的土壤具有这种结构。

（4）片状和板状结构

结构体沿水平轴发育，是在水的作用或机械压力下形成的。土粒排列紧密、孔隙小，严重影响气体和热量交换。

（5）团粒结构

土壤团粒结构是土壤中土粒和胶体矿物互相胶结或排列的形式。在质地适中、腐殖质含量高的表层土壤中易于形成团粒结构。

2. 团粒结构与土壤肥力的关系

团粒结构的特性是多孔性和水稳性。多孔性表现为土壤孔隙度大，毛管孔隙与非毛管孔隙同时并存，并具有适量的数量和比例，因而使土壤中的固相、液相和气相物质处于协调状态，蓄水保肥，抗旱性能好，土质疏松，易于作业。

（1）水气协调，土温稳定

团粒结构的土壤，团粒之间是通气孔隙（孔径 > 0.01 mm），平时被空气占据，降水或浇灌时，水分通过孔隙进入土层，这样就很少发生地表径流。因团粒内部是毛管孔隙（孔隙直径 0.01 ~ 0.001mm），具有保持水分的能力。因此，渗入土层中的水分，受团粒内毛管力作用，被吸持并保存于毛管孔隙中，起小水库的作用，多余的水分在重力的作用下渗入下部土层。雨后天晴或干旱季节，表层团粒因失水而收缩，隔断了上下相连的毛管联系，形成隔离层，减弱了土壤水分的蒸发消耗。由于持水性良好，热容量高，土温也较稳定。

（2）供肥保肥性能好

团粒间的通气孔隙空气多，适宜于好气性微生物的活动，养分活化好，产生的有效养分多，供肥性能好。团粒内部的毛管孔隙水分多，宜于厌氧微生物活动，有机质分解缓慢，有利于养分的积累，起到保肥的作用。团粒外的好气性分解愈旺盛，产生的有效养分也愈多，同时，消耗的氧愈多，向团粒内部输送的氧气愈少，愈有利于团粒内养料的保存。这两个过程互相调节、互相补偿，从而协调了土壤供肥与保肥间的矛盾，所以，团粒结构的土壤具有良好的养料状况。

（3）土质疏松，易于作业

团粒结构的土壤土质疏松，易于耕作，种子发芽和出苗整齐，生长均匀健壮。

3. 土壤结构形成

（1）细小土粒

需要有足够数量的细小土粒，土粒愈细，其黏结力愈大，愈有利于复粒的形成。

（2）凝聚物质

由单粒形成团聚体，先是由土壤胶粒凝聚为复粒，再被胶结剂胶结。

胶体凝聚是溶胶变为凝胶的过程。带负电荷的土壤胶粒相互排斥，在阳离子的作用下，降低电位就会使胶粒相互靠近凝聚而成复粒。土壤胶体的凝聚是形成微团聚体和团粒的基础。

（3）胶结物质

土壤中的胶结物有两大类：一类是有机胶结物质，如土壤有机质中的多糖、腐殖质等。有机质胶结的团聚体疏松多孔、水稳定性高，可以吸水不致散碎。由含水氧化铁、含水氧化铝与黏粒胶合形成的团聚体，虽然水稳定性高，但土粒排列紧密、内部孔隙少，对改善土壤肥力状况的意义较小，同时有机胶合剂易于将微团粒胶结成为较大的多孔团聚体。另一类是无机胶结物质，如黏粒、含水氧化铁、含水氧化铝胶体。

（4）起分割挤压作用的外力

如植物根生长、菌丝体的缠绕、土体的干湿或冻融交替、动物活动及耕作时的机械力等。

1）植物根群的作用

植物根在生长过程中对土壤产生分割和挤压作用，可将大土块破碎成小体，同时，植物吸收水分造成土壤局部脱水而产生干燥收缩作用，也可以促进结构体的形成，再加上腐殖质的作用，可以把周围的土粒胶结成水稳性团聚体。

2）土壤中的蚯蚓、昆虫、蚁类等的作用

蚯蚓以有机物质为养料，吞食大量土壤，再以粪便形式将这些土壤排至体外，形成良好的团聚体。它对团粒结构的形成起着很重要的作用。

3）土壤的干湿交替和冻融交替作用

当土壤干燥时，各部分胶体脱水不均，使土体产生不等的变形而开裂成小块；相反，干土吸水后，土块产生不均匀的湿胀而破碎。当土壤孔隙中的水分冻结时，体积膨胀，使大块土壤碎化。

4）耕作措施促进农耕土壤形成良好的结构

运动场草坪多建植在沙性基质上，由于质地粗，除表层外，有机质含量低，难以形成团粒结构。通气透水性良好，但保水保肥能力严重不足，促使草坪养护中频繁灌水、施肥，管理强度大，易造成资源浪费和环境污染。因此，对于观赏草坪和高尔夫球场天然区，应使用中等质地的土壤，促使团粒结构形成，可以大大降低管理强度。

4. 土壤结构的破坏

（1）机械破坏

人运动、行走时的踩踏，机具作业时的摩擦和挤压，暴雨和灌水的冲击以及过度的干湿和冻融交替等均会使结构体崩散。

（2）物理化学的破坏

土粒的水化会使非水稳定性团聚体瓦解；还原过程使氧化铁胶结溶解，因而使团聚体散碎。化肥会破坏土壤结构，从长远来说不利于植物，用有机肥就不会，土壤中含有多数的硅酸盐、二氧化硅和微量元素，无机化肥过量会造成土壤板结，改变土壤成分，但是有机肥是比较容易降解的，所以有机肥比无机肥更环保一些。

（3）生物的破坏

好气性微生物分解腐殖质导致团聚体破坏，在厌氧条件下，多糖类也易被微生物分解而丧失胶结能力，使团聚体散碎。

5. 土壤物理机械性

土壤物理机械性是指土壤的黏结性、黏着性、可塑性以及其他受外力作用（农机具的剪切、穿透压板等作用）而发生形态变化的性质。

（1）土壤的黏结性

黏结性是指土粒与土粒之间通过各种引力而相互黏结在一起的性质。这种性质使土壤具有抵抗破碎的能力，也是产生耕作阻力的主要原因之一。黏结性的强弱主要决定于土壤中黏粒的含量和土壤中水分的含量。黏粒含量越多，黏结性越强，反之则弱。在湿润时，土粒间引力通过粒间水膜为媒介，实际上是土粒 - 水 - 土粒之间的黏结力，所以水分过多或过少土壤都会失去黏结性。

（2）土壤的黏着性

黏着性是指土壤在一定含水量下，土粒黏附在外物表面的性质。这种黏着力实际上是土粒 - 水 - 土粒之间的吸引力。由于这种性质，在耕作时，土壤黏着农具，增加了土粒与金属的摩擦力，增加了耕作阻力，使耕作困难。其强弱也决定于土壤中黏粒的含量和土壤中水分的含量。干土没有黏着性，水分过多，土壤也会失去黏着能力。

（3）土壤的可塑性

土壤在一定的含水量范围内，可由外力塑成任何形状，当外力消失或土壤干燥后，仍能保持其形状，这种性质称为可塑性。土壤含有一定量的水分时，黏粒表面被包上一层水膜，若加上外力揉搓，使片状黏粒重新改为平行排列而黏结固定，失水干燥后，由于土粒间的黏结力，仍能保持原状，这是产生可塑性的原因。

（4）土壤的结持性

指不同质地土壤在不同含水量条件下，由于土壤的黏结力而表现出不同状态，即土壤的变形和抵抗破碎的能力。土壤的结持性按强弱可分为以下几类。

1）坚硬结持性：土壤含水量极低，土粒间的黏结力极强，作业阻力极大，作业质量差。草坪为沙质土壤，可以作业。

2）酥软结持性：土壤呈湿润状态，黏结力降低，尚无可塑性与黏着力，最适宜作业。

3）可塑结持性：土壤含水量稍增，水膜起滑润作用，已具有可塑性与黏着性，此时作业质量差。

4）黏韧结持性：土壤含水量增大，土壤已具有可塑性与黏着性，不宜作业。

5）浓浆结持性：土壤呈泥浆流体，黏着性强，不能作业。

6）薄浆结持性：水分极多，呈薄浆流动状态。

（5）土壤的宜耕性

是指土壤适于机械作业的性能。主要决定于土壤含水量，以稍低于下塑限为宜，但不要低于下塑限太多，否则会引起土壤的黏结性而增大作业阻力。

沙土与沙壤土干湿均好耕，宜耕期长。草坪多建植在沙性基质上，宜耕性好。但由于草坪的养护强度大，修剪、施肥等作业特别频繁，且土壤长期处于潮湿状态，易于压实土壤，应选择土壤较干时进行机械作业。

6. 土壤结构对草坪的影响及改良

（1）土壤结构对草坪建植的影响

土壤结构是土壤中土粒和胶体矿物互相胶结或排列的形式。酸性土壤的团粒结构容易被破坏而变得板结，并限制了氮的供应或排水不畅，而不利于草坪草的死根腐烂。在草坪草建植前采取土壤结构改良剂来改良土壤结构，如适度施肥、增施有机物质，以及人工合成的土壤改良剂。

（2）土壤结构对草坪建植的改良

在草坪草建植前采取土壤结构改良剂来改良土壤结构，如适度施肥、增施有机物质，以及人工合成的土壤改良剂。常用的有机物有粪肥、秸秆、泥炭、锯末等。结构改良的最实用措施是施用有机肥等有机物。有机物除能提供植物多种养分外，其分解产物如多糖等及重新合成的腐殖质是土壤颗粒的良好团聚剂。有机物质改善土壤结构的作用取决于施用量、施用方式及土壤含水量。运动场种植层多用黄沙、沸石等改善种植层物理结构。

二、土壤通气性对草坪的影响及改良

土壤空气与近地层大气之间不断进行气体交换的现象，也称土壤通透性。土壤和大气间的气体交换也主要是氧与二氧化碳气体的互相交换，即土壤从大气中不断获得新鲜氧气，同时向大气排出二氧化碳，使土壤空气不断得到更新。因而土壤与大气的气体交换，亦称为土壤的呼吸作用。

（一）土壤空气

土壤空气主要来自大气，存在于未被水分占据的土壤孔隙中。土壤空气按其组成在质与量上均不同于大气中的空气。

由于土壤生物生命活动的影响，二氧化碳比大气中含量高，而氧含量比大气的低。对于草坪草，最重要的是二氧化碳和氧气通过气体交换发生关系。空气流动即成风，风作为空气物理作用，也影响绿色植物。另外，土壤空气中的水汽含量远比大气环境中的高，土壤空气湿度一般接近 100%。在土壤中由于有机质的厌氧分解，还可能产生甲烷、碳化氢、氢等气体。土壤空气中还经常有氨存在，但数量不多。

（二）土壤通气意义

土壤通气性是土壤的重要特性之一，是保证土壤空气质量、使植物正常生长、微生物进行正常生命活动等不可缺少的条件。

1. 土壤通气性的好坏首先影响草坪草根系的生长。在通气良好的土壤中，氧气供应充足，根系生长健壮，根系长，根毛多。当通气不良时，氧气浓度低于 9% ~ 10%，根系发育受到抑制；低于 5% 时，根系发育停止。尤其当土壤温度高时，呼吸作用需要较多的氧气，因缺氧受到的抑制就越严重。

2. 土壤通气不良，会影响微生物活动，降低有机质的分解速度及养分的有效性。草坪草根系及土壤微生物呼吸需要氧气，放出二氧化碳，否则根系生长不良。

3. 土壤通气不良还会使土壤中的有机质分解形成氢，氢能引起富含氧的盐类以及三价铁和四价锰的化学还原作用。

4. 土壤通气性差，含氧量低，致使植物进行无氧呼吸，产生醛类及有机酸类等物质，使根系中毒。

5. 良好的通气性是作物吸收大量水分必不可少的条件。进行草皮生产时，良好的土壤通气条件显得尤为重要。通气良好，根系良好，根系发育好，草块易铲，便于运输和铺设。

（三）土壤通气性指标

1. 土壤呼吸系数

单位时间内，单位面积的土壤表面扩散出的 CO_2 容积与消耗 O_2 的容积的比率。它可用来衡量土壤中生物活动的总强度。正常情况下，土壤呼吸系数接近于 1，若超过 1 则说明土壤通气性差。

2. 土壤中氧的扩散率

每分钟内扩散通过每平方厘米土层的氧的克数（或微克数），其大小标志着土壤空气中氧的补给更新速率的快慢。一般来说，土壤中氧的扩散率随土层深度而降低。氧扩散率降低愈快，植物根系生长深度愈浅。

3. 土壤通气量

单位时间、单位压力下，通过单位体积土壤的空气总量（CO_2+O_2），常用 mL/（cm^3·s）表示，土壤的通气量大，表明土壤通气性好。

百慕大草坪需要良好的土壤通气条件，根不能舒展到通气性能差的土壤层中。质轻的土壤比质地重的土壤具有更好的通气性，也具有理想团粒结构，任何损坏土壤结构的措施，比如在土壤湿润和过分浇灌时滚压和踩踏，必将减少进入土壤的空气量。由于百慕大草坪草根非常需要土壤空气的连续供给，因此，在草坪草的整个生育过程中都必须采取适当的措施以改善土壤的通气条件。

4. 土壤的通气孔隙度

由于影响气体扩散的主要因素是通气孔隙的数量，气体扩散速度（单位时间内通过土体的气体数量）与土壤通气孔隙的容积是直线函数关系，所以常用土壤中通气孔隙的百分率作为衡量通气性能好坏的指标。

（四）土壤通气性对草坪建植的影响及改良

1. 土壤通气对草坪建植的影响

大气与土壤之间的气体交换控制着土壤通气性的差异，通气不良的土壤常表现为缺氧。草坪草根系及土壤微生物呼吸需要氧气，放出二氧化碳。没有大气和土壤之间足够的空气交换，土壤空气中氧的含量会降低，二氧化碳的含量会升高，抑制根系对水分和养分的吸收及根系的生长，同时也抑制有机物质的降解。在板结或长期潮湿的土壤中草坪草生长不良，而常有各种各样的杂草侵入，这些杂草具叶片吸氧而后将其传输到根部的功能，以满足根系呼吸的要求，生长茂盛，排挤草坪草。

土壤通气性的好坏还影响草坪草种子的发芽。通气性差，含氧量低，导致产生更多的醛类及有机酸类等抑制发芽的物质，从而使种子发芽受阻。因此，在草坪草的整个发育过程中，都必须采取适当的措施以改善土壤的通气条件，如在踩踏严重的草坪上打孔。

2. 土壤通气性的改良

草坪在使用一段时间后，由于镇压、浇水和踩踏等使坪床坚实、硬化。同时剪草时草屑收拾得不太干净，加上草坪草自身的新陈代谢，枯草层堆积得很厚，形成一种草垫层。在这种情况下会使坪床排水不良，草坪草根部严重缺氧，草坪草生活力低下，如果长时间不采取补救措施，势必导致草坪朝不良方向发展。通常采用中耕和打孔等措施来改良草皮的物理性能和其他特性，以增加土壤的通透性和加快草皮枯草层的分解，促进草坪草地上和地下部分的生长发育。

（1）中耕松土：是指通过机械的方法除去枯草层，将地表面耙松，使土壤获得大量水分和氧气的过程。通常用弹齿耙中耕松土，面积大的用松土机。

（2）打孔：草坪打孔用打孔机进行。打孔机是指可以在草皮上均匀打出深度、大小一致的孔洞的机械。有两种，一种是实心锥，通过推挤土壤造成小孔；另一种是空心锥，可以从土壤中挖出土心。

（3）改良土壤质地和结构：土壤通气性差、含氧量低，致使植物进行无氧呼吸，产生醛类及有机酸类等物质，使根系中毒。运动场种植层多用黄沙、沸石、草炭等改善种植层通气性。

（4）排水和浇灌。

（5）冬季，由于水在结冰时，体积要膨大 9%，所以经过几次冻融交替土壤会变得格外疏松、通透性增加。

（6）对沙性或黏性太重的土壤，采用客土改良，即掺加黏土（或沙土）进行改良。

（7）增施有机肥或种植绿肥，增加团粒结构，改善土壤通透性。

三、土壤水分对草坪的影响及改良

土壤水分是土壤肥力的重要组成部分，一方面植物根系直接吸收土壤水分，供给生命活动所需；另一方面，土壤中的无机营养必须溶解在水中才能被植物所吸收。

（一）土壤水分的类型及性质

1. 吸湿水

土粒表面靠分子引力从空气中吸附的气态水并保持在土粒表面的水分，即为吸湿水（吸附水、紧束缚水）。

土壤吸湿水的多少，一方面决定于土壤质地、腐殖质等影响土壤比表面积的因素，土壤质地愈细，它的比表面积愈大，吸湿水就愈多；另一方面还决定于大气的湿度和温度，大气湿度越大土壤吸湿水越多。所以吸湿水不能移动，无溶解力，植物不能吸收，重力也不能使它移动，只有在转变为气态水的先决条件下才能运动，因此又称为紧束缚水，属于无效水分。

2. 膜状水

膜状水又称为束缚水，指由土壤颗粒表面吸附所保持的水层，膜状水可以从水膜较厚处向薄处移动，速度很慢（图 7-9），通常为 0.2 ~ 0.4mm/h。膜状水受到的引力比吸湿水小，植物只能利用一部分膜状水，再加上膜状水运动速度很慢，不能及时补给植物需要，故对植物而言，属弱有效水。

3. 毛管水

借助毛细管引力吸持和保持在毛细管孔隙中的水，称为毛管水。毛管水是土壤中最宝贵的水分，因为毛管水可以向各个方向移动。根系的吸水力大于土壤对毛管水的吸力，所以毛管水很容易被植物吸收。毛管水中溶解的养分也可以供植物利用，为土壤中最有效的水分。

毛管悬着水是由地面进入土壤并被保持在土壤上部毛管中的水分（图 7-10），来源于降雨、融雪和浇灌。

毛管上升水：地下水随毛管上升而保持在土壤中的水分称毛管上升水（图 7-11）。毛管上升水与地下水位有密切的关系，会随着地下水位的变化而产生变化，地下水位适当时它是作物水分的重要来源，但地下水位很深时，它达不到根系分布范围，不能发挥补充水分的作用，地下水位浅时会引起湿害。

4. 重力水和地下水

重力水：降水或浇灌强度过大时，毛管已无剩余引力，多余水在重力作用下

图 7-9　膜状水

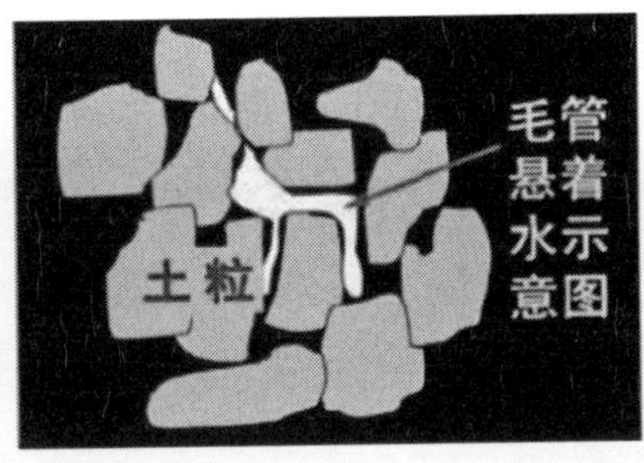

图 7-10　毛管悬着水

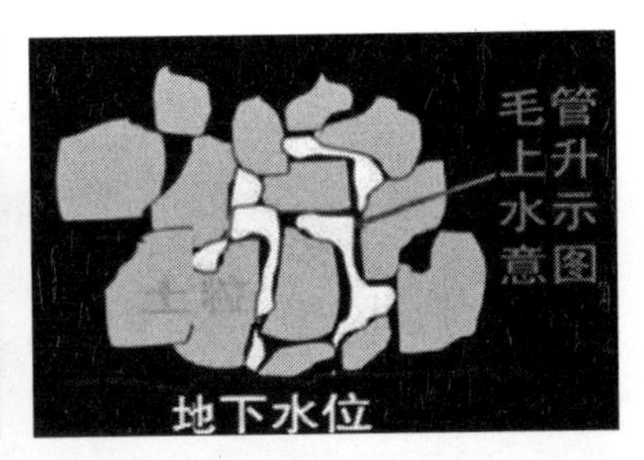

图 7-11　毛管上升水

向下渗透，这种水称为重力水。重力水虽然能被植物吸收，但因为下渗速度很快，实际上被植物利用的机会很少。

地下水：重力水下渗到下部的不透水层时，就会聚积成为地下水，所以重力水是地下水的重要来源。地下水的水平面距地表的深度称为地下水位。地下水位要适当，不宜过高或过低。地下水位过低，地下水不能通过支持毛管水的方式供应植物；地下水过高，不但影响土壤通气性，而且在干旱地区的土壤还易产生盐渍化。

（二）土壤水分的能量状态

1. 土壤水势

土壤的能量状态反映土壤水分对植物的有效性，常以土壤水势来表示。通过对影响土壤水势因子的分析，给出土壤水势与土壤结构及含水率关系的表达式。当土壤不含水分时，影响土壤水势的因子主要为土壤的结构；当土壤含有水分时，由于土壤水分中和了部分毛管力，随着土壤水含水量的增加，土壤水势必然升高，所以，土壤结构与土壤含水率决定着土壤水势的高低。另外由于植物根系影响土壤结构与含水率，所以根系对土壤水势的影响也不可忽略。

2. 土壤水势的能量表示方法

土壤水能态常用吸力来表示。吸力是指土壤水承受一定吸力的情况下所处的能态。吸力与土壤水势不同点存在于，吸力只表示土壤水受到基质吸力和渗透压力时所处的能态。

3. 土壤水分数量和能态关系——土壤水分特征曲线

以土壤水能量指标（吸力）为纵坐标，以含水量为横坐标，可以作土壤水分吸力与含水量的相关曲线。这个曲线就叫作土壤水分特征曲线（图 7-12）。

土壤水分特征曲线一般也叫作土壤特征曲线或土壤 PE 曲线，它表述了土壤水势（土壤水吸力）和土壤水分含量之间的关系。通常土壤含水量 Q 以体积百分数表示，土壤吸力 S 以大气压表示。

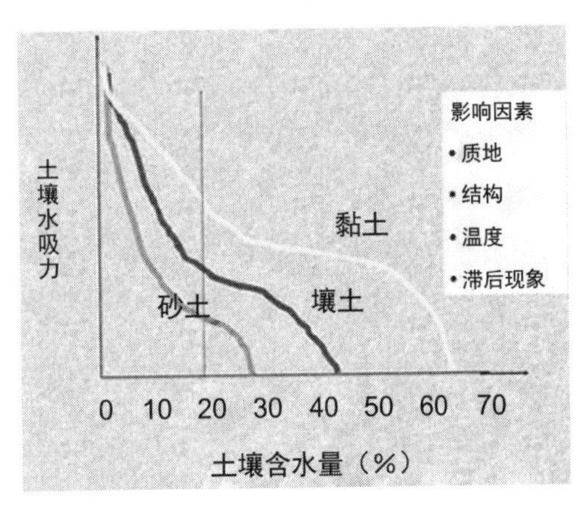

图 7-12　土壤水分特征曲线

曲线说明：土壤水分特征曲线可反映不同土壤的持水和释水特性，也可从中了解给定土类的一些土壤水分常数和特征指标。

土壤水分特征曲线是研究土壤水分运动、调节利用土壤水、进行土壤改良等方面的最重要和最基本的工具。但土壤水分特征曲线的拐点只有级配较好的沙性土比较明显，说明土壤水分状态的变化不存在严格界限和明确标志，用土壤水分特征曲线确定其特征值，带有一定主观性。

曲线意义：第一，可以利用其进行土壤水吸力和含水率的换算；第二，可以间接反映土壤孔隙大小的分布；第三，可以用来分析不同质地土壤的持水性和土壤水分有效性；第四，应用数学物理方法对土壤中的水运动进行定量分析时，水分特征曲线是不可缺少的重要参数。

由于在土壤吸水和释水过程中土壤空气的作用和固、液面接触角不同的影响，实测土壤水分特征曲线不是一个单值函数曲线。

4. 土壤水分的滞后现象

吸水过程得到的土壤水分特征曲线称吸水曲线，脱水过程得到的曲线称脱水曲线。

同一土壤一定土壤吸力下对应的土壤含水量，在脱水过程要高于吸水过程，这种现象称为土壤水分的滞后现象。

产生滞后现象的原因很多，主要有：①在湿润过程中空气闭塞于小孔隙中；②吸水过程水分与孔隙的接触角较大，吸力较小，而干燥脱水过程水分与孔隙的接触角较小，吸力较大。

（三）土壤水分常数与土壤水分的有效性

每种土壤中各种形态水分的最大量常常相对稳定在一定的数量范围内，因此称为土壤水分常数，如吸湿系数、萎蔫系数、最大分子持水量、毛管断裂水、毛管持水量、饱和持水量等。现代研究表明，土壤－植物－大气（SPAC）这一连续体系中，水分运动都受同样原理控制，即由水势高的地方向水势低的地方流动。因此，植物要从土壤中吸收水分，其根部水吸力必须大于土壤水吸力。

（四）土壤水分的饱和流动

1. 土壤的透水性

土壤接受并允许水分通过土体的性能称为土壤透水性。土壤透水性分为两个阶段，即渗吸和渗透。当水分进入土壤后，开始水在下渗过程中不断被细小毛管孔隙所吸附，直到水分达饱和为止，这一阶段叫渗透（渗漏）。渗吸速度由于土壤进水前含水量不同可以有很大差别；而渗透速度对一定土壤来说是一个常数。所以它可以作为评价土壤透水性好坏的尺度。

2. 土壤水分的饱和流动

在饱和流动中，推动力主要是重力和静水压梯度。最常见的饱和流动是水分垂直向下的渗透。

3. 土壤导水率

（1）孔隙大小：饱和导水率的大小主要决定土壤孔隙状况。孔隙大小是影响土壤渗透速度的主要因素。一切影响土壤孔隙状况的因素，如质地、结构、松紧度等都影响土壤的透水性。

（2）温度：温度也影响饱和导水率，因为水的黏滞度受温度的影响。温度每升高1℃，水的黏滞度约降低一半。水的黏滞度愈低愈易于流动，导水率也就愈大。

（五）土壤水的不饱和流动

土壤在多数情况下处于水分不饱和状态，其水分运动为不饱和运动，土壤水分的不饱和流动对土壤供水性能有重要影响，不饱和流动的推动力主要是基质势梯度（吸力梯度）。

1. 毛管原理

把几支毛细管放入水中，就可以发现水在管中上升，管的内径愈小，上升高度愈大。

2. 饱和流动方向与速度

水流的方向总是由吸力低处流向吸力高处。较细孔隙中水的吸力高于较粗孔隙的吸力，所以土壤水总是从较大孔隙流向较小孔隙，从结构体外流向结构体中央，从水膜较厚处流向水膜较薄处。不饱和流动的这种性质对土壤供水性有十分重要的作用。

（六）土壤水分的消耗

土壤水气运动可以分为内部和外部两方面。土壤内部水分变为水汽在土壤孔隙中运动是内部运动。外部运动发生在土壤表面，水汽通过扩散，流失到大气中，这个现象叫作土面蒸发。通过蒸发和降水，水分在土壤－植物－大气连续体中不断循环。

1. 土壤孔隙中的水汽运动

水汽在土壤孔隙中的运动，主要是通过扩散。水汽压梯度是引起土壤水汽运动的主要推动力。水汽压梯度越大，水汽运动速度越快。产生水汽梯度因素有水势梯度和温度梯度。

（1）水势梯度：水势越小，水汽压就越低。

（2）温度梯度：水汽压由温度引起的变化较大，所以温度梯度引起水汽运动的作用较大。

2. 土面蒸发与植物蒸腾

土壤水分蒸发是土壤液态水以水汽状态扩散到空气中的过程。蒸发必须具备两个条件：首先，必须不断补给热量，以满足汽化热；其次，土面水汽压高于大气水汽压。这两个条件由日照、气温、大气相对湿度和风速等气象条件决定。土壤水分的供给，是由土壤含水量、导水率决定的。

（1）渗漏和径流

降水或浇灌后，土壤水分受重力作用在通气孔隙中向下渗漏，渗漏的速率决定于土壤通气孔隙的数量，沙土、垂直结构的土壤易于渗漏。降水或浇灌后，一部分水分不能及时渗入土壤中，沿着地面流动形成地表径流。草坪土壤有良好的饱和导水率，坡度也较缓，主要是控制好浇灌速度，减少地表径流。

（2）水量平衡

一定时间内，土壤水分的补给和消耗可以用水量平衡方程来表示。水量平衡研究是水文、水资源学科的重大基础研究课题，同时又是研究和解决一系列实际问题的手段和方法，因而具有十分重要的理论意义和实际应用价值。

（七）土壤水分对草坪的影响及改良

1. 土壤水分对草坪的影响

土壤水分主要来自于降雨、浇灌、降雪、地下水和水蒸气凝结。土壤水分能被草坪植物直接吸收利用，是向草坪草直接供给养分的媒介，还可调节土壤温度，参与土壤中物质的转化。土壤含水量的多少直接影响草坪草根系的生长发育。在潮湿土壤中，根系生长缓慢，根茎比相对较小。在土壤干燥的地方，草坪草根系强大、根毛发达，增加了吸水面积。为促进草坪草根系向土壤深层发展，常采用控制土壤浅层水分、保持适度干燥的措施。

在实际为土壤补充水分时需要注意，尽管草坪草的叶面积指数、生物量会随着含水量的增加而增加，但是当含水量达到约 60% ~ 70% 水平时，就已经能满足草坪草的生长需要，达到景观和生态功能标准要求。

2. 土壤水分对草坪的改良

（1）浇灌与排水工程

建立能浇灌和能排水的水利系统是调节水分状况的根本措施。

（2）调节土壤水分的有效性

通过调整土壤质地与有机质含量，改善土壤质地与结构状况，从而改善土壤的透水性、持水性及供水性能。运动场种植层多用草炭等调节种植层水分。

（3）截留降水、利用中水

草坪浇灌需要消耗大量的水分，我国是水资源缺乏的国家，解决水源问题是草坪养护的关键。

四、土壤温度对草坪的影响及改良

土壤温度是指地面以下与植物生长发育直接有关的地面下浅层内的温度。土壤温度简称地温，是地表温度和地中温度的总称。土壤温度的高低，与作物的生长发育、肥料的分解和有机物的积聚等有着密切的关系，是农业生产中重要的环境因子。土壤温度也是小气候形成中一个极为重要的因子，故土壤温度的测量和研究是小气候观测和农业气象观测中的一项重要内容。土壤温度的升降，主要决定于土壤热通量的大小和方向，但也与土壤的容积热容量、导热率、密度、比热和孔隙度等土壤热力特性和土壤含水量有关。所以说，土壤中发生的物理、化学和生物学反应在很大程度上与温度相关。

（一）土壤温度的热量来源

对一般土壤来说，太阳辐射能是其热量的主要来源，生物热量与地热只是在某些特定的条件下才能发挥作用。

1. 太阳的辐射能：土壤吸收的热量首先决定于到达地球的有效太阳辐射能的数量。

2. 生物热：微生物分解有机质的过程是放热过程，释放出的热量，一部分被生物用来作为进行同化作用的能源，而大部分用来提高土温。

3. 地球的内热：地球内部也向地表传热。

（二）土壤温度的周期性变化

随着太阳辐射昼夜或季节变化，地表温度亦随之发生周期变化。在每一个温度变化周期里，各出现一次最高值和一次最低值。随着土壤深度的增加，其温度最高或最低出现的时间逐渐延迟。

（三）土壤温度的变化规律和影响因素

1. 土壤温度随四季气温和昼夜气温的变化而变化，这种变化是因为太阳辐射到地面的热量有周期性的日变化和年变化的缘故。

1）土壤温度的日变化：数厘米深的表土层的土温，一天中有一个最高值和一个最低值，午后 1 ~ 2h 出现一天中土温最高值，最低土温一般出现在日出前。

2）土温的年变化：土温的年变化是指一年中各个月份或各个季节土温的变化。

2. 影响土壤温度的因子

1）土壤颜色：土壤颜色影响土壤的热效应。

2）土壤含水量：同一土壤，当含水量增加时，不仅导热率和热容量有不同程度的增加，而且蒸发耗热多，用于土壤增温的热量少。

3）土壤结构松紧和孔隙：疏松土壤孔隙多，空气含量也多，导热率和热容量随之减少。

4）地面覆盖物：白天覆盖物下的土壤温度低于裸地，夜间则相反。

（四）土壤温度对草坪的影响及改良

1. 土壤温度对草坪的影响

土壤温度是指地面以下土壤中的温度，主要指与植物根系（一般 0 ~ 15 cm）生长发育直接有关的地面下浅层内的温度。许多土壤中发生的物理、化学和生物学反应，在很大程度上受温度的制约。反过来，土壤温度也受大气条件（空气、湿度和太阳辐射)、土壤的热吸收和传导性能、植被覆盖等方面的影响。虽然影响土壤温度的因素有很多方面，但土壤中 N、P、K 含量却与土壤温度无关。

草坪品种的适应性受土壤温度的影响很大。土壤温度变化影响草坪草根系的伸展、养分与水分的吸收。当土壤温度高于 24℃时，草地早熟禾的根系生长缓慢，而在 25℃时非常适合于狗牙根的生长。

土壤温度直接影响种子发芽、植物的生长发育；此外还影响土壤中微生物的生命周期活动和土壤养分的有效化。土壤温度也影响土壤微生物的生长、繁殖和生命活动。大多数土壤微生物适宜于 25 ~ 30℃土温条件下生活。

土壤温度对草坪影响的另一紧密相关的指标即是土壤稳定性。土壤温度稳定性指土壤升降温度是否平缓的能力。土壤温度对草坪草根系生长和养料吸收有很大影响。在一定范围内根系吸收养分随温度升高而增加，超过一定范围，吸收速度明显减慢，一般在适温范围内，温度每升高 10℃，根系吸收量增加 1 ~ 3 倍。

与土壤热稳定性有关的因素：一是与土壤结构有关。一般黏质土壤有机质丰富，热容量大，土壤温度稳定性好，因而土壤胶体经常处于较稳定的土壤热状态，使养分吸收和释放始终保持适当比例，可以提供草坪草正常生长所需的养分，又不致使土壤溶液中养分过多而淋溶流失。二是与土壤含水量有关。含水量低的土壤热稳定性差，如沙质土，白天升温快，夜间降温也快，昼夜温差较大。

2. 土壤温度对草坪的改良

(1) 合理浇灌和排水：水分具有大的热容量、导热率和蒸发潜热，土中水分含量又与土壤的反射率有关。因此，调节土壤水分含量对土壤热状况有较大影响。对土壤进行浇灌，由于下述原因：①土色加深，地面反色率降低；②地表温度下降，地面长波辐射减少；③近地面水汽增加，大气逆辐射增加；因而，一般白天浇灌地表辐射有所增加，土壤导热率也因土壤湿度增加而增大了。

(2) 科学施肥：肥料不仅可以肥田，而且可以调节土温。尤其增施热性有机肥料，需及时中耕松土。多施农家肥，增加土壤有机质能缓冲土壤温度变化。据测定：每亩施 2000kg 有机肥，早晨可使土温提高 2.2℃，中午可使土温降低 1.9℃。

(3) 覆盖：覆盖是调节土温最常用的手段之一。根据其作用原理不同，可分为透明覆盖与非透明覆盖。前者是用尼龙薄膜、玻璃、油纸等材料；后者用植物秆、草帘、芦苇等。草坪播种时，可采用无纺布覆盖，提高地温，以防冷害。

早春季节提高土温可采取地面覆盖地膜的办法。另外，早春生产上控制浇水，可减少热容量，防止地温降低。

运动场多采用沙坪草坪，但纯黄沙蓄水保肥能力很差，因此需要加入草炭、沸石等含蓄能力强的介质。

五、土壤养分对草坪的影响及改良

土壤养分状况是指土壤养分的形态、数量、分解、转化、规律以及土壤的保肥供肥性能。土壤养分状况是评价土壤生产力高低的重要标志之一。土壤养分状况的好坏，不仅决定于土壤中养分的总量，更为重要的是土壤养分的形态，即养分是否有效。土壤有效养分多，供肥性能才能好。肥沃的土壤不仅要具有高度的供肥性能，同时还要有高度的保肥性能。施肥是为草坪草提供养分的重要措施，是改善草坪质量和持久性的决定因素。但由于肥料种类很多，要想得到理想的施肥效果，肥料种类的选择是相当重要的。

（一）土壤中的植物养分

土壤养分是指存在于土壤中为植物生长发育时用的那些营养元素。

1. 大量元素：氮、磷、钾、钙、镁、硫。

2. 微量元素：铁、锰、铜、锌、钼、硼等。

（二）土壤养分的来源

1. 矿物岩石是土壤养分的主要来源。

2. 凋落物是草坪土壤养分的重要来源。

3. 土壤养分其他来源：生物固氮、大气降水、人工施肥。

（三）土壤养分的形态和有效性

土壤中的养分状况，不仅决定于土壤养分的总量，同时还决定于养分的形态和转化。因为土壤中的养分并非全部可被植物直接利用，能被植物吸收利用的只是极少数，大多数难以被植物利用，这些养料再多也不能营养植物。

根据植物吸收利用的难易可分为速效性养分和迟效性养分。速效性养分也称有效养分，包括水溶性养分和交换态养分；土壤中的养分大部分是迟效性的，速效性养分在土壤中含量是较少的。

（四）土壤中各种营养元素的转化

1. 土壤氮素

（1）土壤氮素形态和含量

雨水和浇灌水、微生物固氮凋落物以及施肥是土壤中氮素的来源。土壤中的氮素绝大多数是含氮有机物，以腐殖质和蛋白质形态存在，称为有机态氮。它们大都不溶于水，属于迟效性养分。土壤的全氮含量主要决定于土壤有机质的积累和分解作用的强度，不同的水热条件、植被类型，对土壤氮素含量具有显著的影响。

（2）土壤氮素转化

土壤中氮素的转化包括生物化学、物理化学、物理、化学等过程。具体来说，土壤氮素转化作用包括氮素矿化生物固持作用、硝化作用、反硝化作用、铵的黏土矿物固定释放作用、铵的吸附解吸作用、铵/氨态平衡以及氨挥发等过程。土壤中氮素转化的各个过程之间有着密切关系，在一定程度上存在着抑制或促进作用。

（3）土壤氮肥的合理分配与施用

氮肥的合理分配主要依据土壤条件、作物氮素营养特性及氮肥本身的特性确定。土壤条件、土壤酸碱性是选用氮肥的重要依据。碱性土壤上应选用酸性和生理酸性肥料，这样有利于通过施肥改善作物生长的土壤环境，也有利于土壤中多种营养元素对作物有效性的提高。盐碱土上应注意避免施用能大量增加土壤盐分的肥料，以免对作物生长造成不良影响。在低洼处等易出现强还原性的土壤上，不应分配硫酸铵等含硫肥料，以防止硫化氢等有害物质的生成，土壤氮素养分供应水平及其他养分供应水平也是氮肥分配的重要依据。

氮肥种类很多，按释放氮的速度快慢可分为速效氮肥和缓释氮肥。速效氮肥主要包括铵态氮肥、硝态氮肥和酰铵态氮肥，水溶性高，可叶面喷施，草坪草反应迅速，养分有效性受温度影响小，价格低。其中尿素是固体氮肥中含氮最高的肥料，可作基肥和追肥施用，采用深施方法可提高肥效，亦可作根外追肥，效果好于其他氮肥，含量为 0.5% ~ 2.0%，喷施的浓度不宜过大，否则会毒害植物，甚至导致植物死亡。

但是速效氮肥易产生烧苗，淋溶损失大，施用后持续时间短。因此在使用速效氮肥时应少量多次，防止“一轰头”旺长，提高养分利用率。缓释氮肥包括天然有机物和化学合成肥料，氮素释放速度慢，水溶性低，氮素损失少，肥效持续期长，但成本较高。应根据不同的草坪草种（品种）、用途和养护强度来合理选择氮肥。

2. 土壤磷素

草坪上磷肥的应用不如氮肥和钾肥广，磷肥的作用有促使作物根系发达，增强抗寒抗旱能力；促进作物提早成熟，穗粒增多，籽粒饱满。磷肥可分为天然磷肥、有机磷肥、工业副产品和化学合成磷肥。由于磷肥易被土壤固定，因此，为了提高肥率，不宜于建坪前过早施用或施到离根层较远的地方。有条件的地方可于施用磷肥前先打孔，以利肥料进入根层。

（1）土壤中磷的形态与含量

土壤全磷：自然土壤中全磷含量主要取决于成土母质类型、风化程度和土壤中磷的淋出情况。在耕地土壤中，全磷含量还受到人为因素，如耕作栽培等过程的影响。土壤中的磷形态多种多样，一般概括为有机态磷和无机态磷两大类。有机态磷约占全磷量的 20% ~ 50%，有机磷化物主要是卵磷脂、核蛋白、植酸、核酸和磷脂。

（2）土壤磷素转化

土壤中磷的转化包括有效磷的固定和难溶性磷的释放过程，它们处于不断的变化过程中。在石灰性土壤中，难溶性磷酸钙盐一般需要借助于作物根系和土壤微生物呼吸作用产生的二氧化碳、根系和微生物代谢溢泌或有机肥（物料）分解产生的各种有机酸等转入土壤溶液。在酸性土壤中，磷的释放过程则主要表现在铁磷的释放上，这种释放一般是在土壤淹水后，由于土壤还原性增强导致高价铁变为亚铁时发生。此外，淹水后，酸性土壤的 pH 值上升，也能促进铁磷的水解释放。

当土壤还原性进一步增强时，可能还会使部分闭蓄态磷转变为非闭蓄态磷，使磷的有效性提高。淹水、落干交替过程中，淹水期间有效磷含量增加，落干期间有效磷含量降低。

（3）土壤磷肥的合理分配与施用

1）应注意磷肥品种的选择。在已知土壤缺磷的情况下，磷肥品种的选择比氮、钾肥都复杂一些。因为氮、钾肥的所有品种几乎都是水溶性的，而磷肥则有水溶性的、柠檬酸溶性的，还有微溶性的。磷肥中除磷之外，往往还含有氮、硫、钙、镁、硅等营养元素。

2）掌握磷肥施用的基本技术：①合理确定磷肥的施用时间，一般来说，水溶性磷肥不宜提早施用，以缩短磷肥与土壤的接触时间，减少磷肥被固定的数量；而弱酸溶性和难溶性磷肥往往应适当提前施用。磷肥以在播种或移栽时一次性基肥施入较好。多数情况下，磷肥不作追肥撒施，因为磷在土壤中移动性很小，不易到达根系密集层。不得已需要追施时，应强调早追。②正确选用磷肥的施用方式。磷肥的施用，以全层撒施和集中施用为主要方式，集中施用又可分为条施和穴施等方式。

3. 土壤钾素

草坪上应用钾肥比磷肥多，但比氮肥少。钾肥的作用：促使作物生长健壮，茎秆粗硬，增强病虫害和倒伏的抵抗能力；促进糖分和淀粉的生成。钾肥种类较多，主要有氯化钾、硫酸钾、硝酸钾和偏磷酸钾等几种，所有的钾肥都是水溶性的。由于钾较易淋失，且植株会过量吸收钾，因此也要少量多施，不可一次用量过高。

（1）土壤中钾的形态与含量

土壤中的钾绝大部分以无机难溶态存在，有效钾含量是很少的，土壤的钾分为难溶性钾、缓效性钾和速效性钾。

（2）土壤钾素转化

钾在土壤中的转化包括钾的释放和钾的固定，钾的释放是矿物中的钾和有机体中的钾在微生物和各种酸的作用下，逐渐风化并转变为速效钾的过程。

（3）土壤钾肥的合理分配与施用

钾肥应早施，因钾在植物体内移动性大，缺钾症状出现晚。若出现缺钾症状，再补施钾肥，为时已晚。另外，植物在生长的前期一般都强烈吸收钾，植物生长后期对钾的吸收显著减少，甚至成熟期部分钾从根系外溢，因此后期追施钾肥已无大的意义。所以应当掌握“重施基肥、轻施追肥、分层施用、看苗追肥”的原则。

对保水保肥差的土壤，钾肥应分次施用。基肥追肥兼施，比集中一次为好，但原则上仍然要强调早施钾肥，要深施、集中施，钾在土壤中移动性较小，钾离子在土壤中的扩散相当慢，因此根系吸收钾的多少，首先取决于根量及其与土壤的接触面积。所以，钾肥应当集中施在植物根系多、吸收能力最强的土层中。追施一般应距植物 6 ~ 10cm 远，深 10cm 左右，以利根系吸收。这样也可减少因表土干湿变化较大引起的钾固定，提高钾肥的利用效率。

（五）土壤养分对草坪的影响

施肥必须考虑土壤，这是因为：第一，只有在土壤对某一养分供应不足时，才需要施肥，并不需要把所有的必需元素施入土壤，因为大多数营养元素，土壤（或大气）已能充分供应，否则会造成浪费，甚至造成作物中毒，这一点有时被忽视；第二，肥料施入土壤后会发生一系列变化，会在不同程度上影响肥料效果。不考虑土壤，也就谈不上真正的合理施肥。

（六）土壤养分对草坪的改良

1. 改善土壤结构，施用有机肥料和含钙质多的肥料，除了能增加土壤养分外，还能促进土壤团粒结构的形成。

2. 改善土壤的水热状况，一般有机质都有吸水和保水的能力，特别像腐殖质这一类亲水胶体，保水能力更强。

3. 增加生理活性物质，增施有机肥能促进微生物的活动。

由于高尔夫球场草坪的坪床一般采用覆沙 10 ~ 15cm，有的甚至是 30cm，高尔夫草相当于无土栽培，施肥才能保证草坪的正常生长，对于日常养护选用 N ：P ：K=1 ：1 ：1 的复合肥为主，K 肥也是一种很好的选择。理由是：球场的草不是长得越旺盛越好，太旺盛导致修剪过于频繁，费工费力；过多的 N 肥导致病害滋生；偏多的 P 肥可以有效果促进草根系的生长，提高植株的抗逆性，提高草坪从深层土壤中吸取水分和养分；有机肥可以弥补沙质坪床缺少的微量元素；如果有明显的其他缺素症状可以有针对性地补充相关元素。接下来就是施肥的间隔，对于幼坪少量多次，促进成坪，建议 15 ~ 30g/m^2 复合肥，间隔 15-30d，夏季少用 N 肥；成坪草坪色彩偏黄时进行补充。

7.3.2 土壤化学性状对草坪的影响

土壤化学性状指土壤的物质在土壤溶液和土壤胶体表面的化学反应及与此有关的养分吸收和保蓄过程所反映出来的基本性质。

一、土壤胶体

土壤胶体是土壤中影响物理、化学性质最活跃的物质，如土粒的分散与凝聚、离子吸附与代换、酸碱度、缓冲性、黏结性和可塑性等都与土壤胶体性质有关。土壤胶体性质的研究，对深入理解土壤理化性质的本质、针对性改良土壤结构有重要意义。土壤中许多重要化学性质，都与土壤胶体有极密切的关系。因此，在阐述土壤化学性质之前，需要先了解土壤胶体的基本知识。

（一）土壤胶体的构造

土壤胶体是指土壤颗粒小于 2 μm 或小于 1 μm、具有胶体性质的微粒。每个胶体微粒都是由微粒核和双电子层两个部分组成。胶体是指直径在 1 ~ 100 nm 之间的颗粒，但是实际上土壤中直径小于 1000 nm 的黏粒都具有胶体的性质，所以通常所说的土壤胶体实际上是指直径在 1 ~ 1000nm 之间的土壤颗粒，它是土壤中最细微的部分。

（二）土壤胶体的类型

土壤胶体的种类很多，按其成分来源可分为无机胶体、有机胶体和有机无机复合胶体、有机胶体和有机复合胶体。

（三）土壤胶体的特性

1. 巨大的表面能：由于土壤胶体有巨大的比表面积，所以会产生巨大的表面能，我们知道物体内部的分子周围是与它相同的分子，所以在各个方向上受的分子引力相等而相互抵消。而表面分子则不同，它与外界的气体或液体接触，在内外两面受到的是不同的分子引力，不能相互抵消，所以具有剩余的分子引力，由此而产生表面能，这种表面能可以做功，吸附外界分子，胶体数量越多，比表面积越大，表面能也越大，吸附能力也越强。

2. 土壤胶体的带电性：由于胶体带有电荷，所以可吸附和保持带有相反电荷的离子。土壤胶体的种类不同，产生电荷的机制也不同，根据土壤胶体电荷产生的机制，一般可分为永久电荷和可变电荷。

3. 土壤胶体的凝集作用和分散作用：土壤胶体有两种不同的状态，一种是土壤胶体微粒均匀地分散在水中，呈高度分散的溶胶；另一种是胶体微粒彼此凝集在一起，呈絮状的凝胶。

二、土壤的离子交换作用

土壤的离子交换作用是指土壤胶体微粒扩散中的离子与土壤溶液中电荷符号相同的离子的相互交换作用。

（一）土壤对阳离子的吸附与交换

土壤阳离子交换量是随着土壤在风化过程中形成，一些矿物和有机质被分解成极细小的颗粒。化学变化使得这些颗粒进一步缩小，肉眼便看不见，这些最细小的颗粒叫作“胶体”。每一胶体带静负电荷，电荷是在其形成过程中产生的。它能够吸引保持带正电的颗粒，就像磁铁不同的两极相互吸引一样。阳离子是带正电荷的养分离子，如钙（Ca）、镁（Mg）、钾（K）、钠（Na）、氢（H）和铵（NH_4）。黏粒是土壤带负电荷的组分，这些带负电的颗粒（黏粒）吸引、保持并释放带正电的养分颗粒（阳离子）。有机质颗粒也带有负电荷，吸引带正电荷的阳离子。沙粒不起作用。阳离子交换量（CEC）是指土壤保持和交换阳离子的能力，也有人将它称之为土壤的保肥能力。

1. 土壤的阳离子交换量

一种阳离子将其他种阳离子从胶粒上交换下来的能力，叫作该种阳离子的交换力。土壤阳离子交换量是指土壤胶体所能吸附各种阳离子的总量。主要与下列因素有关。

（1）质地：土壤阳离子交换量与土壤负电胶体的数量有关，一般是胶体物质越多，阳离子交换量越大；胶体粒子越小，交换量越高。

（2）胶体的种类：胶体种类不同所带电荷多少不同，因此阳离子交换量也与胶体种类有关。

（3）土壤酸碱度：土壤反应可以促进或抑制胶核表面—OH 群的离子解离，故影响离子的交换量。

2. 土壤对阴离子的吸附与交换

土壤对阴离子的吸附可以因胶体带正电荷引起，也可以由电中性甚至带负电荷的胶体所产生。

（二）土壤吸附性能与土壤肥力的关系

交换性阳离子饱和度与土壤阳离子交换量的大小有关，因而施同样数量化肥于沙土和黏土中，由于沙土阳离子交换量比黏土小，交换性营养离子饱和度大，有效度也大，施肥后见效快，但肥效短，故在沙土中施肥应采用“少量多次”的方法。

1. 对土壤保肥性和供肥性的影响

由于土壤胶体有巨大的表面能和带有负电荷，能吸附保持分子态物质而减少流失。特别是能吸附阳离子，这些吸附性的阳离子可重新被交换出来转入溶液中，或为植物根系所接触交换而被直接利用。因此，土壤既有保持植物养分，又有供应植物养分的作用。

2. 对土壤酸碱性的影响

土壤吸附性阳离子组成与土壤酸碱性有密切关系。土壤胶体为钙所饱和时，土壤往往含 $CaCO_3$、$Ca(HCO_3)_2$、$NaCO_3$ 等，而呈中性或微碱性反应；为氢或铝所饱和时，则呈酸性、强酸性反应；而吸收钠占阳离子交换量 15% ~ 20% 以上的呈碱性至强碱性反应，pH 值大于 8.5，因为这些土壤常存在 $NaCO_3$、$Na(HCO_3)_2$ 这一类碱性物质。

3. 对土壤物理性质的影响

土壤胶体的凝聚作用和分散作用是影响土壤结构性的重要因素。湿时膨胀泥泞，干后紧实干裂，结构性、孔隙性很差。

4. 对施肥的指导意义

土壤吸附性对施肥有很大的指导意义，土壤保肥能力的不同以及对各种离子吸收能力的差异，是采取施肥措施时必须考虑的重要因素。

三、土壤酸碱性对草坪的影响及改良

土壤酸碱性是土壤形成过程中，在成土因素综合作用下产生的一种重要属性。它对土壤中的生物活动、理化性质以及营养元素的有效性等一系列肥力都有深刻影响，所以在土壤化学性质方面的作用至关重要。酸碱性通常用 pH 来表示土壤溶液中 H^+ 浓度的大小与强度。H^+ 浓度越大，pH 值越小；H^+ 浓度越小，pH 值越大。当 $pH<7$ 时，土壤溶液表现为酸性；当 $pH>7$ 时，土壤溶液表现为碱性；当 $pH=7$ 时，为中性。

（一）土壤中的酸碱物质

1. 盐类物质：强酸强碱盐、强酸弱碱盐、强碱弱酸盐、弱酸弱碱盐。

强酸强碱盐：$NaCl$、KNO_3、$CaSO_4$

强酸弱碱盐：$FeCl_3$、$CuSO_4$、NH_4Cl

弱酸强碱盐：Na_2CO_3、K_3PO_4、K_2SO_3

弱酸弱碱盐：$(NH_4)_2CO_3$、AlF_3、$FePO_4$

（1）盐土中以含氯化钠和硫酸钠为主。盐碱地主要由 $NaCl$、$MgCl_2$、KCl、$CaCl_2$、$MgSO_4$ 等盐分组成，所谓碱主要是指 Na_2CO_3。盐碱地根据其利用情况可以分为轻盐碱地、中度盐碱地和重盐碱地。轻盐碱地含盐量在 3‰以下；重盐碱地含盐量超过 6‰；之间即是中度盐碱地。

（2）盐渍土是盐土和碱土以及各种盐化、碱化土壤的总称。

（3）盐土是指土壤中钾、钠、钙、镁的氯化物可溶性盐的土壤，含量达到对作物生长有显著危害的土类。盐分含量指标因不同盐分组成而异。

（4）碱土是指土壤中硫酸钾、重碳酸盐含量达到对作物生长有危害的土壤。

2. 酸类物质：碳酸、不饱和的腐殖酸、弱有机酸等。

（二）土壤酸度

土壤的 H^+ 有两种存在形态。一是以游离子存在于土壤溶液中；二是被吸附在胶粒表面。分两个基本类型：活性酸度和潜在酸性。

1. 活性酸度：指土壤溶液中 H^+ 浓度，通常用 pH 值来表示。

2. 潜在酸性：指被土壤胶粒吸附的氢、铝离子的数量，包含交换酸度和水解性酸度。

3. 活性酸度与潜在酸性的关系：土壤酸度的产生，起始于土壤溶液中的氢离子，也就是说土壤活性酸是土壤酸度的根本起点，没有活性酸就不可能有潜性酸。

（三）土壤碱度

土壤溶液的碱性强弱主要决定于土壤中碳酸钠、碳酸氢钠、碳酸钙以及交换性钠的含量，它们水解后都呈碱性反应。

（四）影响土壤酸碱度的因素

土壤在一定的成土因素作用下，都具有一定的酸碱反应范围，并随着成土因素的变迁而发生变化。影响土壤酸碱度的因素有气候、地形、母质、植被和人类活动。

（五）土壤的缓冲性

如果把少量酸或碱加到水溶液中，则溶液的 pH 值立即有很大的变化，但土壤却不是这样，它的 pH 值变化是极为缓慢的。

当土壤溶液中氢离子浓度增加或减少时，其 pH 值并不随之相应减少或增加，而常常小于氢离子浓度的变化理论数值。土壤这种抵抗或缓和酸碱变化的能力叫作土壤的缓冲性。

土壤产生缓冲作用的原因很多，主要是离子吸附与交换作用。

1. 弱酸及其盐

2. 两性物质：土壤中的蛋白质、氨基酸、胡敏酸等都是两性物质，它同时含有羟基和氨基，对外来的酸、碱都有缓冲作用。

3. 影响土壤缓冲性的因素：胶体类型和阳离子的交换量、盐基饱和度。

4. 土壤缓冲作用的重要性

（1）土壤具有缓冲性能，使土壤 pH 值在自然条件下不会因外界条件改变而剧烈变化。土壤 pH 值保持相对稳定性，有利于营养元素平衡供应，从而能维持一个适宜的植物生活环境。

（2）显然土壤的缓冲性能愈大，改变酸性土（或碱性土）pH 值所需要的石灰（或硫磺、石膏）的数量愈多。因此，改良时应考虑土壤胶体类型、有机质含量、土壤质地等因子，因为土壤缓冲性能与这些因子密切相关。

（六）土壤酸碱性对草坪建植的影响及改良

1. 土壤酸碱性对草坪建植的影响

土壤酸碱性是极为重要的化学性质，对土壤肥力和草坪植物营养等有多方面的影响，它是土壤溶液中 H^+ 和 OH^- 浓度比例不同而表现出来的酸碱性质，一般用 pH 值表示。大多数草坪植物在 pH 值大于 9.0 或小于 2.5 的情况下都难以生长，pH 值在 6.0 ~ 7.0 的土壤中，多数草坪草生长良好。在建植草坪前，应因地制宜采取有效措施调节和改良。

（1）土壤养分有效性关系：土壤酸度以接近中性时养分的有效性最大。

（2）土壤结构与肥效关系：酸性土壤造成土壤养分易于淋失，碱性土壤由于含有太高的 Na^+，使得土壤颗粒无法凝聚，不能形成良好结构。

（3）植物生长：酸性土壤含有大量 H^+ 使得植物吸收 NH_4^+ 极为困难，碱性土壤太高的 Na^+ 阻碍草坪对养分的吸收，甚至产生毒害作用。

2. 土壤酸碱度对草坪的改良

（1）碱性土壤的改良

1）化学改良：施用石膏粉、硫酸亚铁、过磷酸钙能改良碱性土壤；施用量是石膏粉 1200 ~ 1500kg/ hm^2，硫酸亚铁 800 ~ 1000 kg/ hm^2，过磷酸钙

1200 ~ 1500 kg/ hm^2。

2）淡水洗盐：首先，清除种植区内的建筑垃圾、杂物，然后深翻，深度为40cm左右，尽量不采用旋耕。深翻后进行耙地，破碎表层的土块，平整地面、耙平。然后，在草坪种植前10 ~ 15d进行灌水。先在种植地内做垄，做成条状小区，然后整地，浇足底墒水。如果种植区有坡度，为使充分灌水不流失，将地做成小格状，然后灌足水，使盐分下渗。

3）以肥溶盐：施底肥和土壤改良剂。施用腐熟的农家肥（鸡粪、羊粪、猪粪、人粪尿等），施用量120 ~ 150 kg/ hm^2，同时施入尿素150kg/hm^2、磷酸二铵200kg/hm^2，起到以肥溶盐的作用。农家肥和改良剂可分别施入，均匀撒在土层表面，用铁锹或旋耕机翻地，深15 ~ 20cm。

（2）酸性土壤的改良

长江以南地区，绝大多数土壤黏重偏酸。在建植草坪时如何改良酸性土壤，创造一个适合草坪生长的土壤pH值范围，是建成较为理想草坪的关键。

传统的酸性土壤改良方法是施用石灰或石灰石粉、腐熟的农家肥，表土酸度很容易通过施用石灰得到降低，而且土壤耕层交换性Ca_2^+的浓度也会有所增加。施用石灰能明显使酸性土壤的酸度降低，但同时也会使复酸化程度加强。因此，用石灰改良酸性土壤时，必须注意的是不能过于频繁地施用石灰，在施用石灰改良的同时，应与其他碱性肥料（草木灰、火烧土等）配合使用。石灰，特别是石灰石粉，其溶解度小，在土壤剖面上的移动性很慢。大量或长期施用石灰不但会引起土壤板结而形成“石灰板结田”，而且会引起土壤钙、钾、镁三种元素的平衡失调而导致减产。

当土壤酸性太强时可加一定量的石灰粉以提高pH值，这在南方建坪时较常见。加石灰粉不仅能改良酸性，也有利于水稳性团粒结构的形成，使草坪根系生长良好，改善提高某些养分的有效性，减少有毒元素的有效性，更加适宜微生物活动。石灰在土壤剖面上移动非常慢，因而施石灰时应与土壤混合好。对于碱性土壤，除反复水洗灌泡施酸性肥料外，可加碱性改良剂，同时也可沉淀部分有害盐类。

（3）土壤改良

针对土壤的不良性状和障碍因素，采取相应的物理或化学措施，改善土壤性状，提高土壤肥力，增加草坪植物产量，以及改善草坪建坪土壤环境的过程。土壤改良工作一般根据各地的自然条件、经济条件，因地制宜地制定切实可行的规划，逐步实施，以达到有效改善土壤性状和环境条件的目的。

3. 土壤物理性状的改良

采取相应的农业、水利、生物等措施，改善土壤性状，提高土壤肥力的过程称为土壤物理改良。主要包括土壤的通透性和土壤温度的稳定性两个方面。

（1）土壤的通透性

土壤的通透性是指土壤供水、通气的能力。草坪草根系要在较短时间内迅速生长，需氧量较大，在土壤含氧量 10% 以下时，根系呼吸作用受阻。另外，草坪草的含水量可达其鲜重的 65% ~ 80%，所以要求土壤含水量要达到 60%。但土壤中的含水量与透气量却是相对矛盾的，如结构性较差的黏土保水供水能力较强，但透气性很差；而沙土透气性很好，但保水供水能力很差。一般适于草坪草正常生长的土壤分布应是土壤容积 40%、水容积 32%、容气量 28%，即固相：液相：气相为 4 ：3 ：3。在土壤深 80cm 处也应保持 10% 以上的通气量，这样方能满足草坪草对氧气和水分的需求。调整坪床土壤通透性的措施如下。一是加强耕翻。在播种或密植前，一定要尽量合理深翻，改善土壤的物理性状。北方冬季时，由于水在结冰时，其体积要膨大 9%，所以经过几次冻融交替土壤会变得格外疏松、通透性增加。二是改良土壤，对沙性或黏性太重的土壤，采用客土改良，即掺加黏土或沙土进行改良。三是增施有机肥或种植绿肥，改善土壤通透性。

（2）土壤温度的稳定性

土壤温度稳定性指土壤升降温度是否平缓的能力。土壤温度对草坪草根系生长和养料吸收有很大影响。在一定范围内根系吸收养分随温度升高而增加，超过一定范围，吸收速度明显减慢，一般在适温范围内，温度每升高 10℃，根系吸收量增加 1 ~ 3 倍。

运动场多采用沙坪草坪，但纯黄沙含蓄能力很差，因此需要加入草炭、沸石等含蓄能力强的介质。调节土壤热稳定性和通透性。

7.3.3 可持续性土壤改良

土壤对可持续性景观开发来说是极为重要的，有提供植物生长营养、微生物栖息地、物质循环介质、消纳污染等作用，健康土壤具有生物活性作用，在物理结构和化学环境上都适宜草坪根部的生长。土壤通常会在建设过程中受损，这会导致植物根系生长环境改变，压实作用产生的排水性功能不佳会加快草坪的退化，那么就需要进行土壤改良，以降低土壤容重、提高土壤孔隙度为主要目标。场地内土壤改良的通常做法是增加有机堆肥，适用于沙壤质土或黏质土。有机堆肥可能还会影响许多土壤特性，包括 pH 值和养分状况，如果原始土壤是沙质的话，那么堆肥可以提高土壤的持水能力。但施用有机堆肥存在以下问题：难以混合均匀，有效混合的深度有限；有机肥分解、改良过的土壤可能会恢复黏重；有机肥中带有大量杂草。

在实际工作中，一般的乔灌木、地被花卉经常使用有机质对其进行改良，而草坪区则为了提高孔隙度和排水能力而向黏重质地的场地土壤中掺加沙砾，这是草坪土壤改良的一种做法。

现在通常的土壤改良操作方案是移除 20 ~ 30cm 深的现有表层土，将其用引入土方替换。虽然这种方法有效，但这是最不具可持续性的土壤改良方法，因为引入土方一般从其他地点运来，或从田地采收，或是从其他建设场地收集而来的表层土，排水性能相对较好，但有养分差，莎草、水花生等恶性杂草多等问题。现在引入土还有配比土，通常都是土壤、沙粒和有机质的混合物，或者只是沙质土壤加上有机质，这种改良土适用于建设成本充足的项目，其配比可由工程师进行特定的混合。这可能是目前使用最多的常见措施。

可持续性土壤是指在配比土的原理之上，使用可持续性土壤组成成分制造出来的土壤，这些组成成分包括从河道疏浚、绿化废弃物堆肥或者其他废弃材料中得到的沙粒。目标是建立一种能够支撑植物生长、排水性能良好但又能保持足够水分、还能保持一定养分的混合物。诸如草炭这类有机质资源并不被认为是具有可持续性的，因为现在都普遍担心草炭将被过度采伐。

7.4 可持续性改造关键措施

对现有草坪进行改造时，积极向业主方和养护方人员咨询日常养护中碰到的问题，他们对于场地的熟悉程度能提供解决问题的直接详细信息，包括雨后哪些草坪区域会积水、哪些陡坡区域剪草机械经常损坏。将信息汇总、分析，用于及时、有效地解决问题，改造出可持续性利用的草坪。

草坪改造工作正式立项后，首先按照轻重缓急，确定哪些区域优先改造，哪些可以延迟。其次要确定需要进行的改造工作项目。在许多成坪草坪场地中，一般从 5 个方面提高场地可持续性：清除问题区域；提高养护效率；改善坪床土壤坡度和理化性质；提高浇灌效率；场地水管理。

7.4.1 清除问题区域

存在积水的区域、剪草困难和危险的区域、场地功能性差的区域，这些问题区域通常都涉及一些常见问题，例如草坪长势差、养护效率低和安全隐患多。场地问题一般都有特殊性，认真勘查场地，走访物业管理者和绿化养护人员，完成场地分析，确定场地改造的最佳时间和技术措施。

7.4.2 提高养护效率

草坪养护一般需要平衡草坪健康生长和草坪正常使用之间的矛盾。定期和恰当的养护是草坪长期可持续利用的关键因素。改造场地时也要对养护效率提升进行分析，应该特别注意草坪区的大小、坡度和形状设计。

根据问题采用优化设计，对现有草坪场地进行改造以提高其可持续性。这些设计应该侧重于改善养护空间，促进剪草和施肥等工作更高效，从而降低人工作业的不确定性和工作量。

作为场地改造设计中的一部分，考虑用于日常草坪养护的机械设备类型也非常重要，这涉及草坪设备可通过性、操作便捷性等。走访养护公司获得正在使用机械设备和预期添置的设备信息是进行改造设计的重要途径。

7.4.3 有效改善草坪坪床土壤理化状况

运动休闲型草坪区域常伴随土壤紧实造成的草坪退化问题，主要从两方面着手：一方面需要选择更加适应功能需求的草坪草种类型，另一方面对草坪功能区结构改造和土壤的结构及理化性质进行改良。

一、在重新改造草坪之前，应该评估这个草坪在整个景观中的功能性，以确定草坪类型和草种特性需求。如果草坪的角色和功能有所降低，那需要保留的规模和形状可以适当降低要求。如果草坪的休闲功能需求被提高，草坪的空间、规模、形状也需要相应地被重新设计以适应功能性需求。草坪区域功能性包括场地排水、过滤收集、使用者的户外聚集休闲和运动体验、开放景观等。

土壤改良工作完成，可持续性草坪选择低成本投入的植物，要求适应场地的本地草坪品种，抗性强，能够减少对杀虫剂、除草剂和杀菌剂的需要，并需少量的肥料。

二、改良草坪坪床土壤理化性质，提高场地的可持续性利用。改良之前进行土壤测试（图 7-13），根据土壤测试结果，确定改良方式和改良配方，这能保证草种的长期正常生长。

根据各地降雨量等条件，在种植之前使用有机质可以将黏重土壤进行活性改良，支持植物健康生长，减少草坪对水和肥料的需求。草坪土壤改良通常是按照 10% ~ 30% 的体积比来增加有机质。在沙壤质土壤中增加体积比 20% 的有机质，将未压实土的体积密度从 1.4g/cm^3 降低至 1.2g/cm^3，将压实土的体积密度从 1.8g/cm^3 降低至 1.5g/cm^3。

图 7-13　土壤测试前取样

对于改良中土壤沉降和再压实作用，平衡考虑压实作用和土壤水分渗透、通气性能的相互联系。压实作用会减少土壤中的大孔隙，妨碍通气作用。水分的渗透率在压实条件下会减弱，压实作用还会降低根系深度，适应环境能力变差。有效的土壤改良目标是将压实作用降至最小，并通过打孔、疏草优化草坪通风透气性能，结合精心灌溉，能够有助于将土壤水分维持在一个理想水平。这种复合策略能够在整个生长季节中让微生物、微动物和大型动物保持生长活力。其中，蚯蚓是形成健康土壤的重要贡献者，可以促进土壤团粒结构形成、增加土壤孔隙度、促进有机质的分解等。但日常的杀虫杀菌作业会减少蚯蚓的数量，当蚯蚓被农药杀死后，草坪的杂草程度就会增加，这是因为土壤失去了蚯蚓的分解和混合功能。

三、草坪的特殊之处，与乔灌木相比，本身易于形成大量草屑有机质，植物根系形成草坪结构。将修剪碎屑送回草坪区普遍能带来活力，因为这个过程会吸收修剪碎屑、减少杂草生长、提高土壤通风透气能力并可能增加土壤渗透率。这个过程面临的主要问题是人踩踏和机械设备的压实，如果压实作用很严重，这个自然系统就会被破坏，土壤变得紧实、渗透性差，不适宜根系生长。

在保持草坪不被过度踩踏，或者常利用草坪打孔和疏草等养护措施，可缓解土壤的变差，但作用有限。缓解坪床压实作用需要在草坪种植之前进行适合的坪床土壤准备，以及在种植之后采用有机覆盖，这是改良土壤的重要途径。

在种植区域，除了大量使用草坪外，有机物覆盖是一种维持表面渗透性、提高土壤生物活力、保持水分、防止土壤健康程度降低的重要方法，还有助于抑制杂草。高碳氮比（C/N）的覆盖材料有以下几种：大部分树皮、木屑、松针、竹粉、椰壳、回收的木板锯成木屑。在种植床中使用盖土措施有很多原因，但如果目标是提高土壤的物理、化学性质，最佳的方法还是利用有机堆肥。就杂草控制来说，高碳氮比的盖土是理想的选择。

可持续的草坪管理办法是模拟自然的做法，即在自然状态下的森林，植物茎、叶等碎屑会掉落在地面上，成为生物食物链中的一部分。在绿地建设中，绿化垃圾可以被收集后集中堆肥，腐熟后再用到景观中，有助于健康土壤以一种可持续性方式发展。

7.4.4 提高草坪浇灌效率

在现代园林中，没有浇灌系统的场地应考虑加装，在已经有浇灌系统的场地如果涉及场地改造，有两个选择：重新设计草坪区的地形和规模以使其适合现有浇灌系统，或者重新设计浇灌系统以使其适应现有草坪改造。

一、浇灌控制器与气象站进行连接

浇灌过度浪费水资源，引起草坪病虫害，有效控制水量的最好方式是将浇灌系统与智能化控制系统及气象站联系起来，以确保在正确的时间为草坪分配正确的水量，因而可以创造出更健康的生长条件，节约用水。

二、使用非饮用水源浇灌

饮用水是一种非常珍贵的自然资源，可替代饮用水进行浇灌的水源包括中水、收集的雨水、河水或者其他任何可以进行处理的水资源。

在改造现有草坪时，可以考虑建造生态湿地或蓄水人工湖以收集和保持暴雨时的降水，在干旱时节可作为浇灌补充水源。

7.5 总结

保持草坪总体可持续性是草坪管理者应该要考虑的问题。通过场地评估、再设计、改造来提高草坪养护效率，恢复或强化草坪场地总体功能性、景观性、娱乐性。在重新改造场地时，草坪草所着生表层土壤的改良应该作为草坪改造中的核心因素。另外，将常规养护中与草坪配套的机械设备、浇灌系统、雨水收集处理等综合考虑并严格操作实施，最终才能提高草坪场地的总体可持续性。

7.6 实践

案例　绿色剧场草坪改造关键技术

1. 项目介绍

上海辰山植物园是经上海市人民政府批准，由上海市人民政府、中国科学院、国家林业局合作共建，融生物多样性保护、可持续利用示范基地、生态休闲、科普教育为一体，具有深厚科学内涵和优美园容景观的综合性植物园。自 2011 年正式开园以来，辰山植物园已累计接待游客 800 多万，肩负着服务民众、向社会民众传播生态文明理念的重要使命和责任。绿色剧场作为辰山植物园核心景区的一部分，为增加植物园趣味性、提供游客休憩、进行科普活动而设置。作为主题品牌活动，历经 7 届的辰山草地音乐会享有盛誉，作为主要载体，辰山植物园绿色剧场是上海最大、格调最新的户外剧场，不仅让人们在业余能够充分亲近自然，与蓝天和大地融合在一起，享受音乐，而且其位置处于亚洲最大的展览温室群出入口处，发挥着极其重要的安全疏散作用。

1.1　场地分析

上海辰山植物园基地位于上海市松江区松江新城北侧、佘山山系中的辰山，占地 207hm^2，属北亚热带季风湿润气候区，年平均气温 15.6℃，降水量 1213mm。辰山及其附近的松江地区水资源十分丰富，平均年际地表径流量 2.12 亿 m^3，江潮径流 57.6m^3，客水径流 36.5 亿 m^3，合计地表水总量达 8.9% ~ 9.3%。

首先，因辰山地区曾为“泽多菰草”之地，成土母质多数为湖泊沉积物和河流相冲积物。土壤发育多为潴育型水稻土，其中绝大部分为青紫泥或青紫土，造成本底土壤质地黏重、含沙量低、透水通气性差、EC 含量总体偏低的内在缺陷；加上植物园建设时期使用大型机械碾压，大量调运碱性客土，导致了绿色剧场土壤理化性质进一步退化，植物长势较差。根据土壤测试数据得知，在土壤物理性质方面，非毛管孔隙度（NCP）均值为 3.85%，这和绿化种植土要求的非毛管孔隙度（NCP，大于 5%）有一定差别，毛管孔隙度（CP）均值为 42.66%，NCP/CP 值平均为 0.09，这和理想土壤结构中两者比值相差很多。另外，土壤黏粒含量非常高，平均 36.18 %，粉沙粒为 59.54%，而含沙量平均仅为 4.28 %，与一般土壤种植土沙粒大于 45% 的要求相比，质地很差。土壤密度平均 1.60mg/m^3，远高于标准，影响植物根系生长。在土壤化学性质方面，土壤有机质、EC 值和土壤酸碱性均不达标，有机质含量平均为 13.59g/kg，EC 值平均为 0.14 ms/cm，土壤 pH 基本大于 8.0，均值为 8.32，大于标准限值，具体见表 7-4。

绿色剧场土壤基本性质　　**表 7-4**

参数	实测值	绿化种植土要求
容重（mg/m^3）	1.43*	<1.35
非毛管孔隙度（%）	3.85**	>5%
毛管孔隙度（%）	42.66	—
非毛管孔隙度 / 毛管孔隙度	0.09*	1
总孔隙度（%）	46.51	—
黏粒（%）	36.18	—
沙粒（%）	4.28***	>45
粉沙粒（%）	59.54	—
密度（mg/m^3）	1.60*	<1.30
EC（ms/cm）	0.14***	0.5 ~ 2.5
有机质（g/kg）	13.59*	15 ~ 60
pH	8.32*	6.5 ~ 8.0
质量含水率（%）	22.31	—
饱和持水量（%）	33.63	—
田间持水量（%）	30.51	—
土壤饱和导水率 /（mm/h）	3.52***	20 ~ 100

注：*不良；**较差；***极差。

其次，经多年自然沉降和集中活动踩踏，绿色剧场的层层台地造型轮廓已变形，棱线和版块坍塌、表面凹凸不平、积水，严重影响了大型活动开展和游客日常休憩（图 7-14）。

图 7-14　绿色剧场改造前积水和地形坍塌问题

最后，绿色剧场还存在排水、浇灌难题，也加剧了草坪的生长不良。一方面，由于原剧场地形过平和土壤渗透性较差，引起地表大量积水和土壤不耐干旱；另一方面，该区域浇灌和排水设施不完善，加剧草坪及其他植物生长不良。其中，排水上主要依靠深 25cm、长 200m 的明沟排出温室周边区域近 5.5 万 m^2 的汇水量，排水效率低下，排水所需时间较长，严重影响对场地的使用需求，也严重威胁着 3 个展览温室的安全。受台风“菲特”影响，从 2013 年 10 月 7 日开始上海辰山植物园一直普降暴雨，大雨一直持续到 10 月 8 日。由于该区域室外积水严重，导致展览温室水也不能及时排出，连续大雨使展览温室各馆达到警戒水位（图 7-15）。

图 7-15　展览温室内雨后现场水位情况

在浇灌设施上，主要依靠便携式水泵从内湖取水，沿 400 m 水管浇灌，不仅影响浇灌质量和浇灌效率，而且严重影响了作为世界一流植物园的景观面貌。

1.2　设计分析

为满足游客对绿色剧场各种功能的需求，特别对绿色剧场进行了重新改造，设计上采用了“设计结合自然”的思想，突出可持续利用的理念，风格上采用古希腊剧场的扇形观众席及镜框式舞台形式。整个工程自 2014 年 11 月初动工，历时 3 个月，按场地清理、土方造型、排灌系统安装、土壤改良项目，并配合复层群落式植物种植步骤实施改造，完成 12000m^2 改造面积，场地改造后，形成 7 层台地、总落差 3.5m 的剧场造型（图 7-16），将不同科属和不同根系深度的草坪、地被、乔灌木组建群落，形成新的生态系统，而且可容纳 5000 多观众，充分发挥了其景观、生态和休闲等功能（图 7-17）。

图 7-16　改造后绿色剧场现状实景

图 7-17　改造后的绿色剧场满足功能需求

2. 施工关键技术

2.1　施工总体布置

绿色剧场改造施工包括清场、土方、造型、排水、喷灌、植树种草六大部分（图 7-18），总体施工采取先地下后地上、先竖向后水平、先粗后精的原则，根据工期和工程质量要求，制定严格的工艺流程，并采用关键技术来突破项目难点，解决区域存在的主要问题是改造任务的核心。

图 7-18　绿色剧场清场、土方和粗造型

2.2　施工关键技术

植物园以植物引种、保育、科研、科普为使命，植物健康生长依靠两个核心条件：便捷、洁净的水源和深厚且发育良好的土层，绿色剧场草坪改造围绕创造较好的土壤和水源条件两个中心任务，希望通过土壤构造、排灌系统安装、地形塑造、雨水收集利用等措施，为绿色剧场植物生长创造良好的生境，也使场地具有抗踩踏、排水迅速、透气性能好等功能特点。

2.2.1　地形改造

绿色剧场改造主要是通过重新塑造地形来满足草地音乐会对场地的需求和草坪生长需求。施工中以尊重原来的地形构造和地表肌理为前提，采用资源节约型、环境友好型的生态设计手法，做到尽量减少改造工程对生态环境的二次破坏和污染。

地形改造施工分粗造型和细造型两个阶段。粗造型以表面不积水为宗旨，在 3500m^3 土方基本到位的基础上，依照地形，对绿色剧场进行轮廓造型（图 7-19），塑造出各平层间的 25° 角弧形缓坡及宽 2.5m 的台地，最终呈 7 层平台剧场雏形，层层落差 50 ± 10cm，每层平台形成 1% ～ 2% 表排坡度，形成自然排水走向。施工中重点对基底层适当碾压，保证粗造型不会坍塌，也便于喷灌系统依势安装。

细造型阶段主要包括两方面内容：一方面是通过机械开槽，在所有棱线的上下两个平、坡面交接处嵌入草坪保护垫，以保持 8 条棱线和各层台地的造型稳定（图 7-20）；另一方面，在完成排水、喷灌等单项工程施工的基础上，对场地进行微地形平整修复并铺设种植层沙壤土，使场地达到草坪建植要求。

图 7-19　地形改造固定棱线

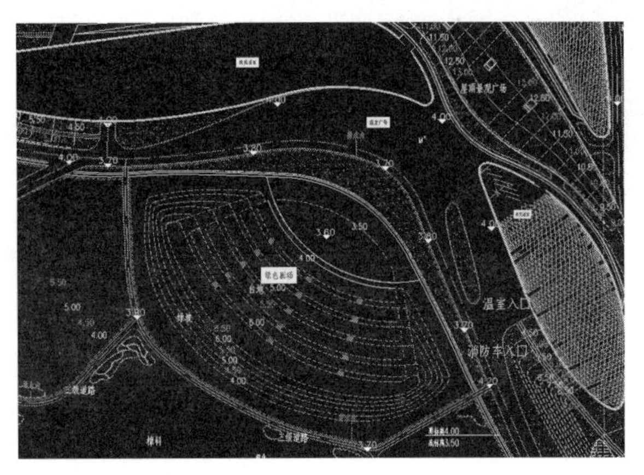

图 7-20　绿色剧场设计地形

2.2.2　土壤改良

绿色剧场作为植物园核心功能区，场地质量的好坏直接影响游客的舒适度和活动保障度。虽然后期管理因素会影响场地质量，但最重要的影响因子是土壤。绿色剧场的土壤除了要满足草坪草的基本需求外，还需要有抗碾压、排水快、透气良好的重要功能。

绿色剧场的土壤改良采用美国高尔夫协会于2004年修订的果岭建造规范标准，以《上海辰山植物园工程土壤理化性状分析报告》(上海市地质调查研究院，2005）为依据，并参照《园林绿化工程种植土壤质量验收标准》(DB31/T 769—2013)、《园林绿化栽植土质量》(DB440300/T 34—2008）等，对草坪根系种植层的物理性质和化学性质进行改善，使根系正常生长。

针对土壤现状特征，采用配比土改良方法，主控根系层的基质厚度和配方。首先，通过翻耕，清除基底原土中的建筑垃圾；再者，因草坪根系主要分布在 0 ~ 25cm 土壤层以内，种植土壤层采用 USGA 果岭两层建植标准。第一层为粗沙层，厚度 10cm，粒径 0.5 ~ 1.0mm，保证绿色剧场场地平整、排水畅通。第二层为根际混合层，土壤改良配方按照 8 份沙 +1 份原土 +1 份有机质（泥炭 + 有机肥）+ 土壤结构改良剂进行体积配比，在充分压实后铺设达到 25cm 厚度要求。在材料选择上，重视使用标准，原土必须引进表层的、质地为壤土或沙壤土的材料，禁止用深层的黏质土壤，其他改良材料需符合相关标准要求。根际层建植用沙粒径大小对排水速率及孔隙度影响最大，要保证土壤的饱和导水率大于 100mm/h，沙的粒径范围应不小于 0.1mm，但是，如果粒径过大，又会对土壤孔隙度及表面稳定性产生负面影响，Kunze 等比较不同粒径沙及不同配方基质对草坪根系和地上部分生长的影响，结果表明 0.25 ~ 0.50mm 基质地下生物量较高，而 0.5 ~ 1.0mm

基质地上生物量较高。因此，具体沙粒大小和分配，参照以下坪床用沙粒径要求（表 7-5）。

USGA 坪床用沙粒径标准 **表 7-5**

粒径大小		推荐量（以重量计）
主要控制指标	<0.25mm	<25%
	0.5 ~ 1.0mm（粗沙）	>60%
	0.25 ~ 0.5mm（中沙）	
	1.0mm < 粒径 <2mm	<10%

施工后，按上海绿化工程土壤质量验收标准，重点测试 pH、EC、有机质、土壤容重等项指标，结果见表 7-6，土壤的团粒结构增加，土壤肥力、耐踩踏能力提高，既满足了植物生长需求，又利于土壤自渗排水。

土壤理化性质改造前后对比 **表 7-6**

指标	改良前	改良后	标准值
pH	8.2	7.0	6.5 ~ 7.5
EC 值（ms/cm）	0.14	1.2	0.5 ~ 2.5
有机质（g/kg）	<15	16	15 ~ 60
土壤饱和导水率（mm/h）	3.52	98	25 ~ 500
土壤容重（mg/m^3）	1.43	1.21	<1.35
质地（沙粒含量）（%）	4.28	51.7	>45
水解性氮（mg/kg）	58	42	40 ~ 150
有效磷（mg/kg）	30.87	23	8 ~ 40
速（有）效钾（mg/kg）	213.36	104	60 ~ 250

2.2.3 排灌系统安装

绿色剧场作为主要游客集散地，对场地植物景观和休闲活动功能需求较高。因此，围绕植物园建设的另一核心条件为便捷、洁净的水源，在土壤改良的基础上，选择较好的水源并配备一套有效的浇灌、排水系统（图 7-21），来提高排灌效率和质量，促进草坪草正常生长，也是改造的初衷。

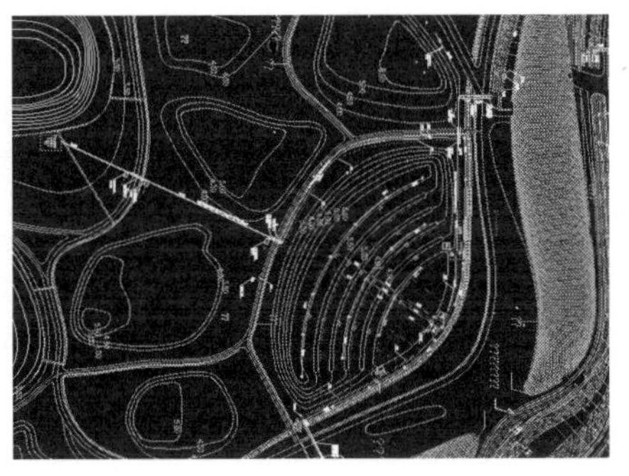

图 7-21 排灌系统配备

浇灌系统总体改造中，采用了 Henter 全自动控制系统，重新布置了浇灌管网，主要工作包括泵站基建、开挖管沟、安装管道、管道冲洗、安装喷头、保压试验、回填、试喷等安装。其核心工作分为泵站的选址及形式、电缆铺设和喷灌系统安装三部分，前两项工作在充分调查园区电力系统、其他泵站系统、园区水系设计数据以及景观要求后，综合考虑景观用水的洁净度和电缆铺设便捷度及成本，最终决定将浇灌泵站选在东湖边上，以地下泵站形式取水（图 7-22），通过浇灌设备的砂石过滤器、自动冲洗叠片过滤器层层过滤，将水质从劣 V 类提高到 Ⅲ 类景观水以上。

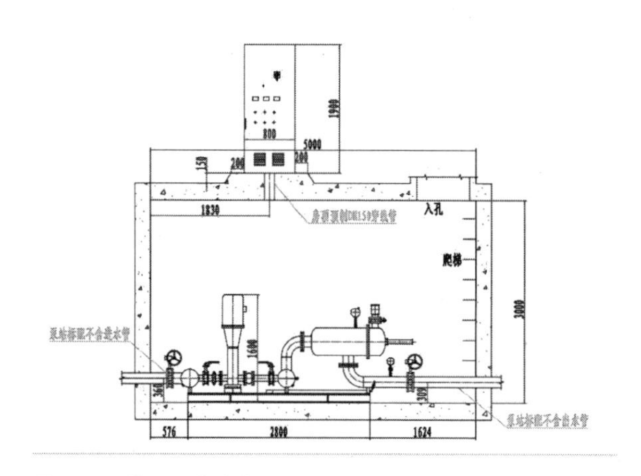

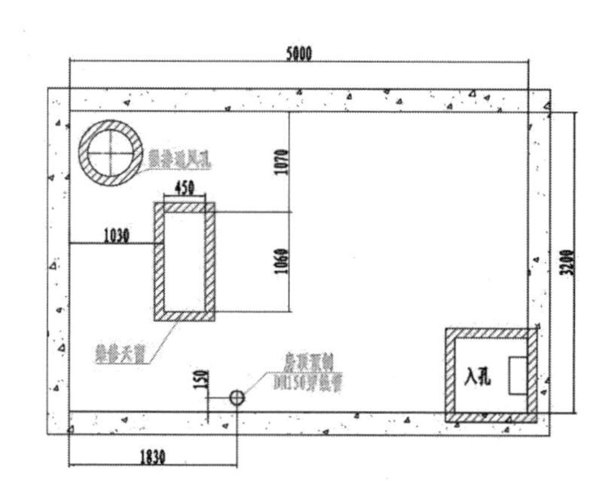

图 7-22　地下泵站系统立面图和平面图

浇灌系统安装中，采用 PE 管材热熔连接结束（图 7-23），并对关键的管道过路和水流对管道冲击进行有效处理，其中管道过路分别用钢管作套管，埋深 1m，防止沉降损坏管道。在易受水冲击的主管各点，如弯头、三通、变径、堵头、检修阀等位置安装混凝土镇墩以平衡冲击力。为检查设计和安装质量是否达到使用要求，也为正常运行做好准备，在安装结束后立即进行管道保压试验，具体采用分阶段试压，压力控制在工作压力的 1.15 倍以上，试压时间为 8h。最后，在草坪种植结束时，安装喷头，安装高度以保证剪草机可以从喷头上安全通过为准（需有 20mm 净空间）。

图 7-23　浇灌管道及取水终端安装

对于第七层种植地被花卉和乔灌木处，喷头布置设计中不辐射该区域，但设置快速取水阀进行可控的人工应急补水。

另外，在排水方面，绿色剧场地势低洼，排水一直存在问题。具体根据以下暴雨强度公式计算该区域雨量大小，展览温室周边区汇水面积约为 5.5 万 m^2，径流量约 810L/s，绿色剧场 1.2 万 m^2，径流量约 180 L/s。

$$q=\frac{5544(P^{0.3}-0.42)}{(t+10+7\lg P)^{0.82+0.071\lg P}}$$

（室外暴雨重现期 P=1 年，综合径流系数为 0.29）

根据区域径流量大小，设计、施工中将绿色剧场排水分为地面排水和管道排水两部分。地面排水主要通过塑造地形，最终形成绿色剧场内弧形坡面 25%、平面 1% ~ 2% 的自然排水坡度，不仅使地表水自然排出，而且在大地形上纠正了绿色剧场东南高、西北低的原状，从而改变雨水反势汇集到西北角，再通过排水速率极低的现有明沟排出的现象，加快了排水速度。

地下排水则根据绿色剧场扇形造型，仿银杏叶片叉状叶脉的排列方式和排列结构，按照地下盲排施工流程，安装地下有空排水管，将多余水分及时排走。地下排水管网分为干管排水和支管排水两级网络：干管排水主要设置 3 条由西北到东南方向的直径为 160mm 的排水管，沿着最大水流方向布设，相对于最终地平的最小埋深为 1.0m，坡度不小于 2% ~ 3%；支管排水则采用直径 110mm 的 PE 有孔波纹管，管沟深度和宽度皆为 30cm，沟底坡度不小于 0.5%，布设间距为 4.5m，支管末端与干管连接。检修井间间距 45m，每个井底设置 300mm 沉沙槽，由排水干管串联，排水终端安装强排泵，设置自动排水。最后，所有排水管沟的回填均经过分层填土、利用打夯机充分碾压及浇水沉降处理，回填后管沟处密实度达到 80% ~ 85%。

在绿色剧场排水设计时还考虑了温室周边近 5 万 m^2 的汇水面积，将其有效的雨水收集利用，主要通过地面明沟和地下盲管将多余水分经过透水硬建面和过滤管道层层过滤后，就近排放到植物园现有内湖水体，补充浇灌水源，既达到了有效排水、减少内涝的效果，又实现了雨水循环利用，实现对城市的零排放，践行了可持续利用的理念。最后，在提高浇灌水质、排灌效率和改善植物生长土壤环境的同时，大大减少了长期养护中的碳排放，进一步提升了园区生态功能（表 7-7）。

3. 项目总结

本项目将低碳、生态、可持续利用理念贯彻应用到绿色剧场草坪改造及后期养护当中，在水资源有效利用、节能减排等方面有了显著提高。结合场地调查，针对所在地土壤、气候、水文等环境特点和功能需求，通过合理的设计及土壤改良、地形改造、排灌系统安装等施工技术，探索资源节约型、环境友好型的现代园林模式，最终提高了绿色剧场草坪的整体景观性和功能性。另外，在硬件设施上最

排灌系统改造前后对比　　表 7-7

指标	原有排灌	排灌现状	效能比
浇灌质量（过滤精度）	30000μm	150μm	200 倍
浇灌效率	15t/h	125t/h	8.33 倍
碳排放量（CO_2 量）	18.675kg	15.82kg	减排 15.3%
日均用水量	18t	10.4t	水 42.2%
排水速率	5 ~ 6h（100mm/d）	2/3h（100mm/d）	9 倍
景观质量	视觉感官差，噪声大	视觉感官好	明显

终形成了一套有效的雨水循环利用系统，使浇灌质量和效率分别提高 200 倍和 8.33 倍，排水速率提高 9 倍，水利用率达到 85%，节水 42.2%，既解决了区域浇灌、排水的难题，又延长了绿色剧场生命周期，实现了对城市零排放等生态效益，在城市环境保护和生态建设方面，具有一定的推广示范效果。

08

第8章 可持续草坪的管理保障

8.1 引言

在以上章节论述的基础上，通过日常的课题研究、行业见闻及工作实践，总结出当下草坪管理中存在几个核心问题，导致草坪不可持续，分别是：草坪管理者自身定位不清；生态环境保护理念滞后；草坪机械化程度偏低。

当草坪养护部门具备了综合素养高的管理者、先进的生态环境保护理念、适合的机械设备，同时配备完善的专业化社会服务体系，草坪管理及草坪行业即可获得可持续发展。

8.2 草坪管理者自身定位

随着经济的发展，草坪业逐步规范化，满足游客及运动者的需要成了草坪管理的首要任务。作为草坪管理者，不仅应具备基本的植物学和土壤学知识，同时还要有敏锐的洞察力、稳健的协调能力，必须依靠先进的科学知识和合情合理的管理方法进行草坪管理。因此，其所担当的角色不再仅仅是一个绿地管理者，还应该是设计师、工程师、园艺学家、生物学家、生态学家、人力资源管理者、培训师、财务会计。

在 20 世纪 80 年代园林景观建设初期，草坪管理者将 90% 的时间花费在草坪的日常维护上，而今天，草坪养护管理者 35% 的时间是花在场地管理的设计与研究、计划与经营、人事与行政及重要活动安排上。目前中国的草坪管理者专业理论知识参差不齐，很多是从基层工种做起依靠长期积累不断提升自己，也有部分从工程专业、水电专业转行到草坪管理，造成对当下需求及长期需要考虑的失衡，主要体现在对待生态环境的态度上。随着人们对生活质量、生命健康的关注，草坪管理者的综合素养和重要角色正逐步被草坪业界所关心。

草坪管理者应该是艺术和科学结合的创造者，从以前的普通劳动力到今天的资源管理者，草坪管理者还必须进行人事管理和所用资财、设备管理，同时还要协调与经济效益、社会影响、生态环境的平衡关系。合格的草坪管理者应该做好以下几个方面的基础工作。

一、协调与沟通

（1）草坪管理者要花很多时间在协调沟通上，管理者的沟通协调能力关系到工程进度推进、草坪品质提升、经济效益提高，主要包括沟通和协调业主方、设计方、监理方、员工和行业协会间各种关系。

（2）根据业主反馈的信息和要求以及重要活动安排，及时对草坪养护计划进行调整；将员工对球场的建议和其他要求及时向业主方反馈；与行业协会沟通信息，掌握业内最新动态，与社会保障部门沟通，将员工对福利待遇的合理要求向业主方反馈。

二、财务预算

（1）草坪管理者的主要工作之一，是每年年底向业主方提供一份详细的下年度工作计划和经费预算报告。

（2）待业主方根据效益收支和市场预测等因素修改批准后，草坪管理者再把工作计划和经费预算分解、细化，包括人工费、材料费、草坪临时改造费用等，将日常维护与改造工作费用严格控制在预算内。

三、制定工作计划并监督执行

（1）草坪管理者除了制定每一年度工作计划外，每月和每个季度都制定一份相应的工作计划，下发给每一位员工，并进行季度和月度培训、告知。

（2）每周工作安排计划通过工作软件 App 或黑板告知，下发到员工手中，使每一位员工清楚每天的工作任务和工作标准。

（3）在所有工作计划制定后，应有针对性地随时检查、监督工作，收集工作中存在的问题、建议，以便做出调整。

四、资财采购和人员聘用

（1）根据预算范围，签订草坪所需的各类物资供货合同。

（2）处理管理员工的劳动保险审核等事务性工作，根据工作标准和需要招聘和解雇员工。

五、信息管理工作

（1）草坪管理者除了完成日常业务性工作外，还要将每天工作数据输入电脑，包括气象资料、施肥、剪草、喷灌、覆沙、打孔等工作数据，机械设备使用数据，资财消耗数据。

（2）建立完善的档案记录，重要的是记录员工的工作生产情况，这些数据库的资料分析，对制定工作计划和执行管理很有帮助。

六、“走出去，引进来”培训员工，提升员工素质

（1）积极加入地区性草坪学会和类似学会，了解行业动态、资财行情、最新技术，切勿闭门造车。

（2）针对不同草坪场地所存在问题组织技术讲座，请有丰富经验的草坪专家现场指导，并帮助解决各类问题。

（3）绿化协会免费提供新产品介绍、求职和应聘信息、市场预测信息等，定期参加，掌握人工成本、机械成本、资财成本等信息，进行比较使各项资源合理分配。

（4）协助培训员工，让员工对养护机械充分了解和掌握，并熟练应用。

七、强化生态环境保护理念

草坪管理者要建立生态系统维护的大局观，在所管理区域打造一个健康、可持续的生态系统，要求投入成本一定的情况下，做到设计、建造阶段工作精细化并合理投入，最大程度地减少长期维护阶段的消耗。在理念上重视环境保护，实践中多学习和掌握资源节约型、环境友好型的工程技术方法，对农药及相关化学产品的应用高度重视。

8.3 生态环境保护理念

当下中国将生态文明战略提上重要日程，社会对景观绿化管理措施为环境带来的正、负面影响开始重视。其中，肥料、杀虫杀菌剂、除草剂在城市环境中被过度使用，给人类健康、野生动植物（特别是鱼类和鸟类）带来很大威胁；建造、养护景观的传统方法由于大拆大建、单一栽培等导致生物多样性降低；机械设备的使用会造成噪声污染、恶化空气质量等观点，较为引人注目。

草坪作为城市人与自然零距离亲近的黏合剂，是以上质疑声的矛盾聚焦点，可持续草坪管理的重中之重就是要平衡管理措施和环境之间的顾虑。常见顾虑有养分浸析和溢流、农药浸析和溢流、农药威胁安全、机械设备排放带来的空气污染、水资源消耗等。

在土壤测试和正常生长的草坪干物质测试后，根据草坪的用途，可以有效控制肥料使用量。农药的使用要充分了解有害生物的生态习性，有的放矢，控制防治率，将有害生物控制在可控范围之内。肥料、农药的使用重视生态保护环境下的施用技巧，选择通过审定、取得生产许可证的化学产品，合理、科学使用，尤其在大量使用的肥料方面，经过处理的缓释型固体肥料和较为安全的液体肥料是首选。如第五章可持续的草坪养护中，完全可以将肥料、农药使用合理化、最小化。

最核心的问题是健康问题，包括利用者、操作者和与此环境相关的各种生物。除了直接毒性作用以外，与农药短期和长期接触存在潜在致癌性。

对操作者来说，在草坪上使用常见农药的最大危险来自杀虫剂，杀菌剂危险较小，除草剂的危险最低。选择国家行业推荐的农药清单（表 8-1），结合采取安全预防措施的专业操作人员一般不会在混合和施用农药时造成身体伤害。

在美国等发达国家，有人专门研究农药使用与癌症发生率之间的相关性。很多项目案例对照研究并不是非常精确的，因为它们没有考虑化学品使用率、组成成分、接触的准确日期和接触的持续时间等详细数据。往往只是一种推测，还需要更详细的研究数据支撑。

2018 年经济果林 “双增双减” 项目农药品种推荐名单

序号	农药名称	分类	生产厂家	登记证号
1	45% 石硫合剂结晶（基得）	杀虫杀菌剂	河北双吉化工有限公司	PD90105-2
2	0.3% 印楝素乳油（印楝素）	杀虫剂	成都绿金生物科技有限责任公司	PD20101580
3	99% 矿物油乳油（绿颖）	杀虫剂	韩油能源有限公司 招远三联化工厂有限公司分装	PD20095615 分装证续办中
4	240g/L 螺螨酯悬浮剂（流金）	杀虫剂	山东乔康生物科技有限公司	PD20150276
5	240g/L 螺螨酯悬浮剂（螨危）	杀虫剂	拜耳作物科学（中国）有限公司	PD20111312
6	25% 灭幼脲悬浮剂	杀虫剂	上海沪联生物药业（夏邑）股份有限公司	PD20090629
7	5% 杀铃脲悬浮剂	杀虫剂	通化农药化工股份有限公司	PD20081069
8	20% 除虫脲悬浮剂	杀虫剂	上海生农生化制品有限公司	PD20093799
9	1% 苦参碱可溶液剂（杀确爽）	杀虫剂	赤峰中农大生化科技有限责任公司	PD20102100
10	1.5% 苦参碱可溶液剂	杀虫剂	内蒙古帅旗生物科技股份有限公司	PD20130430
11	32000IU/mg 苏云金杆菌可湿性粉剂（无敌小子）	杀虫剂	武汉科诺生物科技股份有限公司	PD20084969
12	0.5% 藜芦碱可溶液剂（依威）	杀虫剂	河北馥稷生物科技上海有限公司	PD20102081
13	110g/L 乙螨唑悬浮剂（来福禄）	杀虫剂	日本住友化学株式会社 广东金农达生物科技有限公司分装	PD20120215 PD20120215F090135
14	22% 氟啶虫胺腈悬浮剂（特福力）	杀虫剂	美国陶氏益农公司 江苏苏州佳辉化工有限公司分装	PD20160336 PD20160336F160050
15	1.7% 阿维菌素 +4.3% 氯虫苯甲酰胺悬浮剂（亮泰）	杀虫剂	先正达南通作物保护有限公司	PD20150184
16	3% 高效氯氰菊酯微囊悬浮剂（触破）	杀虫剂	黑龙江省平山林业制药厂	PD20096034
17	4.5% 高效氯氰菊酯 +0.5% 甲氨基阿维菌素苯甲酸盐微乳剂（高氯·甲维盐）	杀虫剂	成都绿金生物科技有限责任公司	PD20131157
18	1.5% 精高效氯氟氰菊酯微囊悬浮剂（安绿丰）	杀虫剂	美国富美实公司 允发化工（上海）有限公司分装	PD20080675F120007
19	50% 炔螨特水乳剂（策力）	杀虫剂	江苏剑牌农化股份有限公司	PD20130127
20	15% 茚虫威悬浮剂（鼎恩）	杀虫剂	盐城利民农化有限公司	PD20140635
21	21% 噻虫嗪悬浮剂（电讯）	杀虫剂	江苏辉丰农化股份有限公司	PD20150385
22	0.5% 依维菌素乳油（镇害）	杀虫剂	浙江海正化工股份有限公司	PD20120411
23	1.5% 除虫菊素水乳剂（三保奇花）	杀虫剂	云南南宝生物科技有限责任公司	PD20098425
24	10% 虫螨腈悬浮剂	杀虫剂	江苏丰山集团股份有限公司	PD20152594
25	80% 代森锰锌可湿性粉剂（美生）	杀菌剂	美国默赛技术公司 中农立华（天津）农用化学品有限公司分装	PD20060158 PD20060158F120045
26	80% 代森锰锌可湿性粉剂（绿大生）	杀菌剂	美国陶氏益农公司 中农立华（天津）农用化学品有限公司分装	PD220-97F060147

续表

序号	农药名称	分类	生产厂家	登记证号
27	3% 多抗霉素可湿性粉剂（多抗霉素）	杀菌剂	延边春雷生物药业有限公司	PD85163
28	10% 苯醚甲环唑水分散粒剂（博邦）	杀菌剂	江苏丰登作物保护股份有限公司	PD20085870
29	8% 宁南霉素水剂（宁南霉素）	杀菌剂	德强生物股份有限公司	PD20097122
30	500g/L 异菌脲悬浮剂（扑海因）	杀菌剂	江苏省苏州富美实植物保护剂有限公司	PD20140410
31	23.4% 双炔酰菌胺悬浮剂（瑞凡）	杀菌剂	先正达南通作物保护有限公司	PD20142151
32	80% 克菌丹水分散粒剂（喜思安）	杀菌剂	安道麦马克西姆有限公司 江苏明德立达作物科技有限公司分装	PD20101127 PD20101127F160089
33	50% 醚菌酯水分散粒剂（翠贝）	杀菌剂	巴斯夫欧洲公司 广东德利生物科技有限公司分装	PD20070124F160065
34	46% 氢氧化铜水分散粒剂（可杀得叁千）	杀菌剂	美国杜邦公司 上海生农生化制品有限公司分装	PD20110053 PD20110053F090110
35	6.25% 噁唑菌酮 +62.5% 代森锰锌水分散粒剂（易保）	杀菌剂	美国杜邦公司 上海生农生化制品有限公司分装	PD20090685 PD20090685F130051
36	64% 代森锰锌 +4% 精甲霜灵水分散粒剂（金雷）	杀菌剂	先正达（苏州）作物保护有限公司	PD20084803
37	40% 腈菌唑可湿性粉剂（信生）	杀菌剂	美国陶氏益农公司 江苏省农垦生物化学有限公司分装	PD20070199F140001
38	250g/L 戊唑醇水乳剂（欧利思）	杀菌剂	安道麦马克西姆有限公司 江苏明德立达作物科技有限公司分装	PD20091184F160093
39	25% 戊唑醇水乳剂（菲展）	杀菌剂	美国世科姆公司	PD20140192
40	6% 春雷霉素可湿性粉剂（春雷霉素）	杀菌剂	延边春雷生物药业有限公司	PD20141308
41	80% 烯酰吗啉水分散粒剂（信诺）	杀菌剂	陕西先农生物科技有限公司	PD20111194
42	400g/L 嘧霉胺悬浮剂（施佳乐）	杀菌剂	拜耳股份公司 拜耳作物科学（中国）有限公司分装	PD20060014F040137
43	250g/L 嘧菌酯悬浮剂（默佳）	杀菌剂	美国默赛技术公司 江苏艾津农化有限责任公司分装	PD20111160F120019
44	22.5% 噁唑菌酮 +30% 霜脲氰水分散粒剂（抑快净）	杀菌剂	美国杜邦公司 上海生农生化制品有限公司分装	PD20060008F130047
45	5% 氟吗啉 +45% 三乙磷酸铝水分散粒剂（快适）	杀菌剂	沈阳科创化学品有限公司	PD20095462
46	250g/L 吡唑醚菌酯乳油（安鲜多）	杀菌剂	美国默赛技术公司 江苏省农垦生物化学有限公司分装	PD20151204F160006
47	22.5% 啶氧菌酯悬浮剂（阿砣）	杀菌剂	美国杜邦公司 上海生农生化制品有限公司分装	PD20121668F120044
48	8% 噁霜灵 +56% 代森锰锌可湿性粉剂（杀毒矾）	杀菌剂	先正达（苏州）作物保护有限公司	PD20040030
49	500g/L 氟啶胺悬浮剂（农华百润）	杀菌剂	绩溪农华生物科技有限公司	PD20141512

续表

序号	农药名称	分类	生产厂家	登记证号
50	1% 蛇床子素微乳剂（三保奥思）	杀菌剂	云南南宝生物科技有限责任公司	LS20160045
51	2 亿孢子 / 克木霉菌可湿性粉剂（东方农韵）	杀菌剂	上海万力华生物科技有限公司	PD20160752
52	1000 亿活芽孢 / 克枯草芽孢杆菌可湿性粉剂（果力士）	杀菌剂	武汉科诺生物科技股份有限公司	PD20140209
53	20% 异菌脲 +20% 烯酰吗啉悬浮剂（安翠）	杀菌剂	深圳诺普信农化股份有限公司	PD20132488
54	改性有机硅水剂（好湿）	助剂	德国德固赛公司 通州正大农药化工有限公司分装	
55	9% 螯合铁粉剂（满素可铁）		西班牙萃科公司	单一元素来源

科学家或者公众对于接触农药的相关风险方面的认识尚未获得一致，一般公众在处理农药使用对于人类健康潜在副作用方面都是预防原则的强力拥护者：为了保护环境，国家应该依据其各自的能力广泛采取预防措施，尽可能避免使用农药；在所有情况下都应该首选低危险农药；利用所有可用的预防措施来减少施用者和旁观者与农药之间的接触；使用标示来提醒旁观者已经施用过农药；避免在 24 ~ 48h 内或者农药标签规定时间内重新进入农药使用区域；在儿童或者宠物可能接触的区域中不要使用农药，尤其在任何存在严重或者不可逆伤害的地方，如水源地、生态林等区域。上海在 2014 年以后整顿高尔夫球场行业，连续关闭多个临近黄浦江、金泽水源地的高尔夫球场就是例证。

与农药相关的动植物问题，公认的鱼类、鸟类和其他野生动植物都是直接受害者，有害生物产生抗药性，导致药剂使用量越来越多，生成恶性循环。例如，农药浓度足够高，杀虫剂会杀死鱼类或者危害它们的繁殖；Potter 注意到草坪的定期农药施用或许会造成草坪生态系统的破坏，增加虫害爆发的数量和严重性，这个在上海每年 8 ~ 9 月大多草圃基地的淡剑夜蛾历代重叠造成草坪一夜间全成光秃茎秆可以得到印证。为了避免不加区别地使用农药带来的负面后果，政府提倡并执行的最佳管理措施有：IPM 规划背景下使用农药；确定目标处理区域是否是鸟类、鱼类以及其他野生动植物的栖息地，避免这些动物与农药接触；在溪流和湖泊之间创建不使用化学农药的缓冲带；避免定期使用杀虫剂，保护害虫天敌。

水资源消耗方面是草坪可持续利用的最大争议点，水资源短缺一直是中国的主要问题，尤其在干旱过渡带以北的温带干旱地区。另外，随着城市人口增加，湿润气候地区也正面临着水资源短缺的问题。城市管理集中于保护现有水资源、提高水资源净化利用率将是主要趋势。将非饮用水用于绿地浇灌系统、优化浇灌策略的相关技术（图 8-1），值得推广。

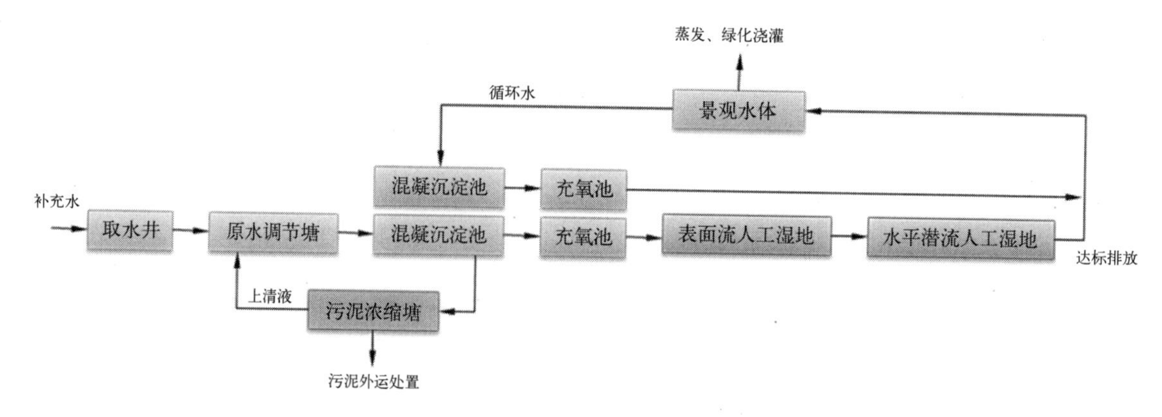

图 8-1 市政河道非饮用水体净化利用

机械设备排放带来的空气污染方面，但草坪具有防止水土流失、净化滞尘、保护地下水、降温增湿、减少噪声和光线污染等众多优点，但在景观维护中通常使用低劣的、产生噪声和废气的机械设备。割草机、磨边机、修边机、电动链锯、鼓风机、切片机、拖拉机和卡车等设备提供动力的内燃机会造成有害的噪声和空气污染，但合理的配置和维护等作业可以解决工作效率和产生环境问题之间的矛盾。

8.4 草坪机械化程度

草坪生态功能、美化效果、运动休闲功能日益受到人们重视，城市化对草坪的需求也越来越大。草坪特性决定了管理的季节性要强，修剪、繁殖、病虫害防治等都要求在一定的时间内完成，要不失时机，就必须采用高效的机械设备代替低效的手工劳动；第四章中所述的草坪大规模建造正是以机械的参与为特征的。草坪工作机械化还可以降低劳动强度、改善生产条件，从而降低生产成本。因此，草坪机械是构成可持续草坪技术的一个重要组成部分，实现草坪机械化是扩大绿化面积、取得综合效益的重要手段。

第二章在草坪概念中提到草坪需要维持低矮、平整的状态，满足功能需求需要不断地修剪和维护，草坪养护作业任务非常繁重，因此要求草坪机械具有高效率的作业能力。常见草坪机械的种类包括建植机械如犁、耙、旋耕机、播种机、开沟机、植草机等，养护机械包括喷灌设备、施肥机、剪草机、疏草机、喷雾机等。

在对城市草坪进行作业时，各种草坪机械的噪声和发动机尾气的排放要符合城市环境噪声控制和废气排放标准，并尽可能低。草坪作业场地也常是人口密集和活动频繁的地点，作业时必须要能够保证操作者和周围行人的安全。因此对草坪机械的安全性能、操作的平稳性能有特殊要求，也要求操作者在作业时应严格遵守安全操作规程和安全标准，采取必要的安全措施防止发生人身伤害事故。因此草坪机械选择要求噪声小、污染少、轻巧灵活、携运方便、作业精度高。

草坪机械的发展趋势：环保性能增强，草坪机械的能源多样化、清洁化，集成、精准作业机械和小型机械向微型化、自动化和轻便性发展。随着计算机、传感器等技术的应用，草坪机械的新产品将更加智能化、舒适化。草坪业的迅速发展，使其作业和管理逐渐由单一的人工作业向半机械化、机械化、自动化过渡。

草坪机械设备发挥的作用不言而喻，其机械管理尤其重要，草坪养护管理涉及许多方面的内容，除了成坪后的修剪、浇水、施肥外，草坪建坪前的准备工作和建造过程也是重要内容之一。不同层次、不同用途和不同阶段的需要决定了草坪养护设备的配置，这也是草坪机械分类的重要依据。结合场地的植物类型、气候、地形、景观配置等实际情况，配置恰当的机械设备、设施，并结合后期草坪机械有效的管理增加草坪养护的长效性。

一、建立草坪作业机械化理念，除了在场地建设时期尽量争取草坪作业机械化设备外，还应将补充设备设施作为日常草坪工作的一部分，在做费用预算时每年做出充足的经费。选用适合场地的机械设备设施，包括草坪修剪、施肥、打孔等机械，也包括浇灌系统等自动化设施。在此保证下，一方面可以解决园林绿化行业当下基层主力工人工资水平低、文化水平不高、岗位流动性大等行业发展瓶颈；另一方面可以促进草坪工作标准化，提高草坪作业的工作效率，促使整个行业工作的精细化，也便捷人们对草坪的可持续利用。

能够根据场地情况，做出科学的草坪养护所需的机械配置表。例如，对于一块草坪来说，想要选择最佳剪草机的类型往往要考虑草坪质量、修剪高度、草坪草的种类及品种、修剪宽度等。总的原则是在达到修剪草坪质量要求的前提下，选择经济实用的机型。通常运动场草坪和观赏草坪质量要求较高，修剪高度在 2cm 左右，应选择滚刀式剪草机。一般绿化景观的草坪（如广场、公园、学校、工厂等绿化草坪），修剪高度应控制在 4 ~ 15cm 之间，常选用旋刀剪草机。甩绳式剪草机一般配合其他类型剪草机一起使用，修剪草坪的边缘和障碍物周围的草坪。

二、设备维护工序是草坪场地养护的重要环节，主要包括草坪机械维护、喷灌设备维护等。精心的机械设备管理，能提高使用效率、减少维修费用、延长使用年限，从而产生很大的经济效益。需要做到以下两个方面：能够根据场地情况，制定每年机械设备的维护计划；能够根据场地情况，制定至少五年机械设备更新计划。

（一）能够根据场地情况，制定每年机械设备的管理计划

后期机械、设备管理主要包括操作保养管理、库房存放管理、安全使用管理。

1. 机械设备操作管理

正确、规范的操作，才能使机器处于最佳的工作状态，从而保证良好的作业质量，有效减少故障、消除隐患，延长机械使用寿命和降低维修费用。因而，操作人员必须按使用说明书的要求来操作和使用机器，定期对操作人员进行培训，详细讲解机械构造、工作原理和使用要求，让所有的操作者都能够掌握机器操作要领，杜绝随意操作。除此之外，设备操作人员在使用过程中要密切注意机械的运转状况，如遇问题应及时停机并汇报，由专门的机修人员检查，避免机器带病工作从而造成不必要的损失。

2. 维护管理

提高设备的综合效率，做好常规的保养工作，及时检查并处理设备出现的各种问题，防患于未然，保证机械设备的正常运行，追求寿命周期与投入费用的经济性。

操作保养管理包括日常养护和定期养护，日常养护主要由设备的操作者进行，班前检查、班后清扫。定期养护包括保养部位和重点部位的拆卸检查，对油路和润滑系统的清洗和疏通，调整各检查部位的间隙，紧固各部件和零件，以及对电气液压部件的保养养护等。纷繁复杂的维护工作可以按照以下两个方面简化。

（1）机械维护程序化

检查设备运行状况、运行参数、振动声音、温度等；检查润滑油脂的温度、压力、液面，润滑油有无变质，油路是否畅通等，定期补充润滑油脂；对设备及周围环境进行清扫，工具及附件摆放整齐；如发现设备的紧固螺栓发生松动，要及时上紧固定。

（2）机械维护标准化

定人：经过培训和具有一定实际经验的操作员和维修人员，负责设备养护。

定点：根据设备的结构，对重点部位、常见故障点确定检查部位和内容。

定量：对设备发生磨损、腐蚀、变形和减薄处，按照维修技术标准进行定量化检查，决定是否养护与维修。

定时：按照设备的运行状况、变化特点及作业要求，确定检查操作养护时间。

定标准：规定检查养护的方法、手段和判别设备劣化的标准。

定记录：为检查养护制定统一的简单明了的表格，操作员和养护人员将检查养护结果如实填写，尤其是设备的异常现象。

3. 库房存放管理

绿地草坪养护必须规划、建设良好的库房来存放草坪机械，做到防风、防雨、防晒，避免机器部件因存放不良而过早老化。具体措施：给库房配备良好的采光和通风条件，库房要配备足够的消防器材；具备通畅的进出和摆放空间，给每类、每台机械设备设定库位，督促有序停放；机械库房和药剂肥料仓库、油库必须分开。

4. 安全管理

机器使用过程中的安全管理是关乎机器和操作者生命安全的大事，必须高度重视。为防止安全事故的发生，必须做到以下几点。

（1）操作者和机修维保人员必须经过培训，充分了解和掌握机器使用说明书中强调的安全注意事项

（2）操作者上机时必须穿着合身的工装、防滑平底工作鞋，女性员工严禁穿着裙装、佩戴饰品、穿高跟鞋，留长发的工作期间要将长发盘固在头顶并用工作帽压住。

（3）严禁操作者酒后或服用药物后操作机械，严禁机械上搭乘其他人员。

（4）操作人员工作前必须查看场地，消除一切危害机器的隐患。在不良天气和恶劣环境下谨慎使用机器。

（5）规范操作机器，尤其是在雨天、坡地、湿滑等情况下驾乘机器时务必高度小心，在确保安全的情况下方可工作。

（6）机器存放区域严禁烟火，强调安全用电，在库房应悬挂相应警示标志，配备足够的灭火器材，严禁私拉乱接电源，注意油料存放安全。

设备的管理和养护是个系统工程，各环节相互关联、相互影响，只有每个环节都做到科学管理，才能保证草坪机械良好工作，提高机械设备的使用率，降低运行成本，提高经济效益。

（二）能够根据场地情况，进行资本管理

综合考虑设备的最初投资、使用过程中的维修费用支出、设备更新资金的争取，根据维修费用、折旧率、养护水平、机械可靠性做设备价值评估，制定一个五年机械设备更新计划。

8.5 总结

对于生活在钢筋、混凝土构筑的城市中的人们，没有植被、没有绿色很难让这个社会可持续发展，但从环境保护的观点来看，营造植被和绿色又有很多问题。自第一章中所叙述的雷切尔·卡森对在森林中盲目使用杀虫剂首次提出谴责之后，关于肥料和杀虫剂使用就成为范围最广、持续时间最长的重要话题。

草坪管理中的确存在环境破坏问题，需要以一种专门的方式进行解决。最关键的是草坪管理者要明晰角色定位，树立生态环境保护理念：肥料、农药的浸析和流失可以通过设计和最佳技术措施进行控制；与农药使用联系在一起的健康问题包括对野生动植物的安全考虑，为了将潜在危害减至最小，谨慎使用化学药剂，并

不断探索可替代方案；草坪用水还需要开发替代饮用水资源的途径和方法；机械设备的合理利用会降低环境污染。

纵观全书，鉴于当下人们对生态环境的重视，而草坪占据了绿地的重要比例，使草坪成为人们的讨论热点和关注焦点，传统草坪的设计、建造和养护中存在一些问题，又将草坪管理推向能否平衡当下人们对草坪的功能需求和长远环境保护之间矛盾的风口浪尖，因此本书作为最后一个章节，将实践中总结提出的各种可持续技术，用于检验草坪及草坪管理对环境影响的种种言论，具有一定的参考性。

附录

附录 A　草坪业相关标准概要

序号	标准号	标准名称	实施日期
1	GB/T 2930.10—2017	草种子检验规程　包衣种子测定	2018-5-1
2	GB/T 2930.1—2017	草种子检验规程　扦样	2018-5-1
3	GB/T 2930.2—2017	草种子检验规程　净度分析	2018-5-1
4	GB/T 2930.3—2017	草种子检验规程　其他植物种子数测定	2018-5-1
5	GB/T 2930.4—2017	草种子检验规程　发芽测试	2018-5-1
6	GB/T 2930.5—2017	草种子检验规程　生活力的生物化学（四唑）测定	2018-5-1
7	GB/T 2930.6—2017	草种子检验规程　健康测定	2018-5-1
8	GB/T 2930.7—2017	草种子检验规程　种及品种的测定	2018-5-1
9	GB/T 2930.8—2017	草种子检验规程　水分测定	2018-5-1
10	GB/T 2930.9—2017	草种子检验规程　重量测定	2018-5-1
11	SN/T 4657—2016	进境牧草种子检疫规程	2017-7-1
12	NY/T 2946—2016	豆科牧草种质资源描述规范	2017-4-1
13	NY/T 2997—2016	草地分类	2017-4-1
14	NY/T 2998—2016	草地资源调查技术规程	2017-4-1
15	NY/T 1464.61—2016	农药田间药效试验准则　第 61 部分：除草剂防治高粱田杂草	2016-10-1
16	NY/T 2834—2015	草品种区域试验技术规程　豆科牧草	2015-12-1
17	GB/T 14226—2015	草坪和园艺拖拉机　三点悬挂装置	2015-9-1
18	DG/TJ 08-67—2015	园林绿化草坪建植和养护技术规程	2015-8-1
19	NY/T 2767—2015	牧草病害调查与防治技术规程	2015-8-1
20	NY/T 2768—2015	草原退化监测技术导则	2015-8-1
21	NY/T 2699—2015	牧草机械收获技术规程　苜蓿干草	2015-5-1
22	NY/T 2700—2015	草地测土施肥技术规程　紫花苜蓿	2015-5-1
23	NY/T 2701—2015	人工草地杂草防除技术规范　紫花苜蓿	2015-5-1
24	NY/T 2657—2014	草种质资源繁殖更新技术规程	2015-1-1
25	NY/T 2658—2014	草种质资源描述规范	2015-1-1
26	GB/T 20394—2013	体育用人造草	2014-12-1
27	GB/T 30394—2013	草品种命名规则	2014-7-16
28	GB/T 30395—2013	草品种审定技术规程	2014-7-16
30	NY/T 2573—2014	植物新品种特异性、一致性和稳定性测试指南　高羊茅　草地羊茅	2014-6-1
31	NY/T 2483—2013	植物新品种特异性、一致性和稳定性测试指南　冰草属	2014-4-1
32	NY/T 2485—2013	植物新品种特异性、一致性和稳定性测试指南　黑麦草属	2014-4-1
33	NY/T 2486—2013	植物新品种特异性、一致性和稳定性测试指南　披碱草属	2014-4-1
34	NY/T 2489—2013	植物新品种特异性、一致性和稳定性测试指南　结缕草属	2014-4-1
35	NY/T 2322—2013	草品种区域试验技术规程　禾本科牧草	2013-8-1
36	NY/T 1859.4—2012	农药抗性风险评估　第 4 部分：乙酰乳酸合成酶抑制剂类除草剂抗性风险评估	2012-9-1
37	NY/T 2126—2012	草种质资源保存技术规程	2012-5-1

续表

序号	标准号	标准名称	实施日期
38	NY/T 2127—2012	牧草种质资源田间评价技术规程	2012-5-1
39	NY/T 2128—2012	草块	2012-5-1
40	GB/T 27514—2011	沙地草场牧草补播技术规程	2012-3-1
41	GB/T 27515—2011	天然割草地轮刈技术规程	2012-3-1
42	NY/T 1997—2011	除草剂安全使用技术规范通则	2011-12-1
43	NY/T 2067—2011	土壤中 13 种磺酰脲类除草剂残留量的测定　液相色谱串联质谱法	2011-12-1
44	GB/T 10395.21—2010	农林机械　安全第 21 部分：动力摊晒机和搂草机	2011-10-1
45	DG/T 024—2011	铡草机	2011-7-22
46	NY/T 1965.2—2010	农药对作物安全性评价准则　第 2 部分：光合抑制型除草剂对作物安全性测定试验方法	2011-2-1
47	GB/T 24866—2010	牧草及草坪草种子贮藏规范	2011-1-1
48	GB/T 24867—2010	草种子水分测定　水分仪法	2011-1-1
49	GB/T 24869—2010	主要沙生草种子质量分级及检验	2011-1-1
50	GB/T 24874—2010	草地资源空间信息共享数据规范	2011-1-1
51	DB13/T 1327—2010	城市草坪建植及养护技术规范	2010-12-15
52	NY/T 1853—2010	除草剂对后茬作物影响试验方法	2010-9-1
53	NY/T 1861—2010	外来草本植物普查技术规程	2010-9-1
54	NY/T 1863—2010	外来入侵植物监测技术规程　飞机草	2010-9-1
55	NY/T 1899—2010	草原自然保护区建设技术规范	2010-9-1
56	SN/T 1737.3—2010	除草剂残留量检验方法　第 3 部分：液相色谱 - 质谱 / 质谱法测定食品中环己酮类除草剂残留量	2010-7-16
57	SN/T 1737.4—2010	除草剂残留量检验方法　第 4 部分：气相色谱 - 质谱 / 质谱法测定食品中芳氧苯氧丙酸酯类除草剂残留量	2010-7-16
58	SN/T 2477—2010（2014）	刺苞草检疫鉴定方法	2010-7-16
59	GB/T 24383—2009	农林机械　行间割草装置 安全	2010-7-1
60	JB/T 5160—2010	牧草捡拾器	2010-7-1
61	LY/T 1934—2010	园林机械　坐骑式草坪割草机	2010-6-1
62	NY/T 1684—2009	柱花草种子生产技术规程	2009-5-1
63	NY/T 1692—2009	热带牧草品种资源抗性鉴定柱花草抗炭疽病鉴定技术规程	2009-5-1
64	GB/T 10938—2008	旋转割草机	2009-1-1
65	GB/T 6142—2008	禾本科草种子质量分级	2009-1-1
66	GB/T 21925—2008	水中除草剂残留测定　液相色谱 / 质谱法	2008-11-1
67	NY/T 1675—2008	农区草地螟预测预报技术规范	2008-10-1
68	GB/T 6141—2008	豆科草种子质量分级	2008-9-1
69	NY/T 1616—2008	土壤中 9 种磺酰脲类除草剂残留量的测定　液相色谱 - 质谱法	2008-7-1
70	GB/T 21439—2008	草原健康状况评价	2008-4-1
71	NY/T 1464.23—2007	农药田间药效试验准则　第 23 部分：除草剂防治苜蓿田杂草	2008-3-1
72	NY/T 1499—2007	草种病害检疫技术规程	2008-3-1
73	NY/T 1574—2007	豆科牧草干草质量分级	2008-3-1

续表

序号	标准号	标准名称	实施日期
74	NY/T 1575—2007	草颗粒质量检验与分级	2008-3-1
75	NY/T 1576—2007	草种引种技术规范	2008-3-1
76	NY/T 1577—2007	草籽包装与标识	2008-3-1
77	NY/T 1579—2007	天然草原等级评定技术规范	2008-3-1
78	JB/T 5158—2007	牧草种子除芒机 技术条件	2008-1-1
79	GB/T 19535.1—2004	城市绿地草坪建植与管理技术规程　第 1 部分：城市绿地草坪建植技术规程	2004-9-15
80	NY/T 1342—2007	人工草地建设技术规程	2007-7-1
81	DB51/T 668—2007	牧草种子质量分级	2007-5-1
82	DB51/T 672—2007	黑麦草袋装青贮技术规程	2007-5-1
83	GB/T 20497—2006	进口牧草草坪草疫情监测规程	2007-3-1
84	NY/T 1210—2006	牧草与草坪草种子认证规程	2007-2-1
85	NY/T 1235—2006	牧草与草坪草种子清选技术规程	2007-2-1
86	NY/T 1238—2006	牧草与草坪草种苗评定规程	2007-2-1
87	NY/T 1239—2006	飞播种草技术规范	2007-2-1
88	GB/T 20033.3—2006	人工材料体育场地使用要求及检验方法　第 3 部分：足球场地人造草面层	2006-12-1
89	NY/T 1155.5—2006	农药室内生物测定试验准则　除草剂　第 5 部分：水田除草剂土壤活性测定试验　浇灌法	2006-10-1
90	NY/T 1155.6—2006	农药室内生物测定试验准则　除草剂　第 6 部分：对作物的安全性试验　土壤喷雾法	2006-10-1
91	NY/T 1171—2006	草业资源信息元数据	2006-10-1
92	NY/T 1175—2006	草皮生产技术规程（修订）	2006-10-1
93	DB11/T 349—2006	草坪节水灌溉技术规定	2006-6-1
94	GB/T 19995.1—2005	天然材料体育场地使用要求及检验方法　第 1 部分：足球场地天然草面层	2006-5-1
95	DB34/T 745—2007	草地改良技术规程	2005-9-20
96	GB/T 19535.1—2004	城市绿地草坪建植与管理技术规程　第 1 部分：城市绿地草坪建植技术规程	2004-9-15
97	GB/T 19535.2—2004	城市绿地草坪建植与管理技术规程　第 2 部分：城市绿地草坪管理技术规程	2004-9-15
98	GB/T 17980.127—2004	农药　田间药效试验准则（二）第 127 部分：除草剂行间喷雾防治作物田杂草	2004-8-1
99	GB/T 17980.138—2004	农药　田间药效试验准则（二）第 138 部分：除草剂防治水生杂草	2004-8-1
100	GB/T 17980.148—2004	农药　田间药效试验准则（二）第 148 部分：除草剂防治草坪地杂草	2004-8-1
101	GB/T 19377—2003	天然草地退化、沙化、盐渍化的分级指标	2004-4-1
102	NY/T 728—2003	禾本科牧草干草质量分级	2004-3-1
103	DB3205/ T 040—2003	无公害农产品　多花黑麦草生产技术规程	2004-1-1
104	NY/T 634—2002	草坪质量分级	2003-3-1
105	GB/T 19368—2003	草坪草种子生产技术规程	2003-1-1
106	GB/T 19369—2003	草皮生产技术规程	2003-1-1
107	DB13/T 707—2005	基本草场建设技术规程	2005-09-20
108	LY/T 1202.4—2001	草坪割草机　试验方法	2001-12-15
109	GB/T 17980.51—2000	农药　田间药效试验准则（一）除草剂防治非耕地杂草	2000-5-1
110	GB/T 18247.1—2000	草坪标准	2000-1-1

附录 B “可持续”相关标准概要

序号	标准号	标准名称	实施日期
1	GB/T 36749—2018	城市可持续发展　城市服务和生活品质的指标	2019-3-1
2	GB/T 33719—2017	标准中融入可持续性的指南	2017-12-1
3	GB/T 31598—2015	大型活动可持续性管理体系　要求及使用指南	2016-1-1
4	SZDB/Z 270—2017	城市可持续发展　城市服务和生活品质评价指标体系	2017-10-12
5	PD ISO/TS 12720—2014	在可持续发展上的一般原则 ISO 15392 的应用建筑和土木工程指南	2014-4-30
6	NF E58-180—2013	土方机械　可持续性　术语、可持续性因素和报告	2013-10-4
7	BS ISO 10987—2012	土方机械　可持续发展　术语，可持续性因素和报告	2013-3-31
8	JGJ/T 222—2011	建筑工程可持续性评价标准	2012-5-1
9	DB53/T 382—2012	工业人工林可持续经营指南	2012-5-1
10	BS EN 15804—2012	建筑工程的持续性．环境产品声明．建筑产品的产品类别的核心规则	2012-2-29
11	EN 15643-4—2012	框架经济表现的评估　建筑评估　第 4 部分的建筑工程可持续性	2012-1-1
12	ISO/DIS 21929-2—2011	可持续性建筑和土木工程，可持续发展的指标，第 2 部分：指标为土木工程的发展框架	2011-10-18
13	DS/EN 15643-2—2011	建筑物的评估　建设工程的可持续性第 2 部分：环境绩效评估框架	2011-4-29
14	LY/T 1877—2010	中国西南地区森林可持续经营指标	2010-6-1
15	LY/T 1874—2010	中国东北地区森林可持续经营指标	2010-6-1
16	BIP 2135—2008	可持续发展手册．管理可持续发展用 BS 8900 指南的手册	2008-3-10
17	LY/T 1594—2002	中国森林可持续经营标准与指标	2002-12-1
18	ACI SCGA—2010	可持续具体指南　应用	2010
19	EU/EC COM(95) 647 FINAL—1995	建议在政策和行动的欧盟计划的审查欧洲议会和理事会决定，关于环境和可持续发展的实现可持续性	1995

附录 C　农药相关标准概要

序号	标准号	标准名称	实施日期
1	NY/T 1464.74—2018	农药田间药效试验准则　第 74 部分：除草剂防治葱田杂草	2018-12-1
2	NY/T 3278.3—2018	微生物农药　第 3 部分：植物叶面	2018-12-1
3	NY/T 3278.2—2018	微生物农药　第 2 部分：水	2018-12-1
4	NY/T 3278.1—2018	微生物农药　第 1 部分：土壤	2018-12-1
5	GB/T 8321.10—2018	农药合理使用准则（十）	2018-9-1
6	NY/T 2887—2016	农药产品质量分析方法确认指南	2016-10-1
7	NY/T 1154.1—2006	农药室内生物测定试验准则　杀虫剂　第 1 部分：触杀活性试验　点滴法	2016-10-1
8	GB/T 32163.3—2015	生态设计产品评价规范　第 3 部分：杀虫剂	2016-5-1
9	NY/T 1464.51—2014	农药田间药效试验准则　第 51 部分：杀虫剂防治柑橘树蚜虫	2015-1-1
10	NY/T 1464.46—2012	农药田间药效试验准则　第 46 部分：杀菌剂防治草坪草叶斑病	2012-5-1
11	GB/T 28144——2011	吡虫啉悬浮剂	2012-4-15
12	GB/T 28138—2011	硝磺草酮悬浮剂	2012-4-15
13	GB/T 28149—2011	氯磺隆可湿性粉剂	2012-4-15
14	GB/T 28127—2011	氯磺隆原药	2012-4-15
15	GB/T 28151—2011	嘧霉胺可湿性粉剂	2012-4-15
16	GB/T 27779—2011	卫生杀虫剂安全使用准则 拟除虫菊酯类	2012-4-1
17	NY/T 1965.1—2010	农药对作物安全性评价准则　第 1 部分：杀菌剂和杀虫剂对作物安全性评价室内试验方法	2011-2-1
18	HJ 556—2010	农药使用环境安全技术导则	2011-1-1
19	NY/T 1853—2010	除草剂对后茬作物影响试验方法	2010-9-1
20	NY/T 1464.28—2010	农药田间药效试验准则　第 28 部分：杀虫剂防治阔叶树天牛	2010-9-1
21	GB/T 24677.2—2009	喷杆喷雾机 试验方法	2010-4-1
22	GB/T 8321.9—2009	农药合理使用准则（九）	2009-12-1
23	GB/T 23553—2009	扑草净可湿性粉剂	2009-11-1
24	NY/T 1156.9—2008	农药　室内生物测定试验准则　杀菌剂 第 9 部分：抑制灰霉病菌试验 叶片法	2008-7-1
25	GB/T 8321.8—2007	农药合理使用准则（八）	2008-5-1
26	NY/T 1464.23—2007	农药田间药效试验准则　第 23 部分：除草剂防治苜蓿田杂草	2008-3-1
27	NY/T 1276—2007	农药安全使用规范　总则	2007-7-1
28	GB/T 8321.4—2006	农药合理使用准则（四）	2006-12-1
29	GB/T 8321.5—2006	农药合理使用准则（五）	2006-12-1
30	GB 12475—2006	农药贮运、销售和使用的防毒规程	2006-12-1
31	NY/T 1155.4-—2006	农药室内生物测定试验准则　除草剂　第 4 部分：活性测定试验　茎叶喷雾法	2006-10-1
32	NY/T 1155.7—2006	农药室内生物测定试验准则　除草剂　第 7 部分：混配的联合作用测定	2006-10-1
33	DB 52/ 472—2004	无公害农产品农药使用准则	2004-11-1
34	GB/T 17980.148—2004	农药　田间药效试验准则（二）第 148 部分：除草剂防治草坪地杂草药效试验	2004-8-1

续表

序号	标准号	标准名称	实施日期
35	NY/T 686—2003	硫酰脲类除草剂合理使用准则	2004-3-1
36	GB/T 8321.7—2002	农药合理使用准则（七）	2003-3-1
37	GB/T 8321.1—2000	农药合理使用准则（一）	2000-10-1
38	GB/T 8321.2—2000	农药合理使用准则（二）	2000-10-1
39	GB/T 8321.3—2000	农药合理使用准则（三）	2000-10-1
40	GB/T 8321.6—2000	农药合理使用准则（六）	2000-10-1
41	GB/T 17980-15—2000	农药　田间药效试验准则（一）杀虫剂防治马铃薯等作物蚜虫	2000-5-1
42	GB/T 17980.28—2000	农药　田间药效试验准则（一）杀菌剂防治蔬菜灰霉病	2000-5-1
43	GB/T 17980-21—2000	农药　田间药效试验准则（一）杀菌剂防治禾谷类种传病害	2000-5-1
44	GB/T 17980-22—2000	农药　田间药效试验准则（一）杀菌剂防治禾谷类白粉病	2000-5-1
45	GB/T 17980-25—2000	农药　田间药效试验准则（一）杀菌剂防治苹果树梭疤病	2000-5-1
46	GB/T 17980-26—2000	农药　田间药效试验准则（一）杀菌剂防治黄瓜霜霉病	2000-5-1
47	GB/T 17980-27—2000	农药　田间药效试验准则（一）杀菌剂防治蔬菜叶斑病	2000-5-1
48	GB/T 17980.9—2000	农药　田间药效试验准则（一）杀虫剂防治果树蚜虫	2000-5-1
49	GB/T 17980-41—2000	农药　田间药效试验准则（一）除草剂防治麦类作物地杂草	2000-5-1
50	GB/T 17980.48—2000	农药田间药效试验准则（一）除草剂防治林地杂草	2000-5-1
51	GB/T 17980.16—2000	农药田间药效试验准则（一）杀虫剂防治温室白粉虱	2000-5-1

附录 D　有害生物综合治理（IPM）

1965 年，来自 36 个国家的植保专家参加了在意大利罗马召开的由联合国粮农组织的讨论会，这成为综合治理概念在其最大程度上的进步标志。会议参加者建议在害虫综合防治中建立粮农组织专家。Smith 和 Reyholds 列出的害虫综合防治的定义在 1967 年经过专家小组首届会议的修改被采纳了。

联合国粮农组织 l967 年对有害生物综合治理（IPM）的定义是：综合治理是有害生物的一种管理系统，它按照有害生物的种群动态及与之相关的环境关系，尽可能协调地运用适当的技术和方法，使有害生物种群保持在经济危害水平之下。

附录 E　场地最低影响开发（LID）

1. 概念

LID 英文的全称是 Low Impact Development，是 20 世纪 90 年代末发展起来的暴雨管理和面源污染处理技术，旨在通过分散的、小规模的源头控制来达到对暴雨所产生的径流和污染的控制，使开发地区尽量接近于自然的水文循环。

LID 低影响开发是一种可轻松实现城市雨水收集利用的生态技术体系，其关键在于原位收集、自然净化、就近利用或回补地下水。主要包含生态植草沟、下凹式绿地、雨水花园、绿色屋顶、地下蓄渗、透水路面。

低影响开发（LID）是一种强调通过源头分散的小型控制设施，维持和保护场地自然水文功能，有效缓解不透水面积增加造成的洪峰流量增加、径流系数增大、面源污染负荷加重的城市雨水管理理念，20 世纪 90 年代在美国马里兰州开始实施。低影响开发主要通过生物滞留设施、屋顶绿化、植被浅沟、雨水利用等措施来维持开发前原有水文条件，控制径流污染、减少污染排放，实现开发区域可持续水循环。与国外相比，低影响开发技术目前在国内应用较少，但已列入国家“十二五”水专项重大课题进行研究。

低影响开发强调城镇开发应减小对环境的冲击，其核心是基于源头控制和延缓冲击负荷的理念，构建与自然相适应的城镇排水系统，合理利用景观空间和采取相应措施对暴雨径流进行控制，减少城镇面源污染。

2. 原则

低影响开发的原则主要有以下几条。

（1）以现有的自然生态系统作为土地开发规划的综合框架：首先要考虑地区和流域范围的环境，明确项目目标和指标要求；其次在流域（或次流域）和邻里尺度范围内寻找雨水管理的可行性和局限性；明确和保护环境敏感型的场地资源。

（2）专注于控制雨水径流：通过更新场地设计策略和可渗透铺装的使用来最小化不可渗透铺装的面积；将绿色屋顶和雨水收集系统综合到建筑设计中；将屋顶雨水引入可渗透区域；保护现有树木和景观，以保证更大面积的冠幅。

（3）从源头进行雨水控制管理：采用分散式的地块处理和雨水引流措施作为雨水管理主要方法的一部分；减小排水坡度、延长径流路径以及使径流面积最大化；通过开放式的排水来维持自然的径流路线。

（4）创造多功能的景观：将雨水管理设施综合到其他发展因素中以保护可开发的土地；使用可以净化水质、减弱径流峰值、促进渗透和提供水保护效益的设施；通过景观设计减少雨水径流和城市热岛效应，并提升场地美学价值。

（5）教育与维护：在城市公共区域，提供充足的培训和资金来进行雨水管理技术措施的实践与维护，并教导人们如何将雨水管理技术措施应用于私有场地区域；达成合法的协议来保障长期实施与维护。

参考文献

[1] Malthus T R. Population：The first essay（Ann Arbor Paperbacks）[M]. Univ. of Michigan Press，1959：1-160.

[2] 张宗坪．“可持续发展观”溯源 [J]. 山东经济，2002（1）：6-7.

[3] Aldo Leopold. A Sand County almanac：And sketches here and there[M]. Oxford：Oxford Univ. Press，1968：1-226.

[4] Carson R. Silent spring[M]. New York：Houghton Mifflin，2002：1-400.

[5] McHarg I L. Design with nature[M]. Garden City，NY：Doubleday/Natural History Press，1995：1-208.

[6] 赵萌莉，郑淑华，王忠武，等．草地可持续性管理 [M]. 北京：科学出版社，2014：1-302.

[7] 尚卫平．可持续发展的定义及其评价指标体系 [J]. 中国经济问题，2000（1）：184-187.

[8] World Commission on Environment and Development.Our common future[M]. Oxford：Oxford Univ.Press，1987.

[9] World conservation strategy：Living resource conservation for sustainable development.[EB/OL].IUCN-UNEP-WWF.http：//data.iucn.org/dbtw-wpd/edocs/WCS-004.pdf1980.

[10] Thomas W. Cook，Ann Marie Van Der Zanden. 可持续的景观管理：设计、营造及维护 [M]. 北京：电子工业出版社，2015：1-222.

[11] 洪绂曾．中国草业史 [M]. 北京：中国农业出版社，2011：1-593.

[12] 孙吉雄．草坪学 [M]. 北京：中国农业出版社，1995：1-105.

[13] 徐庆国，张巨明．草坪学 [M]. 北京：中国林业出版社，2014：1-436.

[14] Richard Forman. 城市生态学 [M]. 邬建国，刘志峰，等，译．高等教育出版社，2017：1-579.

[15] 诸大建，何芳，霍佳震，等．中国可持续发展绿皮书：中国 35 个大中城市可持续发展评估 [M]. 上海：同济大学出版社，2016：1-142.

[16] 马茨・约翰・伦德斯特伦，夏洛塔・弗雷德里克松，雅各布・维策尔．可持续的智慧——瑞典城市规划与发展之路 [M]. 王东宇，马琦伟，刘溪，等，译．江苏：江苏凤凰科学技术出版社，2016：1-339.

[17] 任继周．草业大辞典 [M]. 北京：中国农业出版社，2008：1-1333.

[18] Beard J B，Beard H T. Beard’s turfgrass encyclopedia[M]. East Lansing：Michigan State Univ. Press，2005.

[19] 陈志一，顾立新．草坪草自然地带分类初探 [J]. 草业科学，1999（01）：55-60.

[20] 周鑫，郭晓龙．草坪建植与养护 [M]. 郑州：黄河水利出版社，2014：1-207.

[21] 韩烈保，高航，张照远，等．冷季型草坪草耐阴适应性研究 [J]. 草业科学，1999（16）：47-49.

[22] 刘建秀．中国主要暖季型草坪草种质创新与品种选育 [M]. 南京：江苏科学技术出版社，2014：1-392.

[23] 刘自学，陈光耀．草坪草品种指南 [M]. 北京：中国农业出版社，2002：1-373.

[24] 李敏．草坪品种指南 [M]. 北京：北京农业大学出版社，1993：1-141.

[25] 草坪学名词审定委员会．草坪学名词 [M]. 北京：中国林业出版社，2013：1-283.

[26] 陈佐忠，周禾.草坪与地被科学进展[M].北京：中国林业出版社，2006：1-306.
[27] Home B，Stewart G，Meurk C，et al. The origin and weed status of plants in Christchurch lawns[EB/OL].
dspace.lincoln. ac.nz/dspace/bitstream/10182/1242/.../Home_The_Origin.pdf 2005.
[28] Muller，N.Lawns in German cities：A phytosociological comparison[M]. The Hague：SPB Academic Publishing，1990.
[29] Thompson K，Hodgson J G，Smith R M，et al.Urban domestic gardens（III）：Composition and diversity of lawn floras[J].Journal of Vegetation Science，2004，15（3）：373-378.
[30] 尤瓦尔·赫拉利.人类简史[M].北京：中信出版社，2014：1-440
[31] 张自和，柴琦.草坪学通论[M].北京：科学出版社，2009：1-406.
[32] 胡林，边秀举，阳新玲.草坪科学与管理[M].北京:中国农业大学出版社，2001:1-431.
[33] 鲁朝辉，张少艾.草坪建植与养护（第三版）[M].重庆:重庆大学出版社，2014:1-210.
[34] 胡叔良.国外草坪发展概况及今后研究任务[J].国外畜牧学·草原与牧草，1983（05）：7-9.
[35] 谭继清，周福生.城市草坪和地被植物的选择与应用[J].四川草原，1992（3）：57-63.
[36] 陈蕴，吴开贤，罗富成.我国草坪草引种研究现状与进展[J].草业科学，2008，25（10）：128-133.
[37] 李建龙.草坪草抗性生理生态研究进展[M].南京：南京大学出版社，2008：1-194.
[38] 黄卫昌，边争，胡永红，等.网架结构屋面对展览温室日照环境的影响[J].温室与设备，2011（1）：28-32.
[39] Zhou P，An Y，Wang Z L，et al. Characterization of Gene Expression Associated with Drought Avoidance and Tolerance Traits in a Perennial Grass Species[J]. Plos One，2014，9（8）：1-12.
[40] 张志良，瞿伟菁.植物生理学实验指导[M].北京：高等教育出版社，2003：67-276.
[41] 张宪政.植物叶绿素含量测定－丙酮乙醇混合液法[J].辽宁农业科学，1986（3）：26-28.
[42] 郑金海，华珞，高占国.草坪质量的指标体系与评价方法[J].首都师范大学学报（自然科学版），2003，24（1）：80-82.
[43] 王宝山.生物自由基与生物膜伤害[J].植物生理学通讯，1988（2）：12-16.
[44] Dopress Books.当代生态景观－全球可持续景观佳作[M].北京：中国林业出版社，2013：208-219.
[45] Robert M G，Geoffrey S C.高尔夫球场设计[M].杜鹏飞，李蕊芳，孟宇，等，译.北京：中国建筑工业出版社，2006：1-425.
[46] 彭贵平，胡真.传统与现代、科学与艺术的完美融合——上海辰山植物园规划设计方案[J].上海建设科技，2006（4）：24-27.
[47] 孙吉雄.草坪技术手册草坪工程[M].北京：化学工业出版社，2005：1-350.
[48] 苏德荣，吴劲锋，韩烈保.草坪工程质量评价模型[J].北京林业大学学报，2000（02）：54-57.
[49] 伍海兵，方海兰，彭红玲，等.典型新建绿地上海辰山植物园的土壤物理性质分析[J].水土保持学报，2012，26（6）：85-90.
[50] 郑海金，华珞，高占国.草坪质量的指标体系与评价方法[J].首都师范大学学报，

2003，24（1）：78-82.

[51] Potter D A，Powell A J，Smith M S. Degradation of turfgrass thatch by earthworms oligochaeta：Lumbricidae and other soil invertebrates[J]. Journal of Economic Entomology，1990，83：205-211.

[52] 克里斯多夫・瓦伦丁，丁一巨．上海辰山植物园规划设计 [J]. 中国园林，2010（1）：4-10.

[53] 上海市绿化和市容管理局，上海市园林科学研究所，上海市绿化工程管理站，等．《绿化种植土壤》[S].CJ/T 340—2011. 北京：中国标准出版社，2002.

[54] 胡永红．植物园建设的几个要点 [J]. 中国园林，2014：30（11）88-91.

[55] 尹少华，卢欣石，韩烈保．高尔夫球场果岭根系基质配方研究进展 [J]. 中国草地学报，2006，28（6）：91-96.

[56] Lunt O R .Minimizing compaction in putting green[J]. USGA Journal and Turf Management，1956，10（11）：25-30.

[57] Gibbs R J，Liu C，Yang M H，et al. Effect of rootzone composition and cultivation/aeration treatment on the physical and root growth performance of golf greens under New Zealand conditions[J]. International Turfgrass Society Research Journal，2001（9）：506-517.

[58] Gibbs R J，Liu C，Yang M H，et al. Effect of rootzone composition and cultivation/aeration treatment on surface characteristics of golf greens under New Zealand conditions[J]. Journal of Turfgrass Science，2000，76：37-52.

[59] Baker S W，Richards C W，Cook A. Rootzone composition and the performance of golf greens.IV.changes in botanical composition over four years from grass establishment[J]. Journal of Turfgrass Science，1997，73：30-32.

[60] 胡永红．绿色城市建设中关键园艺技术的探索 [J]. 园林，2013（12）.18-19.

[61] 赵彩君，刘晓明．城市绿地系统对于低碳城市的作用 [J]. 中国园林，2010，19（5）：23-26.

[62] 赵美琦，孙学智，赵炳祥．现代草坪养护管理技术问答 [M]. 北京：化学工业出版社，2009：1-288.

[63] Vittum P J，Villani M G，Tashiro H. 1999. Turfgrass insects of the United States and Canada. 2nd ed. Ithaca，NY：Corell Univ. Press，1999.

[64] Frank S R，Raupp M J. Does imidacloprid reduce defoliation by Japanese beetles for more than one growing season? [J]. Arboriculture and Urban Forestry，2007，33：392-96.

[65] Robbins P，Sharp J. The lawn-chemical economy and its discontents[J]. Antipode，2003，35：955-979.

[66] Ottoboni M A. The dose makes the poison[M]. 2nd ed. New York：Van Nostrand Reinhold，1997.

[67] Mumley T，Katznelson R.Diazinon sources in runoff from the San Francisco Bay region[J]. Watershed Protection Techniques，1999，3（1）：613-616.

[68] Potter D A. Pesticide and fertilizer effects on beneficial invertebrates and consequences for thatch degradation and pest outbreaks in turfgrass In Pesticides in urban environments：Fate and significance，ed. K. D. Racke and A. R. Leslie[M]. Washington，D.C.：American Chemical Society，1994.